国家科学技术学术著作出版基金资助出版

科学计量学
Scientometrics

邱均平　赵蓉英　董　克　等／编著

科学出版社
北京

图书在版编目(CIP)数据

科学计量学 / 邱均平等编著 .—北京：科学出版社，2016.4
（计量学研究丛书）
ISBN 978-7-03-047595-4

I. ①科… II. ①邱… III. ①科学计量学 IV. ①G301

中国版本图书馆 CIP 数据核字（2016）第 047025 号

责任编辑：邹　聪　刘巧巧 / 责任校对：何艳萍　张小霞
责任印制：赵　博 / 封面设计：无极书装
编辑部电话：010-64035853
E-mail：houjunlin@mail.sciencep.com

科学出版社 出版
北京东黄城根北街 16 号
邮政编码：100717
http://www.sciencep.com
北京科印技术咨询服务有限公司数码印刷分部印刷
科学出版社发行　各地新华书店经销

*

2016 年 4 月第 一 版　开本：720×1000　1/16
2025 年 3 月第七次印刷　印张：28 1/2
字数：554 000
定价：148.00 元
（如有印装质量问题，我社负责调换）

"计量学研究丛书"编委会

主　编　邱均平

副主编　赵蓉英　侯经川　文庭孝
　　　　　马瑞敏　杨思洛　董　克

编　委　黄晓斌　王宏鑫　徐久龄
　　　　　丁敬达　杨瑞仙　马　凤
　　　　　温芳芳　宋艳辉　王菲菲
　　　　　余　凡　武庆圆　曾　倩
　　　　　牛奉高　陈必坤　朱春艳
　　　　　赵月华　柴　雯

总 序

20 世纪 60 年代以来，在图书馆学、文献学、科学学、情报学领域相继出现了三个类似的术语：bibliometrics、scientometrics 和 informetrics，分别代表着三个十分相似的定量性分支学科，即文献计量学、科学计量学和信息计量学（情报计量学）（简称"三计学"）。经过几十年的努力研究和推动，"三计学"都不同程度地取得了一定进展，得到了学术界的广泛承认。文献计量学、科学计量学和信息计量学（情报计量学）之间的关系十分密切。尽管它们的研究对象和目的有所不同，但三者的起源相同，并且享有共同的原理、方法和工具，因此，学术界习惯于将它们统称为"三计学"，而且随着科学技术的发展和三门计量学的不断拓展，它们之间出现了合流的趋势，还产生了共同的国际学术组织——国际科学计量学和信息计量学学会（International Society for Scientometrics and Informetrics，ISSI）。20 世纪 90 年代以来，随着计算机技术、网络技术的迅速发展和广泛普及，以及知识经济与知识管理的兴起，数字化、网络化和知识化成为信息社会与知识经济时代的显著特征，"三计学"研究的广度和深度不断扩展，信息管理领域又相继出现了以网络信息和数据为计量对象的网络信息计量学或称网络计量学（webometrics）和以知识单元为计量对象的知识计量学（我们译为 knowledgometrics），与"三计学"一起并称为"五计学"。"五计学"分别以文献、数据、信息（包括网络信息、情报）、知识和科学活动为研究对象，既有共同基础、交叉融合，又各有侧重、自成体系，成为信息管理领域计量研究的五朵奇葩。"五计学"的形成和发展历程反映了信息管理领域定量研究的不断创新及随着时代和社会背景的变化而不断演变的轨迹，既是文献计量学和科学计量学研究的继承和发展，也是信息管理领域定量研究的拓展与创新。

文献计量学（bibliometrics）是以文献体系和文献计量特征为研究对象，采用数学、统计学等的计量方法，研究文献情报的分布结构、数量关系、变化规律和定量管理，并进而探讨科学技术的结构、特征和规律的一门分支学科。早在1969年，英国计算中心的普里查德（A. Pritchard）开创性地提出用"文献计量学"（bibliometrics）这一新名称来代替统计书目学（statistical bibliography）一词，并认为文献计量学是"将数学和统计学的方法运用于图书及其他交流介质研究"的一门学科。文献计量学概念提出后就得到了图书、情报、信息界的积极响应。经过半个世纪的努力，文献计量学已经形成为一门独立的科学学科，并得到了国际学术界的广泛承认。

科学计量学是以社会环境为背景，运用数学方法计量科学研究的成果，描述科学的体系结构，分析科学系统的内在运行机制，揭示科学发展的时空特征，探索整个科学活动的定量规律的一门学科，被人们称为"科学的科学"。科学计量学是以科学本身作为对象进行定量研究的学科。这里所指的"科学"，不仅指作为知识体系的科学，而且也包括作为社会活动的科学。科学计量学是伴随着科学学在现代科学技术革命的历史背景下孕育形成的。人类对科学本身的定量研究，可以上溯到19世纪下半叶，到20世纪60年代得到广泛的发展。1961年美国科学史家普赖斯发表了《巴比伦以来的科学》，为科学计量学的诞生奠定了基础。他通过对科学文献等的统计研究，论证了科学知识指数增长律。由此他被认为是"科学计量学之父"。1963年，美国费城科学信息研究所的加菲尔德博士创立"科学引文索引"（SCI），为科学计量学研究提供了数据基础。苏联学者弗·纳利莫夫在1969年提出了"科学计量学"（наукометрия）这一术语，转译为英文scientometrics。20世纪70年代，我国的科学学工作者开始全面、系统地将国外有关科学计量学的研究成果介绍到国内，使科学计量学研究在我国蓬勃发展起来。它在促进科学学理论研究和影响国家科学政策方面初显身手，并且正在发挥着越来越大的作用。

信息计量学是采用定量方法来描述和研究信息（情报）的现象、过程和规律的一门学科。它是数学和统计学与情报学广泛结合而形成的情报学的一个新兴的定量性分支学科。"信息计量学"（原称"情报计量学"）名称最早出自德文informetrie一词，是由德国学者昂托·纳克（Otto Nacke）最先提出的。在其后的文献中很快就出现了与之对应的英文术语informetrics。1980年9月，在德国法兰克福召开了第一次情报计量学（含科学计量学）研讨会，纳克在会上宣传了他提出的"情报计量学"概念。1981年，在我国期刊上也出现了信息计量学的德文和英文术语，并将其译为情报计量学。informetrics 一词不仅在英语国家中迅速流传开来，而且还得到了国际文献联合会（FID）的认可，这标志着一门新兴分支学科的兴起。早在1980年，FID 就设立了情报计量学委员会（FID/IM）。1987年，第一届文献计量学与情报检索理论国际研讨会在比利时举行，著名情报学家布鲁克斯在会上提议，应将 Informetrics 一词补充到拟于1989年在加拿大召开的第二届国际学术会议的名称中去，得到了与会学者的普遍赞同和支持。但直到1995年6月，在美国芝加哥召开的"第五届科学计量学和情报计量学国际会议"上才更名，情报计量学替代文献计量学出现在会议名称中，现名为"国际科学计量学和信息计量学学会"（ISSI）。由于在1987年以来的有关国际学术会议出版的论文集上都有标题 informetrics，因此，国外一些著名情报学家都把1987年看成是 informetrics 被国际情报学界正式承认的一年。

我国学术界对术语 Informetrie（德文）和 Informetrics（英文）及其所代表的学科也及时地作出了反应，并给予了应有的关注和重视。早在1981年就有相关论文发表。1988年正式出版的《文献计量学》不仅详细论述了"三计学"的关系，而且还较早系统地提出了情报（信息）计量学的内容框架。只是到了1992年，我国有关部门将 information 对应的译名"情报"改译为"信息"之后，我们对 informetrics 的译名"情报计量学"也作了相应的改变，译成为"信息计量学"。

网络信息计量学，也称网络计量学，英文为 webometrics 或 cybermetrics。它是采用数学、统计学等定量分析方法，对网上信息的组织、存储、分布、传递、相互引证和开发利用等进行定量描述和统计分析，以揭示其数量特征和内在规律的一门新兴分支学科。网络信息计量学研究始于20世纪90年代后期，最初表现为文献计量学在网络中的应用。自1997年阿曼德等在 *Journal of Documentation* 上发表了《万维网上的信息计量分析：网络信息计量学方法探讨》一文，首次提出了 webometrics 一词。这一概念很快得到了国际学术界的积极响应，迅速掀起了网络信息计量学研究的热潮，并引起了社会各界的广泛关注。1997年，以研究网络信息计量学为核心的网络电子期刊 *Cybermetrics* 在西班牙马德里创刊，标志着网络信息计量学作为一门独立的新兴学科从传统的信息计量学研究中独立出来。随后以 cybermetrics 和 webometrics 为主题的研究大量出现。早在2000年，在一次国际会议上我们率先发表了"网络信息计量学及其应用研究"一文，首次论述了该学科的由来、概念、产生背景、研究对象、目的意义、范围和内容等基本问题，后来被学术界广泛认同和引用，在国内外都产生了广泛学术影响。

网络信息计量学的研究对象是网络信息。可以分为三个层次：一是以"比特"形态存在的最基本的网络信息单元，其类型包括数字信息、文字信息，以及集文字、图像和声音于一体的多媒体信息等；二是关于网上文献（如数字论文、电子期刊、电子图书等）的信息及其相关特征信息；三是关于网络结构单元的信息，包括以网站、网页、链接、数据库等结构为信息单元的信息资源。网络计量学主要是由网络技术、网络管理、信息资源管理与信息计量学等相互结合、交叉渗透而形成的。其研究的根本目的是通过对网上信息的计量研究，为网上信息的有序化组织和合理分布、为网络信息资源的优化配置和有效利用、为网络管理的规范化和科学化提供必要的定量依据，从而改善网络的组织管理和信息管理，提高其管理水平，促进其经济效益和社会效益的充分发挥。

知识计量学是以整个人类知识体系和知识活动作为研究对象，采用计量学方法对知识载体、知识内容、知识活动及其影响等进行定量研究的一门交叉性学科。20世纪90年代以来，随着科学技术的飞速发展，知识化已成为当前科技、经济和社会发展的重要因素和显著特征。知识经济和知识管理在全球范围内普遍兴起，知识作为社会竞争中一种重要的战略资源和经济资源受到了人类前所未有的重视和关注。从不同的角度和不同的层面出发对知识本身及各种知识活动进行广泛的研究成为知识社会关注的焦点，而其中有关知识及其影响的测度、计量也成为重要的研究课题。虽然许多学科领域都从不同的角度出发间接或直接地对知识计量进行了研究，取得了一定的研究成果。但由于各自研究的目的和角度不相同，因而知识计量研究零碎、分散且不系统。创建知识计量研究这一相对独立的交叉学科，可以集中有关学科的优秀研究成果，从"知识单元"这一共同的角度入手，对不同领域、不同形态的知识计量进行系统的研究和分析，从而在更深的层次上解决知识计量研究的难题。研究表明，从基于知识载体的计量转移到对知识本身的计量，包括知识体系的宏观计量和知识内容本身的数量、质量、价值和关系的计量，成为发展的必然趋势。

从文献计量学引入我国开始，武汉大学信息管理学院以邱均平教授为首的研究团队从1980年以来长期、持续地关注信息管理领域的计量学研究，并且率先发表了一系列在国内外都有重要影响力的学术论文，出版了一套反映信息管理领域定量研究成果的"计量学研究丛书"，这不仅在国内信息管理领域是首例，而且在国际上也未见报道。

我们团队在我国率先开展"三计学"的教学与研究，取得了丰硕的研究成果。在过去多年文献计量学教学和研究的基础上，邱均平编著的《文献计量学》于1988年在科学技术文献出版社正式出版。该书首次从理论、方法和应用的角度构建了文献计量学的内容体系，是我国出版最早的、为数不多的文献计量学经典著作之一，受到学术界同行的热烈欢迎和好评。它不仅被多所高校采用，作为图书馆学、情报学和信息管理学等学科领域的核心教材，而且被引率至今一直名列前茅，经久不衰。这"无疑是对我国情报学研究和情报学教育的积极贡献，具有开创性的意义"（著名情报学家杨沛霆语）。

之后，我们团队又开展了大量有关"三计学"方面的研究，在国内外产生了重大影响。随着信息技术和信息科学的迅速发展，信息资源电子化、数字化和网络化日益普及，给人类社会、经济、科技和文化等各个领域的发展都带来了巨大的影响和深刻的变革。在这种新的社会环境和技术条件下，文献计量学研究出现了许多新的发展方向和趋势。面对这一新形势、新趋势和新课题，我们团队又在国内率先开展了信息计量学和网络信息计量学研究，并于2000~2001年以"信息计量学"和"网络信息计量学"为主题在《情报理论与实践》杂志上发表了系列研究论文，在国内外学术界产生了巨大反响，被引率一直居高不下，成为开展信息计量学和网络信息计量学研究必看的经典系列文章。2007年1月，《信息计量学》一书在武汉大学出版社出版。该书是我们团队长期从事"三计学"教学与研究的结晶，是反映网络信息时代"三计学"发展特征，面向图书馆学、情报学和信息管理学及相关学科领域教学与研究现实需要的产物，被列入"教育部面向21世纪课程教材"和"高等学校信息管理类核心课教材"，被遴选为国家精品课程和国家级"十二五"规划教材。2010年7月，在三项国家自然科学基金项目和两项教育部基金项目资助及大量前期原创性成果积累的基础上，国内第一本《网络计量学》著作在科学出版社出版，弥补了国内网络计量学领域研究的不足。至此，我国网络计量学研究开始进入系统研究和快速发展时期。

我们团队早在20世纪80年代初就开始关注国外知识计量和知识网络方面的研究动向，并发表了一系列研究成果。著名科学计量学学者赵红州、蒋国华在1995年曾指出：科学计量学和经济计量学两门姊妹学科问题，对于迎接知识经济时代，开展知识经济学研究具有特殊意义。看来很有必要将科学计量学拓展到知识计量学，并与经济计量学结合起来，从宏观和微观上对知识生产和应用，知识投入和产出，知识存量和流量，知识分配和转移，知识价值和价格等，进行广泛的跨学科的综合研究。但是令人遗憾的是，知识计量学在此后很长一段时间并没有得到深入研究和进一步发展。直到2009年，在国家社会科学基金项目"基于知识单元的知识计量研究（CTQ009）"和国家自然科学基金项目"基于作者学术关系的知识交流模式和规律研究（70973093）"的资助下，我们团队在国内发表了一系列具有影响力的原创性研究成果，完成了一系列项目研究报告，并在此基础上有了2014年《知识计量学》一书在科学出版社的出版，填补了国内知识计量学研究的空白。

完成"五计学"的系统研究并形成信息管理领域计量学研究的完整体系，一直是我们团队的共同愿望和奋斗目标。在文献计量学、信息计量学、网络计量学和知识计量学研究的雄厚基础之上，《科学计量学》一书的出版被提上研究议程。经过近五年的精心酝酿、组织、研究和写作，《科学计量学》书稿已初步完成，即将在科学出版社出版。至此，信息管理领域的"五计学"系列著作的出版画上了一个圆满的句号。

"计量学研究丛书"的显著特点主要是：①连续性和系统性强。从文献、科学活动的计量，到信息、网络信息的计量，再到知识及知识活动的计量研究，是一个连续的和不断深入研究的过程，我们为此连续研究了30多年。现在完成和出版的五个计量学的专著形成了一套系列丛书，构建了信息科学领域计量学研究的完整体系。②创新性和原创性强。五个计量学的著作都是以"著"或"编著"形式出版的，都是在多项国家级项目研究成果和发表大量原创性论文的基础上，经过系统化、规范化的总结、归纳、提炼和升华而成的。《文献计量学》是邱均平的个人专著，是我国早期出版的几部经典著作之一；《信息计量学》《网络计量学》和《知识计量学》都是以这些学科命名的国内的第一部专著；《科学计量学》也是国内为数不多的重要著作之一。五个计量学的专著既有某些共同的交叉的内容，也有各自的具有个性特色的内容体系。它们都有各自不同的计量研究对象，计量研究的目的和内容也不一样，有些类似的规律或定律的表现形式和数值大小各有差异和特色。既融入了作者自己的研究成果，形成各自的个性特色，又反映了国内外的前沿研究成果，构成了一个统一的计量学研究体系。③水平高、学术性强。"计量学研究丛书"的著者都具有博士学位或高级职称，都是教学、科研第一线的骨干教师或学科带头人，既具有较高的学术水平和雄厚的科研基础，又有撰写著作的经验，从而为打造高水平、高质量的系列著作提供了人才保障。同时，按照理论、方法、应用三结合的思路构建各个著作的内容体系，体现内容上的前瞻性、创新性、科学性、系统性和实用性。注重整套丛书的规范化建设，采用统一版式、统一风格，表现出较高的规范化水平。

从文献计量学、科学计量学到信息计量学，再到网络计量学，最后到知识计量学，既是学科发展深化演变的创新过程，同时也是我们追随学科发展轨迹孜孜探求的旅程。但愿我们所做的这些科研成果和贡献，能够深入推动"五计学"的不断发展和繁荣。我们站在前人的肩膀上，也愿意成为后人的肩膀。

"计量学研究丛书"的顺利完成和正式出版，首先要感谢各位副主编和编著者的积极参与和配合，还要感谢科学出版社领导的支持和责任编辑邹聪女士的辛勤工作。由于计量学研究的艰巨性、复杂性，"计量学研究丛书"中的不足或偏颇之处在所难免，恳请同行专家和读者批评指正。

邱均平
2014年3月于武汉大学

前 言

1969年，苏联学者纳里莫夫（Nalimov）和穆里钦科（Mulechenko）合作撰写的著作《科学计量学：作为信息过程的科学发展研究》出版，"科学计量学"（наукометрия）作为一个俄文专业名词正式诞生，其英文译名也很快确定为"scientometrics"。同年，英国情报学家阿兰·普里查德（Alan Pritchard）首次提出了英文术语"bibliometrics"，标志着文献计量学正式诞生。在1979年又出现了另一个新的名词——"信息计量学"（informetrics）。这是三个密切相关而又存在一定区别的领域，我们一般习惯于将其统称为"三计学"。正是这三个领域之间存在许多交叉内容，导致名称的混用和许多研究内容的含糊不清。笔者从20世纪90年代开始，先后出版了《文献计量学》（1988年）、《信息计量学》（2007年），在计量学领域最新诞生的一门新兴学科——"网络计量学"的基础上出版了《网络计量学》（2010年），后来又首次出版了国内第一部《知识计量学》（2014年），这本《科学计量学》是对上述著作体系的进一步补充，也将完善我们对于整个计量学体系框架特别是"五计学"体系的构建。

一般认为，科学计量学是运用数学和统计学方法对科学的各方面进行量化研究的一门学科。被誉为"科学计量学之父"的普赖斯（Derek John de Solla Price，1922—1983）认为"科学学，就是科学计量学"，足以见得科学计量学的地位和重要性。传统的科学计量学定义侧重点各有不同，我们认为可以从目的、途径和研究对象对科学计量学进行新的定义，即"科学计量学可以认为是以描述科学发展过程，揭示科学发展内在机理，预测科学发展趋势，为科学管理工作提供支持依据为目的，以定量分析方法为主要途径，以反映科学活动的主体和客体为研究对象的一门应用性学科"，从而使科学计量学的内涵和外延进一步明确，在此基础上，我们按照理论、方法和应用三结合的内容体系架构撰写了本书。

全书共分为十三章。第一章科学计量学概论是全书的开篇，主要厘清科学计量学的一些基本内容，如科学计量学的概念、发展历史，它的研究对象、内容与方法、常用工具，与其他分支学科的关系，以及近年来的研究进展及趋势等。其中，许多结论的得出本身就是利用科学计量学对历史和当前研究内容进行计量分析的结果，如我们认为科学计量学发展时期的主要内容是根据国际科学计量学领域的主要期刊 *Scientometrics* 从创刊至 2012 年年底的文献内容分析的结果，科学计量学的研究进展及趋势就反映了最新一届国际科学计量学与信息计量学年会的内容。

理论部分包括第二章到第四章，主要介绍计量学领域的几大定律，如洛特卡定律、齐普夫定律、布拉德福定律等。这些内容是计量学的主要理论基础，想要完整的学科体系这些内容必不可少，但本书一改以往直接提出这些定律的做法，而是从科学研究的过程出发，将基本理论的研究按照科学研究的主体、客体和载体的角度进行组织，分别包括科学生产者研究（第二章）、科学知识表征的术语研究（第三章）和科学知识变化与分布规律研究（第四章）三个部分，这样更符合科学计量学的学科特征。

方法部分包括第五章到第十章。第五章的内容是科学计量学中需要涉及的数理统计基础内容，第六章则阐述了一般科学计量学论著中比较容易忽视的科学研究的投入产出分析法，第七章介绍了科学计量学研究中最重要的传统分析方法——引文分析法，第八章介绍了内容分析法，第九章介绍了社会网络分析法，第十章则对可视化分析法进行了介绍。此部分尽可能地侧重于以往同类著作中没有涉及的一些内容，例如，第八章并没有常规地围绕社会网络分析的指标，而是更为深入地将分析维度作为着眼点进行论述，是当前同类著作的很好补充。

应用部分包括第十一章到第十三章。第十一章介绍了专利计量与标准计量，作为重要的产出形式，专利反映了工业化的智力成果，标准则进一步反映了形成行业规范的内容，同样属于科学计量学的组成部分，但这两类信息的计量则更多地倾向于面向实际需求的分析，因此我们没有将其放在方法部分，而是作为应用的一个部分。第十二章是科学计量学在科学评价中的应用，第十三章是科学计量学在科技政策与科技管理中的应用，这两章中的许多内容反映了我们多年以来实践工作的总结，有笔者创建的中国科学评价研究中心十多年来大学评价的工作总结与多次期刊评价的总结，内容具有现实意义。

本书由邱均平任主编，赵蓉英、董克任副主编，2010级和2011级博士研究生王菲菲、余凡、武庆圆、曾倩、陈必坤、牛奉高，2011级和2012级硕士研究生赵月华、柴雯等撰写了相关章节的初稿。全书由邱均平策划、统筹和确定大纲；邱均平、赵蓉英和董克对初稿进行修改、补充和审定，并完成统稿工作。本书的出版得到了2014年国家科学技术学术著作出版基金资助，基金的相关评审专家对本书的内容提出了宝贵的修改意见。在出版过程中得到了科学出版社和武汉大学有关院系领导的支持与帮助；科学出版社的编校人员为之付出了辛勤劳动。我们在此一并表示最诚挚的谢意。

由于多人分头执笔，书中不妥之处在所难免，恳请读者批评指正。

邱均平

2015年8月29日于珞珈山

目 录

总 序

前 言

第一章 科学计量学概论 ··· 1

    1.1 科学计量学的萌芽与兴起 ··· 2
    1.2 科学计量学的对象、内容与方法 ······································ 12
    1.3 科学计量学的常用数据源与工具 ······································ 18
    1.4 科学计量学与其他计量学分支学科的关系 ·························· 21
    1.5 科学计量学的研究进展及趋势 ·· 23

第二章 科学生产者研究 ··· 32

    2.1 科学生产能力 ··· 33
    2.2 科学生产者的分布 ·· 35
    2.3 科学生产者的结构 ·· 39
    2.4 科学生产者之间的关系 ·· 50

第三章 科学知识表征的术语研究 ··· 57

    3.1 科学研究的表征方式 ··· 58
    3.2 科学词汇的频率分布 ··· 66
    3.3 共词分析 ··· 75
    3.4 文本挖掘分析 ··· 82

第四章　科学知识变化与分布规律研究 ········ 95

- 4.1 科学知识增长与文献增长 ········ 96
- 4.2 科学知识老化与文献老化 ········ 102
- 4.3 科学知识的集中与离散分布规律 ········ 109

第五章　数理统计分析法 ········ 117

- 5.1 数理统计基础 ········ 118
- 5.2 描述性统计 ········ 123
- 5.3 推断性统计：参数估计与假设检验 ········ 128
- 5.4 相关分析与回归分析 ········ 134
- 5.5 多元统计分析的降维方法 ········ 139

第六章　基于 DEA 的科研投入产出分析法 ········ 161

- 6.1 数据包络分析 ········ 162
- 6.2 DEA 的基本概念 ········ 167
- 6.3 DEA 的主要模型 ········ 168
- 6.4 DEA 模型与其他方法的综合应用 ········ 173
- 6.5 DEA 的应用 ········ 176

第七章　引文分析法 ········ 194

- 7.1 引文分析的概念与方法 ········ 195
- 7.2 常用引文分析工具 ········ 210
- 7.3 引文分布与测度指标 ········ 233
- 7.4 文献耦合与同被引 ········ 244
- 7.5 引文分析法的应用 ········ 260

第八章　科学计量学中的内容分析法 ········ 272

- 8.1 内容分析法概述 ········ 273
- 8.2 内容分析法的主要流程 ········ 278
- 8.3 内容分析法与科学计量学的融合 ········ 284
- 8.4 内容分析法工具与实例 ········ 297

第九章　科学计量学中的社会网络分析法　310

9.1　社会网络分析法概述　311
9.2　社会网络分析法的维度及相关概念　316
9.3　常用社会网络分析软件　320
9.4　社会网络分析法的应用举例　327

第十章　科学计量学中的可视化分析法　334

10.1　可视化分析法概述　335
10.2　科学计量学中的可视化分析法与工具　339
10.3　科学计量学中的可视化流程　347
10.4　科学知识静态结构的可视化展示　350
10.5　科学发展动态过程的可视化展示　354

第十一章　专利计量与标准计量　363

11.1　专利信息概述　364
11.2　专利分析的主要指标　366
11.3　专利分析的方法及工具　369
11.4　标准信息的体系结构　376

第十二章　科学计量学在科学评价中的应用　380

12.1　科学计量学与科学发展研究　381
12.2　科学计量学与期刊评价　390
12.3　科学计量学与大学评价　394
12.4　科学计量学与人才评价　400

第十三章　科学计量学在科技政策与科技管理中的应用　409

13.1　科学计量学与科技政策的制定　410
13.2　科学计量学与地区、科研机构分析　417
13.3　科学计量学与科技预测　427
13.4　科学计量学与国际合作分析　434

第一章

科学计量学概论

1.1 科学计量学的萌芽与兴起

1.1.1 科学计量学概念

科学计量学（scientometrics）这一名称由苏联学者纳里莫夫和穆里钦科于1969年首次提出，他们将这一术语定义为"研究分析作为情报（信息）过程的科学的定量方法"[①]。不同的学者从各自的研究领域和研究工作出发，提出多种本质相似而表述各异的定义。科学计量学初期被认为是一门具有"元科学"性质的学科，其后逐渐被认为是对科学活动定量评价、评估的重要手段。例如，前苏联乌克兰科学院科学家多勃罗夫（Gennady M. Dobrw）认为，科学计量学应当围绕可以定量评估的一切科学问题，进一步提出一个相当广泛的科学计量学定义："任何科学研究的定量方面都属于科学计量学。"匈牙利著名物理化学家贝克（M. T. Beck）提出，科学计量学是研究科学活动、科学生产力，以及科学进步的评价和比较的科学，它将处理数据资料的方法应用于科学学研究[②]。

随着对科学发展研究的进一步深入，学者们对科学计量学的认识逐渐转向科学计量学在描述科学发展过程，从而揭示科学发展规律和进步机制方面的功能。包括 SCI 的创始人加菲尔德（Eugene Garfied，1926—）在内的多位学者认为，科学计量学的基本点是博采各种数量技术应用于科学学研究中[③]。普赖斯则将科学学等同于科学计量学——"科学学，就是科学计量学"。*Scientometrics* 期刊的主编布劳温（Tibor Braun）认为，"文献计量学和科学计量学的方法非常相似，有时甚至是完全相同的。但是还是可以通过它们的研究对象和研究目的来区分它们。文献计量学把图书、期刊等看作正规的有形文献。其主要目的在于定量地分析图书馆等的藏书和文献服务活动，以便增进科学文献、科学情报和科学交流的活力。科学计量学则是分析科学信息产生、传播和利用的量的规律性，以更好地理解科学研究（作为一种社会活动）的机制"。我国学者梁立明和武夷山认为，科学计量学是用定量方法处理科学活动的投入（如科研人员、

[①] 宋兆杰，王续琨. 纳里莫夫：苏联科学计量学的创始人——纪念纳里莫夫诞辰100周年[J]. 科学学研究，2010，(3)：333-338.

[②] 马凤. 国内外科学计量学的比较研究[D]. 武汉：武汉大学博士学位论文，2012.

[③] Beck M T, Doborov G M, Garfield E, et al. Editorial comments on the inaugural issue of scientometrics [J]. Scientometrics, 1978, (11): 3-8.

研究经费)、产出(如论文数量、被引数量)和过程(如信息传播、交流网络的形成)的研究领域[①]。

纵观科学计量学的定义,大多数学者认为,科学计量学具有以下几个特点:第一,定量化;第二,以有形的科学信息为对象;第三,应用性强。因此,科学计量学可以认为是以描述科学发展过程,揭示科学发展内在机理,预测科学发展趋势,为科学管理工作提供支持依据为目的,以定量分析方法为主要途径,以反映科学活动的主体和客体为研究对象的一门应用性学科。

1.1.2 科学计量学的产生背景

一个学科的产生离不开它所处的时代背景和社会环境。科学计量学与其他许多传统学科相比,只有数十年的历史,是一个相对年轻的学科。但是在它正式定名之前,已经经历了长时间的酝酿。科学计量学的兴起并非偶然,它有着深刻的历史背景和强大的社会动力。

从学科的角度来说,一方面,现代科学体系的形成和发展,改变了人们以往的思维方式和认识观,促使人们开始重视运用科学的方法对科学技术本身的规律性进行分析探索、计量研究。另一方面,数学方法是一门应用性极强的基础科学,至今已经广泛应用于各门学科的研究之中,尤其是社会科学中的许多学科,如经济学、管理学和社会学等。各门学科的数学化和计量化已成为现代科学技术发展的重要趋势。科学学也是一门社会科学,它的发展也不例外,数学方法的渗透使得科学计量学的形成在一定程度上成为历史发展的必然。此外,与其他社会科学的不同之处是,科学学是一门反思性的学科,即采用科学的方法研究科学本身,采用一定的方法反思科学技术的发展,探索科学技术本身的规律。在这些方法中,计量方法是一种最为可靠的方法。

从社会的角度来说,现代科学活动日益社会化和科研规模不断扩大,是促进科学计量学形成的社会条件和动力。第二次世界大战以来,许多国家的科学研究活动规模不断扩大,科学研究活动的社会化程度越来越高。科学研究、技术开发和社会生产密切结合,系统发展。社会科研系统发展到高度分化而又高度综合的程度,形成一个从科学研究到技术开发再到生产应用的多层次、多序列的复杂结构。这就迫使人们必须专门研究科研系统的有效管理,探讨科研工作的规律性。由此产生了科学学的许多分支学科,如科学社会学、科学政策学、科学管理学和科学计量学等,以完成对社会科研系统进行科学、定量化管理的

---

① 梁立明,武夷山. 简介科学计量学. 自然科学基金委员会内部资料. http://blog.sciencenet.cn/home.php?COLLCC=3948558216&mod=space&uid=1557&do=blog&id=19355 [2014-5-7].

现实任务，最大限度地发挥科学系统的功能和效率。

1.1.3 科学计量学的发展历史

科学计量学的萌芽过程与文献计量学基本相同，两者是同一棵树上结出的不同果实。庞景安将科学计量学的发展分为三个阶段：创立时期（19世纪末～20世纪30年代）、理论形成时期（20世纪30～60年代）、应用发展时期（20世纪60年代至今）。袁军鹏也将科学计量学的发展进程分成三个阶段，分别是萌发时期（19世纪下半叶到20世纪初）、奠基时期（20世纪初到60年代末）、发展时期（20世纪70年代至今）。两者之间的区别主要是在第二个阶段的划分上。庞景安将文献计量学中的三个重要定律：洛特卡定律（Lotka's Law）、布拉德福定律（Bradford's Law）和齐普夫定律（Zipf's Low）归入了第一个时期[1]，而袁军鹏则将这三个定律归入了第二个阶段[2]。我们认为，严格地按照时间划分总是无法避免这样或者那样的问题，利用科学计量学发展过程中的重大事件来确定发展阶段可能更为合适。

纵观科学计量学的发展，有两个重大历史事件可以作为时间分段的依据：一是洛特卡定律的产生；二是科学计量学专有名词的产生。洛特卡（A. J. Lotka，1880—1949）之前的研究多为零散的统计学研究，从洛特卡开始，逐渐产生了具有现代科学计量学意义的研究；从洛特卡的研究开始至"科学计量学"这一专有名词的产生，可以认为是科学计量学的形成时期；其后可以认为是科学计量学走向成熟和发展的时期。

1. 前科学计量学时期的相关研究

瑞士植物学家阿尔丰沙·德堪多（Alphonse de Candolle）在1873年发表了《两百年科学和科学家的历史》一书，这部著作被认为是科学计量学研究的先驱著作，同时也是科学学的早期经典著作。在该书中，他以英国皇家学会、法国科学院和柏林科学院近200年来的院士为研究对象，考察了这些科学家的学科门类、家庭出身、民族背景、宗教信仰的分布情况，分析了遗传、教育、语言、宗教、地理环境等因素对科学发展和科学家成长的影响，统计分析得出结论：科学进步依赖于社会、政治、文化背景等条件，依赖于影响科学家个性、兴趣、教育等的社会环境和社会心理，依赖于国家的自然条件、与文化中心的距离。此外，德堪多还定量研究了科学的内在结构。他运用数学方法建立了多个指标来比较各国的

---

[1] 庞景安. 科学计量研究方法论[M]. 北京：科学技术文献出版社，1999：16.
[2] 袁军鹏. 科学计量学高级教程[M]. 北京：科学技术文献出版社，2010：2.

科学发展状况。例如，他对各国的科学家人数及占国家总人口的百分比、各国百万人口中的院士人数、科学院中的外籍院士人数等进行了统计，并据此对各国进行了排序。德堪多首次创造性地将统计方法应用到研究科学本身及科学活动主体——科学家的研究中①。

高尔顿（Francis Galton，1822—1911）在科学计量学研究方面的突出贡献也是对科学家的统计分析。他的代表性著作有 *Hereditary Genius*（《遗传天赋》，1869 年）和 *English Men of Science：Their Nature and Nurture*（《英国科学家》，1874 年）。高尔顿对英国伟人进行统计分析后指出，包括有所创造的科学家在内，似乎都有血缘关系，且大都出身名门；英国杰出科学家占总人口比例大约为十万分之一。他的观点后来被人批评为低估了人与社会的复杂性，夸大了生物学原理的适用范围，但高尔顿开创了关于杰出科学家质量分布的研究，他的这一研究是后来科学计量学的各种质量分布研究的先导②。

20 世纪初，一些学者逐渐开始对科技文献的数量进行统计研究。1917 年，科尔（F. J. Cole）和伊尔斯（N. B. Eales）发表了题为"比较解剖学的历史——对文献的统计分析"的论文。该文统计了 1543~1860 年欧洲各国发表的有关动物解剖学方面的出版物有 6436 件，并绘制了出版物数量的时间分布曲线，从此曲线可以较为清楚地看出比较解剖学的发展进程。科尔和伊尔斯在统计数据的基础上，还比较了不同国家比较解剖学的发展状况，确定了不同时期比较解剖学的研究重点等。科学发展的表现形式有多种，如科学家人数的增长、科研机构数量的增长、科学文献的增长等。科尔等以文献为切入点对科学进行定量研究开创了科学计量学这一新领域③。

英国伦敦专利局的休姆（E. W. Hulme）于 1923 年对《国际科技文献目录》所载的 1901~1913 年的所有期刊，按照不同国家、地区逐年分类统计分析。休姆在该项研究成果中，第一次使用了"统计书目学"（statistical bibliography）这一新术语表示文献的定量研究④。

美国的格罗斯夫妇（P. L. K. Gross & E. H. Gross）于 1927 年对《美国化学会志》的论文的参考文献进行了统计分析。他们将被引期刊按其总被引次数从高到低进行排序，从而为订购专业期刊和相关期刊提供了定量的决策依据。格罗斯夫妇的研究被认为是首次采用引文分析的方法来处理文献的计量分析问

---

① 方勇. 科学计量学的方法论研究［M］. 重庆：西南师范大学出版社，2006：11.
② 刘钝，苏淳. 博学的绅士——弗朗西斯·高尔顿［J］. 自然辩证法通讯，1988，6：57-70.
③ Cole F J, Eales N B. The history of comparative anatomy ［J］. Science Progress, 1917, （11）: 578-596.
④ Hulme E W. Statistical Bibliography in Relation to the Growth of Modern Civilization ［M］. London: Grafton, 1923.

题。他们提出的"文献被引次数的多少可以在某种程度上反映该文献的价值大小"的观点，为以后的引文分析研究奠定了理论基础[1]。

2. 科学计量学的形成时期

具有现代科学计量学意义的研究起始于美国学者洛特卡，其后包括布拉德福（S. C. Bradford）、齐普夫（(G. K. Zipf)）等的研究逐渐形成了文献计量学和科学计量学的重要定律。但是真正使科学计量研究变成一门科学的，人们普遍认为是普赖斯和加菲尔德。普赖斯的《巴比伦以来的科学》[2]、《小科学，大科学》[3] 两本著作的出版和加菲尔德的 SCI 的刊行被认为是科学计量学发展史上的两件奠基性事件。

1926 年，洛特卡发表了 *The Frequency Distribution of Scientific Productivity*，首次解释了科学家与论文之间的数量关系。洛特卡统计了《化学文摘》（1907~1916 年）索引中的以 A 和 B 开头的 6891 名作者及其论著数，并统计了奥尔巴赫（Auerbach）的《物理学史一览表》（1919 年）中的 1325 名科学家及其论著数，在此基础上，提出了著名的洛特卡定律[4]。

1932 年，美国语言学家齐普夫提出，在采用自然语言表达的文章中，词汇出现的频率值与其等级值的乘积是一个常数。齐普夫在 1948 年出版的专著《人类行为与最省力法则——人类生态学引论》中详细论述了这一规律形成的内在成因和机制[5]。

1934 年，英国著名文献学家布拉德福在对科学文献进行大量的统计研究的基础上，首次提出了专业科技论文在相应期刊中的数量分布规律，即著名的布拉德福定律[6]。

洛特卡、齐普夫和布拉德福等学者的研究工作对科学计量学的奠基产生了积极的重要影响。

1950 年，普赖斯向荷兰阿姆斯特丹的国际科学史大会提交了他的第一篇有关科技期刊按指数增长的科学计量学论文。1960 年，普赖斯获得耶鲁大学科学

---

[1] Gross P L K, Gross E M. College libraries and chemical education [J]. Science, 1927, 66 (1713): 385-389.

[2] de Solla Price D J. Science Since Babylon [M]. New Haven: Yale University Press, 1961.

[3] de Solla Price D J. Little Science, Big Science [M]. New York: Columbia University Press, 1963.

[4] Lotka A J. The frequency distribution of scientific productivity [J]. Journal of the Washington Academy of Sciences, 1926, (16): 317-323.

[5] Zipf G K. Selected Studies of the Principle of Relative Frequency in Language [M]. Massachusetts: Harvard University, 1932.

[6] Bradford S C. Sources of information on specific subject [J]. Engineering, 1934, 137: 85-86.

史教授职位后,曾于就职伊始举行过一次系列讲座。这次讲座共分五讲,他在最后一篇演讲中深入讨论了"科学指数增长"问题。这次系列演讲的文稿于1961年整理出版,书名为"巴比伦以来的科学"。这本书非常畅销,而且在科学学界引起了强烈反响。普赖斯在书中以历史年代为横轴,以科学文献量为纵轴,把不同年代的科学文献量在坐标图上描绘出来,然后以曲线连接各点,得出了科学文献随时间增长的指数曲线,如图1-1所示。

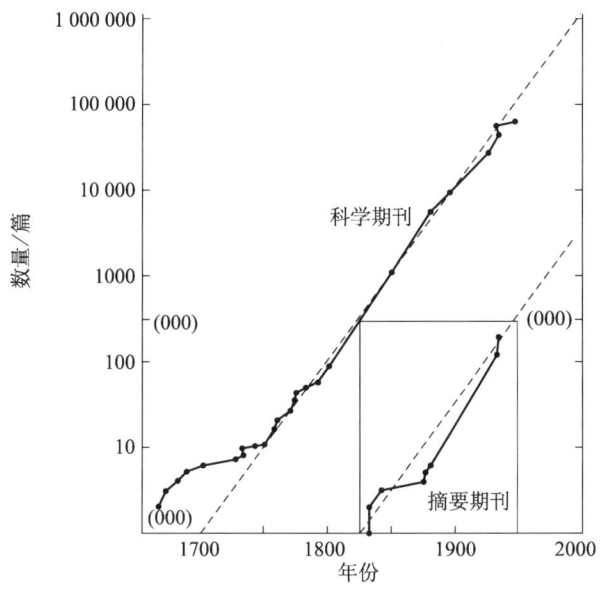

图1-1 科学期刊和摘要期刊数量随时间的变化图

1962年,普赖斯应邀在布鲁克海文国家实验室做一年一度的佩格勒姆科学讲演,他以定量描述科学发展为主线做了四次报告。该报告集于1963年出版问世,即著名的《小科学,大科学》。为验证指数曲线的普遍适用性,普赖斯以《化学文摘》等4种文摘和其他30种杂志为例进行了统计分析。他指出"似乎没有理由怀疑任何正常的、日益增加的科学领域内的文献是按指数增加的,每隔10~15年时间便增加1倍","每年增长5%~10%"。《巴比伦以来的科学》和《小科学,大科学》两书在全面继承和发展近一个世纪以来先驱者们对科学进行定量研究成果的前提下,最终为科学计量学研究奠定了理论基础。正如普赖斯于1975年在《巴比伦以来的科学》一书扩大再版时说的那样:"这两本著作,引来了一系列旨在对诸如科学期刊数目、论文数目、作者数目以及引证数目等进行种种计量探索的定量研究。"[①]

---

① de Solla Price D J. Gears from the Greeks: the Antikythera mechanism—a calendar computer from ca. 80 B.C. [J]. Transactions of the American Philosophical Society, 1974, 64 (7): 1-70.

1955年,加菲尔德在 Science 上发表论文 Citation Indexes for Science,系统地提出了利用引文制成索引检索科技文献的方法①。1960年,他创办了美国科学信息研究所(ISI),并于1963年编制成SCI。1973年ISI推出"社会科学引文索引"(SSCI)。1978年,ISI又推出了"艺术与人文科学引文索引"(A&HCI)。

在这些学者丰富的研究成果的基础上,1969年,苏联学者纳里莫夫和穆里钦科发表了专著《科学计量学:把科学作为情报过程来研究科学的发展》,创造了俄语术语"科学计量学",同年,英语术语"scientometrics"也正式产生,科学计量学正式形成。

3. 发展时期(20世纪70年代至今)

在"科学计量学"这一名词正式产生之后又经过10年的发展,1978年9月,匈牙利学者布劳温创办了《科学计量学》杂志,从1987年开始,布劳温一直担任该杂志的主编。《科学计量学》主要发表有关科学学、科学交流和科学政策的定量研究成果,探讨科学计量学研究中各种重要的问题,描述科学计量学的各种方法,为国际上从事科学计量学研究的学者提供了一个学术交流的平台②。

从1984年开始,国际科学计量学界为纪念普赖斯,决定设立"普赖斯奖",旨在奖励在科学计量学上做出杰出贡献的学者。1987年,在比利时召开了第1届文献计量学和信息检索的理论问题国际研讨会,1989年在加拿大召开的第二次会议开始加入"科学计量学"一词,1993年柏林会议期间,研究人员决定成立一个正式的学会,并于1994年在荷兰发布了正式的学会章程,学会正式定名为"国际科学计量学与信息计量学学会"(International Society for Scientometrics and Informetrics,ISSI),国际研讨会的名称也正式改为"科学计量学与信息计量学国际研讨会",ISSI对科学计量学其后的发展起到了举足轻重的作用。其后,每年的普赖斯奖颁奖仪式均在国际研讨会召开期间颁发。我国曾于2003年在北京承办了第9届研讨会,在2013年维也纳召开的第14届大会上,中国再次赢得了2017年第16届大会的承办权,这是ISSI成立以来第一次在同一个国家召开两次,充分说明我国在国际科学计量学发展过程中起到了越来越重要的作用③。

---

① Garfied E. Citation indexes for science [J]. Science,1955,122(3159):108-111.
② Springer. Scientometrics [EB/OL]. http://www.springer.com/computer/database+management+%26+information+retrieval/journal/11192 [2014-9-2].
③ ISSI. History [EB/OL]. http://issi-society.org/news.html [2014-7-19].

图 1-2 展示了国际科学计量学领域的主要期刊 *Scientometrics* 从创刊至 2012 年年底的文献所属国家/地区分布。从分布上来看，世界范围内，欧洲和美国是科学计量学研究最活跃的地区，占到全部发文总量的 62.9%。欧洲国家中主要有荷兰、比利时、匈牙利、英国、西班牙、德国和法国等；在亚洲，印度、中国和日本比较活跃。在其他国家中，南美洲地区的巴西和委内瑞拉、非洲地区的南非、大洋洲的澳大利亚和新西兰等也逐步崛起，这充分说明科学计量学具有广泛的国际影响力，研究成果相对集中。

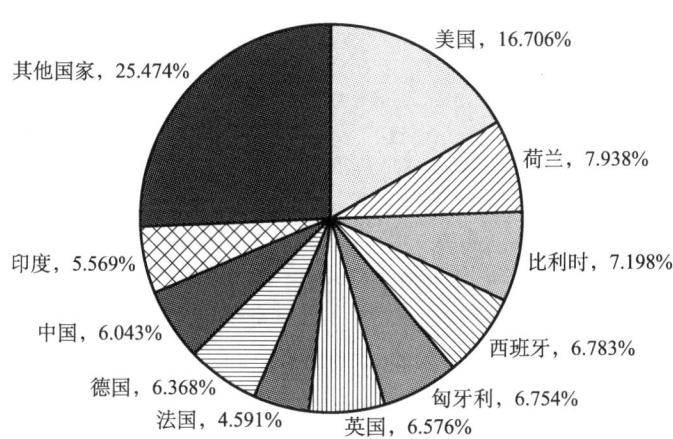

图 1-2 *Scientometrics* 从创刊至 2012 年的文献所属国家/地区分布

从研究内容上来看，国际上对科学计量学的研究主要集中在以下几个方面：科学计量学学科独立性及学科特性的研究、科学计量学学科结构的研究、科学计量学指标与评价的研究、引文分析和科学合作网络的研究等。引文分析、知识图谱和社会网络分析等作为科学计量学的重要手段，在以上各个方面的研究中均有涉及。

（1）科学计量学学科独立性及学科特性的研究。法国学者屈文（J. M. Trouvem）[①] 指出，根据普赖斯指数，科学计量学已经变成一个具有硬科学特征的高度专业化的研究领域。匈牙利学者温克勒（P. Vinkler）[②] 用定量比较的方法证明科学计量学已经是一门不容置疑的独立学科。雷迭斯多夫（L. Leydesdorff）[③] 指出科学计量学所面临的挑战，他认为，科学计量学的技术发展水平是"前科学范式"，它仅仅在自身的主题交融上是一门交叉学科，对于

---

① Trouvem J M. The measure of scientific knowledge: a new model of scientific communication [J]. Science and Science of Science, 1994, 3 (5): 124.
② Vinkler P. Words and indicators as scientometrics stands [J]. Scientometrics, 1994, 30 (2-3): 495-504.
③ Leydesdorff L. The Challenges of Scientometrics: the Development, Measure, and Self-organization of Scientific Communication [M]. Florida: Universal Publishers, 2001.

多种对它有所贡献的学科是一个应用领域。与此同时，格兰采尔（W. Glanzel）和斯克爱普福林（U. Schoepflin）[1]则认为科学计量学处于深重的危机之中，在理论模型、方法论、新的研究方向的开辟等方面似乎显得停滞不前，各个领域的交流逐渐停止，一些科学计量学理论家开始脱离实际，甚至超越了基础研究与思辨的界限；在术语使用上，已经出现了所谓的"巴比伦混乱"。

（2）科学计量学学科结构的研究。舒伯特（A. Schubert）[2]定性地描述了科学计量学的三个主要的分支学科领域：结构科学计量学、动态科学计量学和评价科学计量学。结构科学计量学的目的是绘制科学学科结构的图谱，它所应用的技术包括图论、网络分析、聚类分析等。动态科学计量学以科学计量学客体（作者、出版物、引文等）的科学信息的时空行为为研究对象。评价科学计量学的目的是为了评价科学研究参与主体的绩效，其主要作用是作为科学政策与科研管理的评价工具。

（3）科学计量学指标与评价的研究。指标的研究一直是科学计量学领域的一个重要领域。温克勒[3]在为 *Bibliometrics and Citation Analysis*，*From the Science Citation Index to Cybermetrics* 一书所作的序中，甚至提出"科学计量学和文献计量学的本质是指标"。影响因子（impact factor，IF）和 h 指数是科学计量学指标中影响最广的两个。自加菲尔德最初提出影响因子相关思想以来，围绕影响因子展开的争论就没有停止过，但其功能得到普遍意义上的认可则是不争的事实[4]。赫希（J. E. Hirsch）[5]于 2005 年提出了评价科学家个人绩效的指标 h 指数，最初只是为了帮助研究人员评价物理学研究领域的科学家，但迅速受到广泛关注和深入研究。埃格赫（Leo Egghe）和鲁索（Ronald Rousseau）[6]巧妙地运用基于洛特卡定律的情报过程原理，并在此基础上研究 h 指数与其他变量之间的关系，埃格赫[7]在 2006 年进一步提出了 g 指数。鲁索[8]还引入了

---

[1] Glanzel W, Schoepflin U. Little scientometrics, big scientometrics and beyond [J]. Scientometrics, 1994, 30 (2-3): 376.

[2] Schubert A. The web of scientometrics: a statistical overview of the first 50 volumes of the journal [J]. Scientometrics, 2002, (53): 3-20.

[3] Vinkler P. Indicators are the essence of scientometrics and bibliometrics [J]. Scientometrics, 2010, 85 (3): 861-866.

[4] Braun T. Special discussion issue on journal impact factors [J]. Scientometrics, 2012, 92 (2): 207-208.

[5] Hirsch J E. An index to quantify an individual's scientific research output [P]. Proceedings of the National Academy of Science, 2005, (102): 16 569-16 572.

[6] Egghe L, Rousseau R. An informetric model for the Hirsch index [J]. Scientometrics, 2006, 69 (1): 121-129.

[7] Egghe L. Theory and practice of the g-index [J]. Scientometrics, 2006, 69 (1): 131-152.

[8] Rousseau R, 刘俊婉, 马建华. Hirsch 指数研究的新进展 [J]. 科学观察, 2006, (4): 23-25.

"Hirsch 核心"这一概念,认为只有 h 指数和 g 指数相结合,并需要对具有相同 h 指数的不同学者之间进行区分,才能较全面地评价科学家的科研成就。

(4) 引文分析。通过引文进行科学思想的交互和继承是科学研究发展脉络在文献层面的重要体现,因此引文分析一直是科学计量学研究的一个重要阵地。科学社会学家科尔兄弟(J. Cole 和 S. Cole)曾利用引文分析方法提出并验证了科学界的社会分层问题[1],引文分析作为基本的分析手段的合理性引发了科学计量学界与科学社会学界的广泛关注,对引文分析和科学精英关系的研究一直延续至今[2]。引文分析主要关注于文献层面,在此基础上,进一步衍生出了文献共被引、文献耦合、期刊共被引,以及近年来逐渐增加的作者互引[3]、作者共被引[4]、作者耦合[5]等一系列研究。

(5) 科学合作网络的研究。科学合作的研究已经成为科学计量学研究领域的一个主要部分,2013 年第 14 届 ISSI 大会直接将科学合作和网络分析作为大会的一个重要主题[6]。纽曼(Mark Newman)[7]对著者科学合作网络的研究成果产生了极大的学术影响,他认为一般的网络分析存在如下问题:首先,社会调查得到的数据过于实验室化,因此其调查规模是受限制的;其次,以这类方式所获得的数据存在主观性,无法客观地反映客观实际情况;最后,即便解决了这些问题,同样也存在选取的调查对象无法反映实际情况的问题,而合作网络是研究社会网络的理想载体。纽曼[8]利用百万数量级规模的科学合作网络研究,极大地推动了社会网络分析的发展,同时也为科学计量研究拓展了新的研究领域和视角。

---

[1] Cole S, Cole J R. The ortega hypothesis [J]. Science, 1972, (178): 368-375.

[2] John N P, Christopher L, Stefano A. Characterizing a scientific elite: the social characteristics of the most highly cited scientists in environmental science and ecology [J]. Scientometrics, 2010, (85): 129-143.

[3] Borgman C L. Scholarly communication and bibliometrics [J]. Annual Review of Information Science and Technology, 2002, 36 (1): 2-72.

[4] Mccain K W. Mapping authors in intellectual space: a technical overview [J]. Journal of the American Society for Information Science, 1990, 41 (5): 433-443.

[5] Ruimin M. Author bibliographic coupling analysis: a test based on a Chinese academic database [J]. Journal of Informetrics, 2012, 6 (4): 532-542.

[6] ISSI. About ISSI 2013 [EB/OL]. http://www.issi2013.org/about.html [2014-12-07].

[7] Newman M E J. Mark newman [EB/OL]. http://www-personal.umich.edu/~mejn/ [2014-12-05].

[8] Newman M E J. The structure of scientific collaboration networks [J]. PNAS, 2001, 98 (2): 404.

1.2 科学计量学的对象、内容与方法

可以认为，凡是科学学研究中的定量问题均是科学计量学的研究内容，如一个国家的科技实力、科技指标、科技力量分布、科研绩效、科学发现等定量研究均有成功之例。按照 ISSI 的宗旨①，其定量研究的领域有：科学技术和其他重要学术情报的定量研究，科学学、技术学、社会科学、艺术学和人文科学的定量研究，情报的产生、传播和使用的定量研究，图书馆、档案和数据库等的定量研究，以及情报方面的数学模型研究。对同一个科学学问题采用不同的定量方法，其结果可能差别很大。如何形成一个统一的数学模型和定量标准，提高其应用的权威性、标准化，是其理论、方法有待解决的问题。

1.2.1 科学计量学的研究对象

科学计量学试图通过定量方法寻找科学活动的内在规律或准规律，并为更有效率地开展科研活动提供指导。从宏观上看，科学计量学的研究对象为科学，主要研究科学的定量方面，典型的科学计量学研究问题有：①科学研究的生产率问题；②科研资金投入的最优化；③通过科学计量学方法和指标预测学科发展趋势和确定资助重点；④通过科学计量学方法和指标识别科学的不同学科之间以至科学活动同技术活动之间的联系，从而为跨学科研究和理性的科技政策制定提供指导；⑤通过科技产出指标进行科研绩效评估；⑥描述科学活动规律和准规律的各种数学模型，如"成功导致成功"的数学模型、洛特卡定律、布拉德福定律、齐普夫-帕雷托分布等；⑦用科学计量学方法和指标研究科技人才和科技教育问题。

迄今为止，绝大多数科学活动规律的揭示都是依靠游行的科学信息的计量结果得出的，因此可以从微观的载体角度分析科学计量学的研究对象，一般而言，主要包括学术论文、专利文献和其他形式的科学信息。学术论文是早期科学计量学研究的主要对象，目前科学计量学的主要定理和规律几乎都是借助对于学术论文的研究而产生的。早在 20 世纪 50 年代，国外就有学者提出利用定量分析方法对专利信息进行研究，但由于当时专利信息获取不易，且缺乏相应的研究工具，因此没有引起人们特别多的重视。20 世纪 70 年代开始，纳林（Francis Narin）等就利用科学计量学的相关方法对专利文献进行研究，1994

---

① ISSI Society. Mission [EB/OL]. http：//www.issi-society.org/mission.html [2014-11-17].

年，纳林提出了"专利计量"一词，其后越来越多的研究开始关注利用专利进行科学计量学研究。相对于学术论文而言，专利更多地被应用于研究技术进步和产业层面的研究。网络环境下，越来越多的科学交流活动以实时或者非实时的方式进行在线实施，虽然一般情况下网络上的科学信息被归入信息计量学和网络计量学的研究范畴，但我们认为，在线环境下产生的科学交流记录同样是科学计量学研究的重要对象。

1.2.2　科学计量学的研究内容

科学计量学的研究领域十分广泛，它不仅研究科学本身的问题，还研究社会生产、其他上层建筑等与科学的关系。科学计量学的研究内容主要有以下一些方面。

（1）科学数量化。科学是十分复杂的现象，传统以科学为研究对象的学科（如科学史）中采用的是定性分析的方法。科学能否数量化（计量），在科学的研究中如何采用定量分析的方法，是科学计量学面临的最基本问题，也是科学计量学中一个重要的研究内容。科学计量学的研究表明，无论是科学的投入或是产出，都可以量化，通过各种统计数据，用函数关系描述出来加以分析和研究，可以用定量的方法表示和证明各种定性假设。但是运用数学方法的一个基本前提是研究对象能够数量化，但是因为科学本身的复杂性，并不是在任何情况下都可以做到这一点。科学定量化是有一定范围的。

（2）建立指标模型，揭示科学发展规律。根据统计数据，从不同侧面建立科学计量学指标模型，揭示科学发展过程的规律，是科学计量学的核心内容。在这方面，科学计量学已经取得了许多重要成果。例如，普赖斯通过历史上的科学活动的可计量对象，如科学论文、科学期刊、科学发现、从事科学研究的人数等按照时间序列进行统计，归纳出人类科学事业发展的一个基本规律，即指数增长规律。日本神户大学科学系汤浅光于1962年根据大量统计数据，采用定量分析的方法，发现了近代世界科学中心大约以80年为周期从一国向另外一国转移的现象。我国学者赵红州运用统计方法分析了历史上1249名杰出科学家作出重大科学成果时的年龄，发现科学发明的最佳年龄区是25～45岁，最佳年龄值为37岁。

（3）科学计量学在科学管理、科学评价、科学决策当中的应用。对科学生产的投入和产出的各个方面，以及科学内外各种关系的定量化研究也是科学计量学研究的重要内容。科学计量学一个主要的应用领域为科学评价，同时也被广泛应用到如科学研究才能的评价、人才的评价、科研机构的评价、国家科研水平的分析、科研状况的发展分析、水平动向的评估以及对科学发展趋势的预测等领域，在许多方面成为科学技术事业政策管理的重要依据，提高了对科技组织管理、协调、决策和预测的科学性，对建立完善合理的评价指标体系提供了可靠依据。随着科学计量学的日益发展，以及与其他学科的交叉渗透，科学计量学在科学管理和科学评价中的作用越来越明显地显示出来。

1.2.3 科学计量学的研究方法

传统的科学计量学研究方法主要有出版物统计、著者统计、引文分析、词频分析、内容分析等。随着科学计量学研究的深入，学科内产生了一些新的方法，也从其他学科引入了许多方法，近年来常被使用的方法主要包括共现分析（包括共词分析和共被引分析）、社会网络分析、多元统计分析、信息可视化等。

1. 出版物数量统计

出版物（科学文献）是科学知识、科学信息的载体，是科学计量学研究中最为广泛的研究对象。出版物数量计量方法已成为科学计量学研究中最基本和最成熟的方法之一，是科学计量学指标体系中的重要组成部分。出版物数量是所有科学计量学指标体系中最基本的指标，在研究者、期刊、科研机构和国家等各研究主体层次的评价中，几乎都将出版物数量作为最基本的一个指标。对出版物的统计分析有多种角度，对各个角度的深入分析可以得出许多重要的分布和变化规律，主要的出版物统计分析有以下方面：①科学文献随时间的增长变化规律，通常认为科学文献呈现指数增长规律，即科学文献的累积数量随时间序列大致呈现出指数增长的趋势；②科学期刊是学科交流的一种重要方式，随着时间的变化，期刊的刊载量也呈现出一定的变化规律；③某一学科主题的相关文献在学科期刊中的分布情况；④文献特征的统计分析，如期刊文献中的文摘数量的分布；⑤对研究主体的出版物数量的统计，如对作者、团队、机构的出版物数量的统计；⑥从多个角度对出版物的数量分布情况进行统计，如出版物在各个学科领域的数量分布，科学文献在不同地域的数量分布，科学文献在不同国家和机构的数量分布，各种语言的科学文献数量分布，各种类型和性质的科学文献的数量分布等。

2. 作者数量统计

科学文献的作者是科学活动、科学产出的主体。对作者数量从多个方面进行统计分析，常见的分析角度有：①科学家研究产出数量的分布情况。研究产出的数量通常被用来衡量科学家生产力的指标，如洛特卡定律和普赖斯定律

(Price Law)均由此方法得出。②科学家数量随时间的变化情况，如统计分析科学家数量的翻番时间、科学家数量的倍增时间、杰出科学家人数的倍增时间等。③合著者人数随时间的变化情况。随着科技的发展、研究规模的不断扩大，科研成果合著成为研究产出的主要形式。通过统计合著人数的数量，计算合著人数占全体研究人员的比例可以判断合著率的增长变化情况。④研究产出随产出合著者人数的分布。

3. 引文分析法

引文分析是对文献中大量的引文进行定量分析研究，旨在探讨文献的分布和使用特性，以及文献之间的关系。透过引文分析，可以了解某学科领域的发展现状，以及未来发展趋势等引文数量的统计分析。引文分析常用于对国家、期刊、机构、作者等各层研究主体的评价中。引文分析的角度有许多种，主要有：期刊的被引频次统计，如WOS每两年发布的JCR（《期刊引证报告》）；机构的被引频次统计；作者的被引频次统计；文献的引用次数分布；文献的被引次数分布；引文的时间分布；引文的主题分布；引文的国别、地区分布；引文按不同语言的分布；引文类型的分布；引文的学科分布；自引比例的计算等。

4. 词频分析法

词频分析法是根据统计语言学，研究词（字）在科学文献中出现的频率分布。词频分析的目的是按学科领域建立词频词典，从而可对科学家的创造活动进行定量分析比较。词频分析的依据是社会现象、文献内容与词频之间的内在联系，涉及科学交流中知识及其传播者的最基本单元——主题词、类名类号、著者等，对特定类别的词进行统计分析可发现文献的主题内容、研究热点、主题变迁等。

5. 内容分析法

内容分析法实质是符号数量分析方法。它将科学文献与一系列用来计算的单元联系起来，以大量的科学交流为样本，统计其中各种符号出现的频率，确定时间和空间的关系，如将百科全书的条目作为术语，进行统计分析，用于信息检索的理论与实践中。内容分析法的一般过程包括：建立研究目标和确定总体与分析单位，依据测量和量化的原则，涉及能将分析单元的资料内容分解为一系列项目的分析维度（或类别系统），按照分析维度严格地抽取有代表性的资料样本（抽取样本），把样本转化成分析科目的数据形式，最后对数据进行信度检验及统计推论①。

6. 共词分析

共词分析（co-word analysis）通过分析在同一文本中的词段（单词或者名词语对）共同出现的形式，确定文本代表的学科领域中相关主题的关系，进而探索学科的发展。通过高频主题词的聚类，可以发现学科的研究热点。对词段进行聚类分析，可以根据结果绘制战略坐标图，从中发现热点研究状态、研究内部的联系和领域间相互影响的情况。

7. 共被引分析

共被引分析（co-citation analysis）也称共引分析或同被引分析。一般认为同时被引用的文献在主题上具有一定的相似性，因此共被引强度可以用来测度文献内容主题的相似度。当源数据为一个文献集合时，文献间的共被引关系可以构成共引网络，并可以采用软件绘制成图，该网络中节点之间的距离反映它们内容主题的相近程度，距离越近越相似。共引分析即基于这样的思想，在采用此方法分析过程中，首先选定一定数量的文献（或作者、期刊）等作为分析对象，采集引文数据，将数据转换成软件能够处理的格式，然后利用软件的聚类分析、多维尺度分析等多元统计分析方法，将分析对象之间错综复杂的共被引网状关系简化为数量相对较少的若干类群之间的关系，并且以图形的方式展示。

8. 社会网络分析

社会网络指的是社会行动者（social actors）及行动者之间关系的集合②。一个社会网络是由多个点（社会行动者）和各点之间的连线（行动者之间的关系）组成的。社会网络分析用来检视网络中节点、连接之间的社会关系。社会网络分析常用的指标有图形密度、可达性、中心性、结构洞、小团体分析、核心—边缘结构分析等。社会网络分析可分为五个具体层次：①个体层次分析，分析主要针对网络中的节点，即行动者本身的属性，如点的出度、入度等；②二方关系组层次，以两个行动者间的联结关系为研究主体，如行动者之间关系的内容、关系的互惠问题、多元关系的交叉和分布等；③三方关系组层次，以三方

---

① 陈维军．文献计量法与内容分析法的比较研究 [J]．情报科学，2001，(8)：884-886.
② Wasserman S, Faust K. Social network analysis: methods and applications [J]. Structural Analysis in the Social Sciences, 2010, 24: 219-220.

关系组的基本型为依据，分析三个行动者间的可能发生的各种联结关系，如关系与信息的传递和共享；④子图层次与多关系结构分析，主要是针对网络内点的归属，包括点的聚类分类，类间关系的相关性问题；⑤整体网络层次，在某特定的范围内，研究该范围内所有行动者的所有关系的状态，还包括整体的统计分布规律，如无标度性、六度分离等①。

9. 多元统计分析

目前，科学计量学中的多元统计分析技术应用主要是一些降维分析技术，如主成分分析、因子分析和多维尺度分析。主成分分析也称主分量分析，是一种通过降维来简化数据的方法。在统计分析过程中，遇到多变量的问题研究时，如果变量太多会增加复杂度，因此需要在不影响整体研究问题的情况下减少变量个数。在很多情况下，影响同一事物的多个变量之间有一定的相关关系。主成分分析则从所有原始变量中提取更少数量的变量，且尽可能多地保持原有的信息。因子分析可视为主成分分析的一种推广，其基本思想是：用少数几个因子来描述许多指标或因素之间的联系，将比较密切的几个变量归在同一类中，每一类变量成为一个因子，以较少的几个因子来反映原始资料的大部分信息。其中的主成分分析把给定的一组变量通过变换，转换为一组不相关的变量。在变换的过程中，保持变量的总方差不变，同时是第一主成分具有最大方差，依次类推。多维尺度分析是分析研究对象的相似性或差异性的一种多元统计分析方法，可以创建多维空间感知图，图中的点（对象）的距离反映它们的相似性或差异性（不相似性）。一般在两维空间，最多三维空间比较容易解释，可以揭示影响研究对象相似性或差异性的未知变量、因子和潜在维度。

此外，聚类分析是最常用的多元统计分析方法之一，它的研究起点也是原始数据的矩阵，目标同样是获得点的二维图。因此，聚类分析属于降低维数技术的范畴。不过，聚类分析主要与自然群（集合）的识别有关。通常情况下，聚类分析是与主成分分析、多维尺度分析或因子分析等方法结合起来使用的。

10. 信息可视化分析

信息可视化（information visualization）是指利用计算机实现对抽象数据的交互式可视表示，来增强人们对这些抽象信息的认知。信息可视化有助于人们通过视觉的通道快速地观察、认知、加工有关信息，以利于分析数据、发现规

---

① 董克，刘德洪，江洪. 基于三方关系组的引用网络结构分析［J］. 情报理论与实践，2010，33（11）：50-53.

律和制定决策。信息可视化技术在科学学领域的主要应用包括：学术团体的网络研究，以发现某领域的学科结构；学科领域的研究主题，通过研究某领域文献的关键词及其共现网络，展现该领域的研究动态以及各领域间的联系；研究各科学领域间的知识交流与转移情况，从而用以研究学者与出版物的相关关系以及某学科的相关学科；学术合作网络、信息与知识传统的影响因素以及战略作用与政府项目等应用研究。

1.3 科学计量学的常用数据源与工具

1.3.1 常用数据源

1. ISI Web of Science[①]

ISI Web of Science 是 Thomson Reuters 公司开发的信息检索平台，通过这个平台用户可以检索关于自然科学、社会科学、艺术与人文学科的文献信息，包括国际期刊、免费开放资源、图书、专利、会议录、网络资源等，可以同时对多个数据库进行检索，可以使用分析工具，可以利用书目信息管理软件。

ISI Web of Science™平台主要集成了以下数据库：

(1) 科学引文索引 (Science Citation Index Expanded，SCIE)。

(2) 社会科学引文索引 (Social Sciences Citation Index，SSCI)。

(3) 艺术与人文科学索引 (Arts & Humanities Citation Index，A&HCI)。

(4) 国际会议论文引文索引 (Conference Proceedings Citation Index-Science and Conference Proceedings Citation Index-Social Science & Humanities，CPCI-S 和 CPCI-SSH)。

(5) 化学索引 (Current Chemical Reactions，CCR；Index Chemicus，IC)。

(6) 中国科学引文数据库 (Chinese Science Citation Database，CSCD)。

(7) 基本科学指标 (Essential Science Indicators，ESI)。

(8) 期刊引证报告 (Journal Citation Report，JCR)。

(9) 德文特专利索引 (Derwent Innovations Index，DII，目前集成在 Thomson Innovation 中)。

目前，SCIE、SSCI、A&HCI、CPCI 以及 CCR 共同构成了 ISI Web of

---

① Thomson Reuters. ISI Web of Science [EB/OL]. http://webofknowledge.com/WOS [2014-12-5].

Science 核心合集。

2. Engineering Index[①]

美国工程索引（Engineering Index，EI）是世界著名的检索工具，由美国工程信息公司（Engineering information Inc.）编辑出版发行，该公司始建于1884年，是世界上最大的工程信息提供者之一，早期出版印刷版、缩微版等信息产品，1969年开始提供EI Compendex数据库服务。EI以收录工程技术领域的文献全面且水平高为特点，收录5000多种工程类期刊论文、会议论文和科技报告。收录范围包括核技术、生物工程、运输、化学和工艺、光学、农业和食品、计算机和数据处理、应用物理、电子和通信、材料、石油、航空和汽车工程等学科领域。

3. Scopus[②]

Scopus是爱思唯尔（Elsevier）公司于2004年推出的文摘和索引数据库。该数据库收录了来自全球5000余家出版社的近18 000种来源文献，是全球最大的文摘和引文数据库。该数据库完整收录Elsevier，Springer/Kluwer，Nature，Science，American Chemical Society，Institute of Physics，American Physical Society，American Institute of Physics，Royal Society of Chemistry等出版商出版的所有期刊，目前在4000万条记录中，自1996年以来的2000万条数据包括参考文献信息，1996年前的2000万条记录，最早回溯至1823年。

4. 中文社会科学引文索引[③]

中文社会科学引文索引（Chinese Social Sciences Citation Index，CSSCI）是由南京大学中国社会科学研究评价中心开发研制的数据库，用来检索中文社会科学领域的论文收录和文献被引用情况，CSSCI从全国2700余种中文人文社会科学学术性期刊中精选出学术性强、符合编辑规范的期刊作为来源期刊。目前，CSSCI收录包括法学、管理学、经济学、历史学、政治学等在内的25大类的500多种学术期刊，现已开发的CSSCI包括1998～2015年18年的数据。目前CSSCI扩展版、中国港澳台及海外华文期刊数据库等新内容正处于试运行阶段。

---

① EI. About EI [EB/OL]. http：//www.engineeringvillage.com [2014 - 12 - 17].
② Scopus. About Scopus [EB/OL]. http：//www.elsevier.com/solutions/scopus [2014 - 12 - 17].
③ 武汉大学图书馆. 中文社会科学引文索引 [EB/OL]. http：//www.lib.whu.edu.cn/web/dzzy/detail.asp？q=IDN=WHU00 887&s=detail&full=Y [2014 - 12 - 17].

1.3.2 常用工具

(1) Excel。Microsoft Excel 是微软公司的办公软件 Microsoft Office 的组件之一，它可以进行各种数据的处理、统计分析和辅助决策操作。Excel 中大量的公式函数可以应用选择，使用 Excel 可以执行计算，分析信息并管理电子表格或网页中的数据信息列表与数据资料图表制作，可以实现许多方便的功能。同时，Excel 提供简单易用的 VBA 编程接口，以利于数据的自动化处理，储节旺、郭春侠等学者完成阐述了利用 Excel VBA 实现共词分析的基本原理和实现方法[1]。

(2) SPSS[2]。SPSS 是世界上最早的统计分析软件，由美国斯坦福大学的三位研究生于 1968 年研究开发成功，同时成立了 SPSS 公司。1984 年，SPSS 总部首先推出了世界上第一个统计分析软件微机版本 SPSS/PC+，确立了 SPSS 微机系列产品的开发方向，极大地扩充了它的应用范围，并使其能很快地应用于自然科学、技术科学、社会科学的各个领域。世界上许多有影响的报纸杂志纷纷就 SPSS 的自动统计绘图、数据的深入分析、使用方便、功能齐全等方面给予高度的评价。2009 年 7 月 28 日，IBM 公司宣布用 12 亿美元现金收购统计分析软件提供商 SPSS 公司。如今 SPSS 已出至 21.0 版本，而且更名为"IBM SPSS"。

(3) SAS[3]。SAS（Statistical Analysis System）是一个模块化、集成化的大型应用软件系统，由数十个专用模块构成，功能包括数据访问、数据储存及管理、应用开发、图形处理、数据分析、报告编制、运筹学方法、计量经济学与预测等。SAS 系统基本上可以分为四大部分：SAS 数据库部分、SAS 分析核心、SAS 开发呈现工具、SAS 对分布处理模式的支持及其数据仓库设计。SAS 系统主要完成以数据为中心的四大任务：数据访问、数据管理、数据呈现、数据分析。

(4) Bibexcel[4]。Bibexcel 是由 2011 年普赖斯奖得主，瑞典 Umea 大学图书情报学系教授欧莱·泊松（Olle Persson）开发的一款免费的科学计量学研究软件，该软件主要用于分析文献数据或者文本类型的数据，可以实现引用分析，针对集成在 ISI Web of Knowledge 上的数据具有良好的处理功能。Bibexcel 除

---

① 储节旺，郭春侠. 共词分析法的基本原理及其 Excel 实现 [J]. 情报科学，2011，6：931-934.
② IBM. SPSS Software [EB/OL]. http：//www-01.ibm.com/software/analytics/spss [2014-12-20].
③ SAS. Products & Solutions [EB/OL]. http：//www.sas.com/en_us/software/sas9.html [2014-12-20].
④ Bibexcel. Bibexcel [EB/OL]. http：//www.soc.umu.se/english/research/bibexcel [2014-12-30].

了可以对作者、关键词、参考文献等单元进行简单的统计分析外，还可以进行共现关系矩阵的构建。

（5）TDA[①]。TDA（Thomson Data Analyzer，汤姆森数据分析器）是 Thomson Reuters 公司开发的文本挖掘软件，是 Derwent Analytics 的第二代产品。通过该软件可以对专利数据进行深度挖掘并展开可视化分析。TDA 具有自动化程度高、界面友好、直观的特点，提供一种轻松的方法从原始数据中挖掘出有用信息，由于和 Web of Knowledge 属于同一个公司，TDA 几乎支持 Web of Knowledge 平台上集成的所有数据库中的数据格式。

1.4 科学计量学与其他计量学分支学科的关系

一般认为，科学计量学是科学学的一个分支，也是当前科学学研究中一个十分活跃的领域。在科学学的多个分支学科领域中，与科学计量学比较相关的领域有科学技术历史、科学哲学和科学知识的社会学研究等。而从学科研究对象、研究内容、研究目标等方面来讲，与科学计量学最相近的学科领域主要是文献计量学、信息计量学，其次为网络计量学。

文献计量学是研究和测量文献信息的一系列方法。尽管文献计量学多应用于图书情报学，但它在其他领域也有广泛的应用。事实上，许多研究领域使用文献计量方法来分析特定文献的影响力、科研人员的影响力或学科领域的影响力。"信息计量学"这一术语最初是由联邦德国学者奥托·纳克（Otto Nacke）以德文"informetrie"在 1979 年提出，其含义为：将数学方法应用到涵盖信息科学处理测量数据的现象的这部分以及书目计量学的更广泛方面[②]。实际上，科学计量学的形成与发展已经与文献计量学和信息计量学的发展历史地融合在一起了。文献计量学、科学计量学和信息计量学三者之间具有极大的相似性，研究领域存在着相当程度的交叉。三者在发展历史、研究对象、研究内容、研究方法等许多方面存在相似甚至重合之处。著名信息科学家塔格-萨克利夫（Tague-Sutcliffe）曾将三者在研究方法和研究内容方面的相似性归纳为六个主要方面：关于语言、词和词组的频率统计；根据论文数量或其他方法确定的作者生产率测度；关于出版源，如期刊论文、科技图书等的统计分布；引文分析，

---

① Thomson Reuters. TDA [EB/OL]. http：//www.thomsonscientific.com.cn/productsservices/TDA [2014-12-30].

② Blackert L, Siegel K. Ist in der wissenschaftlich-technischen information platz für die informetrie? [J]. Wissenschaftliche Zeitschrift der Technischen Hochschule Ilmenau, 1979, 25 (6)：187-199.

包括对作者、论文、期刊、机构和国家被引用量的分析及效用评价等；文献的增长和老化测度；各种类型的经验公式和计量模型[①]。

1997年，阿尔明和英格沃森首次提出网络计量学（webometrics）的概念。经过十多年的发展，网络计量学已经成为计量学领域的一个重要分支。网络计量学是利用信息计量学或者其他一些定量研究方法对网络交流进行研究的一门学科，它的研究内容主要集中在链接分析、网络引文分析、搜索引擎评价和网络特征描述四个方面上。网络计量学有时也被称为赛博计量学。

伯恩庞和英格沃森用图形阐释了四个计量学分支学科，即信息计量学、文献计量学、赛博计量学、网络计量学和科学计量学之间的关系，如图1-3所示。

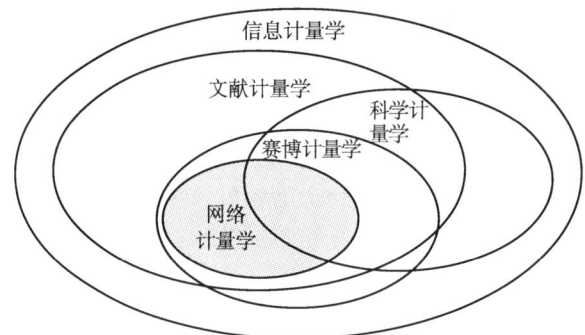

图1-3 信息/文献/科学/赛博/网络计量学的关系[②]

从图1-3中可以看出，科学计量学与文献计量学、信息计量学、网络计量学和赛博计量学均有一定的重叠之处。相对而言，在这五个概念中，往往难以区分的是科学计量学与文献计量学。科学技术的即时有形出版物是文献（包括论文、专利等），许多科学计量学研究以科学文献为对象，而文献计量学也以文献为研究对象，这就使得科学学与文献计量学交叉重叠较多。尽管如此，二者在研究对象和内容上均有差别。文献计量学尽管有许多不同的定义，但是它的研究对象始终是科学和学术文献。但是对于科学计量学家来说，科学技术的测量不仅仅是对科技文献产出的衡量和分析，还包括研究人员的活动、社会组织结构、科研管理、科学技术在国家经济中的作用、政策等。从研究目标上看，文献计量学的主要目的是了解文献的利用、交流过程中的规律，如增长规律、老化规律，从而可以为图书馆信息服务依据，如根据文献的利用情况，确定需要

---

① Tague-Sutcliffe J M. An introduction to informetrics [J]. Information Processing & Management, 1992, (28): 1-3.

② Bjrneborn L, Ingwersen P. Toward a basic framework for webometrics [J]. Journal of the American Society for Information Science and Technology, 2004, 55 (14): 1216-1227.

购置的书籍，根据相关文献在期刊中的分布规律，确定学科期刊的种类。而科学计量学是以科学学或者经济活动本身为研究对象的，分析科学信息产生、传播和利用的量的规律性，以便有助于更好地理解科学研究的机制。事实上，我们认为，相对于其他的计量学分支，"科学计量学"这个专有名词更倾向于目的性的表述，而其他的几个分支则主要侧重于研究的对象。

1.5 科学计量学的研究进展及趋势

1.5.1 ISSI 国际会议与普赖斯奖得主

1987年，由埃格赫和鲁索发起的第1届文献计量学与情报检索理论国际研讨会在比利时举行，当时并没有形成关于继续举办一系列国际会议的计划，但是历史证明这一领域注定是引人注目的。1993年，在德国柏林召开的第4届会议上，ISSI 成立计划生成，并于1994年正式成立，国际会议的名称也于第6届正式更名为"ISSI 国际会议"。此后，ISSI 国际会议由 ISSI 每两年举办一次。ISSI 成为活跃在文献计量学、信息计量学、科学计量学、网络计量学、技术计量学等领域的专业协会，它的成员是来自30多个国家的科学家。该协会的成立旨在鼓励和促进专业信息的交流和沟通，以刺激研究、教育和培训，加强学科的公众观感。历届 ISSI 国际会议举办情况见表1-1[①]。

表1-1 历届 ISSI 国际会议

时 间	国 家	单 位
1987年8月	Belgium	Limburgs Universitair Centrum
1989年7月	Canada	University of Western Ontario
1991年8月	India	Documentation Research Centre
1993年9月	Germany	Association for the Promotion of the 4th International Conference of Science Measurement e. V.
1995年6月	USA	Rosary College（now The Dominican University）
1997年6月	Israel	The Hebrew University of Jerusalem
1999年7月	Mexico	Universidad de Colima
2001年7月	Australia	The University of New South Wales
2003年8月	China	Chinese Association for Science, and Science & Technology Policy
2005年7月	Sweden	Karolinska Institute

---

① ISSI. Past Conferences [EB/OL]. http://www.issi-society.org/past.html [2014-12-25].

续表

时间	国家	单位
2007 年 6 月	Spain	Centre for Scientific Information and Documentation (CINDOC) Spanish Research Council (CSIC)
2009 年 7 月	Brazil	Latin American and Caribbean Center on Health Sciences Information (BIREME)
2011 年 7 月	South Africa	University of Zululand
2013 年 7 月	Austria	University of Vienna
2015 年 6 月	Turky	Bogazici University

普赖斯奖是科学计量学领域公认的最高学术成就奖。为纪念"科学计量学之父"——普赖斯，1984 年，*Scientometrics* 创始人蒂波尔·布劳温提出设立"普赖斯纪念奖章"（The Derek de Solla Prize Memoria Medal），用以认可并奖励对科学计量学学科发展与应用做出卓越贡献的优秀学者，最初该奖项逐年颁奖，1993 年起改为隔年颁奖，并成为历届 ISSI 国际会议的重要程序之一。自 1984 年首次颁奖，至 2015 年已颁发了 18 届，共 27 人获奖，获奖名单如表 1-2 所示。

表 1-2 普赖斯奖获奖名单[①]

获奖年份	获奖者	国籍
1984	Eugene Garfield	USA
1985	Michael J. Moravcsik	USA
1986	Tibor Braun	Hungary
1987	Henry Small	USA
1987	Vasily V. Nalimov	Soviet Union
1988	Francis Narin	USA
1989	Jan Vlachy	Czechoslovakia
1989	Bertram C. Brookes	UK
1993	András Schubert	Hungary
1995	Robert K. Merton	USA
1995	Anthony F. J. van Raan	The Netherlands
1997	Belver C. Griffith	USA
1997	John Irvine	UK
1997	Ben Martin	UK
1999	Wolfgang Glänzel	Germany/Hungary
1999	Henk F. Moed	The Netherlands
2001	Leo Egghe	Belgium
2001	Ronald Rousseau	Belgium
2003	Loet Leydesdorff	The Netherlands
2005	Peter Ingwersen	Denmark
2005	Howard D. White	USA
2007	Katherine W. McCain	USA

---

① ISSI. Price Award Winners [EB/OL]. http://www.issi-society.org/price.html [2015-7-7].

获奖年份	获奖者	国籍
2009	Péter Vinkler	Hungary
	Michel Zitt	France
2011	Olle Persson	Sweden
2013	Blaise Cronin	USA
2015	Mike Thelwall	UK

1.5.2 Scientometrics 高影响力作者与研究主题

Scientometrics 创刊于1978年。它的问世不仅标志着科学计量学作为一门新兴学科步入成熟与发展时期，更为国际上从事科学计量学研究的学者提供了一个学术交流的平台，促进了科学计量学的快速发展。截至2015年2月，Scientometrics 共出版102卷、317期、4227篇学术论文。表1-3详细展示了2004～2012年JCR社科版图书情报学目录下，Scientometrics 的排名和详细指标情况。从这9年来的JCR报告中可以看出，Scientometrics 不仅在全部图书情报学期刊中具有重要影响力，排名稳居前20%，同时也是科学计量学领域影响因子排名最高的期刊。本节选取 Scientometrics 2004～2013年所刊载的1812篇论文作为分析对象，研究其高影响力作者和主题分布。

表1-3 2004～2012年JCR社科版 Scientometrics 详细指标

年份	排名	总被引量/篇	影响因子	5年影响因子	即年指标	刊文量/篇	被引半衰期
2012	7	4555	2.133	2.207	0.449	254	6.5
2011	12	4048	1.966	2.443	0.378	217	5.9
2010	14	3602	1.905	2.415	0.173	226	6.4
2009	10	3508	2.167	2.793	0.328	189	6.2
2008	8	2492	2.328	2.295	0.391	128	5.6
2007	12	1515	1.472	1.538	0.147	129	5.7
2006	12	1310	1.363	—	0.176	136	5.9
2005	5	1406	1.738	—	0.241	112	6.1
2004	13	860	1.12	—	0.146	89	5.7

1. Scientometrics 高影响力作者

作者的学术影响力的测度可以从发文的数量和质量两个角度出发，分别衡量作者的科研生产力和科研影响力，用以度量的指标分别为发文量和被引频次[①]。

表1-4是发文量高于10篇的13位作者，其中比利时天主教鲁汶大学教授、

---

① 邱均平，马瑞敏. 基于CSSCI的图书馆、情报与档案管理一级学科文献计量评价研究[J]. 中国图书馆学报，2006，(1)：24-29.

Scientometrics 执行主编格兰采尔的发文量最高，共计有 41 篇，是唯一发文量高于 40 篇的高产作者。发文量低于 40 篇高于 20 篇的作者有 3 位，依次是哈瑟尔特大学的埃格赫、罗马第二大学的阿布拉莫以及阿姆斯特丹大学的雷迪斯多夫。毫无疑问，如果用科研生产率来衡量这些作者撰写论文的能力，那么这些科研工作者对社会发展和人类进步的贡献程度无疑是巨大的。

表 1-4　高产作者

排名	通讯作者	作者详情	发文量/篇
1	W. Glanzel	Katholieke Univ Leuven, Belgium	41
2	L. Egghe	Univ Hasselt, Belgium; Univ Antwerp, Belgium	29
3	G. Abramo	Univ Roma Tor Vergata, Italy	21
4	L. Leydesdorff	Univ Amsterdam, Netherlands	20
5	Y. S. Ho	Peking Univ, Peoples R China	19
6	R. Rousseau	KHBO Assoc KU Leuven, Belgium; Hasselt Univ, Belgium	18
7	J. C. Guan	Fudan Univ, Peoples R China	18
8	L. Bornmann	ETH, Switzerland; Univ Zurich, Switzerland	17
9	G. Prathap	CSIR Natl Inst Sci Commun & Informat Resources, India	15
10	H. W. Park	Yeungnam Univ, South Korea	13
11	A. Schubert	Hungarian Acad Sci, Hungary	11
12	T. Braun	Hungarian Acad Sci, Hungary	11
13	G. Yu	Harbin Inst Technol, Peoples R China	10

表 1-5 是近 10 年来发文总被引频次高于 150 次的作者，排名最高的是北京大学环境科学与工程学院何玉山教授，其研究领域是水处理与文献计量，2004～2013 年发文量为 19 篇，仅有最高发文量不到一半的数量，但是总被引频次达到了 769 次。其次是格兰采尔、埃格赫以及凡·郎。

表 1-5　高被引作者

排名	通讯作者	作者详情	总被引频次/次
1	Y. S. Ho	Peking Univ, Peoples R China	769
2	W. Glanzel	Katholieke Univ Leuven, Belgium	673
3	L. Egghe	Univ Hasselt, Belgium; Univ Antwerp, Belgium	631
4	A. F. J. van Raan	vaLeiden Univ, Netherlands	532
5	L. Leydesdorff	Univ Amsterdam, Netherlands	334
6	L. Bornmann	ETH, Switzerland	311
7	J. Bar-Ilan	Bar Ilan Univ, Israel	259
8	T. Braun	Hungarian Acad Sci, Hungary	253
9	K. W. Boyack	Sandia Natl Labs, USA	248
10	G. Abramo	Univ Roma Tor Vergata, Italy	187
11	J. C. Guan	Fudan Univ, Peoples R China	182
12	M. G. Campiteli	Univ Sao Paulo, Brazil	166
13	A. J. Nederhof	Leiden Univ, Netherlands	154
14	H. Small	Thomson Sci, USA	152

国际科学计量学的高影响力作者主要来自比利时、匈牙利、中国和荷兰，这些学者的研究主题多集中于 h 指数、影响因子及其他科学计量指标、引文分析和以科学计量为方法的应用性研究。同时，高影响力作者中，埃格赫、格兰采尔、何玉山与雷迭斯多夫这四位科研工作者无论是科研生产率还是科研影响力都名列前茅，是国际科学计量学研究领域的核心人物。

2. Scientometrics 研究主题

2013 年 7 月召开的第 14 届 ISSI 国际会议将当时的科学计量学研究分成了 14 个主题：科学计量学指标研究；科学计量学研究的数据源；科技政策与科研评估中的定性与定量方法；科学前沿与新兴热点；技术创新与专利分析；合作研究与网络分析；网络计量学；可视化分析与知识地图；科学机构中的文献计量数据管理与测度；开放存取与科学计量；科学系统、科学动力学与复杂系统科学模型；科学计量学在科学史中的应用；社会学和哲学视角的科学计量学应用问题；图书情报学领域的文献计量学。

利用文献关键词共同出现的频次所绘制出的近十年 Scientometrics 主题分布图如图 1-4 所示。

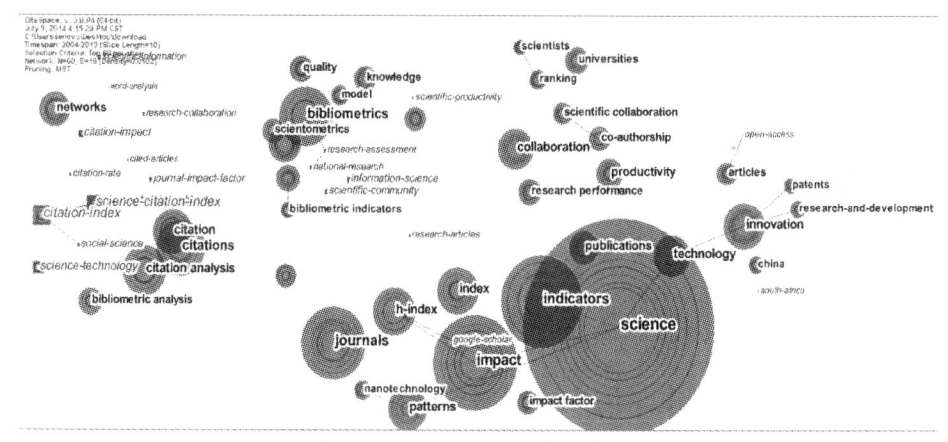

图 1-4　Scientometrics 主题分布图

图 1-4 所形成的各个小簇主题比较明显，但是簇之间的联系并不紧密，游离点较多。根据文献内容以及关键词分布情况，可以将近 10 年 Scientometrics 研究主题分为 5 个部分，分别是引文分析，科学计量学指标研究，作者合作研究，期刊、科研机构与高校排名，科技创新与专利。

（1）引文分析。引文分析最早出现于 1927 年，是利用各种数学及统计学的方法，综合比较、归纳、抽象、概括等逻辑方法，对期刊、论文、著者等对象之间的引用与被引用现象进行分析，从而揭示其数量特征和内在规律的一种科学计量方法①。随着引文分析研究与应用的深入，其指标与规律逐渐被人们熟知，并且随着 SCI 的建立，引文分析的应用被推向高潮，与引文相关的一系列指标也逐渐成为科研评价的重要依据。

（2）科学计量学指标研究。没有科学的评价就没有科学的管理，一个科学的评价体系必然建立在科学的评价指标之上，因此如何建立及改进科学的评价指标一直是科学计量学研究者们关注的重要问题，以 h 指数、影响因子为代表的科学计量学指标研究更是随着科学技术水平，尤其是计算机技术水平与信息化的提高，以及在线社交网络的到来不断地打破局限，向着网络化、科学化发展，不仅注重计量指标自身的发展，其应用领域也逐渐扩展至科技政策、科技创新、产业结构等实用领域。

（3）作者合作研究。随着学科分化与交叉现象越来越普遍，科学研究对象变得更加广泛，科学研究的范围一方面向着高、精、尖纵向深入，另一方面又比以往的任何时候都要综合、全面②，尤其是随着大科学时代的到来，科学研究视角更加高远，科学研究者们之间的联系更加紧密，这一现象也更为普遍。目前，应用较为广泛的作者关系研究包括作者合著、作者共被引、作者关键词耦合、作者文献耦合等，这些作者关系能够从不同的角度揭示作者的显性和隐性合作关系，同时可以根据作者的研究主题来确定学科或者领域内的研究热点。

（4）期刊、科研机构与高校排名。科学的评价可以很好地帮助科研机构与高校认清现状，把握未来。与科学计量学指标研究相同，期刊、科研机构与高校排名同样重视评价指标体系的建立，如何针对不同类型的对象，建立全面、科学的评价指标是这一研究领域的重要任务。从文献中所提取的关键词可以看出，在国际科学计量学领域，期刊排名的影响因素研究③、科研机构与大学排名指标体系④以及大学排名对比分析⑤是几个较为突出的研究热点。

（5）科技创新与专利。专利往往是用来衡量创新的指标，这里用科技创新或许不够全面，在国际科学计量学领域，区域创新、知识创新与机构学术创

---

① 邱均平. 信息计量学（九） 第九讲 文献信息引证规律和引文分析法［J］. 情报理论与实践，2001，(3)：236-240.

② 蒋颖，金碧辉，刘筱敏. 期刊论文的作者合作度与合作作者的自引分析［J］. 图书情报工作，2000，(12)：23-28.

③ Garcia J A, Rodriguez-Sanchez R, Fdez-Valdivia J. Overall prestige of journals with ranking score above a given threshold［J］. Scientometrics，2011，89 (1)：229-243.

④ Vanclay J K, Bornmann L. Metrics to evaluate research performance in academic institutions: a critique of ERA 2010 as applied in forestry and the indirect H-2 index as a possible alternative［J］. Scientometrics，2012，91 (3)：751-771.

⑤ Chen K H, Liao P Y. A comparative study on world university rankings: a bibliometric survey ［J］. Scientometrics，2012，92 (1)：89-103.

新是近几年才兴起的研究热点，尤其是大学-产业-政府的三重螺旋概念的出现更是表达了目前人们对于科技创新及学术创新的迫切需求。科学计量学最终还是要为科学发展与社会进步而服务，利用科学计量学把握科技创新动态与方向，为科技创新提供良好的解决思路，才能推动国家乃至世界的科学进步与发展。

1.5.3 科学计量学的趋势与新进展

1. 关于新指标的研究

由于传统的计量学指标总是存在或多或少的缺陷，一些学者们就对探寻更好的计量指标非常热衷。2005年，美国物理学家提出了一个新的指标——h指数用来测度个人的科研绩效。h指数改善了以前的计量指标只关注数量而不关注质量的缺点，对数量和质量进行了同等要求，抑制了单纯追求数量的不良倾向，并能激发科研人员的研究热情。h指数提出以后就引起了广大学者的强烈反响，也展开了一系列围绕h指数的优缺点、有效性、h指数的改进及引用的研究。h指数也存在一些明显的缺陷：对于那些刚开始从事科学研究的人员来说，其h指数比较低；而对于那些已经取得一些成就的科研人员，即使后来没有任何科研产出，其h指数也会因为被引数量的增加而增加；h指数会因为引文数据库的不同而不同，并且对于那些论文数量不多而被引频次却很高的学者来说也是非常不利的；等等。埃格赫则指出，如果一篇文章的被引次数排在前h位，那么不管这篇文章的被引量是保持不变还是不断增长，都对h指数不会产生任何的影响，并在此基础上提出了g指数。相关的指数研究近年来一直都是科学计量学研究的重点方向。

2. 社交网络中的科学计量学研究

在社交网络盛行的今天，科学信息的交流方式也发生了许多改变，越来越多的研究人员利用类似于Twitter、科学网博客等在线平台公布自己的科学研究成果，发表自己的看法，Altmetrics就是在这样的环境下提出来的。"altmetrics"一词最早由北卡罗来纳大学教堂山分校的杰森·普里姆（Jason Priem）提出，主要是针对目前进行学术成果重要性评价的三种方式——同行评议、被引次数和期刊影响因子存在的缺陷提出了的新型计量学。Altmetrics植根于社交网络，其对象包括人、期刊、图书、数据集、报告、视频、源代码库和网页等各种类型，其关注点不仅在于被引次数，还包括作品本身产生的影响，如该作品与多少数据及知识基础相关、其本身的观点是什么、被下载的数量以及被其他社交媒体提及的次数等。Elsevier 在发布的新闻中曾指出：越来越多的计量指标被持续研究用以测度期刊及研究人员的影响力，如 Altmetrics。虽然 Altmetrics 最初产生的目的是为了弥补现有指标的不足，但其本身并不是一个简单的指标。第 14 届 ISSI 国际会议的主题报告虽然名为"Social Network Analysis"，但演讲者约翰·博伦（Johan Bollen）所做的研究正是基于 Twitter 和 Google 趋势的数据进行经济预测和科学交流分析，事实上也属于 Altmetrics 的研究内容[①]。目前，Altmetrics 并没有一个统一的中文译名，ISSI 主席鲁索则认为这个词的表述并不恰当，但不可否认的是，Altmetrics 所提及的内容正越来越多地被人们接受。

3. 新工具的涌现

在大数据环境下，科学计量学分析的数据集规模越来越大，传统的分析方法比较难以满足这一需求，开发新的研究工具实现大规模数据的分析逐渐成为科学计量学发展的一个趋势。新的科学计量工具产生，为实现大规模数据的分析提供了解决方案。在第 14 届 ISSI 国际议会上，美国印第安纳大学教授凯蒂·博尔纳（Katy Börner）介绍了其团队所开发的工具 Science of Science（Sci^2），Sci^2 是一个可以用于科学计量研究的模块化工具集，支持进行时间维度、空间维度、局部和整体网络维度的分析，可以在微观（研究人员）、中观（本地）和宏观（全球）水平的结果呈现和可视化，支持目前所有主流的数据格式，如 Web of Science 数据、XML 格式、Ucinet 和 Pajke 导出格式数据的分析，该工具得到了参会人员的广泛认可[②]。

4. 科学计量学研究深度的提升

随着科学计量学的不断发展，传统的浅层次的分析无法满足科学计量学精度的要求，利用更多的技术手段如文本挖掘提升科学计量学研究深度也成为重要的发展趋势。传统的引文分析的分析单元主要是引证文献和被引证文献，随着越来越多的科学文献全文的数字化，基于全文的引文分析逐渐受到人们的重视，基于全文的分析能够明显提升引文分析的精确度。刘孝忠等基于文本挖掘和主题模型，从全文中提取引文，并结合每个引文的上下文分析，利用主题对每个引文进行概率分布标注，从而实现基于全文的引文分析。目前的引文分析

---

① ISSI 2013. Plenary Sessions [EB/OL]. http：//www.issi2013.org/plenary.html [2014－9－22].
② ISSI 2013. Tutorials & Workshops [EB/OL]. http：//www.issi2013.org/tutorials.html [2014－9－22].

基本上都假设所有的引文均是正向的，利用全文引文分析，可以逐渐实现负面引用、价值不大引用的识别，从而不断提升引文分析的深度；此外，语义化技术也不断被应用于共词分析。这些不断提升深度的研究也将成为科学计量学研究发展的重要方向。

第二章

科学生产者研究

2.1 科学生产能力

我国著名科学家钱学森教授最早提出要重视和开展"科学能力学"方面的研究工作,并主张把科学能力学作为科学学的三大分支学科来研究。1984年,赵红州等[①]出版的《科学能力学引论》一书开启了国内对科学能力学的研究。

科学生产能力作为特殊的生产力,推动科学知识的创生、发育、增长和变化,并且给社会生产提供着力点,进而决定科学事业的兴衰。科学生产能力把科学知识生产出来,技术生产能力把科学知识物化成一定的专业技术和生产技术。科学向生产力转化的过程,也正是科学在生产力的王国里不断变化存在形式的结果,即知识形态的生产力变成了物质形态的生产力。

2.1.1 社会的科学能力

科学的发展和变化,除了生产和经济上的需要作为其"主要动力"和"根本动力"之外,还有科学的"内在动力"——社会的科学能力。根据马克思主义的观点,决定科学发展的内在因素即是社会的科学能力,并且,它标志着一个国家的科学技术水平。

科学始终处在历史发展进程中,所以社会的科学能力是一个历史感念,社会的科学能力是一个国家科学技术发展的内在动力,也是人类认识和改造自然的巨大能力。因此,社会的科学能力是一种特殊的生产力。广义地讲,社会的科学能力是所有直接和间接促进科学技术发展的各种力量的总和,包括政治、经济和文化等各方面;狭义地讲,是指直接同发展科学技术有关的具体条件或基本要素[②]。社会的科学能力可以归纳为五个基本要素:科学生产者队伍的社会集团研究能力、实验技术设备的质量、"图书-情报"系统的效率、科学劳动结构的最佳程度、全民族的科学教育水平[③]。

由于生产对于科学水平的要求越来越高,科学劳动的复杂程度也远远高于从前,一个人完成一项重大的科学发明和创造变得越来越难。因此,推动一个

[①③] 赵红州等. 科学能力学引论[M]. 北京:科学出版社,1984.
[②] 自然辩证法百科全书编辑委员会. 自然辩证法百科全书[M]. 北京:中国大百科全书出版社,1995:440.

国家科学技术不断向前推进需要依赖集体的力量,把科学生产者的个人能力、综合性的实验技术装备、"图书-情报"网络系统和现代科学教育体系都作为一个具体因素包括在集体的力量之中,这种社会力量的集合就是社会的科学能力。

社会的科学能力这一有机系统中各要素之间具有一定的相互作用。个体研究能力和集团研究能力相互作用,形成社会的科学劳动;实验技术设备系统与图书情报系统相互作用,使知识形态的科学资料同物质形态的科学资料联系起来,形成完整的科学研究的工具系统。科学研究与科学教育系统相互联系,形成全社会的科学劳动产业,即社会科学能力生产的有效科学产业系统。社会的科学能力系统内部各个要素相互作用,从而形成超出个体能力之上的社会合力,并将社会科学能力的五大要素有机地连成一个整体,推动科学不断地从一个阶段向另一个阶段发展[①]。这样一来,一个社会或一个国家的科学能力是其科学技术发展实力和科学技术水平的重要标志。一个社会现代化的问题,实质上就是其科学能力现代化的问题,因此,建设创新型国家与社会的科学能力有着十分密切的联系。

2.1.2 科学生产的主体

社会的科学能力的五个基本要素是一个有机的系统。科学生产者队伍是社会科学能力的人才因素,包括科学家、实验家、工程师、教授、科技信息专家和科学管理专家,以及广大群众性科研队伍,这支队伍必须具有一定的数量和质量,才能从事大规模的社会协作,产生集团的研究能力,它是社会的科学能力的主体。此外,科学生产的最佳结构能最大限度地发挥科学生产者的积极性和科学生产资料的作用,充分释放由科学生产结构所产生的整体科学能力。因此,科学生产的社会结构是科学能力的社会骨架,不仅要保证科学生产者队伍具有一定的规模和发展壮大,而且要防止科学生产者队伍平均年龄的"老化"。同时,对科学生产者的继续教育工程,可以不断完善科学生产者的知识结构和科学生产者队伍的质量构成,促进科学事业的发展。

在社会的科学能力的诸多要素中,科学劳动者的研究能力是最主要的内容。历史上一个民族科学的兴起,除了经济、政治因素外,由大批优秀科学家组成的科研队伍是将本民族的科学推向世界前列的关键。

英国的贝尔纳(J. D. Bernal,1901—1971)作为科学社会学研究的奠基人之

---

① 朱习霞. 科学研究中的马太效应与社会的科学能力关系研究[D]. 石家庄:河北师范大学硕士学位论文,2007:19.

一，通过对科学社会学论题的研究得出科学是在一个互动的科学家的共同体中产生的①。

2.1.3 科学生产者研究的主要内容

SCI 的问世第一次提供了关于科学生产者工作的质量或影响的一个尽管不精确但却很有用的指标，后续的许多讨论都靠引证数作为测量质量的方法。

自 20 世纪 50 年代以来，有关科学生产者的研究引起了学术界的广泛兴趣，相关学者分别从社会学、心理学和经济学等角度剖析了影响科学生产者绩效的因素。社会学家探讨了学术界的社会分层现象对科学生产者产出的影响，其中的累积优势理论、社会网络理论至今仍具有深远的影响力；心理学方法主要研究了科学生产者个人特征方面的差异，如人格特质、激励、年龄、性别等变量与其产出之间的联系；在经济学领域，人力资本理论解释了在教育、培训等方面的投入对科学生产者科学产出的影响。

2.2 科学生产者的分布

在局外人看来，科学界似乎是由一群大致相同的成员所组成的，他们都有渊博的知识，都获有一系列令人钦慕的学位，然而事实并非如此。科尔兄弟在《科学界的社会分层》一书中提出，在科学界存在着非常严重的分层现象。

洛特卡定律表明，人的科学能力是呈金字塔形分布的，少数多产科学家组成了最积极和最有创造性的科学先锋队，在推动科学事业前进中起着中坚核心的作用②。普赖斯根据科学家论文生产率的高低把他们分为高产者、低产者和贡献大者、贡献小者③。科尔兄弟从四个方面勾画出科学界分层的轮廓④：承认的等级、非学术等级、科学学科和科学专业在声望上的等级以及国家的分层。朱克曼（H. Zuckerman）简化地描述出美国科学界分层的金字塔结构⑤，这种分层主要根据的是科学家在科学界享有的威信，即科学共同体对科学家在其研究领域做出贡献大小的承认。克诺尔（K. D. Knorr）和米特麦尔（R. Mittermeir）

---

① 贝尔纳. 科学的社会功能 [M]. 陈体芳，译. 北京：商务印书馆，1982.
② 李明. 洛特卡定律再探 [J]. 图书情报工作，1998，(02)：24-27.
③ de Price Solla D J. Little Science, Big Science. New York: Columbia University Press, 1963.
④ 乔纳森·科尔，斯蒂芬·科尔. 科学界的社会分层 [M]. 赵佳苓，等，译. 北京：华夏出版社，1989：44-51.
⑤ 哈里特·朱克曼. 科学界的精英 [M]. 周叶谦，冯世则，译. 北京：商务印书馆，1979：10-14.

认为科学界是一个高度分层的和精英的系统，它在产出和奖励上呈偏态发布[1]。

20世纪60年代，在关于科学界社会分层问题研究的推动下，科学社会学家们发现，科学界存在着一小群"精英"分子，他们在各方面发挥着异乎寻常的作用，甚至在某种意义上说，"科学是由相对很少的精英所支配的"。

中国现代科学家群体构成了金字塔式的体系，形成了一个相对完善的社会分层结构[2]。普通的科研生产者或初加入者处在金字塔的底层，而优秀的科研生产者则被置于金字塔的尖顶。

2.2.1 洛特卡定律的形成

洛特卡定律是科学计量学的经典定律之一，是由洛特卡于1926年首先提出来的。洛特卡是美国著名学者和科学计量学家，他天才般地提出了用一对联立微分方程表示的"竞争增长率"。1929年6月19日，他在美国颇有影响力的学术刊物《华盛顿科学院杂志》上发表了题为"科学生产率的频率分布"的论文，论述了化学与物理学领域中作者数量与论文数量的分布规律，以倒平方反比率的结论总结了二者之间的内在联系[3]。他的研究第一次揭示了作者与文献的数量关系，创立了世界闻名的"洛特卡定律"，为科学计量学的诞生和发展作出了创造性的贡献。

所谓"科学生产率"（scientific productivity）是指科学家（科学生产者）在科学上所表现出的能力和工作效率，通常用其生产的科学文献的数量来衡量。洛特卡的"科学生产率"是针对科研人员的科学论文和著作的生产量而言的，它不仅是衡量科学生产能力的一项定量指标，而且为这方面的深入研究提供了一条可行的重要途径。洛特卡从"科学生产率"概念出发，着手统计和分析科学生产者的论文数量，从而不仅定量地说明了科学生产率的不平衡性，而且还首次揭示了科学文献按著者的分布规律。

2.2.2 洛特卡定律的内容及一般表述

从洛特卡定律的产生过程可以看出，该定律的目的和基本内容是：揭示作者频率与文献数量之间的关系，描述科学生产率的频率分布规律。

如果设 $f(x)$ 为写了 x 篇论文的作者数占作者总数的比例，则洛特卡定律

---

[1] Knorr K D, Mittermeir R. Publication productivity and professional position: cross-national evidence on the role of organizations [J]. Scientometrics, 1980, 2 (2): 26, 95-120.
[2] 卜晓勇. 中国现代科学精英 [D]. 合肥：中国科学技术大学博士学位论文，2007：12.
[3] 王淘. 洛特卡定律 [J]. 情报科学，1981，(02)：74-78.

可表示为

$$f(x) = C/x^a \tag{2-1}$$

式中，C 为某主题领域的特征常数。洛特卡统计的数据大约有 $a=2$，对于倒幂法则的这个特例，（2-1）式变为

$$f(x) = C/x^2 \tag{2-2}$$

这就是科学生产率的"平方反比率"的表达式。对于（2-2）式，我们可以这样来确定常数 C：$f(1) = C/1^2$；通过推导和级数求和可得，$C = 6/\pi^2 = 0.6079 = 60.79\%$。显见，$C$ 在数值上等于 $f(1)$，（2-2）式即变为

$$f(x) = f(1)/x^2$$

若在上式两边同乘上统计的作者总数，则有

$$y(x) = y(1)/x^2 \tag{2-3}$$

式中，$y(x)$ 表示写了 x 篇论文的作者数，$y(1)$ 表示写了 1 篇论文的作者数。在实际中，（2-3）式应用起来更为方便。

按照平方反比律，所有写过 1 篇论文的作者频率刚刚超过 60%（计算值）。洛特卡统计的数据的观察值与上述计算值基本相符。例如，他所取的奥尔巴赫数据中，共有 1325 位作者，写 1 篇论文的有 784 人，占总数的 59.17%；《化学文摘》10 年累积索引中，姓氏为 A 开头的作者共 1534 人，写 1 篇论文者 890 人，占 58.02%；B 字开头的作者共 5348 人，写 1 篇论文者 3101 人，占 57.98%，两者合计平均为总作者数的 57.99%。

根据以上事实和统计分析数据，洛特卡得出如下规律性结论：从统计研究的情况来看，写 2 篇论文的作者数量大约是写 1 篇论文作者数的 1/4（$1/2^2$）；写 3 篇论文的作者数量大约是写 1 篇论文作者数的 1/9（$1/3^2$）；写 n 篇论文的作者数量则大约是写 1 篇论文作者数的 $1/n^2$。所有写 1 篇论文的作者所占比例大约是 60%。根据这一定律，如果经统计得知某一学科领域内写过 1 篇论文的作者数量，那么就很容易计算出写过 2 篇、3 篇……论文的作者数量。

根据科学生产率的统计数据，洛特卡用图像描述了作者与论文之间的数量对应关系。以 x 轴表示一个作者所写的论文数，y 轴表示写了 x 篇论文的作者频率，并以对数刻度描绘其关系曲线。结果，从所得到的数据点来看，洛特卡分布曲线的图形基本上是一条直线，然后用最小二乘法计算该拟合直线的斜率近似为 −2。洛特卡分布曲线正是洛氏定律所揭示的作者频率与论文数量之间分布关系的图像描述。

2.2.3　普赖斯及洛特卡定律的发展

在洛特卡定律的基础上，普赖斯进一步研究了科学家人数与科学文献数量，

以及不同能力层次的科学家之间的定量关系，提出了著名的普赖斯定律和其他一些重要的结论。普赖斯是举世公认的科学学家和科学计量学家，有"科学计量学之父"的美誉。

在《小科学，大科学》一书中，普赖斯写道："科学家的总人数，大致是按杰出科学家人数的平方增长的。"所谓普赖斯定律，即科学家总人数开平方，所得到的人数撰写了全部科学论文的 50%。如果设最高产的那位科学家所发表的论文数为 n_{max}，将科学家们发表论文的总数记为 $x(1, n_{max})$，则普赖斯定律可表示为

$$(1/2)x(1, n_{max}) = x(m, n_{max}) = x(1, m)$$

式中，m 为普赖斯假定的这样一个数，即个人的论文数大于 m 的科学家们所发表的论文总数恰好等于全部论文总数的一半，而式中 $x(m, n_{max})$ 的意义恰好表征了这一半论文。

普赖斯不但对洛特卡定律有所发展，对科学计量学其他几个定律的发展也做出了令人振奋的贡献。尤其是普赖斯提出的累计分布优势已经成为齐普夫定律的理论基础之一，并已由概率推导出来。模拟了成功产生成功的现象，其期望数符合齐普夫分布，得到了相应的概率分布函数[1]。

普赖斯还曾试图找出全体科学家总数中杰出科学家的比例关系。经过进一步推导和计算，得出

$$R \approx 0.812 / n_{max}^{1/2}$$

式中，R 是杰出科学家人数与全体科学家总数之比。这是普赖斯得出的洛特卡定律的又一个重要推论。因此，普赖斯为洛特卡定律的发展乃至科学计量学的发展作出了令人瞩目的卓越贡献。

洛特卡定律是科学计量学中诞生最早的一个著名的基本定律。在 20 世纪 60 年代以后，在情报学理论高速发展的同时，也掀起了洛特卡定律研究的高潮。人们针对洛特卡定律产生时代的局限性及其经验定律自身需不断修正的特点，从洛特卡分布数据的收集、参数值范围的确定、方程的拟合及检验等诸多方面进行了较为深刻的研究；同时，来自不同领域的科学家利用自身学术优势，对洛特卡定律的发展及修订做出了贡献。后续的研究表明，即使是因特网的网站互引也符合洛特卡分布[2]。

自洛特卡定律提出以来，不少学者从不同角度对其进行了一系列的研究，并取得了一定进展。1926 年，洛特卡发表关于科学生产率的著名文章后，并未引起学术界的重视。直到 1949 年，洛特卡的研究结论才被称为"洛特卡定律"。

---

[1] 姜春林. 普赖斯与科学计量学 [J]. 科学学与科学技术管理, 2001, (09): 36-42.
[2] 邱均平, 等. 信息计量学 [M]. 武汉: 武汉大学出版社, 2007.

在《人类行为和最省力法则》一书中，齐普夫较早将其称作"平方反比定律"。20世纪60年代初期，由于普赖斯的两部重要著作的出版，洛特卡的研究工作和成果随之得以广泛传播，有力地推动了这一定律的研究和发展。1969年，费尔桑（Foirthorne）首次将布拉德福、齐普夫以及芒代尔布罗分布同洛特卡的频率分布联系起来，并指出洛特卡的关系式对低产作者来说是适合的。70年代，研究较为深入和富有成效的当推科尔（R.C.Coile）和弗拉奇（J.Vlachy）。前者找到了一种判断某组实验数据是否符合洛特卡分布的鉴定方法，后者则探讨了洛特卡定律的影响因素及作用。80年代和90年代的研究主要是从理论和应用两个方面展开的，并取得了一定进展。进入21世纪以来，由于近代学科技术的发展，研究规模的扩大，科学研究的相互交叉、渗透及合作，使得现在的著述规律与洛特卡当年的情况大不相同，对合著作者数据的处理成了国内外学者对洛特卡定律研究的热点。此外，从学科、期刊等多角度对洛特卡定律进行阐释和验证依旧是该主题研究的核心。

洛特卡定律的发展主要表现在三个方面：一是对洛特卡定律本身的研究进展及成果，包括洛特卡定律分布的一般公式、适用性、机理的研究等；二是对高产作者的研究，包括普赖斯定律，以及对洛特卡定律的贡献等；三是国内专家针对中文文献进行的作者研究[①]。

2.3 科学生产者的结构

提及17、18世纪的科学时，人们首先想到的是牛顿、莱布尼兹、拉普拉斯、拉格朗日等科学家像骑士一样"单兵作战""幽居独思"式的研究方式；19世纪以来，随着科学工作者的增多，科学的发展更多地表现为依赖于科学工作者群体共同努力、整体推进的研究方式。

科学界是一个任人唯才的社会系统，科学家在等级体系中的升迁也是以任人唯才的原则为基础的，但这些并不能保证为每一位科学工作者提供同样的产生高质量成果的机会，从而获得承认。存在着某种社会过程，它决定着只有一小部分人才能成为科学界的精英，这种社会过程就是积累优势。

《圣经·马太福音》第二十五章中这样说道：凡有的，还要加给他，叫他有余；没有的，连他所有的也要夺过来。而科学界的"马太效应"之说最早是罗

---

① 邱均平. 信息计量学（六）[J]. 情报理论与实践，2000，6：352-355.

伯特·金·默顿（Robert K. Merton）提出的。默顿①于1968年提出了累积优势理论（cumulative advantage），认为精英学者阶层所获得的一系列累积优势使其拥有更多的机会与资源，因此也会具有更高的产出。

其中，优势累积有两种方式，分别是相加的累积和相乘的累积。相加累积是指那些在其科学事业开始时即处于获得研究资源的有利地位，他们能够持续地获得和他们的研究工作无关的社会认可、研究资料和奖励，这主要指从一开始就拥有某些特权的个人或团体。相乘累积是那些得到有利条件并能有效地运用这些有利条件的人或团体，在起初阶段就能够得到较多的为完成任务所必需的支持，并且能够最有效地利用这些支持，取得更大的成就，从而使优势获得者与其他人之间所形成成就上的差距远远大于在相加方式下形成的差距。相加优势累积更多地表现在科学工作者的社会背景中，从宏观上，一般指科学工作者所在地区的文化底蕴、社会政治、经济环境等；从微观上，一般指科学工作者的家庭出身、经济条件、父母的科学文化意识等。而相乘优势累积则表现在科学工作者自身的努力上，如其所获得的高学历教育、老师或导师的指导，以及其在科学研究的初始阶段的表现等。

2.3.1 科学生产者的教育结构

1. 科学生产者的大学教育

科学生产者进入大学学习的过程中体现的马太效应作用特点与社会背景中体现的特点发生了些许的不同，科学上优势累积的相加累积和相乘累积起的作用在这一过程中大体相当。

朱克曼对美国科学院院士以及诺贝尔获奖者进行研究，得出了这样的结论：在美国受教育的71名诺贝尔奖获得者中有55%，全美科学院院士中有33%，是集中在美国的前10所名牌大学里获得学士学位的（表2-1）②。

表2-1　美国培养的诺贝尔奖得主取得学士学位的大学统计（1901～1972年）

	东部名牌大学	其他尖子大学	一流大学研究院	其他大学	合计
获奖者人数/人	18	3	21	29	71
比例/%	25.3	4.2	29.4	40.8	100

朱克曼发现：东部名牌大学和几所尖子大学出身的诺贝尔奖得主所占比例，

---

① 罗伯特·金·默顿. 十七世纪英格兰的科学、技术与社会 [M]. 范岱年，等，译. 北京：商务印书馆，2000.

② H. 朱克曼. 诺贝尔奖获奖奥秘. 劳永兴，译 [M]. 北京：教育科学出版社，1987，91.

比另几所大学出身的诺贝尔奖得主比例高出 5 倍。实际上，这 71 名诺贝尔奖得主几乎全部出身于美国的名牌大学，只不过他们更多的是毕业于名牌大学中的超级名牌大学而已。

卜晓勇在 2007 年对中国科学院院士大学教育的状况进行统计，也得到类似的结论①。表 2-2 统计的是至 2001 年共 968 位院士中有 624 位毕业于中国的名牌大学，占院士总数的 64.5%。其中，北京大学、南京大学和清华大学共培养了 420 位院士，超过了院士总数的 40%，这很明显是科学精英在进入精英行列的早期，就表现出了卓越的才能，从而能进入这些中国的超一流大学学习。

表 2-2　院士毕业大学统计表

	北京大学	南京大学	清华大学	浙江大学	国立西南联合大学	上海交通大学	复旦大学
人数	190	123	107	46	35	35	29
	同济大学	武汉大学	厦门大学	中山大学	中国科学技术大学	天津大学	合计
人数	20	20	19	17	12	11	624

从以上研究中，我们不难发现，大学本科的初期阶段是科学上优势累积的相加累积作用的重要作用阶段。对于科学生产者来说，在他们成才的过程中是社会选择和自我选择相互作用的结果，其所属的社会阶层和自身的努力同时起作用，两者都是让"最优秀"的人才能够充分发挥其才能和开发其潜力。

根据科学累积中的相乘累积作用，科学生产者在向精英的转变过程中，其对科学领域的优势，使其有资格进入一流大学学习，而一流大学又为他们提供了一流的学习资源，包括优越的学习条件、资深教师的教导、优秀同学的相互促进等。在这种相乘累积的过程中，科学英才越来越有可能加入到科学精英的行列中。

2. 科学生产者的学位结构

现代科学的发展，使得科学活动从原来的个人爱好转变为职业化的社会活动，科学从业者必须具备相当的理论准备和技能训练，获得学位就是特定科学水准的客观体现。在肯定个别自学成才特例的前提之下，一般而言，科学家的学位越高，往往其掌握的相关知识与技能也就越多，同时也预示着其获得创造性成果的可能性也就越大。

从表 2-3 可见，博士学位几乎成为获得诺贝尔奖的必要条件，在物理学奖获得者中只有 6 位硕士，占 3.7%，化学奖中有 4 位是硕士，占 3.0%，生理和医学奖中 3 位硕士，占 2.0%，经济学奖中仅有 1 位不是博士，他是 1977 年获奖

---

① 卜晓勇. 中国现代科学精英 [D]. 北京：中国科学技术大学博士学位论文，2007：12.

的英国人米德（Jame Edward Meade，1907—1995），但此人于1931年先后获得过牛津大学和剑桥大学的经济学硕士学位。其他不具博士学位的获奖者中，有9位具有学士学位，还有个别具有工程文凭、医学文凭或曾在牛津大学、剑桥大学学习过。仅有1位早期获奖者——意大利人马可尼（Guglielmo Mareoni，1874—1937）没有任何学位，1909年物理学奖获得者，仅有过家庭教育，后因发明无线电报而获奖。

表2-3 诺贝尔获奖者中具有博士学位的情况统计表

学科	物理	化学	生理和医学	经济学
获奖人数	162	135	172	46
博士学位人数	143	128	160	45
占比/%	88.3	94.8	93.0	97.8

鉴于诺贝尔奖获得者几乎90%以上都拥有博士学位，因此，某种程度上可以认为，获得学位，特别是博士学位，基本上已经成为进入现代尖端科学研究领域的必要条件，这也是科学界对其才能的初步鉴别。在前文所述的科学社会学中优势累积理论（cumulative advantage theory）中的相乘累积也表明，获得学位早，就有可能优先接触并获得科学研究中的有利资源，从而获取更高的学位乃至科研成果；相反，则可能因科学界的准入机制作用，被排斥在科学核心领域之外，以至于越来越难以获取学习、研究的资源，最终淡出科学领域。

学位准入也是科学行业人才识别和遴选的基本机制。与普通的大学教育不同，科学精英的产生，博士学位的获得，通常是相乘累积的作用，也就是唯才是举，不同学位科学工作者的岗位分布，也是科学领域中分层机制作用的最终结果。根据特定的学术标准，把不同的学位授予具有不同学习经历和水平的个人，体现了科学领域对其不同的承认度，有能力（具有高学位、显著科研成果）的人居于科学社会分层的上端，形成金字塔式的结构。这种分层制度促进了科学界精英的产生，同时也完成了人才的选拔。实践证明，这种分层制度（部分通过学位授予体现）总体上说，是有效而合理的。诺贝尔奖获得者的高学位就是这种制度的体现，同时也给予了我们醒目的参照。

2.3.2 科学生产者的年龄结构

分析科学精英的年龄构成，主要考虑到科学精英的科学创造力在其进行科学研究的时间内，有高潮，也有低谷。当一个国家或地区科学精英的年龄构成处在科学创造最佳的年龄段内，该国家或地区的科学创造方兴未艾，科学的发展空前繁荣；反之，科学的发展则趋于落后。从理论上讲，一支科技队伍的年龄结构与这支队伍的生命力有着密切的关系。年龄结构状况不仅会影响国家的科学技术的规范结构,还会影响其科学技术的发展。从科技发展的角度来说,科技队伍的年龄结构不仅要呈梯队结构,而且在年龄上应以 30~50 岁的中青年为主。

自 20 世纪 70 年代起,涉及科学生产者年龄与其科研产出关系的研究逐渐成了对科学生产者科研产出研究的主流模式,我们将这类理论统称为生命周期理论。有关科学生产者科研产出生命周期的研究可以主要被划分为如下三个方面,分别是学科类型对生命周期不同时期产出的影响、生命周期曲线的形状和生命周期中的职业生涯轨迹对科学生产者总产出的影响[①]。

1. 学科类型与生命周期中的科研产出

利哈姆[②]最早调查过 170 名数学、物理、化学、地质学、生物学、心理学、小说、绘画、抒情诗等领域最杰出的学者,发现绩效产出的最佳年龄一般为 30~40 岁,而且最重要的产出一般都是在 40 岁以前做出的。

西蒙顿[③]对科学生产者发表学术论文的年龄情况进行了统计,证实在不同的学科领域研究论文发表的最佳年龄段会有不同。数学家平均在 21.7 岁左右就创造出了一生之中 50% 的论文产出,而地理学家在 28.9 岁左右,历史学家在 39.7 岁左右。

柯维科[④]使用横截面数据分析了挪威大学中科学生产者年龄与科研产出之间的关系。发现论文产出的峰值年龄出现在 45~49 岁年龄段,60 岁以上年龄组与之相比论文产出下降了 30%,但是在学科之间存在巨大的差异。在社会科学领域科研产出在各个年龄段之间基本保持一致。在人文领域论文产出虽然在 55~59 岁年龄段出现了下降,但在 60 岁以上年龄组又达到了新的高峰。在医学领域,科研产出在 55 岁之后出现了下降;在自然科学领域,科研产出会随着年龄的增加而一直降低;物理学领域比数学领域的产出下降得更快;而生物医学领域比社会医学领域的产出下降得更快。

华纳[⑤]等采用 1972~1973 年美国教育研究学会对美国高等院校教师的调查数据,分析了在物理学、生物学、社会学和人文领域,学科特点与个人特征变

[①] 刘莹. 科研人员年龄与绩效关系研究 [D]. 武汉:华中科技大学硕士学位论文,2006:17.

[②] Lehman H C. Age and Achievement [M]. Princeton: Princeton University Press, 1953.

[③] Simonton D K. Age and outstanding achievement: What do we know after acentury of research? [J]. Psychological Bulletin, 1988, 104 (2): 51-267.

[④] Kyvik S. Age and scientific productivity. Differences between fields of learning [J]. Higher Education, 1990, 19 (1): 37-55.

[⑤] Wanner R A. Research productivity in academia: A comparative study of the sciences, social sciences, and Humanities [J]. Sociology of Education, 1990, 54 (4): 238-253.

量（如年龄、性别等）对科研产出的影响。他们发现物理与生物学家的论文产出远大于社会学和人文领域的学者，并认为这一差别主要是由自然科学类研究的特点和学科内更为优越的环境造成的，而个人特征变量上的一系列差异是导致社会科学与人文学科内部学者之间产出差异的主要原因。

综合相关实证研究，我们发现在不同学科领域内科学生产者做出主要产出时的峰值年龄大致可以划分为以下三种类型：①在某些领域科研产出峰值年龄出现得相对较早，大约在20岁的晚期和30岁的早期，而且随后科研产出下降的速度非常快，之后的产出仅为最高峰时的四分之一左右，通常这种情况会出现在抒情诗、纯数学研究和理论物理等领域；②而在另一些领域科研产出会随年龄的增长而持续上升，科研产出高峰出现在40岁或50岁左右，随后科研产出仅会出现微弱下降，代表性的领域有历史学、哲学、医学、小说写作和其他人文领域；③还有一种类型介于两者之间，科研产出峰值年龄出现在40岁左右，随后的产出大约为最高峰时的一半，代表性的领域有心理学等。

至于这种科研产出峰值年龄在学科之间的差异，朱克曼和默顿[①]认为是由于不同领域内知识的条理化程度不同造成的，知识的条理化程度会影响人们获得知识的主要方式。在条理化程度低的学科内经验就显得更为重要，因为在这些学科中必须得到大量的经验材料和那些复杂关系还没有弄清楚的低层次理论，如在医学与生物学领域。相反，如果一个学科中的条理化程度相当高，那么对经验的要求就低，如物理学和数学领域。在这些领域内的科学家发表学术著作的年龄就会比那些在条理化程度低的学科的科学家的年龄普遍要低。

柯维科[②]也提出在知识更新速度较快的领域，新的研究方法与实验设备层出不穷，科研人员更容易出现知识老化的现象，而在知识更新速度较慢的领域，如社会科学与人文科学领域，研究者更可能在整个职业生涯中都保持较高的产出。

2. 生命周期曲线的形状

尽管有研究者认为科学生产者的边际产出会随着年龄的增长而下降，如科尔[③]通过检验横截面数据发现六个学科领域内的610名研究者其年龄与论文产出之间表现为微弱的下降曲线。但他同样发现，如使用在1947～1950年获得博士学位的497名数学家的数据，其科研产出25年之后并未出现下降，而且这些科

---

① Zuckman H, Merton R K, Age, aging and age structure in science reprinted //Merton R K. The Sociology of Science [M]. Chicago: University of Chicago Press, 1973: 497-560.

② Kyvik S. Age and scientific productivity. Differences between fields of learning [J]. Higher Education, 1990, 19 (1): 37-55.

③ Cole S. Age and scientific performance [J]. American Journal of Sociology, 1979, 84 (1): 958-977.

学家后期的著作比早期的著作有更高的引用率。但是正如上述大量实证研究所证明,在科学生产者的生命周期中年龄与科研产出之间更有可能表现为倒 U 形曲线的关系。

值得关注的是,有部分研究表明从事创造性工作的科学生产者其年龄与科研产出之间还有可能呈现双峰态分布(两个绩效高峰)的现象,具体来说有两种表现形式:一种是在生命周期的末期,一般在 60~80 岁会出现一个新的产出小高峰 [如罗伯特·戴维斯 (1954 年)、伊格尔 (1974 年)],另一种则是在生命周期中存在两个同样大小的绩效高峰 [如阿布特 (1983 年)、拜尔和达顿 (1977 年)、布莱克本、本海默和霍尔 (1978 年)、佩尔兹和安德鲁斯 (1976 年)、斯特恩 (1978 年)]。其中,佩尔兹以美国国家健康研究院 (NIH) 基础研究所的博士、开发研究所的工程师和候补科学家(无博士称号的学者)为调查对象,分析了年龄与业绩之间的关系后得出了如下结论:基础研究所的博士和候补科学家的业绩在 40 岁左右达到顶峰,而在 50~54 岁时又再次达到顶峰,开发研究所工程师的业绩在 45 岁左右达到顶峰,随后有所回落并再未出现高峰(图 2-1)[1]。博士和候补科学家的业绩分别在两个年龄段出现顶峰,而两次顶峰之间均大幅度回落呈现出马鞍形曲线,其原因至今尚未形成学术共识。岳洪江[2]等在 2002 年对 1986~2002 年国家自然科学基金委员会资助的面上项目负责人年龄分布情况做了统计分析,发现项目负责人年龄也呈明显的马鞍形分布状态。

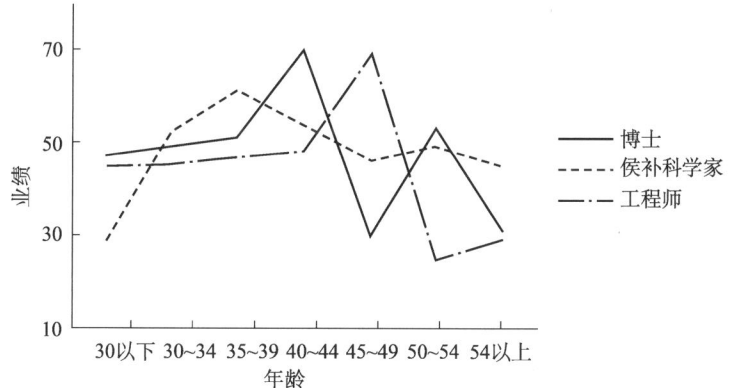

图 2-1 博士、候补科学家和工程师年龄与工作绩效的关系[3]

虽然有学者提出之所以会出现两个科研产出高峰有可能是因为统计方法上

---

[1] Pelz D C, Andrews E M. Scientist in Organization [M]. New York:Wiley,1976.

[2] 岳洪江,张琳,梁立明. 基金项目负责人与科技人才年龄结构比较研究 [J]. 科研管理,2000,23 (2):100-105.

[3] Pelz D C, Andrews E M. Scientist in Organization [M]. New York:Wiley,1976.

的问题,如果不同的学科领域内存在不同的科研产出高峰,那么在叠加后就有可能出现"双峰"的情况①。但是,有关科学生产者个人的纵向研究,如对托马斯·爱迪生一生中的发明专利数与其年龄之间的关系所做的分析(图2-2),以及对诺贝尔经济学家哈里·马科维茨、罗伯特·蒙代尔和道格拉斯·诺斯,音乐作曲家朱塞佩·威尔第一生中产出的研究同样发现存在马鞍形分布的情况②。这些研究发现证明,科学生产者的生命周期曲线的形状远比其他职业领域的要复杂得多。对于某些学者来说在生命周期中确实有可能出现多个科研产出高峰,这背后的原因显然值得进一步研究。

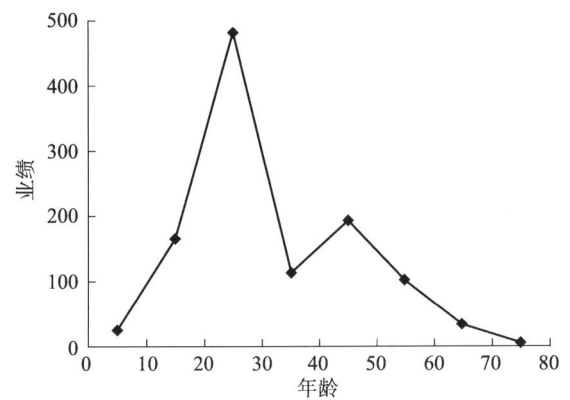

图 2-2　托马斯·爱迪生一生中申请的专利数量与年龄的关系③

3. 职业生涯轨迹与科研产出

克莱门特④调查 1970 年美国社会学会 2205 名获得博士学位的社会学家,发现社会学家论文首次发表的年龄与其后的科研产出成负相关,获得博士学位时的年龄与其后的科研产出成微弱的负相关,而获得博士前的论文发表数量与其后的科研产出成正相关。在克莱门特之后有不少学者对科学生产者职业生涯轨迹与科研产出之间的关系进行了研究。例如,达伦⑤分析 1969~1998 年诺贝尔经

---

① Simonton D K. Age and outstanding achievement: What do we know after acentury of research? [J]. Psychological Bulletin, 1988, 104 (2): 51-267.

② Simonton D K. Age and creative productivity: Nonlinear estimation of aninformation-processing model [J]. International Journal of Aging and Human Development, 1989, 29 (1): 23-37.

③ Simonton D K. Psychology, Science and History: An Introduction to Historiometry, New Haven: Yale University Press, 1990.

④ Clemente F. Early career determinants of research productivity [J]. American Journal of Sociology, 1973, 79 (1): 409-419.

⑤ Dalen H P. The golden age of Nobel economists [J]. American Economist, 1999, 43 (2): 19-35.

济学奖获得者取得博士学位时的年龄、首次及最后一次发表主要著作时的年龄、开始获奖课题研究时的年龄,以及获得诺贝尔奖时的年龄等数据,发现获奖者通常职业生涯开始的时间较早,而且大部分在30岁左右就开始获奖课题的研究。他还发现获奖者最后一次发表主要著作的时间一般是在获得诺贝尔奖五年以后。

西蒙顿①使用收集到的2027名著名学者的资料,分析了在不同学科领域内的科学家首次发表主要著作时的年龄、发表最具影响力著作时的年龄以及最后一次发表主要著作时的年龄三者之间的关系(图2-3)。

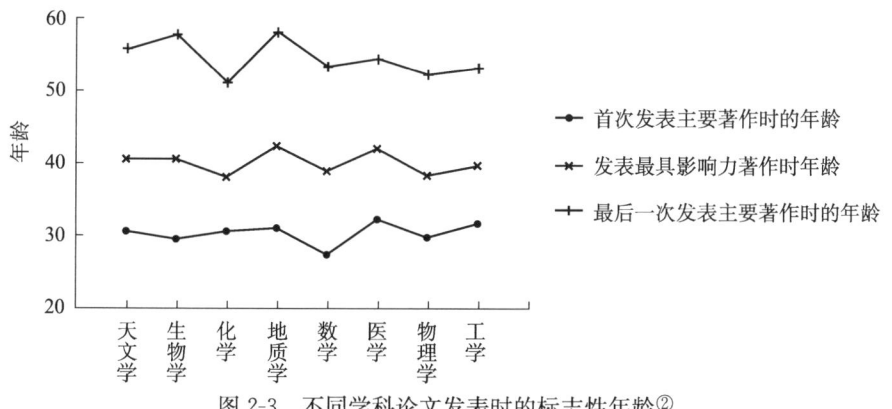

图2-3 不同学科论文发表时的标志性年龄②

西蒙顿③还提出了预测科研人员产出的数学模型,他认为决定个体在某一时期产出的主要因素有学科背景、科研人员的创造性潜力、当时的年龄等。根据这一模型,他作出了如下预测:①生命周期中的产出与首次发表主要著作时的年龄成负相关,与最后一次发表主要著作时的年龄成正相关;②生命周期中的产出总量与产出的峰值年龄和发表最重要著作时的年龄没有相关性;③发表最重要著作时的年龄与首次发表主要著作时的年龄及最后一次发表著作时的年龄成正相关;④科研产出的峰值年龄与论文首次发表的年龄及最后一次发表论文的年龄成正相关;⑤如对发表最重要著作时的年龄及产出峰值年龄加以控制,首次发表主要著作时的年龄及最后一次发表重要著作时的年龄之间存在负的偏相关性;⑥科研人员职业生涯开始时的年龄与其首次发表主要著作时年龄之间的差值与生命周期中总的产出数量成负相关。另外,他还发现在早期产出较高的个体,在峰值年龄段和学术生涯的末期产出也相对较高,图2-4分别描绘了四种类

---

① Simonton D K. Who Makes History and Why [M]. New York:Guilford,1994.
② Simonton D K. Who Makes History and Why [M]. New York:Guilford,1994.
③ Simonton D K. Creative productivity:A predictive and explanatory model of career trajectories and landmarks [J]. Psychological Review,1997,104 (1):66-89.

型的职业生涯轨迹图，图 2-4(a) 是职业生涯开始较早总产出偏低的个体，图 2-4(c) 是职业生涯开始较晚总产出较低的个体，图 2-4(b) 是职业生涯开始较早总产出较高的个体，图 2-4(d) 是职业生涯开始较晚但总产出较高的个体。

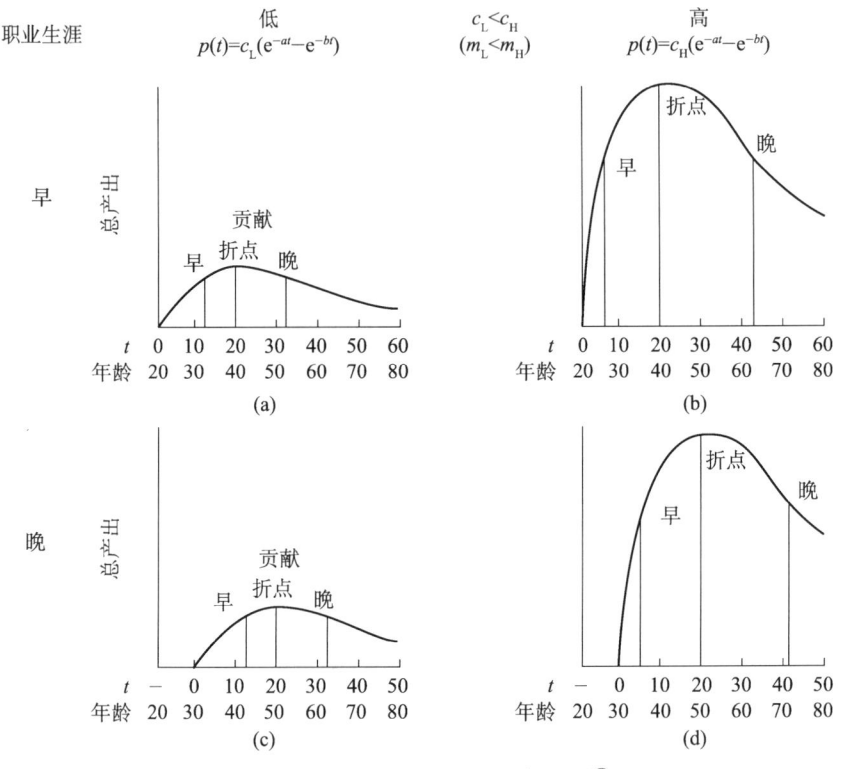

图 2-4　四种典型的职业生涯轨迹图[①]

图中的公式 $p(t) = c(e^{-at} - e^{-bt})$，$p(t)$ 表示在职业生涯中第 t 年时的总产出（当年龄为 20 岁时，$t=0$）；e 是指数常数，取值约为 2.718；a 是某一特定学科知识更新的速度；b 是某一特定学科知识转化成学术成果的速度；$c = abm/(b-a)$，其中 m 是个人的创造性潜力。

2.3.3　科学生产者的性别结构

科研产出在性别之间的不平衡问题一直以来都是学术界较为关注的研究课

---

① Simonton D K. Creative productivity：A predictive and explanatory model of career trajectories and landmarks [J]. Psychological Review，1997，104 (1)：66-89.

题之一。黑尔姆赖希等[1]提出了用于解释科研产出的模型，他认为研究者的激励水平与性别是决定科研产出的两个主要因素。他对美国心理学家论文发表情况进行了统计分析，发现男性心理学家所发表论文的数量是女性的 2 倍，其中 66.98% 的论文作者是男性，而 33.02% 的论文作者是女性。

谢宇[2]等深入分析了 1969 年、1973 年、1988 年和 1993 年 4 年间美国高等院校教师的横截面数据，发现在不同性别间确实存在科研产出上的差距，但正在随着时间的推移不断缩小。在 20 世纪 60 年代晚期，女性与男性所发表论文的数量之比为 60%，在 80 年代晚期和 90 年代的初期，这一比例达到了 75%～80%。他们认为在科研绩效上的差距并不是因为性别差异所导致的，而是因为社会对女性的角色定位所造成的，并将随着社会对两性社会角色的统一认识而消失。莫莱翁和伯顿[3]对西班牙科学研究院共 333 名材料科学领域的科学家在 1996～2000 年的论文发表情况进行了分析，并对男性与女性科学家在论文总体数量（被 SCI 以及 ICYT 索引的论文）、影响因子、论文在顶级刊物中所占的比例等几个方面进行了比较，发现虽然从整体来讲，男性的产出要高于女性，但两者具有不同的产出生命周期曲线，尤其是在 40～59 岁年龄段，男性与女性的差异最大。

许多学者试图对科研产出在性别之间的不平衡问题做出解释。柯维科和泰根[4]认为，需要承担照顾子女等家庭责任以及缺乏研究资源和科研合作的网络是导致女性科研人员产出偏低的主要因素。斯泰克[5]于 1995 年对美国国家科学研究委员会（National Research Council）收集的在学术界任职的 11 231 名博士学位获得者的调查数据进行了分析，发现拥有年幼子女的女性产出相对较低，但在女性博士学位获得者比例最高的社会科学领域中性别与产出之间没有相关性。研究同时发现，能够预测产出的主要变量是所在研究型大学的地域和工作时间，子女情况对产出的影响尽管在不同性别间存在差异，但比较微弱。卡特琳娜[6]通过对克罗地亚的 840 名科研人员的调查发现，虽然社会人口统计学变量、教育

---

[1] Helmreich R L, Spence J T. Gender differences in productivity andimpact [J]. American Psychologist, 1982, 36 (2), 1142-1154.

[2] Xie Y. Sex differences in research productivity: new evidence about an old puzzle [J]. American Sociological Review, 1998, 63 (6): 847-870.

[3] Mauleón E, Bordons M. Productivity, impact and publication habits by genderin the area of materials science [J]. Scientometrics, 2005, 66 (1): 199-218.

[4] Kyvik S, Teigen M. Child care, research collaboration, and gender differences in scientific productivity [J]. Science Technology & Human Values, 1996, 21 (1): 54-71.

[5] Stack S. Gender, children and research productivity [J]. Research in Higher Education, 2004, 45 (8): 891-920.

[6] Katarina P. Gender and productivity differentials in science [J]. Scientometrics, 2002, 55 (1): 869-908.

背景以及资历等对于预测男性与女性的论文产出具有同等效力，但是女性的论文产出与其职位之间有着更为紧密的联系。

此外，男性科学家与女性科学家在总体数量上的差异也是导致不同性别的科研人员在绩效上产生差异的重要原因之一。例如，截至 2000 年，在美国尽管在所有学术领域内获得博士学位的女性的数量几乎占到了半数，但在某些学科内如物理学和数学，女性科学家所占的比例仍然较低，而且在整个学术界女性在职业上的流动性上远远高于男性[1]。罗孚[2]选取了 1985 年被 SSCI 检索的心理学期刊中收录的被引用率超过 15 次以上的 564 篇论文，并对这些高引用率论文作者的性别构成比率与同一期刊中低引用率论文作者的性别构成比率进行了比较，尽管两组之中男性作者在数量上占有优势，但如果对两种性别的作者在总体数量上的差异加以考虑，男性与女性所发表的论文在总体质量（影响因子）上并无明显差别。

2.4 科学生产者之间的关系

随着现代科学从小科学时代走向大科学时代，科学的众多门类相互交叉、渗透、综合，新知识和新的研究领域不断涌现。同时，由于科学研究项目出现了诸如研究目标宏大、多学科交叉、投资强度大等特点，科学生产者之间开始自发地或者是被动地加强相互之间的交流和合作，科学研究中的交流和合作日益成为影响科学生产能力发挥的巨大力量，并且随着科学社会化程度的提高愈来愈成为不可忽视的社会力量。

2.4.1 科学交流

科学进步有赖于科学思想的有效交流。显然，只有那些最终为人所知的发现才能对科学发展有影响[3]。交流系统是科学的神经系统，它接收到刺激又把刺激传递到科学的各个部分。

美国图书馆学会将"科学交流"（scholarly communication）定义为：是一

---

[1] O'Rand A M. Women in science: career processes and outcomes (review) [J]. Social Forces, 2004, 82 (4): 1669-1671.

[2] Over R. The scholarly impact of articles published by men and women inpsychology journal [J]. Scientometrics, 1989, 18 (5): 331-340.

[3] 乔纳森·科尔，斯蒂芬·科尔. 科学界的社会分层 [M]. 北京：华夏出版社，1989.

个系统,通过这一系统研究成果和作品被创造,其质量被评价、被扩散到学术社团,并且为未来的使用而长期保存,亦有外文文献称之为"scientific communication"。

1970年,约翰·霍普金斯大学的加维(W. D. Garvey)及其同事格里菲思(B. C. Griffith)对科学生产者在科学研究过程中的知识生产伴随的信息交流活动进行了细致的考察,并绘制了科学交流系统信息流程图[1](图2-5)。从科学生产者的角度,比较详尽地描述了从研究开始→研究完成→论文发表→被引用→新研究开始的整个研究过程中的信息交流活动和流程,为科学交流系统绘制了信息交流的详细图解[2]。

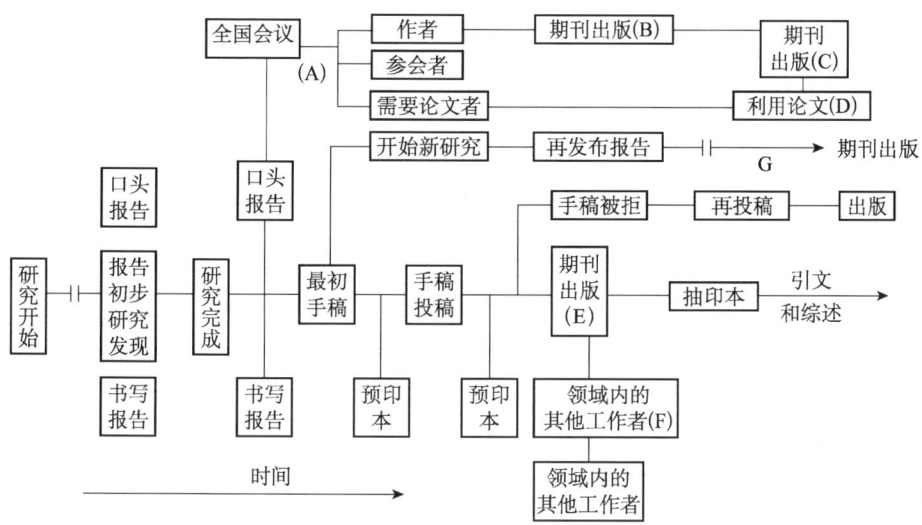

图2-5 加维的科学交流系统信息流程图

加维指出,在科学研究开始阶段中,科学生产者随时与同行交流想法和感受,此时交流内容是不为公众所获得的,是随意的、偶然的,但内容是丰富的。在研究开始1~2年内,研究达到一定程度,快要完成时,科学生产者就很少交流了,这是因为保护优先权的缘故。研究进入完成阶段时科学生产者开始准备发布自己的成果,先是在本机构的学术论坛上作报告,得到反馈意见后进行修改,完成整个研究。进入投稿给会议和学术期刊阶段,再大范围内公开自己的研究成果。首先在全国会议上发布论文,经过会议发布后,有些论文会被期刊选择发表;另外,会后会有感兴趣的同行讨要论文全文,论文被利用后,后续

---

[1] Garvey W D. Communication: The Essence of Science [M]. Elmsford: Pergamon Press, 1979: 169.

[2] 徐佳宁. 加维-格里菲思科学交流模型及其数字化演进. 情报杂志, 2010, (10): 122-125.

的研究也会发表［图2-5（A）、（B）、（C）部分］。论文手稿投稿给期刊之前和之后都会有预印本分发给同行，论文被期刊录用发表后，会有抽印本继续扩散成果，下一步是被引用和写入综述。

  科学交流最重要的媒介物是学术期刊中的原始论文，科学期刊成为科学生产者及那些对科学工作感兴趣的人们的合作论坛，这是17世纪中后期的一项新的发明。这一时期出现了一些学术团体，如英国皇家学会和法国科学院，创办了一些学术期刊。期刊是作为人们之间，尤其是作为学者之间进行科学交流而出现的。它既是科学技术发展的文字记载，又是传播一次情报和二次情报的媒介，并能给予作者、编者、出版者以一定的社会地位，因此，它有别于其他出版物，能适应科学技术、经济文化的发展。而期刊的出版数量、内容的增长，与科学技术的发展息息相关。早期的期刊以人文学科期刊为主，科技期刊只占较小的部分。随着经济的发展，以工业化和经济发展为基础的科学技术项目（包括国际、宇航等科研项目）大大增加，科学生产者的活动（包括学术交流活动）频繁，学术论文激增，加上高速度、低成本的印刷技术的进步，使得科技期刊数量激增，期刊论文成为科学交流的主要形式。

  科学交流依据科学知识传递的方式可分为正式交流和非正式交流。正式交流是通过科学文献系统实现的知识、情报交流过程，而通过科学文献系统进行的知识与情报交流主要是以论文形式实现的，论文已成为传统交流环境（或者非网络环境）下科学交流中最常见的基本单元[①]。

  300多年以来的科学交流史表明，科技期刊在科学技术活动中一直起着非常重要的作用，是科学交流的主要工具，有人称赞它是整个科学史上最成功的无处不在的科学情报载体，是科学生产者之间的一种正式的、公开的和有秩序的交流工具[②]。

  然而，随着科学出版费用不断攀高以及信息传播技术天翻地覆的变革，源于"期刊危机"（serial crisis）的传统科学交流危机正日益困扰着科学生产者及其科研工作的开展。于是，20世纪90年代，"期刊危机"和"许可危机"（permissions crisis）的出现使得开放存取（open access，OA）运动应运而生。它借助互联网这一信息传播媒介，打破了米哈伊洛夫（Mihaylov）所谓"正式科学交流系统"与"非正式科学交流系统"的界限，简化和缩短了科学交流的信息传递链[③]。它集信息出版的质量把关与信息利用的经济快捷等优势于一身，

[①] 李国红. 基于论文交流的科学交流模型［J］. 情报杂志，2004，(06)：56-58.
[②] 李国红. 论科学交流的基本形式及其发展［J］. 情报探索，2006，(09)：43-46.
[③] **魏林**，万猛，金学慧. 开放存取式科学交流系统模型研究［J］. 出版科学，2011，19(5)：79-85.

动摇了传统以文献为主体的正式交流在科学交流体系中的核心地位,成为科学交流未来发展的一种历史趋势。

2.4.2 科学共同体

"科学共同体"(scientific community)的概念是英国哲学家波兰尼为了探讨科学的自主性过程于1942年在《科学的自治》一文中提出的。经过社会学家希尔斯(Shils)在20世纪50年代的发展,科学社会学家们开始普遍使用这一概念。科学共同体是"科学"这种社会建制的基本存在形式,是由从事实际研究工作的科学生产者组成的团体。他们专业一致,遵从相同的规范,阅读相同的文献,有基本一致的专业看法,使用相同的符号、术语、模型和范例,有密切的学术交流[1]。普赖斯于1963年在其著作《小科学,大科学》中提出"无形的学院"(invisible college)这一概念,无形的学院是指能够促进科学家合作与交流的人际关系网络[2]。

美国科学社会学家默顿十分强调科学共同体的作用,认为科学的目的是获取可靠的知识,科学共同体的任务则是建立和发展科学家之间那种为获得可靠知识而必需的最佳关系。他提出科学共同体的规范是普遍性、公有性、无私利性和有组织的怀疑。

1962年,美国科学史和科学哲学家库恩(T.S.Kuhn)在《科学革命的结构》中提出范式和科学共同体的密切关系,为科学共同体的形成、发展和转变提供了认识论基础。科学共同体是产生科学知识的单位,在这些共同的范式指导下,运用特定的概念工具和工具进行科技的研究与传播。

科学共同体作为一种抽象的集合概念,既有无形的组织,如无形学院和学派等,也有有形的组织如科研院所、学会等。从发展来看,科学共同体包含丰富的组织形式[3]。

(1)科学学派:是在一个科学大师教导下形成的一个科学研究群体。他们具有共同的信念和目标,使用共同的研究方法和术语,接受公认的评定标准,培养自己的接班人,通过开拓性、创造性的研究工作,形成新的研究范式和工作领域。它具有固定可见的组织结构、集中稳定的学术环境(如大学、研究所等),以一个或几个学术带头人为核心,以其合作者、助手、学生为基本成员。

---

[1] 尚智丛. 科学社会学:方法与理论基础[M]. 北京:高等教育出版社,2008.
[2] de Price Solla D J. Little Science, Big Science [M]. New York: ColumbiaUniversity Press, 1963.
[3] 梁飞. 科学共同体概念、运行及其社会责任初探[J]. 法制与社会,2010,(12):163-164.

比如，李比希带领众人创建有机化学理论、发明实验室和 Seminar 教学法，把吉森实验室建设为世界化学的"圣地"，培养出大批杰出人才，形成了具有世界性影响的吉森化学学派。

（2）无形学院：是以优秀科学家为中心，以交流学术为宗旨，以学术会议、通信交流为形式，立足于自由联合的、无形的、非正式的科学家团体。其参与者往往是多学科的，排他性不强，规模较小，通过互送未定稿、通信、交流信息、教学科研上的合作互访加强联系。在科学前沿，往往是先由非正式的"无形学院"创造出新知识，再由正式的交流系统来进行评价、承认和传播。比如，20 世纪 30 年代，以著名科学家贝尔纳为代表的左派科学家团体，在马克思主义的影响下热情参与英国的 SRS 运动，探讨科学与社会互动的关系问题。这个学术团体就被称为"无形学院"。

（3）正式的科学机构：有正式的组织制度、科层制的管理方法和公开的交流网络，是最为广泛的组织形式。在现代国家，它们通常是政府领导科技的智囊团和思想库，是发展科学事业的组织力量。其具体形式有：①学会、协会。其是受国家法律保护的科学家职业团体、科学工作者集团利益的代表，主要任务是学术交流，如英国皇家学会、美国国家地理学会、中国科学技术协会，各地分会，各学科、各专业分会等。②综合性的科学研究机构。通常受政府资助，在政府实验室中进行使命导向的战略性研究，如中国科学院、中国工程院等。

2.4.3 基于载体的作者学术关系

作者学术关系是科学生产者在科学研究中进行知识交流的重要方式和途径，作者之间基于论文为载体建立的学术关系大致可以分成合著、共被引、耦合和互引四个方面。作者间的共被引和互引关系将在第七章进行详细的阐述，这里我们主要讨论作者耦合关系。

"文献耦合"（bibliographic coupling）这一概念最早是由美国麻省理工学院林肯实验室的高级研究员开斯勒（M. M. Kessler）[①] 在 1963 年提出来的。他发现，越是学科或者专业内容相近的论文，它们的参考文献中包含的相同文献数量就越多。于是，他把两篇论文同时引用一篇论文的论文（即共同的参考文献）称为耦合论文（coupled papers），并把它们之间的这种关系称为文献耦合[②]。鉴

---

① Kessler M M. Bibliographic coupling between scientific papers [J]. Journal of the American Society for Information Science and Technology, 1963, 14 (1): 10 - 25.
② 陈远, 王菲菲. 基于 CSSCI 的国内情报学领域作者文献耦合分析 [J]. 情报资料工作, 2011, (5): 6 - 12.

于文献耦合的静态性,使它的应用有了阻滞。事实上,"耦合"概念不仅仅局限于同时引证的两篇或多篇论文本身之间的关系,它揭示的是一类普遍存在的主客体之间的引证与被引证的关系,因此可以将"文献耦合"的概念予以推广,相对于文献的学科主题、期刊、著者、语种、国别、机构、发表时间等特征对象来说都可以发生耦合关系。后来,基于类似原理的作者耦合概念的提出为学者利用耦合关系研究学科前沿、发现学科知识结构提供了进一步探索的空间[1]。最早进行作者耦合研究尝试的是雷迭斯多夫,他在个人学术网站上提供了一个进行作者耦合分析的应用软件[2](DOS命令下的软件),但是,没有发现雷迭斯多夫利用该软件进行实证研究的论文。赵党智[3]等于2008年所提出的作者文献耦合分析方法(author bibliographic-coupling analysis,ABCA),是将文献耦合的方法扩展到了作者层次,通过作者所有作品中参考文献的耦合强度来建立作者之间的关系;而刘志辉等提出的作者关键词耦合则是利用作者作品的关键词耦合强度建立作者之间的关系。

1. 作者耦合与文献耦合的关系

文献耦合在研究学科前沿发现学科知识结构信息检索等方面都有重要应用,它有两个显著特点:耦合强度不变和表示引证文献之间固定而长久的关系,反映静态结构,但是作者耦合关系却没有继承这两个特点,作者之间的耦合强度会随着时间的改变而改变,即两个作者之间的关系并不是固定的,也不一定是长久的,它反映的是作者之间的动态结构。作者之间的耦合强度会随时间的增强而增强(至少保持不变),即两个作者在一定时间跨度内,只要不断发表论文,他们的耦合关系便会至少保持不变;在一定时间段内,如果两个作者都不发表论文,那么他们的耦合强度为0(这里列举的是一种极端情况),即他们之间的关系也不是长久的,受到研究时段的影响[4]。由此可见,作者耦合关系既与文献耦合关系相似,尤其是基本原理方面,但是也有不同,作者耦合表现的是作者之间动态的关系,这种动态性是两者之间最根本的差别。赵党智认为,作者同被引分析是从作者影响力角度来分析领域的研究结构,而作者文献耦合分

---

[1] 邱均平,王菲菲. 基于引证关系的国内情报学领域作者研究活力与影响力分析[J]. 图书馆论坛,2011,31(6):51-61.

[2] Leydesdorff L. A software for author coupling analysis [CP/OL]. http//www.leydesdorff.net/software/bibcoupl/index.htm [2013-03-26].

[3] Zhao D. Information science during the first decade of the web: an enriched author co-citation analysis [J]. Journal of the American Society for Information Science and Technology,2008,59(6):916-937.

[4] 马瑞敏,倪超群. 作者耦合分析:一种新学科知识结构发现方法的探索性研究[J]. 中国图书馆学报,2012,38(198):4-11.

析是从作者本身的研究活动出发来进行分析的。所以，作者文献耦合关系更能动态反映学科领域研究的现实状况[①]。

2. 作者耦合关系强度的计算（只考虑第一作者情况）

作者文献耦合强度是在文献耦合强度的基础上提出的，但是其算法要比文献耦合复杂得多，且算法不一。"最小值算法"是较为常用的算法，它能够较准确地表现两个作者的相似性，既不缩小，也不放大，是当前较为理想的算法。原理如下：将作者 A 的所有论文的所有参考文献看成一个集合 S1，其中某篇或者某几篇参考文献有重复；将作者 B 的所有论文的所有参考文献看成一个集合 S2，其中某篇或者某几篇参考文献也有重复；假如 c1 这篇文献在 S1 中出现 2 次，在 S2 中出现 3 次，则对 c1 进行加权，取最小值，值为 2。依此类推，得出其他共同出现的参考文献的加权值，然后累加就是两位作者的耦合强度。

---

① Zhao D Z, Strotmann A. Evolution of research activities and intellectual influences in information science 1996—2005: Introducing author bibliographic coupling analysis [J]. Journal of the American Society for Information Science and Technology, 2008, 59 (13): 2070-2086.

第三章

科学知识表征的术语研究

3.1 科学研究的表征方式

3.1.1 信息的表征方式

随着当代信息技术的高度发展和广泛应用，人类真正进入了信息时代。在信息时代，人们大量生产信息，广泛使用信息。信息已渗透到人类社会生活的每一个领域和每一个方面，成为支配和影响社会进步、经济发展、科技创新、文化繁荣的重要因素。然而，信息量指数增长，形成爆炸之势，又反过来危及人类的生存和进步。

"信息"是内容无涉的，也就是说，其内容可在每个集总层次上，根据其一特定研究方案中考察的各维度进行定义。另外，信息作为一个测量单位是非参数的，这意味着不必先就测度尺度或其他数学理想化情形提出假设。

为了进一步认识和理解信息的含义，我们将其与另外两个同样常见的概念——数据和知识进行比较。数据（date）是载荷或记录信息的按照一定规则排列组合的物理符号。它可以是数字、文字、图像，也可以是声音或计算机代码。人们对信息的接收在于对数据的接收，对信息的获取只能通过对数据背景和规则的解读。背景是接收者针对特定数据的信息准备，即当接收者了解物理符号序列的规律，并知道每个符号或符号组合公认的指向性目标或含义时，便可获取一组数据载荷的信息，亦即数据转化为信息[①]。可以用如下公式表示

$$数据＋背景＝信息$$

信息是数据载荷的内容，对于同一信息，其数据表现形式可以多种多样。例如，你可以打电话告诉某人某件事（利用语言符号），也可以写信告诉某人同一件事（利用文字符号），或者干脆画一个图（利用图像符号）告诉我们："这组符号表达什么。"

知识是信息接收者通过对信息的提炼和推理而获得的正确结论，是人通过信息对自然界、人类社会以及思维方式与运动规律的认识与掌握，是人的大脑通过思维重新组合的、系统的信息集合。知识告诉我们："这组数据意味着什么。"

---

① 邱均平，沙勇忠，等. 信息资源管理学 [M]. 北京：科学出版社，2011.

知识的传输一般遵循如下模式：

传输者的知识通过数据、解读数据为信息 — 接收者的知识

这一模式说明，要传输知识，传输者首先要将头脑中的知识转化为数据，即按一定的规则排列组合的物理符号，再通过一定渠道将数据传至接收者。接收者如果能够解读数据的背景与规则，则可接收到相关的信息，然而最终能否获取传输者意欲传递的知识，还取决于接收者个人对信息的提炼与推理。只有当信息接收者接收到并能够从中提取关于事物的正确理解和对现实世界的合理解释时，信息才能转化为知识。可见，信息能够转化为知识的关键在于信息接收者对信息的理解能力。

对信息的理解能力取决于接收者的信息与知识准备。例如，一份患者的病历对非医护人员仅仅是数据或信息，而对医生则能提供相关知识。信息转化为知识的机理虽然复杂，但有一点可以肯定：信息只有同接收者的个人经验、信息与知识准备结合，也就是同接收者的个人背景融合时才能转化为知识。同样，我们可以表达为如下公式

信息 × 经验 ＝ 知识

由此可见，知识的获取只能通过学习和体验（实践），认识能力和理解能力为数据转化为信息、信息转化为知识、有效融合、新知识的创造提供了必不可少的条件。

可以认为，数据是信息的原材料，而信息则是知识的原材料，数据涵盖范围最广，信息次之，知识最小。至于其他一些概念如信号、消息、资料等不过是数据的不同单位和不同形式而已，它们同样也是载荷信息的物理符号。

信息资源的内容十分广泛，人们根据自己对信息资源的不同认识和理解，可以将信息资源划分为不同的类型：有从不同的领域角度划分的、有从不同的载体与存储方式划分的、有从不同的加工深度划分的。

不同领域角度划分的信息资源分为自然界信息资源、社会信息资源。自然界信息资源是指人类生存和发展所依存的自然界的各种即成的信息资源，主要涉及自然界的气象、生命、地理、太空等信息资源，其信息资源的主要内容涉及自然科学；社会信息资源主要是指产生于人类的社会活动过程中的信息资源，主要涉及政治信息资源、科技信息资源、人文信息资源、经济信息资源等，其信息资源的主要内容涉及社会科学。

不同载体与存储方式的信息资源分为人脑信息资源、实物信息资源、文献信息资源、网络信息资源等。

人脑信息资源指的是以人脑为载体的信息资源，人的大脑是一个资源非常丰富的容器，甚至作为人自身还未对"人脑资源"有足够的认识，人脑资源主要由两方面的资源组成：人脑的未知资源、人脑的现实资源。对于人脑的未知

资源，其包括了人脑自身的构成以及人脑的发展潜能，对于这些人类还没有做到全面的认识和了解；人脑的现实资源，指的是人类社会对人脑信息资源的已有的掌握。

实物信息资源指的是以自然界以及人类自身创造的物品为载体的信息资源，其包括了自然界的山川河流，以及人类社会的建筑物、雕塑、日常用品等。实物信息资源的信息内容有两方面：实物本身、实物承载的信息。实物本身也可以传递信息，如古代甲骨文自身的骨头的年份、类别等是实物本身的信息，而甲骨文是其自身所承载的信息资源。

文献信息资源指的是以纸质版文献资源为载体的信息资源，这种信息资源是通过文字、图像、符号等记录方式将信息进行保存的，在人类社会上曾长期是传播信息资源的主要载体形式。如今，人们对文献信息资源的内容加工深度可以分为零次、一次、二次、三次等信息资源。零次信息资源是无记录的信息资源，为人口头传播的；一次信息资源是人们通过自身的创新性的科研活动而形成的论文、著作等；二次信息资源是指在一次信息资源的基础上进行加工，包括审核、筛选、汇总、统计等而得到的信息资源，有文件、评述等；三次信息资源是对二次信息资源的浓缩、编排、综合等，有文摘、书目等。

网络信息资源是指在现代社会网络技术兴起的时代，出现了以电子形式传播信息的资源形式，这是当前社会信息资源传播形式的主要类型，也是人们接触最为频繁的信息资源，其自身具有承载信息量大、更新快、形式多样等特点。

3.1.2　科学内容表征方式及其基本特征

不是任何一种知识都可看作为科学。人们在简单观察的基础上得到的知识是不能看作科学的。这种知识在人们的生活中起着重要的作用，但它并不揭示现象的本质及现象与现象之间的相互联系，而是解释这一现象为何如此发生，预测其进一步的发展趋向。

科学知识同没有任何逻辑根据和不经任何实际检验的盲目相信、绝对地承认某一论点为真理有着原则的区别。科学在揭示现实的各种有着规律的联系时，将其表达成为与之严格相符的抽象概念和图解。当规律尚未发现时，人们只能描述现象，收集事实，并进行系统化处理，但是对其不能进行解释和预言。具体而言，科学内容的表达方式有以下类型[①]：

（1）事实：科学的发展从收集事实开始，对各种事实进行研究和系统化，然后进行总结，并发现其中的规律性，直至使科学知识成为有联系的、逻辑上

---

① 梁立明，武夷山，等．科学计量学：理论探索与案例研究［M］．北京：科学出版社，2006．

严密的体系，只有这样，才得以解释各种已知的事实，并预测新的东西。

（2）认识：认识的过程可用列宁的一个著名的公式来表达：从实际的静观到抽象的思维，再从抽象的思维到实践。认识过程包括各种事实的积累。没有系统化和总结，没有对事实的逻辑思维，任何一门科学都不可能存在。但是，正如巴甫洛夫所说，虽然事实对科学家而言就是空气，但事实本身还不是科学。如果事实以系统化和总结的形式表现出来，它就成了科学知识的一个组成部分。

（3）概念：对事实进行系统化和总结，可借助于最简单的抽象——概念（定义），这是科学的一个重要结构元素。最广义的概念称为范畴，这是最一般的抽象。关于现象的形式和内容的哲学概念都属于范畴，如政治经济学汇总中的商品、价值等。

（4）原理：知识的一种重要形式是原理（公设）、公理。原理就是某一门科学的原始论点，它是知识系统化的初始形式（如欧几里得的几何定律、量子力学中的玻尔公设等）。

科学知识体系中最重要的组成部分是反映自然、社会和思维中最本质的、固定的、重复的客观内在联系的科学定律。在通常情况下，定律都以概念和范畴的一定相互关系的形式出现。对知识进行总结和系统化的最高形式是理论。理论是能形成科学原理和科学方法的有关经验和实践总结的学说，这些科学原理和方法能用来总结和认识现有的各种过程和现象，分析各种因素对这些过程和现象所产生的作用，并为人们在实际活动中应用这些过程和现象提出建议。

（5）假设：当科学家还没有掌握充分的实际材料时，就采用假设作为取得科学成果的手段。假设是为了解释某一过程而提出的有科学根据的推测，经过检验方可显出其真伪。假设通常是所发现法则或定律的最初文字说明和草案。恩格斯在指出假设在科学发展过程中的重要作用时强调，假设是自然知识发展过程中的一种形式。大多数科学法则和理论都是在预先作出假设的基础上建立起来的。

（6）科学研究：科学研究是实现和发展科学的一种形式，它研究各种现象和过程，分析各种因素对这些现象和过程的影响，同时研究各现象之间的相互作用，以得到对科学和事件确凿可信的有效解决方法。科学研究有它所针对的客体和对象。研究的客体可以是物质世界、现象、性能，以及现象和性能之间的联系。

（7）方法：所谓方法就是对某一现象或过程进行理论研究或实践的办法。方法是解决科学主要问题、发现各种客观现实规律的工具。根据方法决定采用归纳或演绎、分析或综合，以及采用理论和实践研究比较的必要性和场合。

由上可以看出，科学体系就是事实、概念、原理、假设、规律和理论，用以预见事实，控制社会关系、生产关系和生产力等。这种系统的科学试验具有一系列特征。

这些成分在一定程度上说明了科学内容的结构范式和基本特点，通过上文我们不仅意识到科学内容的形成过程，同时也认识到科学内容同时需要具备以下特点：

（1）其中最重要的特征是全社会性。马克思指出，科学在本身的起源、发展和利用过程中都具有社会性。任何一个科学发现都是公共的劳动成果，科学在每一瞬间都是人类在认识世界后取得成就的总体现。科学知识体系是属于全体的，因此，它只有在社会劳动和生产大范围发展的同时，才能真正有效地被利用。

（2）可检验性和可重现性，这是对科学知识最重要的要求。

（3）科学知识是稳定的。各种科学知识老化得很快，这证明它的深度概括得不够，证明所采用的假设和所揭示的规律不明确。

（4）创造性。创造性是建立新的、前所未有的价值。创造性也是科研工作的一个特点，因为科研工作的结果是获得新的信息、新的前所未有的事实、现象、发现、规律，以及获得各种技术问题的解决等。

3.1.3　科学内容分析单元

科学计量学纲领的优势体现在它将科学作为一个探究领域这一正面的界定上。科学计量学近来常常因其"客观性"立场而受到指责。这些主张是相对于特定的方法和结果提出来的，不能因此就否定科学计量学在认识论层次上的挑战，即科学发展可以付之测度这一论断。在本节中，可以用一个多维图形（图3-1）来描述"科学领域"的维度。

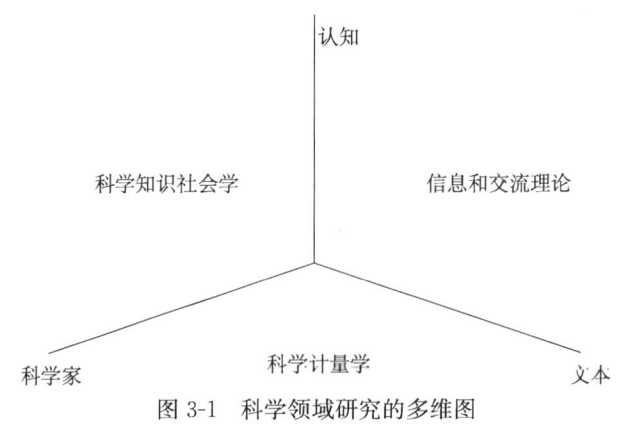

图 3-1　科学领域研究的多维图

沿着图 3-1 的三个维度及其相应的分析单元，可以区分各个集总层次上的研究。例如，词组成了文本，即期刊上的科学论文，而期刊属于档案；科学家组成了文本，研究小组则属于科学共同体；知识论断是以理论为基础的，而理论植根于学科中。图3-1也表明了，沿着各个轴以及各轴之间所发生的动态过程有本质上的差异。

除了要有一幅图来描述研究对象的类型并进而区分出围绕科学的理论分析相关的那些问题之外，还需要有一种"语言"，用来研究这样一幅图中的现象。尽管这个现象是异质的，但这种"语言"应该能够为我们提供内在一致的描述该领域的一种方法论工具。此外，这种语言应能帮助我们捕捉到科学发展的核心过程，并指导我们做出进一步的方法选择。

就目前而言，关于如何将定性理论与科学计量学方法联系起来的课题，主要存在两方面的问题：一方面，我们有关于科学的一套指标、手段和数据库；另一方面，也有社会学的理论探讨，但这些理论论述不易细化为模型，并在科学计量学数据和手段的帮助下加以运行和检验。但是，这些科学计量学模型一旦置于它们被开发的原初领域以外进行检验，面对科学系统内的更复杂的相互作用，它们似乎就会崩溃。科学活动除具有多维性和自反性特性外，它还在不同的集合层次组织起来，并在一定的条件下，似乎有可能在某些层次上将这些资源和成果进行相互转换。

为了处理这些经验研究的复杂性，主要有两大策略：要么精确地描述差异，要么大大降低复杂程度，为此所采用的方法是对分析单元一视同仁和缩减集总层次。在定量研究中，在分析上对维度、分析单元和集总层次进行区分是更为常见的做法。例如，绩效测度常常以一个组织类的分析单元作为科学分析的出发点，而其他研究则往往以认知的分析单元或特定的话语来探讨科学。在文献计量学研究中，文献集可以区分出又一种分析单元。

科学内容中每一个分析单元首先是认知、文本和科学家三者的复合物。这些基本模块具有不同的性质，即不能把科学家还原成它们的认知，或把文本还原至其作者，也不能把认知等同于其被表达的语言。然而，可观察的分析单元是复杂的；各种复杂的单元可成为类型截然不同的理论的研究对象，因为这一种复杂的单元可成为类型截然不同的理论的研究对象，因为这一复杂体的集总与组织可以代表不同的系统以及系统的历史发展。例如，期刊量是文献的特定集总，而期刊也是一种社会建制。

事物能以不同的形式分类，因此分类本身可作为一个变量。集总和/或组织就表示这一种或那一种组合规则的应用。随着人们后来认识到，被组合的东西也是可以从分布的角度加以分析的，这一集总变量的规定性就明朗了。集总和组织是被组合的维度和组合它的维度之间相互作用的结果。例如，如果认知被组织成文本，那么就总是可用被组合的变量和组合他者的变量来分析这一复合结果。因此，分析复杂现象时，不应仅将其作为低层次的单位的集总，还应考虑多个分析维度及其相互作用。高层次的系统具有比构成这一系统的单元之和更大的变异性，特别是增添了正被组合的东西与组合方式之间的相互作用这一要素。

综上所述，由于我们介绍的认知、文本以及行动者都是可包容入网络的"异质的"模块，所以每一复合物都可借助这些维度进行分析。在上述的（文本）期刊量的示例中，组合变量可以用认知的和（或）社会的术语来确定。各种维度之间的共变关系时时刻刻都存在，在动态分析中，每种共变关系都导致一个相互作用项。

大多数科学计量学研究会选择作者（群）和（或）文献（集）作为分析单元，因为使用认知分析单元的研究，必须从哲学的、历史的或另一种可取的观点来探讨科学发展。在语言学导向的科学哲学分支中，人们越来越倾向于用语言网络来认识讨论科学知识，而这种网络是可用情报学方法来进行经验研究的。

科学研究内容中有两个主要的分析单元，即作者及作者群和文献及文献集，这是用社会的和认知的标准来分类的。当指出作者或研究机构之间的构成和配置时，其实是在将科学计量学的数据用作一种在本质上属于社会计量学的分析的投入。我们可在作者、机构和共同体等之间进行对比，而且可用各种社会网络分析的方法来分析其基础结构。那么，对指标进行评估时，我们必须关注的是，就社会网络关系而言，指标意味着什么。结果，通过这样的研究，就可以围绕绩效、层级、群体结构和精英结构这些典型的社会学问题做出推论。

当科学计量学指标被用于文献计量学框架时，其他一些问题就成为中心问题了，如是否可能将科学及其发展绘制成"地图"。这些问题将科学计量学活动与信息检索、书籍表示以至语言学的理论侧面联系了起来。当我们将引文或是共用的标题词用作反映关系的指标时，视点就发生了变化。

社会计量学传统不是仅限于对作者及其发表物开展的研究。对于用科学计量学手段获得的书籍，还可进一步用其他的社会科学方法来分析利用。一方面，当我们想研究科学家是如何实际生产科学知识时，行为的书籍比来自档案的文献的书籍更为重要。另一方面，文献计量学的分析也许能揭示出科学交流的规律和模式，这些规律和模式并未被有关行为者明显觉察到，因此也不应要求行动者把握这些规律，但它们确实规范着行动者的行为。

而且，为了研究各种结构的动态过程，时间也需作为一个维度被导入，即必须规定什么可以算作一次历史事件。例如，可以比较两种情形：一方面，为了重构作者的知识发展历程，单纯将文献作为"事件单元"；另一方面，是在科学领域的层次上确定了研究议程的那一不断发生的问题变迁，这些事件的发生频率是不同的。科学内容分析单元的类型可以分为社会性分析单元和文本性分析单元。认知事物是社会性的，反之亦然，任何事物都可以从话语角度进行分析，这就是科学知识社会性的中心意旨。其主要论据是，在"社会-认知的（相互）作用"中，各种维度无法区分，而这种相互作用同时规范着社会事物和认知事物。所以，不应追求用"认知的"相对于"社会的"或"内在的"相对于"外在的"这样的维度进行分析。

在科学研究内容中，已将"研究纲领"视为科学理性重构的基本构成单元，在传统上"研究纲领"仅被定义为认知的单元，拉卡托斯在讨论这些"研究纲领"的性质时，都纯粹是在认知领域的层次上进行的。因此，拉卡托斯的"研究纲领"不限于研究设施、期刊集等社会学上可识别的分析单元。而且，当研究纲领的活动中心从一个国家转移到另一个国家时，或是研究纲领的进一步发展要求一些新的制度性规定时，研究纲领的社会场所也会发生历史性变化。

在社会科学的设计中，我们不能接受这种认知维度的独占性。科学形成于大学科系、实验室和研究设施中。这些社会单元由于社会权宜性的原因而各有研究项目和研究计划。尽管这些机构的研究计划以种种方式与学科发展或拉卡托斯学派意义上的研究纲领相联系，但是它们不是一回事，从分析的角度看，是可以区分机构性的研究计划与相关领域层次上的研究纲领的[①]。

只要是仅限于从个别科学家的实践角度来分析知识生产，这种分析就可以在该科学家的机构角色和其在领域层次上的知识地位之间来回变换。被研究的科学家就是参照系，但是一旦我们超出个体行动者的微观层次，在集总量中就必然隐含着一个组合变量。集总量的变换是分析单元的变化加上"中间群组"变化之和。这样，我们就可以将采用社会划分法区分出来的社会机构中的一系列认知规则和内容集总到另一个层次上去，这个层次可以成为那一社会单元的"认知结构"，但是，这一集总的结果通常与该社会单元在领域层次上的结构中的位置不同。在领域层次上，可以应用其他的组合规则。

我们认为在社会分析单元（如人类动因）和文本性分析单元（如文件集）之间存在差异性。在一项研究文集中，人们根据自己想要提出的问题，不是把文章归类于作者就是把作者归类于文章。人们应该如何把可观察的文章和作者归类到不断变化的理论立场、问题表达、独立的研究纲领或科学专业上去呢？例如，人们能把一篇文章及其作者归类于它们本身就是其中一部分的更复杂的分析单元吗？如果能，那么就必须把这种复合体看作是一个上层建筑。

因此，在科学内容中，认知分析单元无法依据可观察事物明确地获得。在这种情况下，文章和作者的具体排列就构成了认知单元。这种排列建立在一个"虚拟"的组织原则的基础上，该组织原则可以作为假设提出来，但只能隐含地观察到。换句话说，可以让这种隐含在对经验范畴的描述之中的组合规则成为

[①] 刘珺珺. 科学社会学 [M]. 上海：上海科技教育出版社，2009.

自反性的，从而能被表达为期望值。就认知机构而言，可以把可观察事物看作是该组织原则的"实例化"。

3.2 科学词汇的频率分布

3.2.1 人类行为最省力法则

齐普夫是美国哈佛大学教授、知名语言学家和心理学家。他知识渊博、论著繁多，在很多领域均有建树，获博士学位。1935年，齐普夫首先用大量的统计数据来验证前人有关词频分布规律的研究成果，并进行了系统的研究，使这一分布定律得以正式形成和确立。为了纪念他的贡献，后来人们以他的名字来指称这一定律。因此，齐普夫是齐普夫定律的主要创始人。1948年4月，46岁的齐普夫博士完成了他的专著《人类行为与最省力法则——人类生态学引论》，并于1949年首次出版。该书50余万字，语言精练、层次清晰、主题紧凑，引用大量的数据和事实，对"最省力法则"（the principle of least effort）做了精辟的论述。这部专著影响很大，许多学者称之为"巨著""杰作"。他的这些学术研究和成就与情报学、图书馆学关系密切。齐普夫定律是文献计量学的基本定律之一。

在有关研究中齐普夫发现，每一个人在日常生活中都必定要在他所处的环境里进行一定程度的运动。他把这种运动视为走某种道路。然而，人们在自己的环境里所走的道路并非就是他的全部活动。对于一个处于相对静止状态的人来说，他要完成新陈代谢，就要有不断的物质和能量运动，并进行输入、循环、输出等一系列过程。这个物质和能量运动也是在一定的道路上进行的。我们可以认为，人的全部机体都可以视为物质的聚合，正以不同的速度在不同的道路上穿过人的系统；而在整个宏观的宇宙世界中，人的系统继而又以一个整体在他的外部环境里取不同的道路，以不同的速度运动着[①]。

在这里，齐普夫强调的是运动和道路的概念。他的目的是要说明每一个人的运动，不管用哪种类型，都是在一定的道路上进行的，而且都将受一个简单的基本法则的制约，千方百计地选择一条最省力的途径。在各种运动中，人们也都有意无意地按照这个基本法则行事。齐普夫把这样一个他认为存在的法则

---

① 邱均平. 信息计量学（五）[J]. 情报理论与实践，2000，5：396-400.

称为"最省力法则"。当然,这个"最省力"是带有主观含义的,在客观上各人有各人认为的"最省力",它们并不是完全相同的。

怎样理解齐普夫的"最省力法则"呢?我们举个简单的例子。一个人要从A地到B地去,可以走各种不同的道路,但总得选择一条道路。为此,就得从经济上、安全上、时间上,并结合本人的主观条件(如身体状况)及客观条件(如所处的地区环境)等种种因素考虑,想方设法地选择一条最符合自己条件和要求的道路,使得自己付出的"力"最小。做到了这一点,就可以说他所消耗的力是最省的。做出这种选择的依据就是"最省力法则"。它既是人们愿望的反映,也是行动者努力的结果。在各种人为选择中,人们都自觉或不自觉地共同遵循着这一基本的行为选择法则——最省力法则。

按照齐普夫的说法,当我们用语言表达思想时,我们就像受到两个方向相反的力的作用,即所谓"单一化的力"和"多样化的力"的作用。在谈话或写作时,这两种力表现为一方面希望被对方理解,另一方面希望尽量简短。从这一观点来看,说话者以只用一个词表达所有概念为最省力,而听话者则以每个概念都用一个词表达为最省力。"单一化的力"与"多样化的力"取得平衡,使自然语言词汇的分布呈双曲线。应当指出,这里所说的力不同于物理学上的力。

"最省力法则"出现后,国外许多学者纷纷对此进行研究,并把它应用于包括图书情报工作在内的许多领域中。例如,在20世纪60年代后期,有学者运用这个法则研究了图书馆或情报中心在一个城市中的合理位置,以使所有可能使用它的人平均付出最小的力。还有人运用这个原则研究了书库中图书排列的最佳方案,打破传统的绝对按某种顺序排列的方法,解决如何才能使馆员在索取读者所需要的书时付出的平均力最省。

3.2.2 齐普夫定律的确定

在文献中,不同词汇的使用和出现频率是有一定规律的。为了发现和揭示这种规律,许多学者进行过探索。这些有关词频分布规律的研究和成果,为齐普夫定律的形成奠定了必要的基础。

早在1898年,德国语言学家凯丁(F. W. Kaeding)就编写了世界上第一部频率词典《德语频率词典》。凯丁编写这部词典的样本容量为110万个词的文句,并统计了每一个词在总样本中的出现次数。21世纪初,美国教育学家兼心理学家桑代克(E. L. Thorndike)先后编写了 *Teacher's word Book of 20,000 Words*(《教师二万词词书》)、*Teacher's word Book of 30,000 Words*(《教师三万词词书》),对英语的词汇做了大量的频率统计工作。目前,世界上的频率词典已有许多品种,其中有普通频率词典,也有专业性频率词典。

频率词典实际上是一种词表。对词表中的每一个词都要给出它们在一定长度的文句中出现的频率。随着不同语言中有关词的频率资料的大量积累，人们便迫切希望能将这些资料从理论上加以概括。在一部频率词典中，词的出现频率与词的序号是两个最基本的数量指标。它们刻画了一个词在词表中的统计性质，因此人们着重研究了词表中这两个基本数量指标之间的相互关系，以揭示词的频率分布规律。

1. 艾思杜的发现

1916 年，法国速记学家艾思杜（J. Estoup）就发现了在较长文章中，词的出现频率分布的定量化形式。他在从事速记文字体系的改善研究工作中，观察到如下规律：假设有一篇包含 N 个词的文献（N 应该充分大），按这些词在文献中出现的绝对频率 M 递减的顺序排列起来，并且按自然数顺序从 1（绝对频率最大的词）到 L（绝对频率最小的词）编上序号，造出这个文句的词表如表 3-1 所示。

表 3-1　词的序号和绝对频率

词的序号	1, 2, ⋯, r, ⋯, L
词的绝对频率	$n_1, n_2, ⋯, n_r, ⋯, n_L$

艾思杜发现，词的绝对频率与它相应的词的序号 r 的乘积大体上稳定于一个常数 K，即

$$n_r \cdot r = K$$

2. 贡东的公式

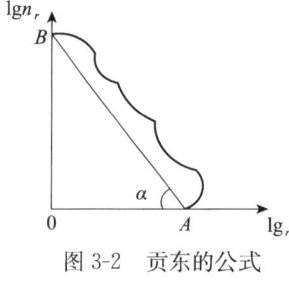

图 3-2　贡东的公式

1928 年，美国贝尔电话公司物理学家贡东（E. Condon）在研究提高电话线路的通信能力的工作中发现了如下规律：他根据德韦（Dewey）和阿叶斯（Ayres）关于词的频率统计资料，以横坐标表示词的序号的对数 $\lg r$，纵坐标表示词的绝对频率的对数如 $\lg n_r$，描绘了如图 3-2 所示的图形。

贡东发现，$\lg r$ 与 $\lg n_r$ 的分布关系接近于一条直线 AB，AB 于横坐标轴的夹角为 α。如令 $\tan\alpha = \gamma$，则有

$$\lg(\gamma^r \cdot n_r) = \lg K$$

其中，K 是一个常数，因而有

$$n_r = \frac{K}{\gamma^r}$$

贡东经过多次试验，发现 $\alpha=45°$，即
$$\gamma=\tan\alpha=\tan45°=1$$
故上式为变为
$$n_r=Kr^{-1}$$
而 $\dfrac{n_r}{N}=f_r$，而 $\dfrac{K}{N}$ 仍是常数，且令 $\dfrac{K}{N}=C$，则得
$$f_r=Cr^{-1}$$
这就是贡东提出的定量化公式。

但是，贡东提出：C 是否为一个常数，还需要更多的实验来检验。不过，如果 C 果真是一个常数，则可用如下方法来确定 C 的值。

当试验次数 $t\to\infty$ 时，频率 f，就变成了概率 P，故公式变为
$$P_r=Cr^{-1}$$
因为所有词的频率的总和等于1，即
$$\sum_{r=1}^{L}P_r=1$$
而对于给定的文句，词表容量 L 是已知的，用 Cr^{-1} 来代替 P_r，则有
$$\sum_{r=1}^{L}Cr^{-1}=C\sum_{r=1}^{L}r^{-1}=1$$
所以
$$C=\dfrac{1}{\sum_{r=1}^{L}r^{-1}}$$

由此可求得 C 的值。例如，在德韦的资料中，$L=10\,161$，求得 $C=0.102$。

贡东顺利地得到并发表了上述结果，同时还指出，希望人们能用更广泛的试验材料来检验 C 究竟是不是一个常数。可见，贡东虽然提出了定量公式，但他并没有完全确证这一公式。而齐普夫正是在这个基础上，抓住前人还没有解决的问题大胆探索从而正式创立了词频分布定律。

1935年，齐普夫以大量统计数据对词频分布规律进行了系统研究。他首先检验了贡东关系式的可靠性和 C 的性质。齐普夫主要根据汉莱（M. Hanley）为乔伊斯（J. Joycc）的中篇小说《尤利西斯》（$Ulysses$）一书所编的频率词典来进行研究。由于该词典文句容量为 260 432 个词，词典中收词 29 899 个，这样，他就有可能在比贡东的研究规模大得多的基础上来检验贡东的结果并着重研究了 C 是否为一个常数。

起初，齐普夫按公式 $P_r=Cr^{-1}$ 来估计 C 的值。在此公式中，当 $r=1$ 时
$$P_r=Cr^{-1}=C$$
可见，C 就是序号为1的那个词的概率。根据试验，普夫得出了 $C=0.1$，因而认为 C 是一个常数。

但是后来大量的事实说明,大多数欧洲语言,几乎没有一种语言的序号为 1 的词的相对频率为 0.1,一般小于 0.1。例如,英语中序号为 1 的词是 the,它的 $P_r=0.071<0.1$。这样,齐普夫对他原先的说法做了修改,指出 C 不是一个常数而是一个参数;它的取值区间为:$0<C<0.1$,对于 $r=1,\cdots,n$,这个参数 C 使得

$$\sum_{r=1}^{n} P_r = 1$$

后来,齐普夫还根据其他一些文句中的词频统计得出了类似的结论,从而论证了单参数词频分布公式的

$$f_r = Cr^{-1}(\text{或} P_r = Cr^{-1} \text{的正确性})。$$

由于齐普夫做了大量的艰巨的统计和计算工作,确定了 C 的性质,论证了词的频率与等级序号之间关系的定量形式,为揭示这种分布规律做出了巨大贡献。因此,人们用他的名字来指称这一定律。在大部分有关情报学和语言学的文献中,上述单参数词频分布定律被称为齐普夫定律。

3.2.3 齐普夫定律的基本原理

1949 年,齐普夫公开发表了他的杰作——《人类行为与最省力法则——人类生态学引论》。在这一原则思想的指导下,他首先对人类信息交流的重要工具——语言进行了大量研究,试图证明自然语言词汇的分布服从一个简单的定律,他称这一定律为"最省力法则"。为此,他在以前研究的基础上又收集了大量统计材料并进行系统的分析,发现在任何一篇文章中,词的出现频率都服从如下规律[①]:

如果把一篇较长文章(约 5000 个词)中每个词出现的频次统计起来,按照高频词在前、低频词在后的递减顺序排列,并用自然数给这些词编上等级序号,即频次最高助词等级为 1,频次次之的等级为 2……频次最小助词等级为 D(或 L)。若用 f 表示频次,r 表示等级序号,则有

$$f_r = C$$

式中,C 为常数。但这里的常数并不是绝对不变的,而是围绕一个中心数值上下波动。该式与齐普夫以前验证过的定量形式是一致的,人们亦称该式为"齐普夫定律"(或称"齐普夫第一定律")。

齐普夫运用"最省力法则"解释了这个定律。他认为,在任何语言中,凡是使用领率高的词,功能总是不会太大。因为词义本身在这个场合中价值小,

---

① 邱均平. 信息计量学 [M]. 武汉:武汉大学出版社,2007:132-152.

因而传递它们所需要的"力"就不大。所以,词的出现频率与等级序号的乘积基本上稳定于一个常数。

表 3-2 列出了一组词频与等级序号的统计数据。若建立 f 与 r 的直角坐标系,用横坐标表示词的等级序号,纵坐标表示相应的频次,我们就可得到一条双曲线(图 3-3)。

表 3-2 词频与等级序号的对应关系

r	f	$\lg r$	$\lg f$
1	400	0	2.602 1
2	200	0.301	2.301
3	133	0.477 1	2.123 9
4	100	0.602 1	2
5	80	0.699	1.803 1
6	66	0.778 2	1.819 5
7	58	0.845 1	1.763 4
8	50	0.903 1	1.699
9	44	0.954 2	1.643 5
10	40	1	1.602 1

如果等级 r 与频次 f 都取对数坐标,则图 3-4 中的图像变成一条直线了。这种类型的分布,就叫做齐普夫分布。

图 3-4 中的图像,若用等价的数学式表示,则为

$$\lg r + \lg f = \lg C$$

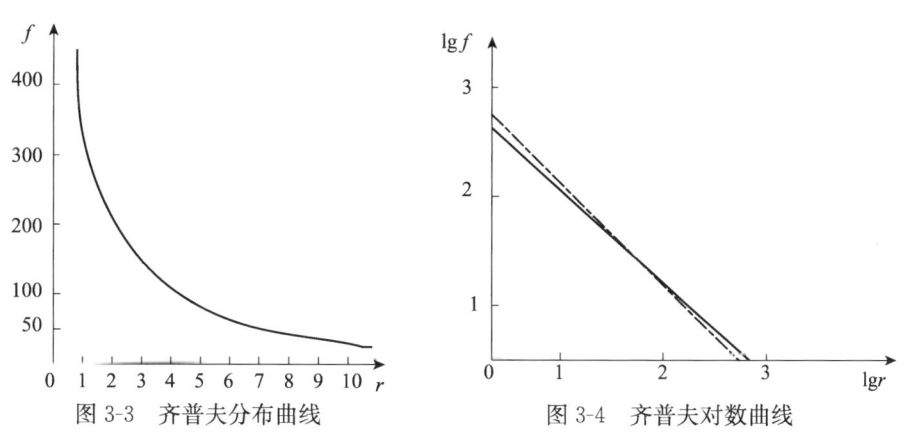

图 3-3 齐普夫分布曲线　　图 3-4 齐普夫对数曲线

图 3-4 中虚线表示上方程可能的理想化形式。一般地,由解析几何知,斜率为 b 的任一直线可表示为

$$b \lg r + \lg f = \lg C$$

这条直线是由图 3-4 中的实线表示的。如果将这一方程改写为类似 $f_r = C$ 式的形式,则得

$$b=C$$

这与朱斯提出的齐普夫定律的修正式是一致的。它是齐普夫定律的较一般的形式。

3.2.4 齐普夫定律的应用

许多研究表明,齐普夫定律有着普遍的意义和广泛的应用。齐普夫定律不仅是文献计量学的广义通式,诸如布拉德福定律、洛特卡定律等都可以转换成齐普夫定律;而且在广阔的社会领域,许多现象诸如科学文献出版量分布、城市人口分布、地理特征分布、生物种属分布等[①],都普遍呈现出齐普夫定律分布形式或特征。因此,齐普夫定律无疑是揭示社会科学内在规律的有力武器。它的理论价值已远远超出了文献学、情报学的范围;其应用也正在渗透到语言学、科学学、经济学、社会学乃至整个社会科学中去。早在 1961 年,英国皇家统计学会主席肯德尔在"社会科学中的自然定律"的演讲中,就高度评价了齐普夫定律的重要性;后来,苏联文献计量学家海通(Haitun)更是明确地指出:齐普夫定律是解决社会科学分布现象的最好定律。

在情报学图书馆学领域内,齐普夫定律的应用不仅仅是着眼于"最省力法则"的解释,而主要是利用它揭示语言学统计规律和处理语言文字。齐普夫定律对于揭示书目信息特征、设计情报系统、进行词汇控制、组织检索文档、加强图书情报管理等都有一定的理论指导意义。其主要应用分为以下三个方面。

从统计学角度研究语言文字问题,齐普夫定律是一种强有力的工具。在文献的加工、整理、存储和检索过程中,图书情报工作者首先就要与语言文字打交道,这样就有可能应用齐普夫定律。文献标引和词表编制间即是图书情报工作中与语言文字打交道最多的一个问题,最有可能直接或间接地与齐普夫定律发生联系。

1. 词表编制

由于电子计算机情报检索的出现,传统分类法和主题法越来越不适应情报的组织与检索。20 世纪 50 年代产生了功能很强的叙词法,使整个情报检索的面貌大为改观,同时也给人们提出了许多新课,例如,怎样进行词汇控制,编制多大规模的词表选用多少词,根据什么选词等,都是亟待解决的问题。为了提高计算机情报检索的效率,叙词表和标引的质量越来越重要。它直接影响着情

---

① 门冬平. 期权定价随机理论研究及证券波动统计分析[D]. 北京:北京交通大学硕士学位论文,2008.

报检索的检全率和查准率以及其他效果指标,这就迫使人们开始用语言学理论和数学方法来研究词表和标引等方面的问题。这种研究必然涉及齐普夫定律。研究者们根据齐普夫的频率分布方法,通过标引试验,找出被引文献与叙词使用频率的分布特征,确定合乎必要的参数值。有些词表的编制则全部选用原始文献中的术语。统计其出现频率,研究分布特征,最后决定合适使用频率的词,纳入词表。词表编成后,根据标引实践,再不断反复修改,使词表真正趋于规范和实用。在国外20世纪60、70年代逐渐发展成熟的著名词表中,很多都是经过一定数学方法检验的。这样,就使词表的编制有规律可循并建立在科学方法的基础之上,把词汇控制在一个恰当的范围,从而提高词表的质量[①]。

2. 自动标引

现在,西方的情报学家们正在进行自动标引和自动分类的研究,用计算机处理原文信息,将待处理的原文摘入系统后,计算机通过程序控制对每个词的频率进行统计分析,筛选出适于标引的词进行标引;或者与一个特定的分类体系比较,进行分类处理。在整个处理过程中词频都起着决定作用。由于频率太高的词和频率太低的词在检索中价值都不会太大,所以都不能用于标引或表示应入类目,所以要选用那些频率适当、功能较强的词来进行标引和分类。

这种研究起源卢恩(Luhn)的研究。早在1958年卢恩就指出,文章中词的出现频率提供了一种决定有效词的好方法;有效词在句中的相对位置,提供了一种决定句子效果的优良的测定方法。因此,一个句子的有效因素,将建立在两种方法的联合基础上。卢恩将文中约定位置上的词按频率递减顺序排列,得到形如双曲线的齐普夫定律。他当时做了一个假设,可以在r轴上找到两个临界点,以确定一个临界区间,排除掉落在区间外的高频词和低频词,保留下来的频率适中的词才是有效词。有效词的分辨力是指词识别文章内容的能力。它们在r轴上下两个临界点的中点位置达到最大值,从降值点向两边减少,在临界点附近达到0(图3-5)。

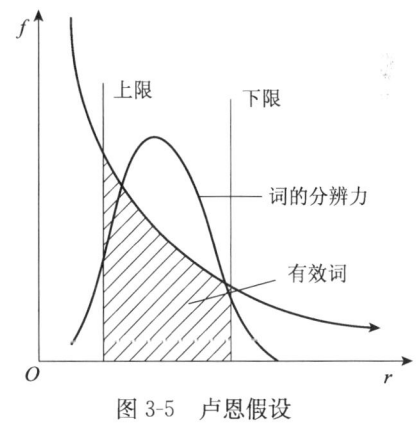

图3-5 卢恩假设

这些假设奠定了情报检索中自动标引的基础。而且,卢恩亲自设计了一种

---

① 王目奎.情报检索系统如何利用好中刊库[J].情报理论与实践,2000,23(5):361-362.

按词的频率自动标引的方法。若文献可以用一个类名来表示,每个名表示一类发生在论文中的词,那么如果一个有效词作为这个类中一个成员发生,文献就被这个名标引。这样的系统通常由三个部分组成:①排除高频词;②移去后级;③找出相应的词干。这样处理后得到的一个类名表,可在检索中表示文献,并能起到索引或关键词的作用。

3. 标引加权

在文献标引中,给检索词加权是提高检索效率的一个好方法。琼斯根据齐普夫定律和卢恩的假设,设计了一种很有意义的加权方法。

如上所述,卢恩假设检索词分辨力的变化同它们发生频率的等级函数相应变化,最高分辨力的词恰好是频率中等的词,并建议通过这个模型从文献中找出有效词。显然,同样的数据基础可以用来为文献的各种专门检索词提供一个加权系统。这个系统给每一个索引词分配一个与其在文献中发生频率直接相符的权值。初看起来,这个系统似乎与卢恩的假设不相符。但注意到图3-5,如果上限右移到分辨力曲线峰值点,那么这个系统便与卢恩的假设完全一致了,实验数据也说明了这一点。

这种加权法有可能推广到整个文献集,并且有了尝试。一个文献集的词表通常服从齐普夫定律,即如果我们统计每个检索词在多少篇文献中出现的数据,并按频率的递减顺序排列这些词,我们就能得到双曲线图形。琼斯通过实验指出,如果有 N 篇文献,某一个检索词涉及其中的 n 篇,那么给这个词以 $\lg(N/n)+1$ 的权值,将取得较好的检索效果。

计算机情报检索首先要建立数据库。目前,大多数数据库仍是文献型的,由一条条记录所组成。一条记录代表一篇文献,并按文献的不同特征描述分成不同的字段。字段按其属性分为著者字段、篇名字段、主题字段等。无论哪一种字段,都是由词组成的。因此,齐普夫定律与情报检索有着较密切的联系。

情报检索中文件档的组织,与语言文字有关系。在建立情报检索系统时,一般都要建立倒排档。一个倒排档的大小,取决于同属性字段中不同词的多少以及每个词的出现频率。也就是说,要考虑倒排档中的每一个词在不同记录中出现的次数。例如,作者倒排档的大小不仅取决于所有记录中作者字段内不同作者数量的多少,而且取决于这些作者出现的总次数。事实上,不论何种倒排档,词频都不会完全一致,但我们却可以想办法寻找其中的规律。按照齐普夫定律,把每一个描述属性值的词按其出现频率递减顺序排列,形成不同等级。假定在整个数据库中某一种字段共有 D 个不同词汇,总出现次数为 N,则

$$P_r = \frac{r}{N}$$

也就是说，r（等级词的出现频次）等于 NP_r。P_r 是随意从有关字段中抽取的描述 r 等级词属性值的概率。它满足关系式

$$\sum_{r=1}^{D} P_r = 1$$

通过研究发现，在一个倒排档中，入档词的出现频率近似满足这样一个公式

$$P_r = A/r$$

式中，A 是常数。研究表明，A 值近似于 0.1。这说明文献库中的词频特征与齐普夫定律是一致的。通过计算，便可求出数据库所需的存储量。

齐普夫定律不仅可以用于处理与语言文字有关的问题，而且还可以将"最省力法则"的原理应用于图书情报事业的管理中。例如，以此为指导，可以帮助我们合理地选择图书馆或情报中心的最佳地理位置，使得各地用户都能从"最省力"的途径方便到达并利用这些单位的图书情报资料；还可以用来设计图书馆、文献中心资料库的排架，以使图书馆工作人员在取存文献时所走的路程最短，等等。

最后应当指出，齐普夫定律是以英语为基础的，其后的研究也大都限于印欧语系。汉语与之差别甚大，很多问题有待解决，需要进一步研究和探讨。

3.3 共词分析

3.3.1 分析单元之间的关联

共词分析法主要是对一对词两两统计其在同一篇文献中出现的次数，以此为基础对这些词进行分层聚类，揭示出这些词之间的亲疏关系，进而分析它们所代表的学科和主题的结构变化[①]。其思想来源于文献计量学的文献耦合与共被引概念，其中，共被引指当两篇文献同时被后来的其他文献引用时，则这两篇文献被称作共被引，表明它们在研究主题的概念、理论或方法上是相关的。两篇文献共被引的次数越多，它们的关系就越密切，由此揭示文献之间的亲疏关系。同理，当一对能够表征某一学科领域研究主题或研究方向的专业术语（一般为主题词或关键词）在一篇文献中同时出现时，表明这两个词之间存在一定

---

① 冯璐，冷伏海. 共词分析方法理论进展 [J]. 中国图书馆学报，2006，32（2）：88-92.

的关系,同时出现的次数越多,表明它们的关系越密切、距离越近。统计一组文献中主题词两两之间在同一篇文献出现的频率,便可形成由这些词组成的共词网络,网络内节点之间的远近便可反映出主题内容的亲疏关系[①]。运用现代统计技术如因子分析、聚类分析和多维尺度分析等多元分析方法,可以进一步按这种距离将一个学科内的重要主题词或关键词加以分类,从而归纳出该学科的研究热点、主题与结构。不仅如此,利用现代信息技术和统计软件图形显示功能,还能够将分析结果直观形象地显现出来,进而达到可视化的效果。

3.3.2 共词分析法的基本过程

共词分析法利用文献集中词汇对或名词短语共同出现的情况,来确定该文献集所代表学科中各主题之间的关系。一般认为词汇对在同一篇文献中出现的次数越多,则代表这两个主题的关系越紧密。由此,统计一组文献的主题词两两之间在同一篇文献出现的频率,便可形成一个由这些词对关联所组成的共词网络,网络内节点之间的远近便可以反映主题内容的亲疏关系[②]。共词分析就是以此为原理,将文献主题词作为分析对象,利用包容系数、聚类分析等多种统计分析方法,把众多分析对象之间错综复杂的共词网状关系简化为以数值、图形直观地表示出来的过程[③]。

共词分析主要分为以下五个步骤:

(1) 确定分析单元。有学者认为共词分析可以选择文献中的关键词、主题词为共词分析的基本单元[④]。在共词分析中借助数据库管理软件以及 SPSS 统计软件进行识别统计,对计算机而言同义不同词的词在统计过程中,被看作两个完全不相关的词汇,对统计分析的结果产生很大干扰。因此,被分析的词汇最好是受控的、被统一标引的主题词。只有这样,共词分析方法利用文章中词语对的共现频次来反映包含在文章中的概念才能成立[⑤]。

(2) 选定高频词。为方便文献的组织与检索,标引人员用主题词对文献的内容进行分析、提炼,以数个主题词的组合、限定反映文献中的内容,因此文献集中关于某一问题的研究越多,则相应主题词出现的频次也越多。为简化统

[①⑤] 伍若梅,孔悦凡. 共词分析与共引分析方法的比较研究 [J]. 情报资料工作,2010,(1):7-11.

[②] 钟伟金,李佳,杨兴菊. 共词分析法研究——共词聚类分析法的原理与特点 [J]. 情报杂志,2008,(7):36-40.

[③] 钟伟金,李佳. 共词分析法研究——共词分析的过程与方式 [J]. 情报杂志,2008,(5):70-72.

[④] 张勤,徐旭松. 定性定量结合的分析方法——共词分析法 [J]. 技术经济,2010,(6):65-69.

计的过程及减少低频词对统计过程带来的干扰,通常共词分析选择高频主题词为分析对象。共词分法对高频词数量的选择没有统一的见解,如果主题的范围过小,则不能如实反映学科知识点的构成;如果主题的范围选择过大,则给共词分析过程带来不必要的干扰。用域值表示高频词划分的频次值,高频词域值越高,则高频词的数量越多。高频词阈值是被认定高频词的词频总和,占所有词频总和的比率。确定高频词的方法有两种:一种是结合研究者的经验在选词个数和词频高度上予以平衡;另一种是结合齐普夫第二定律:低频词分布规律判定高频词的界限[①]。

(3)统计共词出现频率。为反映高频词之间的关系,两两统计它们在同一篇文献中出现的次数,如果两个主题词在众多的文献中出现频率高,则说明它们之间的关系密切。共词分析对文献中的这种词对的共现频率进行计量化分析,揭示这些词对的关系及其规律的过程,实现对学科结构、研究热点、学科发现动态的分析。在共词分析中,为方便词对共现频率的运算,设计共词矩阵,对于 N 个高频词的共词分析中,便形成一个 $N×N$ 的共词矩阵。

(4)利用共词分析统计方法。共词矩阵的计算是共词分析中的重要一步,在此基础上采用不同的统计学方法,揭示共词中的信息,常用的分析方法有因子分析、聚类分析、多维尺度分析等。

(5)得出统计分析结论。共词分析过程的各种数学统计,是为了以更客观、更直观的方式反映主题间的关系,要深入地揭示隐含在文献群的知识,必须结合相关学科的知识对统计的结果进行科学分析。

3.3.3 数据库内容结构分析

数据库内容结构分析法(database tomography,DT)是新一代共词分析方法,是由科斯托夫(Kostoff)等于 1995 年[②]提出的,它是可以用于分析大量数字化文本资源的系统。DT 的开发是为了允许在各种形式的自由文本中进行更为丰富的语义抽取和主题关系揭示。近 20 年来,科斯托夫等研究人员对 DT 进行了不断改进和完善,并用该方法进行了一系列重大项目研究,取得了一系列重要成果。在共词分析法中,DT 虽是后起之秀,但在今天的情报研究中正起着越来越重要的作用。

DT 是科斯托夫所倡导的文本挖掘的重要组成部分,是文本挖掘的核心实现

---

① 魏瑞斌. 基于关键词:的情报学研究主题分析 [J]. 情报科学,2006,24 (9):1400-1404.
② Kostoff R N, Miles D L, Eberhart H J. System and method for database tomography: U. S. Patent 5,440,481 [P]. 1995-8-8.

手段，完整的文本挖掘过程还融合了除DT以外的文献计量法、引文分析法、基于文献发现法等其他一些分析方法。DT是现代数据库技术与共词分析法相结合的完美产物，是一个贯彻共词方法理念完整的情报分析体系。它吸收了传统共词分析法的精髓，结合现代数据库技术为科研人员提供了一个知晓、洞察全球科技发展趋势的崭新方法和视角[①]。

经过近20年的发展，DT已经形成为一个比较成熟完整的方法体系，在科学影响力评估、化学、近地空间、超音速流、富勒烯、航天器、表面流体力学、非线性动力学、化学电源、电力、纳米技术等学科领域具有广泛的适用性[②]。其具体的分析流程如下所示[③]：

在某一领域，经常一起出现的现象假定是相关的，关系强度假定与共现频次相关。短语之间的共现强度可以反映主题之间关系的强弱。依据这一原理，DT对短语进行临近分析，以研究学科主题的分布和变化趋势。

DT由两大部分组成：抽取多词短语频次的算法和短语临近分析法（多词技术短语之间的物理临近或短语联合频次）。短语频次分析由技术领域专家进行，短语临近分析提供广义技术主题之间的关系。整个DT大致需要三个步骤：第一是文本检索流程；第二是主题分析流程；第三是主题演进流程。目前，DT的研究与应用尚未涉及最后一步跟踪主题演进与之间关系的变化，分析只到第二步为止（图3-6）。

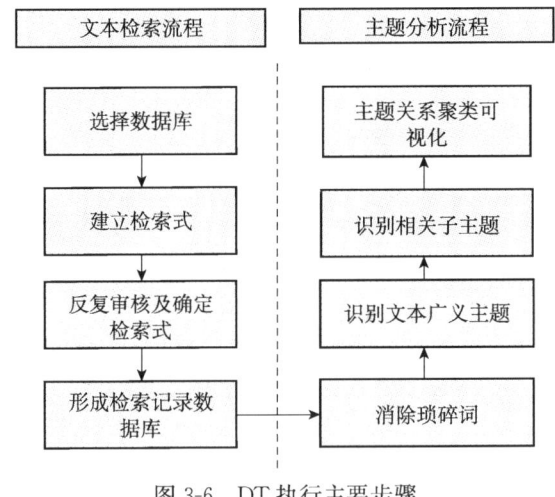

图3-6 DT执行主要步骤

---

① 李颖，贾二鹏. 基于共词分析的国内竞争情报研究演进态势 [J]. 现代情报，2011，(4)：55-59.
② 杨彦荣，张阳. 加权共词分析法研究 [J]. 情报理论与探索，2011，(4)：12-16.
③ 赵凡，马胜利. 数据库内容结构分析法的理论与实践进展研究 [J]. 情报理论与实践，2008，31 (2)：279-282.

1. 文本检索流程

文本检索流程包括以下步骤[①]：选择数据库、建立检索式、反复审核及确定检索式、形成检索记录数据库。数据库的选取根据具体研究目标来定，一般选取开放的 SCI 和 SSCI 数据库。应分析研究对象文献主要集中在哪些数据库中，每一个数据库都有哪些文献描述款目和哪些检索入口[②]。SCI 只有摘要没有全文，不包括大量分类文献或公司专利技术文献、技术报告、图书或专利，覆盖有限的时间段，数据库代表了大量高质量同行评议论文。

DT 采用基于短语或基于期刊的检索式，检索式使用通用术语或专门术语视具体研究目标而定[③]。初始检索式也叫验证检索式，由领域专家确定。基于短语的检索式在题目、关键词和摘要中采用反复审核检索技术进行反复检索。第一轮使用与领域相关的普通检索式（基准检索术语）产生两组论文：一组是由领域专家判断的，与主题相关；另一组是非相关。不考虑相关或非相关顺序，建立两组由题目、关键词和摘要形成的初始检索结果数据库；第二轮检索式包括两部分：第一部分包括用于获得主要相关记录的短语和短语联合（如 Biomass Energy，Power Conversion，Energy Storage）；第二部分包括设计用来消除非相关记录的短语和短语联合（如 Leptin，Lunch，Spawning，Muscle，Women）。非相关组的相似短语特征通常从检索式中删除以减少检索论文的数量。

反复审核检索重复以上步骤，直到最终检索结果稳定或达到了一定收敛度为止。反复审核检索就是不断组合建立新检索式和扩展检索式，扩展检索术语既可用于检索原始检索式检索不到的文档，也可用于消除非相关文档。检索结果稳定的确定使用边际效用算法。所谓边际效用算法就是在最后一轮循环开始时，修改的检索式 Q1 被放到 SCI 中，检索相关记录。Q1 中的每一术语放入边际效用算法，计算出实例中检索术语检索到的边际记录数量，只保留能检索到大量额外记录的术语。反复审核检索的优点在于检索术语来自数据库中的词语，而不是来自检索用户的部分猜测。

最终形成的检索记录数据库又分为两个：一是摘要描述数据库和该数据库的短语临近分析，二是包括四个领域特征（作者、标题、期刊名和机构名）记

[①] Kostoff R N, Stump J A, Johnson D, et al. The structure and infrastructure of the global nanotechnology literature [J]. Journal of Nanoparticle Research, 2006, 8 (1): 55–62.

[②] Kostoff R N, Tshiteya R, Stump J, et al. Science and technology text mining: wireless LANS [R]. Office of naval research Arlington VA, 2005: 154.

[③] Kostoff R N, Eberhart H J, Toothman D R, et al. Database omography for technical intelligence: comparative roadmaps of the research impact assessment literature and the journal of the American chemical society [J]. Scientometries, 1997, 40 (1): 103–138.

录的数据库。

2. 主题分析流程

主题分析流程包括以下步骤①：消除琐碎词（trivial word）、识别文本广义主题、识别相关子主题、主题关系聚类可视化。

在领域主题形成之前，需要进行如下一些操作如琐碎词消除、词干处理、聚类算法以消除低技术内容词语。琐碎词（低技术内容词）的消除一般是在聚类之前，检索记录数据库建立之后，有时使用统计技术来消除琐碎词。判断术语是否琐碎的关键在于统一出现在集合中的词/短语从文档/概念中的主题识别角度来说是否是琐碎的。对词语进行词干处理就是按照普通词根将词分组和合并（单数合并为复数，全部拼写合并为缩写，不同时态进行合并）。除此之外，还需要有一些聚类算法，如概念聚类中的因素矩阵法来辅助琐碎词的消除，以提高最终分析结果聚类的质量。在前述准备工作之后就要开始计算摘要描述数据库中所有单个词、两个词和三个词短语的出现频次，由领域专家选择最高频重要技术内容短语作为数据库的广义主题形成主题列表②。

在广义主题确定的基础上，计算广义主题短语每次出现时与其物理临近的前后 50 个词以内的短语频次，构建短语频次词典。这一词典包括与主题短语物理相关的短语。数值指标用于量化这一关系的强度。由领域专家进行的定量与定性分析产生与主题物理相关的子主题。然后对广义主题与子主题之间的关系进行统计聚类或指数划分，通过统计软件形成可视化图，最终分析出学科领域的主题分布关系。主题关系识别与划分的主要聚类法包括概念聚类的多链等级集合聚类法、文档聚类的潜在语义法、分区法和网络图法，采用的指数为包容指数。

3. 文本背景应用

DT 的重要特征就是基于短语的任何操作都是在文档上下文背景下进行的，不同文献和应用中的高技术内容短语拥有不同的含义。琐碎词的消除与词干的合并都需要依赖上下文背景来进行。

4. 低频短语研究

科斯托夫的大部分研究实践是对高频短语进行的，有时也会对低层聚类的

---

① Kestoff R N. Factor matrix text filtering and clustering [J]. Journal of the American Society for Information Science and Technology，2005，56（9）：946-968.

② Kestoff R N，Tshiteya R，Pfeil K M，et al. Science and technology text mining：electric power sources [R]. Office of Naval Research Arlington VA，2004：80.

低频短语给予关注。为了获得更为详细地对类和内容的技术理解，需要识别每一类中的低频短语。聚类矩阵区域的低频短语很多，使用平均邻近聚合技术，用 0~5 作为 I_i 的初始值，通过这一方法识别最终的低频短语。许多低频短语只与一个高频短语紧密相连。DT 的研究实践与理论演进始终与科斯托夫的实际工作相结合，在实践中对理论进行研究，对方法进行改进。

1995 年，科斯托夫将 DT 系统和方法一并申请了国际专利，首次定义广义主题领域（pervasive theme areas，PTA）为经常重复的、高用户需求的词短语。其中的数值指标、性能系数和用户定义初始值用于量化广义主题领域之间和广义主题领域与构成短语之间的关系。该专利声明中只描述了 DT 的每一步都有一定算法或方法做支撑，但并没有对具体算法或方法进行详细解释。

1997 年，科斯托夫在对研究影响评估（RIA）文献进行分析时，将短语频次分析与短语临近分析作为检索结果聚类的方法。1999 年，开始将 DT 与文献计量法相结合进行高技术领域分析研究，并分析了 I_i 和 I_j 四种不同组合所代表的不同主题领域短语的情况。2000 年，使用 DT 与文献计量法相结合的方法对低频高技术内容短语进行了分析，识别出了主题领域内低频高技术内容的短语。2001 年，使用 DT 与文献计量法相结合的方法对独立研发（independent R&D, IR&D）数据库进行了主题识别，说明该方法也适用于会议录记录和项目描述款目。2002 年，在对最终检索结果进行聚类分析时，采用因素矩阵聚类和多链聚类法进行统计分析。

2004 年，科斯托夫在非线性动力学文本挖掘的自动检索术语选择算法中引入了边际效用指标，以判断检索结果何时趋于稳定。在电力资源的科技文本挖掘中使用了基于短语和基于期刊的混合检索法，产生了系统专指短语和通用短语，并将 220 个最高频短语和 8036 个低频短语形成共现以识别低频高技术内容相关短语。在 Fractals 文本挖掘中使用文档聚类法、贪心字符串匹配算法（greedy string tiling，GST）以辅助主题概念聚类更好地完成。

2005 年，科斯托夫使用 GST 和分区聚类法对文档进行聚类，以辅助主题概念聚类。在数据、文本挖掘和基于文献的发现法（专利）的描述文本中介绍了从一个文档集合中检索与主题相关数据的步骤、各种统计聚类的算法流程，该专利的目标就是最大化地检索到文档（可以定义为任何形式的文本记录）数量和文献检索过程中相关文档与非相关文档的比值（信噪比）。使用主题分组和短语频次数据产生新检索式和检索术语。重要特征就是用于选择最能影响每一因素主题文本元素的因素矩阵的过程或用于在一个主题类中选择重要文本元素的任何相似潜在语义分析法。在能源路线图分析中使用通用能源检索式在期刊题目和短语中进行检索。在《因素矩阵文本过滤和聚类》一文中，说明了因素矩阵法用于琐碎词过滤的优势，详细介绍了因素矩阵法过滤琐碎词的全部过程，目的就是提高主题聚类质量。

2006年,科斯托夫将DT用于全球纳米技术文献和中国、芬兰研究文献结构的分析中,并对印度的研究文献进行了评估。2007年,科斯托夫总结了识别国家核心能力的各种聚类方法,并用各种方法分析了墨西哥科技文献的技术结构,评价了从墨西哥研究文献中识别出的技术核心能力。

DT经过将20多年的发展,已经成为共词分析家族的主要方法,其完善的流程体系为准确分析学科主题关系提供重要保证。但DT在很多方面还有待于进一步改进和完善,中国学者应加大对DT的研究与应用力度,以期为共词分析开辟崭新的领域,更好地为我国科研管理者与科研工作者提供强有力的情报支持。

3.4 文本挖掘分析

文本挖掘是数据挖掘的一个分支,它是把文本型信息源作为分析的对象,利用定量计算和定性分析的方法,从中寻找信息的结构、模型、模式等各种隐含的知识。这种知识对用户而言是新颖的,具有潜在价值[1]。因此,文本挖掘技术的出现为文本信息的整理、分析、挖掘提供了有效手段。

文本挖掘与多个研究领域有密切的关系,如信息检索、信息过滤、自动摘要、文本自动聚类、文本自动分类、计算语言学、数据挖掘、人工智能、统计学等。自动摘要、文本自动聚类、文本自动分类既是一种文本挖掘任务,也是对文本进行深层次挖掘的预处理步骤。

3.4.1 文本挖掘概述

数据库挖掘处理的对象是结构化的数据,目的是从结构化数据源中发现不同属性之间的关联规则,或者是对数据对象进行聚类及分类处理,或者是构造数据的预测模型。而文本挖掘处理的是非结构化的文本信息,它的主要任务是分析文本的内容特征,发现文本数据库中概念、文本之间的相互关系和相互作用,为用户提供相关知识和信息。因此,文本挖掘和数据库挖掘在目标上具有相似性,在技术实现上具有一定的差异。

文本挖掘的主要目标是获得文本的主要内容特征,如文本涉及的主题、文

---

[1] Tan P N, Steinbach M, Kuma V. 数据挖掘导论 [M]. 范明,范宏建等译. 北京:人民邮电出版社,2006:1-7.

本主题的类属、文本内容的浓缩等。目前，这些技术在处理网络信息资源时非常有效。文本挖掘的具体实现技术主要有如下几种：

（1）特征抽取。文本特征分为一般特征和数字特征，其中一般特征主要包括名词和名词短语；数字特征主要包括日期、时间、货币以及单纯数字信息。特征是概念的外在表现形式，特征抽取是识别潜在概念结构的重要基础。

（2）主题标引。利用传统的关键词标引技术来标引文本，影响文本标引的质量，导致同义标引词的泛滥，影响检索的查全率，同时也会影响特征抽取的准确度。利用主题词标引代替关键词标引可以提高标引的质量，对改善文本的检索效果有益。

（3）文本分类。文本分类的任务是基于内容将自然语言文本自动分配给预定的类别。文本分类技术类似于数据库挖掘中的分类技术，不同之处在于它需要预先对文本进行特征抽取，它利用文本特征向量对文本进行分类。

（4）文本聚类。聚类就是将一个数据对象的集合分组成为多个类或族。它的分析并不依赖于已知类标记的数据对象。在通常情况下，聚类的训练数据样本没有类标记，它要划分的类是未知的，通过聚类可以产生这种类标记。文本聚类是对给定的文本集合根据文本相似度进行聚类的方法。

3.4.2　文本挖掘的一般过程

文本挖掘的一般过程包括文本准备、特征标引、特征集缩减、知识模式提取、知识模式评价、知识模式输出等过程，如图 3-7 所示。

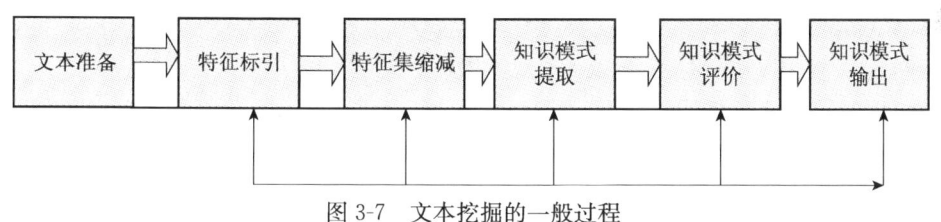

图 3-7　文本挖掘的一般过程

（1）文本准备是对文本进行选择、净化和预处理的过程，用来确定文本型信息源以及信息源中用于进一步分析的文本。该阶段具体任务包括句子和段落的划分、词性的标注、信息过滤等。

（2）特征标引是指给出文本内容特征的过程，通常由计算机系统自动选择一组主题词或关键词以作为文本的特征表示。

（3）特征集缩减就是自动从原始特征集中提取出部分特征的过程，通常包含两种途径：一是根据对样本集的统计分析删除不包含任何信息或包含少量信息的特征；二是将若干低级特征合成一个新特征。特征集包含过多的特征会增加挖掘的难度，因此，需要在不影响挖掘精度的前提下减少特征项的个数。

（4）知识模式提取是发现文本中的不同实体、实体之间的概念关系以及文本中其他类型的隐含知识。

（5）知识模式评价的任务是从提取出的知识模式集合中筛选出用户感兴趣的、有意义的知识模式。

（6）知识模式输出的任务是将挖掘出来的知识模式以多种方式提交给用户。

随着文本型信息源的迅速增加，特别是互联网的发展，文本信息已经成为一种重要的知识来源，文本挖掘也因此得到了学术界的重视。由于文本信息存储量大、变化快，从中获取知识十分困难，所以文本挖掘逐渐成为一个研究热点。

相对于数据库挖掘而言，文本挖掘技术还不成熟。影响文本挖掘发展的主要原因有：文本数量巨大，结构不统一，且经常动态变化，导致从中获取知识比较困难；基于语法、逻辑和统计的传统自然语言理解理论、方法与技术虽然在语言表层和每层进行了大量的研究，但并未在这一关键问题上取得实质性的进展，同时，自然语言理解理论在语言的深层处理方面也没有取得根本性的突破，这使得基于自然语言处理的文本处理的精确度还不够高、文本挖掘的效果还不够理想。

3.4.3　文本特征提取

利用自动标引技术可以对文本进行特征标引与提取，所谓特征标引（提取）指给出信息内容特征的过程。自动标引是利用计算机自动分析出能够代表一段文本或一篇文章主题意义的词汇，即主题词或关键词。通过标引获得的一组主题词或关键词可以作为一组特征项。大多数文本特征提取的研究集中在寻找支持如下两个特征的通用表示：一是尽可能保留数据语义内容的能力；二是可以高效地计算和查询文档间的距离。

1. 文本标引

1）西文文本标引

利用计算机抽取西文关键词，首先要建立一个以介词、冠词、连词等无实质意义的单词组成的停用词表，然后利用创建的停用词表，从被标引的文本（标题、文摘或全文）中筛去停用词，抽取关键词。抽取关键词的方法与过程如下：①从文本中取出一个单词。由于西文中每两个单词之间都具有空格间隔，因此，可以遇空格取词。②确定候选关键词。利用取出的词去搜索停用词表，如果该词是停用词，就把它舍去，否则，该词是候选关键词。③分析候选关键词。对于重复的候选关键词，删除重复词，同时累计词频。如果标引对象是全文，还可以根据位置给候选关键词赋予权重，例如，权值最高的位置是标题，其次是文摘、首尾段、首尾句、其他位置，然后计算每个被取出词的权位之和，并将它们按权值从大到小顺序，根据排序结果决定所取出的词是否作为标引词。
④确定标引词。如果标引对象是标题，只需判断所取出的候选关键词是否重复，去重后，这些词可以全部作为标引词。如果标引对象是文摘或全文，抽出的候选关键词会很多，需要对它们进行进一步筛选，具体的方法是：根据词频统计的结果，去除低频词，将高频词作为标引备用词，然后根据系统规定的标引词的数量，最终确定标引词。

西文文本特征标引的全过程如图 3-8 所示。

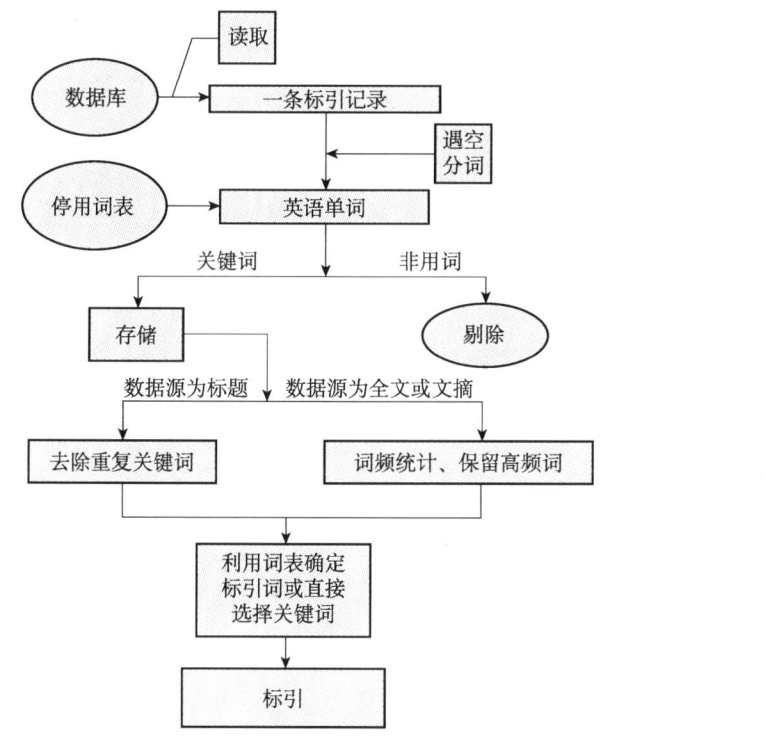

图 3-8　西文文本标引流程图

2）汉语文献标引

由于汉语自身的特点，在对汉语文本进行特征项抽取时，需要先对文本进行分词处理。汉语文本不像西文那样，词与词之间有空隔，而且其特有的书写形式、灵活多变的构词方式以及对句子采取不同的分词形式可能产生完全不同的含义，使得对汉语文本的自动切分比较困难。中文的分词存在分词歧义、未登录词识别两大难点。分词歧义包括交集型歧义、组合型歧义和混合型歧义。未登录词识别包括数字识别、命名实体识别等。

汉语自动分词的基本方法包括词典分词法、切分标记分词法、单汉字标引法、智能分词法。

（1）词典分词法。词典分词法是通过构造一个机内词典（主题词典、关键词典、部件词词典等），并将其与被标引的信息进行匹配，当从处理的信息中得到词典词汇时，即把它作为后备标引词记载下来，最后利用西文成熟的标引技术进行标引处理。

词典分词法在目前的自动标引算法中所占比重较大，汉语分词研究主要是以此法起步的。词典分词法主要用于主题相对集中的信息库，如某专业学科信息库。否则，词典将会非常庞大而难以构造。词典分词法采用的方法为：用标引处理信息去匹配词典。如何用标引信息去匹配词典，就存在一个扫描匹配问题。就扫描的顺序而言，有正向扫描匹配、逆向扫描匹配和正逆向结合扫描匹配。最后一种可以解决交集型字符串问题。

（2）切分标记分词法。汉语信息原文由若干句子组成，而句子之间由标点符号分隔，每个句子又由若干词、词组或短语组成。计算机若能获得句子中短语或词组间的分割标记，那么可以说已向自动分词标引大大迈进了一步。因此，构造切分标记字典，实现利用切分标记字典分词的思路由此产生。切分标记法是将能够断开词和词组或表示汉字之间联系关系的汉字集合组成字典，这个字典称为切分字典。切分标记字典包括内容有词首字、词尾字、独立字或几种情况的组合字，也有以"非用字""条件用字"等组成切分字典。当原文句子被利用切分标记字典分割成汉语词、词组等之后，再按一定的分解模式将它们分割成单词或专用词。

切分标记分词法的典型代表是非用词后缀表法。该法将汉字分为"非用字""条件用字""表内用字""表外用字"，主要利用"非用字"和"条件用字"进行语词的切分。

（3）单汉字标引法。不论是词典法还是切分标记法，两者均存在词典或标记字典构造上的困难、词典易滞后、词典的维护工作量大等遗憾。许多学者在研究中，把一个单汉字看作一个西文单词作为标引词，检索时再单个标引单位，避开了分词障碍，较易实现，不存在词典构成问题，新概念词能即时处理，也解决了汉语交集型字符串标引的问题。但单字标引不采取位置匹配检索易产生误检，而进行位置匹配检索则造成算法的复杂，增加了编程实现的难度，并且运行速度也较慢。有的学者在实践中曾对单字标引算法进行了修改，提出了单字标引中的检索词首字直接匹配法，其算法清晰、编程容易，而且运行速度也大大增加了。同时，正是由于检索算法的改进，为缩小单字索引规模创造了条件。

（4）智能分词法。由于汉语组词的复杂性，令汉语机械分析标引的发展步履维艰，将语法、语义等知识分词技术应用于自动标引，使其前景又明朗起来。语法与语义自动分词的基本思想为建立分词知识库（包括词类词典、句法和语义规则知识库、专门领域知识库、背景知识库等），这些知识库采用语义网络技术或扩充转移网络技术（ATN）构筑，并以此作为语法、语义分析器推理和判断语句，达到正确分词。目前，所采用的主要技术与方法有中心词驱动分析法、分词与句法语义分析同步处理法、分层理解分析法等。

利用中心词进行句法语义分析是吸收了传统语言学研究的成果。许多学者由中心词展开获得正确分词。该方法利用词切分从句子中搜索出中心词，把句子中其他部分看作中心词附属成分的递归结构。利用各级中心词和其附属成分之间的语义联系与约束关系，对句子进行句法、语义分析，从而获得正确的切分结果。在实现句法和语义分析分词标引中，句法和语义分析依赖于分词结果，而获得正确分词又必须求助于句法和语义分析，这种双向依赖性促使许多学者提出了汉语分析与句法、语义分析并行处理的思想。即分词与语义分析分时并发执行，通过分析不断校正分词结果，而分词的正确性又使语义分析更加可靠。总体而言，智能分词方法是未来汉语自动标引技术发展的必然，但还处于探索阶段[①]。

2. 词性标注

部分文本挖掘任务需要在分词阶段的同时进行词性标注。目前，常见的自动词性标注方法有基于概率统计的标注方法和基于规则的标记方法两种类型。

1）基于概率统计的标记方法

成分似然性自动词性自动标注系统（constituent-likelihood automatic word-tagging system，CLAWS）是典型的基于概率统计的标注方法。它是 Mashall 于 1983 年在给语料库做自动词性标注时提出的一种算法。CLAWS 算法的流程如下：

（1）从待标注的语料库中选出部分语料作为训练集，对训练集中的语料逐词进行词性的人工标注，然后利用计算机对训练集中的任意两个相邻标记的同现概率进行统计，形成一个相邻标记的同现概率矩阵。

（2）在自动标注时，系统从输入文本中顺序地截取一个有限长度的词串，

---

① 王兰成. 基于 XMARC 信息描述的知识标引与概念检索研究 [D]. 上海：东华大学博士学位论文，2003.

这个词串的首词和尾词的词性是唯一的。这样的词串叫做跨段,记为 W_0,W_1,W_2,…,W_n,W_{n+1}。其中,W_0 和 W_{n+1} 都是非兼类词,W_1,W_2,…,W_n 是 n 个兼类词。

(3) 利用同现概率矩阵计算跨段中由各个单词产生的每个可能标记的概率积,并选择概率积最大的标记串作为选择路径,以这个路径作为最佳结果输出。

随后提出的 VOLSUNGA 算法对 CLAWS 算法进行了改进,大大降低了 CLAWS 算法的时间复杂度和空间复杂度,提高了自动词性标注的准确率。VOLSUNGA 算法的改进主要体现在两个方面:第一,在最佳路径的选择方面,不是到最后才计算概率积、概率积最大的标记串。对于当前考虑的词,只保留通往该词的最佳路径,舍弃其他路径,然后再从这个词出发,将这个路径同下一个词的所有标记进行匹配,继续找出最佳的路径,舍弃其他路径。直到把整个路段走完,得出整个跨段的最佳路径作为结果输出。第二,根据语料库统计出每个词的相对标注概率,并用这种相对标注概率来辅助最佳路径的选择。

CLAWS 算法和 VOLSUNGA 算法仅仅根据同现概率来标注词性,但同现概率只是最大的可能而不是唯一的可能。为了提高自动词性标注的正确率,还必须辅之以基于规则的方法,根据语言规则来判定兼类词。

2) **基于规则的标记方法**

基于规则的标记方法主要依靠上下文来判定兼类词。词性规则依赖于词与词性的各种组合,处理过程较复杂。基于规则方法的基本思路是通过考虑上下文中的词和标记在特定的语境下对兼类词的影响来决定兼类词的词性。这里的语境包括词语信息、词类信息,甚至还有某些词语的特征信息。在实际应用过程中,为提高工作效率,可以把基于规则的处理过程分为以下几个不同的阶段。

(1) 利用特征词排除歧义。对于那些出现频率很高、兼类又比较多的词,设置特定的规则,检查这些词在句子中出现的上下文环境,以确定不同的标注情况。这种排除歧义的方法的正确率较高。

(2) 利用特定词类组合排除歧义。统计语料中经常出现的一些词类组合,计算这些组合在不同语境下选取某个词类的概率。通过利用词类划分的语法功能特征,特别是某类词区别于其他词类的、它本身所特有的语法分布信息,构造相应的上下文规则描述,来选择正确度较高的词类标记。

(3) 利用上下文关系排除歧义。设置一些上下文词类标记匹配模式,描述在一定的词类环境下可能出现的词类标记的集合。在实际处理过程中,如果句子中兼类词的前后词类描述与这些规则模式相匹配,则将该兼类词的所兼词类的集合与规则描述中可能出现的词类的集合进行运算。如果得到的结果只有一个词类标记,则该结果就是该兼类词在当前位置所兼有的词类。后两种排除歧义的方法对某些词的处理效果不太令人满意,但它们能覆盖较多的语言现象,规则处理的覆盖面较广。

规则知识库是基于规则的处理方法的基础，而它的构造需要考虑两个基本问题：规则对语言现象的覆盖率和规则处理的正确率。对于一条规则，这两种性能往往表现出反比关系，即如果一条规则覆盖的语言现象越多，则它处理的正确率越低；反之，如果一条规则只描述一种特定的语言现象，则它处理的正确率越高。因此，一个好的规则库应该综合考虑这两方面的因素，合理安排不同规则的分布，使规则处理的整体效果达到最佳。

将基于概率统计的方法和基于规则的方法相结合被认为是解决词性标注问题的最佳手段。基于概率统计的方法的优势则在于它的全部知识是通过对大规模语料库的参数训练自动得到的，因此可以获得很好的一致性和很高的覆盖率，并且可以将一些不确定的知识客观地定量化；而基于规则的方法的优势在于能充分利用现有的语言学研究成果，对于某些特殊的歧义组合，可以通过对语境中的词语、词类和词语的特征信息进行深入、细致的描述，以获得很好的排歧效果。因此，较好的处理方法是把它们结合起来，以充分发挥两者的优势。对于兼类词的标注，可以先看能否用规则处理，如果能，就直接标注词性，从而利用基于规则的处理方法的高效性和高准确率；否则，再利用基于概率统计的方法进行标注。在实际处理过程中，两种方法的使用又有不同的侧重点。最初由于没有一个大规模的、带准确词类标记的语料库，因此只能使用基于规则的方法先标注一小部分语料，通过人工校对，发现和改正其中的错误，调整规则库的内容，然后再用新调整的规则和从中统计得到的数据，使用基于规则的方法和基于概率统计的方法标注一部分新语料，对所得到的更多的正确标注语料重新进行参数训练和规则调整。如此不断循环，一步步扩大处理语料的数量。随着语料库规模的不断扩大，将使规则描述得越来越准确，统计信息越来越全面，从而可以充分发挥两种方法相结合的优势，提高自动标注的正确率，减少人工校对的工作量。

对于深层次的文本挖掘，还需要对文本进行语义标注。语义标注是指对出现在一定上下文词语的语义进行判定，确定其正确的语义加以标注。该工作比较复杂，一般利用计算机自动完成。

3. 特征集缩减

对于较大的文本集合，当文本数量增大、趋向无限时，会导致词频矩阵增大，计算量增大，处理效率降低。而且，随着词频矩阵维数的增大，词频矩阵就会成为大型的稀疏矩阵，增加了寻找词间关系的难度。因此，需要对抽取出来的特征集进行缩减。为了解决这个问题，人们提出了基于文本特征评估函数的方法和潜在语义标引（latent semantic indexing）法等方法。

1) 基于评估函数的方法

基于评估函数的特征集缩减算法使用特征独立性假设以简化特征选择。这类算法的一般步骤是,用某种评估函数独立地对每个特征打分,然后将特征按分值进行排序,预定待选的特征数目,分数最高的特征被选取。在文本处理中,常用的评估函数有文本频数、信息增益、期望交叉熵、互信息、文本证据权、优势率、词频等。在这些函数中,F 是对应于单词 W 的特征,$P(W)$ 为单词 W 出现的概率,$P(C_i)$ 为第 i 类的出现概率,$P(C_i|W)$ 为单词 W 出现时属于第 i 类的条件概率,$TF(W)$ 为单词 W 在文本集出现的次数。

(1) 文本频数定义 $F_{\text{reg}}(F)=TF(W)$,它是最简单的评估函数,函数值为训练集合中出现指定特征项的文本数,在实际运用中一般并不直接使用文本频数,而是把它作为评判其他评估函数的基准。

(2) 文本中单词 W 的信息增益为

$$\text{InfoGain}(F) = P(W)\sum_i P(C_i|W)\lg\frac{P(C_i|W)}{P(C_i)} + P(\overline{W})\sum_i P(C_i|\overline{W})\lg\frac{P(C_i|\overline{W})}{P(C_i)}$$

在 $\lg\frac{P(C_i|W)}{P(C_i)}$ 中,如果 W 的出现倾向于表明文本属于类 C_i,那么它的值为正;如果 W 的出现倾向于表明文本不属于类 C_i,那么它的值为负;如果 W 的出现与类 C_i 是否出现无关,那么它的值为 0。但是如果对 lg 值简单求和,就会出现这样的问题:单词 W_1 与各类无关,其信息增益接近于 0,单词 W_2 的出现非常倾向于类 C_1 出现且类 C_2 不出现,W_2 本来非常重要,但对 lg 值求和后正、负 lg 值相抵消,其信息增益也接近于 0,这样就无法区分 W_1 与 W_2。解决这一问题有两种办法:一是对 lg 值取绝对值后再相加,二是不考虑负相关,去除 lg 值小于 0 的情况。在实验中,第二种办法的效果好于第一种。

信息增益的不足之处在于,它考虑了单词未发生的情况。虽然某个单词不出现也可能对判断文本类别有贡献,但实验证明,这种贡献往往远小于考虑单词不出现情况所带来的干扰。特别是在类分布和特征值分布高度不平衡的情况下,绝大多数特征值都是"不出现"的。

(3) 文本中单词 W 的期望交叉熵为

$$\text{CrossEntryTxt}(F) = P(W)\sum_i P(C_i|W)\lg\frac{P(C_i|W)}{P(C_i)}$$

它与信息增益唯一的不同之处在于没有考虑单词未发生的情况。实验表明,用期望交叉熵进行特征选择确实优于用信息增益。

(4) 文本中单词 W 的互信息定义为 W 与所有类的互信息的评价值,即

$$\text{MutualInfoTxt}(F) = \sum_i P(C_i) \lg \frac{P(W \mid C_i)}{P(W)}$$

它与期望交叉熵的本质不同在于它没有考虑单词发生的频度，这是互信息一个很大的缺点，使得互信息评估函数经常倾向于选择稀有单词。

（5）文本证据是一个较新的评估函数，它衡量类的概率和给定特征时，类的条件概率之间的差别。文本处理中，不需要计算 W 的所有可能值，只需要考虑 W 在文本中出现的情况。文本证据权定义为

$$\text{WeightofEvidTxt}(F) = P(W) \sum_i P(C_i) \mid \lg \frac{P(C_t \mid W)(1-P(C_i))}{P(C_t)(1-P(C_i \mid W))}$$

实验表明，文本证据权的效果优于期望交叉熵。

（6）优势率定义为

$$f(W) = \lg \frac{P(W \mid \text{pos})(1-P(W \mid \text{neg}))}{P(W \mid \text{neg})(1-P(W \mid \text{pos}))}$$

其中，pos 表示正例集的情况，neg 表示负例集的情况，当 $P(X)$ 为 0 或 1 时，优势率要单独定义。优势率不是像面前的评估函数那样将所有类同等对待，而是只关心目标类值，这使得优势率特别适用于二元分类器。

上述基于评估函数的特征集缩减算法隐含了一个特征独立假设，即特征可以被各自独立的评估，而实际上这个假设是不成立的。因此，在进行将征集缩减时需要考虑特征依赖性。一种基本思想是按"要删去的特征就是那些与其他特征相关程度比较低的特征"这一原则对原特征空间进行后向搜索，逐个删除无关特征。

2）潜在语义标引法

利用潜在语义标引法也可以实现特征集的缩减。潜在语义标引法利用矩阵理论中的"奇异值分解"（singular value decomposition，SVD，也称单值分解）技术，将词频矩阵转化为维数大大减少的奇异矩阵。对于每一个文本，用 SVD 方法筛选得到的词来组成新的向量去替换原有的文本特征向量，并用转换后的文本特征向量进行相似度计算。

潜在语义标引方法利用概念标引取代关键词标引，从语义相关的角度为文本选取标引词，而不考虑标引词是否在文本中出现，因此，在文本和提问检索词不匹配的情况下，这种方法仍然可以给出合理的检索结果，基于关键词的检索系统却无法做到这一点。目前，虽然这种标引法还不成熟，但是许多学者在对其进行试验后认为，潜在语义分析标引法是一种很有希望的语义分析标引方法。

潜在语义标引方法的基本步骤是：

（1）建立词频矩阵 R_0。

（2）计算词频矩阵的奇异值分解，把词频矩阵分解为 3 个矩阵的积：$T_0 S_0$

D_0,其中T_0、D_0的列向量都两两正交,S_0为对角线矩阵。如果要求T_0、D_0是满秩的且S_0中对角线上的单值按照从小到达的顺序排列那么词频矩阵有且有一个这样的分解。

(3) S_0中对角线上的 K 个较大单值被保留,其他较小的单值被置为 0,去掉S_0中单值为 0 的所有行和列得到对角阵 S,去掉T_0、D_0中相应的列,得到矩阵 T/D,并可以产生一个新的矩阵 $RTSD$,作为词频矩阵。

(4) 对于每一篇文档,用 SVD 方法筛选得到的词所组成的新向量替换原有的文本特征向量。

(5) 保存所有向量集合,并用高级多维索引技术为文本集合创建索引。

(6) 用转换后的文档向量进行相似度计算。

新的词频在最小平方意义下最接近原来的词频矩阵。通过单值分解,忽略了空间排列中较小的、不重要的影响,在文本没有出现的关键词如果与文本语义相关,那么它就会在新的词频矩阵中通过一个非 0 的分量表述出来。新的词频矩阵从数值的角度反映了关键词之间存在的潜在语义关系。

此外,一个概念往往与多个主题词相关,因此,用表示概念的词(即主题概念)代替主题词对文本进行标引,对文章主题的概括能力更强,且可以减少用来反映文本内容的标引词的个数。能正确进行概念标引的一个最重要也是最困难的问题是构造一部好的层次概念同时,可以通过下列方法获得主题概念:

(1) 选取直接上位词作为主题概念;

(2) 通过聚类产生上位词作为主题概念;

(3) 用两个或两个以上的主题词合成主题概念。这种方法一般用在若干主题词在文章的标题或正文的某些分句中同时出现的情况。

3.4.4 文本分类与聚类

文本分类技术属于有监督的学习,即模型的学习在被告知每个训练样本属于哪个类的"指导"下进行,而新数据使用训练数据集中得到的规则进行分类。文本分类是指在给定的分类体系下,根据文本的内容自动地确定文本关联的类别。从数学角度来看,文本分类是一个映射的过程,它将未标明类别的文本映射到已有的类别中,该映射可以是一对一、一对多的映射。

文本分类的基本步骤为:首先,定义分类体系;其次,将预先分类过的文档作为训练集;再次,从训练集中得出分类模型,描述预定数据类集和概念集,该过程需要测试及不断细化;最后,用训练获得的分类模型对其他文档(将来的或未知的对象)加以分类。此外,为避免过于拟合,同时节省计算时间和空间,文本分类中往往需要进行特征集缩减。

文本分类的算法主要包括：决策树、KNN 算法、贝叶斯分类、神经网络、支持向量机、遗传算法、粗糙集方法、模糊集方法。对于文本分类来说，通常词条向量的维数都是非常高的（如 10 000 数量级或更多都是很普遍的），由于这一事实，高维空间中的准确性和高效性通常是选择文本分类算法的首要标准。对于文档建模及分类，像一阶贝叶斯分类器（朴素贝叶斯）这样的分类模型或者是加权线性组合（如线性支持向量机）往往工作得很好，因为它们以一种比较简单的方式（如线性方式）把很多不同的特征组合成分类的依据。前馈神经网络对于大多数文档建模问题都是不可行的，主要原因是不论从模型的参数数量来看，还是从定义训练模型所需的时间来看都过于复杂。

最近有研究认为每篇文档应属于多个主题（类）而不是仅属于某个类。有很多不同的方法来处理这种"多重隶属"问题。一个简单的方法是为每个类分别训练一个二值分类器，但这种方法仅当类别总数较少时才是可行的。

文本分类的评价指标主要包括：准确率和召回率等（正确预测新数据的类编号的能力）；速度（产生和使用模型的计算花销）；健壮性（给定噪声数据或有空缺值的数据，模型正确预测的能力）；可伸缩性（对大量数据，有效地构建模型的能力）；可解释性（学习模型提供的理解和洞察的层次）。文本聚类属于无监督的学习，即每个训练样本的类编号是未知的，要学习的类集合或数量也可能是事先未知的，需要通过一系列的度量、观察来建立数据中的类编号或进行聚类。聚类是按照一定的规律和要求对事物进行区分和分类的过程，在该过程中没有任何关于类的先验知识，而仅靠事物间的相似性作为类属划分的准则。文本聚类则是将文档集划分成多个组或簇，它是通过聚类算法，以实现在同一个类中的文本是相似的，而不同类之间的文本是不相似的。

文本聚类的算法主要包括划分法、层次法、基于密度的方法、基于网格的方法、在线聚类。其中，划分法中的 K-Means 算法是最常用的一种文本聚类算法。K-Means 算法的输入是用向量表示的各篇文档，以及指定要分为多少类（K 值）；输出是每篇文档被划分到第几个簇当中去了，以及这 K 个类的中心，即 K 个中心向量来代表每个簇。

K-Means 算法的聚类过程简述如下：首先随机地选择 K 篇文本（用 K 个行向量表示），每篇文本初始地代表了一个簇的平均值或者说中心。对剩余的每篇文本，根据其与各个簇中心的距离，将它赋给离它最近的簇，然后重新计算每一个簇的中心，这个过程不断重复，直到准则函数收敛。

K-Means 算法的优点主要包括以下两方面：

（1）K-Means 算法复杂度较低，为 O（nkt），其中 n 是所有文本的总数，k 是簇的个数，t 是迭代的次数，所以 K-Means 算法不仅效率高而且可伸缩性强，能够用于处理大文本集。

（2）当结果簇是密集的，且簇与簇之间分隔较为明显时，K-Means 算法能取得非常理想的效果。

当然，K-Means 算法也有一些缺点，具体如下：

（1）K-Means 只能达到局部最优。

（2）K-Means 受初始簇中心的影响较大，不同的初始簇中心很可能导致截然不同的聚类结果。通常可以将初始簇中心的选取方式设为随机选取，每次聚类时都随机进行抽样得到初始的 K 个簇中心，这样的话可以尽量避免 K-Means 算法陷入局部的最优而没有达到全局的最优，而且用户可以通过多次实验来得到一个比较理想的聚类结果。

（3）K-Means 算法需要指定簇的个数，即参数 K。该参数的自动选取是当前理论研究和应用研究的热点和难点。

（4）K-Means 算法很容易受孤立点的影响。

（5）K-Means 算法不适于发现非凸面形状的簇，或者大小差别很大的簇。

第四章

科学知识变化与分布规律研究

4.1 科学知识增长与文献增长

科学知识与科学文献的迅速增长是一种客观的社会现象。

科学文献的增长（growth of scientific literature）主要是指数量，即随着时间的推延文献数量的增长情况（但研究中也涉及其过程）。在现代科学发展时期，对文献增长的基本估计是：科学文献以 6%～8% 的速度递增；每 10 年左右科学文献的数量就要翻一番；近 20 年来发表的文献，比历史上两千年的文献总和还要多。

科学知识量的增长及其规律与科学文献的增长及其规律是紧密联系的。众所周知，科学文献是科学知识的客观记录。这是科学文献的基本功能之一。随着科学技术的迅速发展，科学知识量必然会大大增加。而各种科学知识都需要以文献的形式来记录、保存和传播。因此，科学知识量的急剧增长是科学文献激增的直接的主要原因。

由于科学文献的数量变化直接反映了科学知识量的变化情况，所以科学文献的数量是衡量科学知识量的重要尺度之一。同时，作为科学情报主要载体的科学文献数量的变化，是科学发展的一个重要标志。在科学学研究中，常常用科技图书数量、科学杂志数量、学术论文数量、科学论文题目的数量、比例等文献量，作为反映科学发展规律的重要科学指标。运用有关文献数量的统计分析，来揭示科学发展的某些特点和规律，是科学史和科学学研究中常用的方法。

一般来说，科学文献与科学知识量具有同步增长的趋势，其增长规律也有很大程度上的相似性。科学文献增长规律与科学知识量增长规律的研究，往往是相互交叉、相互促进的。科学文献增长规律的发现为科学知识量增长规律的研究提供了依据，而科学知识量增长规律的研究将有助于加深对文献增长规律的认识。例如，普赖斯提出著名的科学知识按指数规律增长的理论，其主要依据就是科学文献是按指数规律增长的。由此可见，科学文献的增长与科学知识量的增长有着极为密切的联系。

4.1.1 科学知识的增长规律[1]

第二次世界大战以后，科学技术经历了深刻的革命，同时也得到了迅速的

---

[1] 邱均平．信息计量学 [M]．武汉：武汉大学出版社，2007：36-66．

发展。现在，科学已发展到"大科学"时代，即进入到现代科学时期。现代科学的发展非常迅速，其主要表现之一是人类所拥有的知识量迅速增加。据西方国家估计，从公元初到 20 世纪 60 年代，人类拥有的知识量翻了四番（表 4-1）。

表 4-1 科学知识量翻番情况表

第一次翻番	从公元初～1750 年	历时 1750 年
第二次翻番	从 1750～1900 年	历时 150 年
第三次翻番	从 1900～1950 年	历时 50 年
第四次翻番	从 1950～1960 年	历时 10 年

从表 4-1 可见，科学知识量翻番的周期越来越短。人类拥有的知识量的迅速增加与变化标志着科学发展的速度越来越快。最近 10 年来，就科学成果给社会带来的巨大影响而言，已超过了以往两千余年的总和。

早在 100 多年以前，恩格斯就曾指出："科学的发展同前一代人遗留下来的知识量成比。"这说明的正是指数发展规律。现代科学史也表明，科学领域的许多指标都是按指数规律增长的，或者说，各种科学指标的增长速度都是与已有的指标值成正比的，其公式为

$$W = \alpha e^{\beta t} \tag{4-1}$$

其中，W 为科学指标，α、β 皆为任意常量，t 为时间。(4-1) 式被称为科学知识量的指数增长率，也有人把它叫做科学发展的加速规律。

科学发展的指数增长率是 20 世纪 40 年代文献计量学和科学学研究中的一项重大发现。其结论主要是建立在科学文献指数增长的基础之上的。在美国弗里蒙特·赖德（Fremont Ryder）对科学图书增长率进行统计研究之后，普赖斯研究并发现了科学期刊呈指数增长的趋势。于是，他在《巴比伦以来的科学》（*Science Since Babylon*）一书中，以科学杂志和学术论文作为知识量的重要量度指标，描述了科学发展速度，得到了科学发展按指数增长的规律。

科学发展的指数增长率也引起过学术界的争论。其一个最主要的质疑，就是科学指标的指数增加如果不停地发展下去，会不会导致诸如科学家人数超过全世界人口总数的荒谬结论。实际上，这种观点是错误的。因为任何科学定律都是在一定条件下近似成立的，离开了一定条件，把具体的规律无限制地夸大，都会走向反面。指数增长率是在一定历史时期内成立的规律，而在另一个时期，如科学发展的"非常时期"，就有可能遭到破坏。

图 4-1 表示了科学发展指数规律遭到破坏的"非常时期"。按重大科学成果数统计，从 1550 年算起，已经有过两次"非常时期"：第一次是 1670～1740 年；第二次是从 1940 年开始，直到今天还在继续。显然，指数规律在一定历史时期尽管遭到了破坏，但是在另外的一定历史时期，它又是成立的。这是毋庸置疑

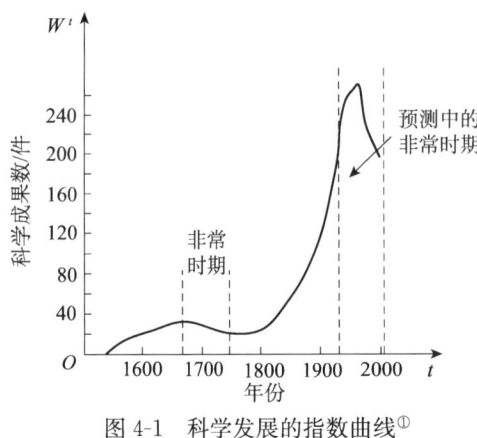

图 4-1　科学发展的指数曲线①

的历史事实。

指数规律之所以不断成立，又不断破坏，是因为科学在时间轴上的变化要受到积累规范和变革规范的交互作用。前者表现为知识量的积累，即所谓的指数发展规律，后者表现为质的飞跃，即所谓的科学革命。积累规范与变革规范之间，既是对立的，又是统一的。在积累规范起作用的时期，科学发展遵循指数增长率；在变革规范起作用的阶段，指数增长率便失去意义。这样一来，指数增长率的破坏不再是一件不幸的事情了，而是科学革命到来的重要标志之一。

否定指数增长率的另一个质疑来自科学发展的"饱和现象"，或者说 S 形发展规律。国外一些学者估计到"任何按指数形式出现的增长都必然在某一点上达到平衡状态，否则我们就会走到谬误的一端"。他们把整个科学发展史描绘成一个 S 形，认为指数发展曲线必然转变为逻辑曲线（图 4-2）。当代正在走过这个平衡点（拐点 n_0），再过 30～45 年，它必然接近饱和极限，到那时，科学增长就停止了。

我们认为，这个论断是片面的。科学发展的 S 形现象是历史事实，但它并非横亘于整个历史（时间）轴上。如图 4-1 所示，1670 年前后就有过 S 形现象，出现过指数增长规律遭到破坏的"非常时期"，但到 18 世纪中叶，科学又昂起了头，按更陡的指数曲线上升。实际上，科学发展中的"饱和现象"并不奇怪，这是自然界和人类社会普遍存在的规律性。类似于熔点，尽管不断加热，物体温度并不总是升高，而是不断地改变着物质的内部结构。

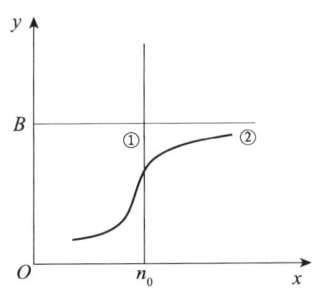

图 4-2　科学发展的逻辑曲线①

在"非常时期"，科学成果数量下降，并不表明科学家无能，也不是说科学家劳动无效，恰恰相反，说明科学家的劳动正以一种巨大的"智力潜热"，储存到科学体系的内部结构中去了。这些"智力潜热"等到后代科学家继续探索时，必然会以某种形式智能地释放出来：或者提高全部科学家的"精英素质"，或者提高具有高度专业水平的科学家的比例。总之，一次"饱和时期"之后，必然会

---

① 邱均平. 信息计量学 [M]. 武汉：武汉大学出版社，2007：43.

出现一个以更大加速度为特征的指数增长新时期。"加速—饱和—更大加速",这就是阶梯形指数增长率。阶梯形指数增长率不仅表明科学发展中量与质的辩证统一,同时,也说明科学技术的发展是波浪式前进的、无止境的。因此,阶梯形指数规律才是正确的指数规律。

4.1.2 科学文献的指数增长

早在1944年,美国韦斯莱大学(Wesleyan University)图书馆馆员赖德对美国有代表性的大学图书馆的藏书增长率进行了研究。他通过大量的统计发现,美国主要大学图书馆的藏书量平均每16年递增一倍。之后,世界著名科学家和情报学家普赖斯把赖德的这一发现推广应用到科学知识的全部领域,并进行了一系列研究。1949年,他发现"一沓沓的(十年一沓)《哲学汇刊》靠墙竟堆成了一条完美的指数曲线";次年,他发表第一篇有关"指数增长"的研究论文;1959年,他在耶鲁大学做了"科学指数增长"等问题的系列讲座,其演讲集于1961年正式出版,定名为"巴比伦以来的科学"。在这一科学名著中,普赖斯指出,世界最早的科学杂志是1665年出版的英国皇家学会的《哲学汇刊》。接着,有三四种类似的杂志在几个欧洲国家科学院出版。1700年,全世界出版的科学杂志还不到10种,1750年才达到10种,到1800年就增加到了100种,1850年为1000种,1900年是1万种,到现在,全世界的科学杂志竟多达10万种。这就是说,从1750年起,科学杂志的数目大约每50年增加10倍。同时,普赖斯又对《化学文摘》《生物学文摘》《科学文摘》等的增长情况进行了研究,也发现了同样的增长趋势。在这些研究的基础上,普赖斯得到了一个科学杂志"按指数增长的规律"。他还以《物理学文摘》和其他30种文摘杂志为工具,统计研究了有关期刊论文数量增长的特点,也得到了相同的结果。因此,普赖斯得出结论:"似乎没有理由怀疑任何正常的、日益增长的科学领域内的文献是按指数增加的,每隔10~15年时间就增加一倍","每年增长5%~7%"。

普赖斯综合、分析了大量统计资料,以科学文献量为纵轴,以历史年代为横轴,把各个不同年代的科学文献量在坐标图上逐点描绘出来,然后以一光滑曲线连接各点,十分近似地表征了科学文献随时间增长的规律。这就是著名的普赖斯曲线(图4-3)。

通过对曲线的分析研究,普赖斯最先注意到科学文献增长与时间呈指数函数关系。如果用 $F(t)$ 表示时刻 t 的文献量,则指数定律可表示为

$$F(t)=ae^{bt}(a>0, b>0) \qquad (4-2)$$

式中,t 为时间,以年为单位;a 为条件常数,即统计的初始时刻($t=0$)的文

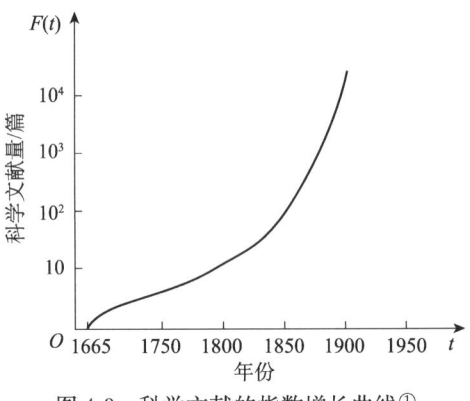

图 4-3 科学文献的指数增长曲线①

献量；e 为自然对数的底（e＝2.718…，可近似地取为 2）；b 为时间常数，即持续增长率：某一年文献的累积增加量与前一年文献累积总数的比值，如果设 r 为某年文献量增长的百分数，那么则有 $r=100(e^b-1)$，或近似地有：$r=100b$，即 $b=r\%$。

例如，在某一初始时刻，科学文献量为 $a=10\ 000$ 件，增长率为 10%，那么 10 年后文献量将是：$F(10)=10\ 000e^{0.1(10)}=27\ 183$（件）；100 年以后的文献量将是：$F(100)=10\ 000e^{0.1(100)}=220\ 264\ 660$（件）。

通常用文献增加一倍所需的时间 d 作为评价文献增长速度的定量指标。根据（4-2）式很容易求得计算时间 d 的公式为 $d=\ln 2/b$。对于上例，文献量翻倍的时间是：$d=6.93$ 年。

应当指出，不同学科的文献增长速度是不同的。有些学科文献量每几年翻一番，有些学科文献量十几年翻一番。例如，化学化工文献的倍增期为 8～9 年，而某些尖端领域和新兴学科，如原子能和环境科学，每 2～3 年就翻一番。此外，科学文献按指数增长的规律是相对于每一年的文献累积数而言的。每年文献的累积数，就是所统计的该年与该年之前各年出版的文献数量之和，即该年可以利用的文献总量。

4.1.3 科学文献的逻辑增长

在科学文献指数增长规律研究的基础上，不少国家的学者为了进一步寻求更加完善的文献增长模型，曾进行过多方面的努力探索，并提出了一些理论和数学模型，其中影响最大的当首推"文献逻辑增长模型"。

---

① 邱均平. 信息计量学［M］. 武汉：武汉大学出版社，2007：47.

1963年,美国普赖斯在其名著《小科学,大科学》一书中,论述了"科学文献和科研人员的指数增长定律和逻辑增长定律",并认为"指数型规律终将成为逻辑型"。

苏联科学学家纳里莫夫在研究科学文献增长规律时,发现文献的增长是分阶段的,每一阶段的增长模式并不相同。例如,用指数模型来描述1957~1974年苏联在系统研究领域的文献,可以将之划分为三个时期,每一时期文献量翻倍的时间是不同的。纳里莫夫和格·弗莱杜茨(Г. Влэдуц)在进行大量研究后认为,科学文献开始要经过一个急剧增长的过程,随后增长速度减缓,指数增长过程变为逻辑曲线增长过程。同时,他们考虑到物质条件、经济来源以及作者智力等方面的因素对科学文献增长速度的影响,在具体的文献统计研究基础上,提出了著名的文献按逻辑曲线增长的理论和模型。其数学表达式为

$$F(t) = k/(1 + ae^{-kbt}) \quad (b > 0) \tag{4-3}$$

式中,$F(t)$为t年的文献累积量(亦可用y表示);k为当$t \to \infty$时文献的累积量,即文献累积量之最大值;a,b为参数。

若将(4-3)式对t求二阶导数,并令二阶导数为0,可求得曲线(4-3)式的拐点A的坐标为($\ln a/kb$, $k/2$)。可见该曲线是关于拐点对称的所谓对称逻辑曲线。图4-4给出了这一科学文献增长的逻辑曲线。

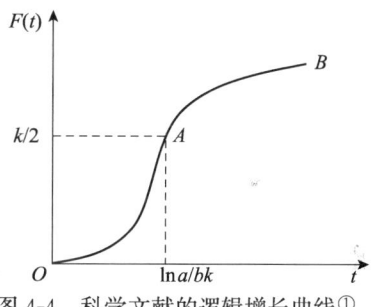

图4-4 科学文献的逻辑增长曲线[①]

从图4-4可见,文献增长将受到限制$y < k$;其相对增长率:$\left(\dfrac{\mathrm{d}y}{\mathrm{d}t}\right)/y = b(k-y)$是$y$的线性函数。当$t < \ln a/kb$时,文献急剧增长,即增长率是渐增的;当$t > \ln a/kb$时,文献增长减慢,即增长率是渐减的。但是,增长速度的减慢只有在y值快接近k时才是明显的。上述过程分别对应于曲线OA段和AB段。

当$y \ll k$时,由(4-3)式可近似得到曲线增长率:$\mathrm{d}y/\mathrm{d}t = kby$;曲线相对增长率:$(\mathrm{d}y/\mathrm{d}t)/y = kb = $常数。可见,在科学文献增长的初始阶段,它是符合指数增长规律的。但是,指数值随着时间t的变化而变化,相对速度不一定总是不变的。因此,它不能始终保持指数增长的势头。当文献量增至最大值的一半时,其增长率开始变小,最后延缓增长,并趋近于一个极限值$y = k$。

应当指出,科学文献按逻辑曲线增长也是相对于文献积累数而言的,而且

[①] 邱均平. 信息计量学[M]. 武汉:武汉大学出版社,2007:52.

是在某些知识领域或某种类型的文献的较长时间范围内进行统计研究所得到的结论。

4.2 科学知识老化与文献老化

4.2.1 科学文献老化与情报老化

一般来说,"老化"问题包括文献老化和情报(信息)老化。所谓科学文献老化系指科学文献随其"年龄"的增长,其内容日益变得陈旧过时,作为情报源的价值不断减小,甚至完全丧失其利用价值[①]。科学文献老化既是一种客观的社会现象,又是一个复杂的动态过程。对此,苏联著名情报学家米哈依洛夫(Mikhailov)定义为,科学文献"随其'年龄'的增长,失去了作为科学情报源的价值,因此越来越少被科学家和专家们利用。老化的不是科学情报本身,而是包含这些情报的文章"。关于情报老化的概念,情报学家莱因(M. B. Line)和桑迪森(A. Sandison)认为,"情报的有效价值随时间流逝而衰减";而В. А. Полушкин则认为,应该采用"文献情报老化"这一提法,并指出情报老化实际上就是文献情报的老化,文献情报老化是一个相对的概念,是相对于情报对象或情报用户而言的。情报对象是指客观存在的物体、事实、现象及其性质和特征等。显然,这些情报对象通常在不断变化着,而文献情报反映的是对象的某种记录状态,具有不变性,因此必然会相应地出现文献情报的老化。对于情报用户来说,文献情报若缺乏必要的针对性,或丧失了新颖性、实用性等而变得没有使用价值时,便可认为文献情报相对于情报用户发生了老化。可见,由于比较的参照系不同而发生的这两种老化现象有着较大的差异。文献老化和情报老化是两个不同的概念。可以认为,情报的老化是相对于情报对象而言的,而文献的老化则是相对于情报用户而言的。对图书情报人员来说,所关心的主要是文献的老化问题。

人们对于老化问题存在许多错误的认识,总是企图确认某一件(类)文献或情报是否老化,因为这对图书情报管理人员及用户都是有用的;又企图把握其随时间老化的过程,希望通过时间指标说明其是否老化,这对研究者是有用

---

① Hanson T, Cox J. A comparative review of two diskette-based current awareness services [J]. Database, 1993, (6): 73-81.

的。但是，对文献或情报单元来说，很难说明其是否老化，因为其老化受到多种因素的影响。实际上，老化是文献群或情报群的可利用性变化倾向与规律，是一种价值判断。

4.2.2 科学文献老化指标与模型

为了衡量科学文献的老化速度和程度，定量地揭示其老化规律，人们从不同的角度进行研究，提出一些量度指标，主要量度指标有半衰期、普赖斯指数、剩余有益性指标等。

1. 半衰期

1) 半衰期的概念

1958年，科学学家贝尔纳在华盛顿召开的一次情报科学讨论会上，首先提出了用"半衰期"来表征文献情报老化速度，表示已发表的文献情报中有一半已不再使用，可以看出，他给出的"半衰期"概念适合于老化的历时观察。1960年，巴尔顿（R. E. Burton）和开普勒（R. W. Kebler）提出的文献情报的"半衰期"概念是指某学科（专业）现时尚在利用的全部文献中较新的一半是在多长一段时间内发表的（共时半衰期）。这与该学科一半文献失效所经历的时间（历时半衰期）大体相当。例如，当我们测定化学文献的半衰期是8.1年时，意思就是说在统计研究的那一年里，尚在使用的全部化学文献的50%是在最近8.1年内出版的。也就是说，经过8.1年，50%的化学文献的利用价值已逐渐衰减[①]。据称，在当代条件下，科技文献的发表如果延误1.5～2年时间，其价值将丧失30%以上。巴尔顿和开普勒提出的文献情报的"半衰期"概念也被称为"中值引文年限"。美国SCI的副产品——JCR综合这两种定义提出引用半衰期（citinghalf-life）和被引半衰期（citedhalf-life）。按照文献老化的精确定义方法也可以对半衰期进行精确定义：

定义 4-1 对 $\forall X \in \chi$，如果 $P_T(X) = \frac{1}{2} P_0(X)$，则称 T 为 X 的历时半衰期。

定义 4-2 选定某一观测时刻，对 $\forall X \in \chi$，如果 $X = \{X(t) \mid t = 0, 1, 2, \cdots, K\}$，则称 T 为 X 的平均共时半衰期。如果 $P((X)(T_2)) = \frac{1}{2} P(X(0))$，则称 T_2 为 X 的分布共时半衰期。

---

① 邱均平. 信息计量学[M]. 武汉：武汉大学出版社，2007：71-74.

2) 半衰期的适用性

早在 1963 年,美国著名文献计量学家普赖斯在研究中就扩大了"半衰期"的适用范围,并指出一篇论文的"半衰期"大约是 1.5 年,也就是说,引用这篇论文的全部其他论文(引证文献)的二分之一是在这篇论文发表后的 1.5 年内发表的。可见,某一学科文献情报的"半衰期"与某一篇(或某一年的)论文的"半衰期"的含义是不同的,前者是相对于被引文献情报的数量而言的,后者则是相对于引证文献而言的。但很多人的研究证明,期刊论文的"半衰期"要比这个时间短得多。1970 年,英国巴思技术大学的学者莱因指出,研究"半衰期"要考虑文献情报增长率的因素,于是他在研究中加进了指数增长率进行计算。1980 年,布朗(Brown)在考虑文献增长的前提下,对化学期刊文献的"半衰期"进行了研究。从广义上来说,"半衰期"概念可以推广,例如,相对于不同主体而言,可以分为学科文献半衰期、期刊文献半衰期等;还可从引证与被引证的角度出发,分出"引文半衰期"和"论文(被引)半衰期"。不同的老化考察对象适合不同的半衰期概念。共时半衰期通常是评价某一学科或专业文献的老化趋势,而不是指个别文献;而历时半衰期,可以是某一学科文献老化的半衰期,也可以是一种期刊,甚至是一篇文献老化的半衰期。

3) 半衰期的计算

半衰期的计算可根据上述相应的半衰期的定义求得。

(1) 作图法。将统计数据制成引文频次分布表,以引文累积量或引文百分累积量为纵坐标,以被引文出版的年龄为横坐标作图,在图中找出与纵坐标上引文累积量或百分累积量一半处的对应点的横坐标 T,即为所求结果。

(2) 定量模型计算法。对统计数据建立文献老化模型,再根据定义找出半衰期的计算公式,将相应数据代入求得结果。

2. 普赖斯指数

1971 年,普赖斯在对 SCI 所做的统计分析中发现,在被调查的一年内所发表文献的全部参考文献中有一半文献是在近 5 年内发表的。受这一结果的启示,普赖斯认为可以用 5 年作为划分文献情报利用程度的标准,出版年限小于 5 年的文献称为"现时有用"的文献,并出版年限超过 5 年的称为"档案性"文献,并提出了一个衡量各个知识领域文献老化的数量指标,即后人称为的"普赖斯指数"。就是在某一个知识领域内,把对年限不超过 5 年的文献的引文数量与引文总量之比当作指数,用以量度文献的老化速度和程度,其计算公式为

$$P(普赖斯指数)=\frac{出版年限不超过 5 年的被引文献数量}{被引文献总量}\times 100\%$$

一般来说，某一学科或领域文献的普赖斯指数越大，半衰期就越短，说明其文献的老化速度就越快①。普赖斯指数和半衰期是既有联系又有区别的两个衡量科学文献老化的定量指标。它们都是从文献被利用的角度出发，但以不同的方式来反映文献老化的情况。普赖斯认为，"有现时作用"的引文数量与"档案性"引文数量的比例，是比引文的"一半寿命"更为重要的特征。文献的半衰期只能笼统地衡量某一学科领域全部文献的老化情况，而普赖斯指数既可用于某一领域的全部文献，也可用于评价某种期刊、某一机构，甚至某一作者或某篇文章的老化特点。半衰期概念可以适用于一般情报老化，而普赖斯指数只适用于文献情报。

3. 剩余有益性指标

1) 剩余有益性指标的概念

英国的布鲁克斯（B. C. Brookes）引进期刊有益性的概念，用期刊的剩余有益性作为评价其老化的指标。某一年份、某一期刊被用户所利用的文献数被称为期刊有益性。经过若干年后，期刊还保留的有益性，即剩余有益性，是期刊老化程度的一种量度。

2) 剩余有益性指标的适用性

采用期刊有益性指标衡量老化程度时，只是对于满足一定类型和内容的情报需求的几种期刊来说，才是有用的。

3) 剩余有益性指标的计算

用剩余有益性指标作为评价其老化的指标，意味着剩余有益性指标作为文献可利用性测度，并且服从文献老化公理。可以建立相应的文献老化定量模型。布鲁克斯假定期刊的有益性满足负指数模型，并假定每年的引文量为选定期刊在该年的有益性度量。则该选定期刊总有益性为

$$U = \sum_{t=0}^{\infty} Ca^t = \frac{C}{1-a}$$

式中，C 为选定期刊在其"生命期"内第一年的引文量；a 为老化系数。那么，i 年后的剩余有益性为

$$U(i) = \sum_{t=i}^{\infty} Ca^t = \frac{Ca^i}{1-a} = Ua^i$$

---

① 布劳温. 科学计量学与文献计量学 [J]. 科学学与科学技术管理，1987，(9)：32-34.

4. 科学文献老化模型

研究表明，文献的老化规律可以用某些数学模型来描述。几种经典的数学模型有负指数模型、巴尔顿-开普勒老化方程、布鲁克斯老化方程、阿弗拉米斯库（A. Avramescu）方程等。

（1）负指数模型：负指数模型由贝尔纳在1958年提出，是利用共时数据得到的。从宏观上来说，负指数模型描述了文献老化的规律，反映了文献利用率的衰减现象，基本上符合实际观察结果。然而在文献交流活动的整个时域中，文献的利用率并非在每一阶段都符合负指数函数的规律，而且该公式也未能将影响文献老化的因素与文献老化的关系直接反映出来。因此，该模型还存在一些不足之处，有待进一步修正和完善。

（2）巴尔顿-开普勒老化方程[①]：1960年，美国的图书馆员巴尔顿和物理学家开普勒合作，对科技文献的老化问题进行了一系列研究。他们选择物理、化学、机械工程等9个学科领域的期刊文献进行了引文数据的统计分析和计算，发现按9种不同的引文数据所描绘的9条曲线竟然在形状上非常相似，同放射性元素U235的衰变曲线一样都是负指数曲线。于是，他们为这些曲线求出了一个标准公式，后来被称为巴尔顿-开普勒老化方程。

（3）布鲁克斯老化方程：布鲁克斯于1970年，从历时的角度提出科技期刊文献的被引用数量随时间推移的衰减过程近似服从简单的负指数模型。1971年，布鲁克斯在引文频次的负指数模型基础上，提出了文献老化的累积指数模型，从数学角度上讲，该方程缩小了由于引文频次统计时的随机误差引起的建模误差。

（4）阿弗拉米斯库方程：针对不同质量、不同种类的文献的老化态势，罗马尼亚文献计量学家阿弗拉米斯库进行了研究分布，并提出了阿弗拉米斯库方程。阿弗拉米斯库方程描述的是引文频次分布，其研究结果的重要性在于对单篇文献的使用过程进行了详细的考察，揭示出文献使用及老化过程的复杂性和多样性。但其情报传播过程的数学模型还只是理论上的，需通过大量的统计数据来验证。

4.2.3 科学文献老化机理

文献老化是一种非常复杂的社会现象，也是一个非常复杂的动态过程。文献信息老化通常分为两种类型：静态和动态老化、局部和普遍性老化。

---

① 丁学东. 关于 Burton-Kebler 文献老化经验公式及 Мотыles 修正式 [J]. 北京大学学报, 1992, (4): 105 - 111.

1. 静态和动态老化

赫伯特（Schreiber-Herbert）区分了静态和动态老化，认为考不考虑文献增长是区分动态和静态两种不同类型老化的标准。

（1）静态老化：是指不考虑文献增长因素影响的老化过程。

（2）动态老化：是指考虑文献增长因素影响的老化过程。

对于这两种老化的不同认识是"表观的""真实的"老化测度之争的引线。莱因和桑迪森[1]认为，以实际数据为基础的老化曲线只表明"表观的"下降，应对老化做增长方面的修正。然而，布鲁克斯（Brookes）发现，不校正测度反映了老化的真实性，史丁森（Stinson）和兰开斯特（Lancaster）也证实了这点，埃格赫（Egghe）等证明了在共时状况下指标增长导致老化更大，历时情况则相反。

2. 局部和普遍性老化

（1）局部性老化：是指某一图书馆或文献情报单位文献利用率的降低，其研究方法主要运用文献管理统计数据分析方法。

（2）普遍性老化：是指某一学科或世界范围的老化，其研究方法主要运用引文分析方法。

文献的新陈代谢是一个很现实的问题。由于现代科学技术的迅速发展，随着时间的推移，原来不成熟的理论被比较成熟的理论所代替，不完善的方法被比较完善的方法所补充，不先进的技术被比较先进的技术所更新，错误片面的数据被比较客观的事实所校正，因而旧的文献逐渐失效[2]。若干年前很有价值的重要文献，随着科学技术的发展日益变得陈旧过时，或者失去生命力。因此，这种文献的老化是一种普遍现象。从文献利用的角度来说，科学文献的老化有以下几种情形：

（1）文献包含的信息失效。文献内容被以后的文献证明是不可靠的，甚至是错误的，这种文献当然不能再使用了。

（2）包含情报的文献已老化。文献的情报内容是正确的，但已进入更广泛的社会交流领域，已被人们普遍接受，不需要再使用原来的文献了。

（3）被更新文献替代。文献内容是正确的，但被更新的、内容更全面的新文献所取代，因而随着时间的推移也渐渐地很少被用户利用了。

---

[1] Line M B, Sandison A. Obsolescence and changes in the use of literature with time [J]. Journal of Documentation, 1974, 30 (3): 283-350.

[2] 朱金. 图书馆文献信息老化问题分析 [J]. 图书馆学研究, 2002, (10): 56-58.

(4) 研究兴趣下降引起利用减少。文献内容是正确的，但由于某种原因（如社会需求）引起人们研究兴趣的下降或注意力转移，因而不再被用户利用了。

科学文献老化的影响因素繁多，机制复杂，多年来各国学者们进行了许多研究，结果表明，科学文献老化的根本原因是科学知识的不断增长和更新。我们知道，科学的发展并非单纯地由一个个事实累积而成，而是由无数有创见性的理论，通过不断的完善、发展和更新，才形成了今天的知识宝库。随着人类社会的延续，科学知识增长的过程是由知识"叠加"和"更新"两个方面构成的。由于知识更新的不断发生，必然要造成科学文献的新陈代谢。所以，对于科学文献老化的研究，实质上就是对科学知识修正速度的探索；文献老化系数是科学知识修正速率的反映。文献是一个错综复杂的随机性质的集合体，加之文献计量学又具有非对称性，且有对时间不可逆的特征，所以文献老化是一种异常复杂的现象。科学文献的老化要受到许多因素的影响，其机理可从以下五个方面来分析。

(1) 文献的增长。在文献的动态规律中，增长与老化是一个事物的两个方面，它们从不同的侧面来阐述科学知识的修正率，亦即科学的进步，因此文献的老化首先是与文献的增长联系在一起的。众所周知，科学文献大量增加时，亦指科学知识的叠加、完善和更新速率加快，科学出现突破；此时，原来知识内容不完善、不全面的旧文献逐渐被人们所遗忘，引用频率迅速降低。当然旧文献包含的知识不会消亡，但其应用价值则逐渐趋向于零，使之成为"档案性"资料。相反，若由于某种原因文献增长缓慢，此时文献老化曲线的梯度会趋于平缓。据普赖斯统计，当第一次世界大战爆发后，基础理论研究文献引用频次急剧下降。同样，老化曲线也明显变得平缓，直到战后分别于 1926 年和 1950 年老化率才又几乎以同样的速度迅速回升，恢复到战前的数值。此外，由于文献情报不断增长，客观上就有更多的文献可供人们引用，而且在实践中人们又往往倾向于引用新文献，故文献的老化率也会出现变化。一般来说，文献增长越快，文献的老化也相应加快。文献增长得越快，文献的半衰期就越短。因此，新文献的涌现和增长是促成文献老化的重要因素。

(2) 文献的学科特点。文献内容所属学科的性质和特点不同，其老化率差异甚大。一般来说，基础理论学科的文献半衰期要长，而应用技术学科的文献半衰期相对短一些，其老化也较快；历史悠久的学科的文献要比新兴学科的半衰期长；比较稳定的学科的文献，要比在内容上或技术上正在经历重大变化的学科的文献半衰期长。有些学科，如电子、冶金、化工等，由于研究工作活跃，投入人力、物力丰富，知识更新快，文献的半衰期也就较短；而另一些学科，如动物分类学、地理学等，其发展主要是知识的积累而不是修正，因此这些领域相对来说要稳定得多。历史的记录可以长期起作用，故其半衰期一般都比较长，老化较慢。而某些学科，如社会学和机械制造学等，迅速老化的文献与

"档案性"文献在数量上大体相当,它们介于前两者之间。

(3) 学科的不同发展阶段。在学科发展的整个时域中,每个学科均要经历诞生、发展和相对成熟等不同的历史阶段。即使是同一学科不同的发展时期或阶段,文献的半衰期也不尽相同,其老化曲线也并非全部都符合负指数曲线。当学科处于诞生和发展的初期,由于原始文献较少,文献数量呈指数增长,文献的老化符合负指数函数关系,其对应的老化曲线表现为负指数曲线。随着学科研究的深入,学科发展进入相对成熟时期后,文献的增长就不能再继续保持原有的指数增长,文献的增长速率变小,其相应的老化曲线也变得平缓,半衰期加长。这客观上反映了科学修正的速率减慢,但并不意味着科学研究的停滞。相反,一方面,它标志着学科已进入相对成熟阶段,文献的科学价值达到了一定的深度,使文献的利用寿命加长;另一方面,也说明此时科学活动的结果主要在于知识的累积而不是修正。当知识累积的数量达到一定量时,就会出现由量变到质变的飞跃,而使学科进入新的高度和新的层次,也有可能同时派生出新的分支学科,又使文献呈现指数速率增长;而文献老化曲线也恢复到负指数曲线。

(4) 文献的类型和性质。文献的老化速度不仅取决于文献的学科内容,而且还与文献的类型和性质有关。通常,科学专著要比期刊论文、科技报告、会议文献等的半衰期长,经典论著要比一般论著的半衰期长,理论性刊物要比通讯报道性刊物的半衰期长,论述性文章要比介绍性文章的半衰期长,评论性文献比研究论文的老化要慢一些,等等。

(5) 用户需求及情报环境。文献用户的需求特点及所处的情报环境的质量也是影响文献老化不可忽视的因素。例如,不同素质的用户对文献的要求各不相同。科研工作的骨干对最新文献感兴趣,而刚刚踏上研究工作岗位的人员则还需了解历史背景材料,即使同一类读者在不同时期、为了不同的研究目的,对文献的需求亦有不同的特点,有些文献对研究者无用,但对专业历史工作者来说仍然是有用的。所以,从知识的使用者来说,文献的利用年限因人而异。不同的国家或地区对文献使用的年限也不完全相同:科学发达的国家对近期发表的新文献感兴趣,而科学较落后的国家则要借鉴别国已有的经验,因而需要查阅前一段时间的文献。

4.3 科学知识的集中与离散分布规律

4.3.1 科学知识的集中与离散分布

科学知识及其载体——科学文献的分散,是普遍的客观现象。关于某一特定课题、学科或领域的论文，我们称为相关论文，相关论文在期刊中不是均匀分布的，而是具有明显的集中与离散规律。一个学科的论文分散在其他学科的期刊杂志上是屡见不鲜的。例如，关于控制论的论文会发表在神经科学的杂志上；关于心脏机械的论文会出现在物理学的杂志上；关于遗传学方面的论文则可能分散在农学杂志上；等等。这一现象与科学的发展规律有着密切联系。

科学的发展总是遵循一定的规律。

现代科学技术一方面互相交叉渗透，另一方面小学科又有向大学科综合的趋势。

当一门新学科问世之后，第一批文献就刊载在为数不多的几种期刊上。随着研究工作的深入发展，这几种期刊就会吸引愈来愈多的作者投稿。这时又会有新的期刊相继问世，可供待发表的文献选择。经过一段时间的发展、巩固、竞争和淘汰之后，总会出现一定数量的期刊，它们专门面向该学科，刊载该学科的文献量最大，质量也较高，作者也愿意将自己的文献刊登在这些期刊上，从而出现了"核心期刊"[①]。这种现象就是文献分布中的"堆加效应"。

与此同时，有关这一学科的论文也在数量很大的其他杂志上发表，这就产生了文献的集中与分散现象。这是因为事物的发展往往并不是由单因素作用的。由于科学技术的相互交叉渗透，此时便会有许多新学科和其他边缘学科也竞相将其文献发表在这些期刊上。为了抑制核心期刊数量的无限增加，客观上也由于期刊的篇幅有限，此时必然会有一种"限定因素"开始起作用。编辑人员为了照顾各方面文献的平衡，不得不制订出版计划和方针，控制文献的数量。为了适应日益增长的文献需要，许多新的期刊又会相继诞生。所以，随着时间的推移，刊登该学科文献的期刊品种数与相关论文数成正比增加。

虽然科学有不同学科之分，但它是一个整体，具有统一性。科学技术的每一个学科都或多或少、或远或近地与其他任何一个学科相关联。因此，才会有一个学科的文献出现在另一个学科的期刊之中这种现象。

对于科学文献的集中与离散分布，人们早有察觉，但从定量的角度进行深入研究，还只是 20 世纪中期的事。英国著名文献学家布拉德福最早发现文献分散（离散）规律，并提出了有名的"布拉德福分散定律"，简称为"布拉德福定律"或"布氏定律"。

4.3.2 布拉德福定律的基本内涵

布拉德福早在 1934 年就明确提出了科学文献的分散定律，但是他的研究成

---

① 邱均平．信息计量学（四）[J]．情报理论与实践，2000，23（4）：315-320.

果并没有立即引起人们的注意。直到14年后,即布拉德福去世的1948年,他的专著《文献工作》(*Documentation*)一书问世,1934年发表的那篇著名论文被全文收入,并扩展成为该书的第Ⅸ章,定名为"文献的紊乱"(Documentary Chaos)。这才引起一些学者特别是维克利(B. C. Vickery)的重视和研究。维克利是英国的文献学家,当年在英国帝国化学公司 Butterwick 研究实验室工作。他较早研究布拉德福定律,并率先发表论文,不仅充分肯定了布拉德福的研究成果,而且最早将相关论文在期刊中的这种分布称为"布拉德福离散分布",把布氏的上述研究结论叫做"布拉德福分散定律"[①]。除了维克利之外,还有许多文献学家和情报学家对布氏定律进行了深入研究。较为著名的有莱姆库勒和布鲁克斯,前者对该定律的区域描述做了重要发展,后者则以数学公式描述了这一定律,发展了图像分析方法。正是由于许多学者的共同努力和贡献,才使得布氏定律从理论上、数学描述上和应用上日趋完善,才使人们认识到它的重要意义,从而使这一定律得以正式确立并迅速发展起来。

一般认为,布拉德福定律的基本原理是由其区域描述和图像描述两个部分组成的。

1. 区域描述

布拉德福在《文献工作》一书中写道:"如果将科学期刊按其登载某个学科的论文数量的大小,以渐减顺序排列,那么可以把期刊分为专门面向这个学科的核心区和包含着与核心区同等数量论文的几个区。这时,核心区与相继各区的期刊数量成 $1:a:a^2:\cdots$ 的关系。"

布氏定律的文字表述结论是建立在将等级排列的期刊进行区域分析的方法之上的。如果将一定时间内(通常一年)的按某学科载文量等级排列的期刊划分为三个区,使每一个区所包含的相关论文数量相等,即恰好等于全部期刊发表的该学科文章总数的三分之一,便可发现:第一区(核心区)所涉及的文章来自数量不多但效率最高的 n_1 种期刊;第二区(相关区)包括数量较大、效率中等的 n_2 种期刊;第三区(外围区)包括数量最大而效率很低的 n_3 种期刊。那么,三个区中的期刊数量成下列关系

$$n_1:n_2:n_3=1:a:a^2 \quad (a>1) \tag{4-4}$$

式中,a 即布拉德福常数,或称比例系数。就布拉德福所分析过的数据而言,a 值大约为 5.0。(4-4)式即为布拉德福定律的区域表述形式。

假如某一学科领域计有期刊 248 种,共刊载相关论文 660 篇。按照布拉德福

[①] 范铮. 原始的布拉德福定律 [J]. 图书情报工作, 1989, (1): 68-71.

论述的文献分散定律，则第一区中"核心"期刊只有 8 种，第二区中的"相关"期刊为 8×5＝40 种，第三区中的"边缘"期刊数为 8×5²＝200 种，而每个区均应刊载 220 篇文章（表 4-2）。

表 4-2　布氏定律表示

区	期刊数量/种	论文数量/篇
1	8	220
2	40	220
3	200	220

从表 4-2 可见，各区的期刊的载文量逐区下降，而各区期刊数量则是逐区上升的。核心区情报密度最高，每种期刊平均载 27.5 篇论文；相关区次之，每种期刊载 5.5 篇论文；外围区情报密度最低，每种期刊仅刊登 11 篇相关论文。经过维克利的研究，(4-4) 式被推广为

$$n_1 : n_2 : n_3 : \cdots = 1 : a : a^2 : \cdots \tag{4-5}$$

即把分三个区讨论的文献离散规律推广到任意多个区的情况。

2. 图像描述

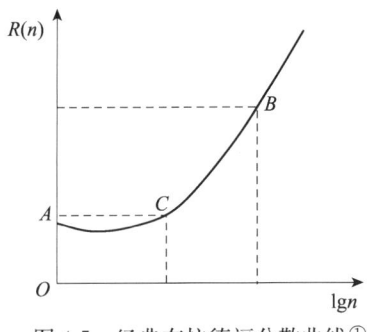

图 4-5　经典布拉德福分散曲线①

布拉德福定律还可以用图像来描述。如果取上述等级排列的期刊数量的对数（$\lg n$）为横坐标，以相应的论文累积数 $R(n)$ 为纵坐标进行图像描述，便可得到一条曲线。我们把绘制出的曲线称为布拉德福分散曲线。早期的布拉德福定律的图形通常表示成图 4-5 的形式。分散曲线 AB 由两部分组成：对应核心区的上升的一段曲线 AC 和对应相继各区的直线 CB。后来的研究表明，拐点 C 点为核心区的分界点。

布拉德福在研究时发现，从图像出发还可以得到另一个结论，即

$$n_1 : (n_1 + n_2) : (n_1 + n_2 + n_3) = 1 : b : b^2$$

记 $n_{1-2} = n_1 + n_2$，$n_{1-3} = n_1 + n_2 + n_3$，则可将上式改写为

$$n_1 : n_{1-2} : n_{1-3} = 1 : b : b^2 \tag{4-6}$$

式中，n_1 为核心区的期刊数量；n_{1-2} 为核心区和第二区的期刊累积数；n_{1-3} 为全部三个区中的期刊累积数，即期刊总数 N；b 为分散系数。显然，此处的 b 与

---

① 邱均平等. 信息计量学 [M]. 武汉：武汉大学出版社，2007：107.

(4-4)式中的 a 的数值是不同的。实际上，(4-6)式的应用比(4-4)式还要广泛得多。布鲁克斯描述的布氏定律的著名方程可以说是(4-4)式的推广。维克利对布氏定律的推广也证明了图像描述结论的正确性。

3. 区域描述和图像描述的比较

在有关布拉德福定律的研究中，维克利和威尔金斯（E. A. Wilkinson）指出，布氏定律的两种形式——文字表达（区域描述）和图像描述之间存在着不能统一起来的矛盾。特别是威尔金斯，在1972年经过详细研究后提出了这一观点，并认为图像描述比文字表述的结论更为准确。国内的有关研究也指出，从数学上分析，区域表达式(4-4)与图像描述的结论(4-6)式不但不可能趋于一致，而且根本不可能同时成立。现用简单的方法证明如下

首先，若(4-6)式成立，即
$$n_1 : (n_1+n_2) : (n_1+n_2+n_3) = 1 : b : b^2$$
则可得
$$n_2/n_1 = b-1$$
$$n_3/n_1 = b(b-1)$$
$$n_3/n_2 = b$$
$$n_2/n_1 \neq n_3/n_2$$

即(4-4)式不可能成立，即
$$n_2/n_1 = n_3/n_2 = a$$
则可推导出
$$\frac{n_1+n_2}{n_1} = \frac{1+a}{1} = \frac{1+2a+a^2}{1+a}$$

而 $\dfrac{n_1+n_2+n_3}{n_1+n_2} = \dfrac{1+a+a^2}{1+a}$，显然，$\dfrac{n_1+n_2}{n_1} \neq \dfrac{n_1+n_2+n_3}{n_1+n_2}$。

所以，(4-6)式不可能成立。可见，这两种描述形式在数学上是不等价的。

从前面的论述可知，区域描述方法是根据实际统计的具体数据，取近似值而概略地归纳出(4-2)式来的，这是一种近似的经验方法。我们从许多统计数据中都可以发现，几乎每一组统计数据都近似地满足(4-4)式，而且每一组数据也只能是近似地满足(4-4)式。

图像描述方法所依据的是与区域描述完全相同的统计数据，只是图像描述将统计的期刊数取对数，并利用了三个区中相关论文量相等这一近似条件而得到(4-6)式的结论的。因此，从数学观点来看，图像描述是可行的。从实际应用来看，图像描述也非常接近于反映文献的实际分布情况，甚至其近似程度比(4-4)式更为精确。比如，威尔金斯曾用四组经验数据有力地证明了这一点。而

区域描述中利用了两个近似条件：一是三个区中的相关论文数近似相等；二是假设相继区域的期刊数量之比近似等于公比值，因而才有（4-4）式的成立。显然，这是较为粗略的。但是，信息计量学的规律说明，任何数学模型都只能是对实际情况的一种近似的描述。因此，无论是（4-4）式还是（4-6）式，都不可能精确地符合统计数据，都只能近似地揭示文献分布的规律。

在有关论文和专著中，布拉德福同时阐述了上述显然是互相矛盾的公式，并置图像描述的结论而不顾，坚持（4-4）式为文献分散定律。但他又同时保留了这两种互相矛盾的方法和结论。事实上，这两种表述形式都不同程度上近似地与实际情况相符合。因此，人们往往从其有效性和实用性出发，同时将区域描述和图像描述看作是布拉德福定律的基本内容，并在实际中同时应用了（4-4）式和（4-6）式。

值得注意的是，巴西学者玛雅（Maya）等在1984年撰文指出，布拉德福定律的文字表述结论与图形表现形式是一致的，其"图形"来源于"文字"。他们从布拉德福本人所做的文字表述出发，推导出一个更具有普遍意义的类似于布鲁克斯的（直线部分）布氏定律的经验公式；同时还摘引布拉德福当年所用的两组数据做了验证，结果表明按布拉德福区域描述公式所产生的理论曲线与图像描述的经验曲线基本上是一致的。这说明该定律两种表现形式之间没有歧异性，而具有一致性。

4.3.3 布拉德福定律的应用

现代科学的发展，尤其是科学知识的高度分化与综合，使科学文献的分布愈来愈趋向于复杂化。这一趋势的形成和发展，对于科学研究及文献情报工作都产生了重大的影响。因此，对于定量描述文献分布规律的布拉德福定律及其分布理论的研究，具有重要的理论价值和实际意义。这是因为：一方面，对于布氏定律及分布理论的研究可以进一步揭示文献情报流的内在规律，并为创立情报学理论体系和新的数学模型提供借鉴，促进信息计量学的理论发展；另一方面，布氏定律与信息计量学的其他定律一样，都可以作为图书情报工作科学管理的一种基础理论。从20世纪60年代后半叶起，情报学界加强了布氏定律的应用研究，其范围已拓展到广阔的学科和工作领域[1]。不少研究表明，许多社会现象和事物也符合布拉德福分布，认为它是人类社会的普遍规律之一。因此，布氏定律及分布理论不仅在信息计量学中占有重要地位，而且对其他相关领域也有较大影响。这个起源于科学文献领域，却反映人为控制因素起决定作用的

---

[1] 邱均平，信息计量学（四）[J]. 情报理论与实践，2000，23（4）：315-320.

普遍现象的分布理论具有广阔的应用前景。

布拉德福定律的应用相当广泛，对于确定核心期刊、制定文献采购策略和藏书政策、优化馆藏、检验工作情况、了解读者阅读倾向、检索利用文献等方面都有一定的指导作用。同时，在文献情报工作中，不仅要注意搜集最有情报价值的文献，而且要充分考虑实际经济效益。布氏定律在这方面的意义就在于：能够为文献情报部门使用有限资金、获取情报密度最高的情报源提供定量依据，以利于作出科学决策。

（1）确定核心期刊：选择核心期刊是布氏定律最基本、最常用的应用之一。这可以直接仿照布拉德福的方法进行。近年来，这种应用已被广泛地运用到各个学科如化学、医学、农业学、海洋学和情报科学等的期刊文献工作中。使用区域法或图像法都能确定特定学科的核心期刊[①]。

（2）用于文献检索：利用布氏定律的数学公式，不仅可以预计完全检索 n 种期刊的论文总数，而且还可以通过计算来评价文献检索的效率。

（3）考察专著的分布：这是通过统计分析各个出版社关于某个学科或专业的专著出版情况，从而掌握其专著的基本分布，确定这个学科的"核心出版社"。

由于考察对象是出版社与专著，则必须选定一个能够较全面地反映该学科著作出版情况的目录进行分析。沃尔森对1965~1970年和1971年美国国家医学图书馆的《美国NLM最新目录》中五个标题下的专著及其出版者的统计发现，专著数量对其出版者的分布基本上符合布拉德福定律，说明这6年间编进目录的按出版者排列的专著分布是符合布拉德福定律的。第一区中，五个出版者（社）出版113部专著，超过了216个只出版一部专著的出版者出版总数的一半；第二区中，113部专著，是由10个出版者出版的；各区的出版者数量的比例系数基本上趋于一个常数。

这种分布显然可用于指导图书馆的采购工作，使采购人员可以确定在什么地方出版了某一学科的大量专著，从而得到出版商的详细清单。通过实际的统计，发现经验的估计存在偏差。例如，美国桑德斯出版社在医学方面的声誉一直很好，但在统计中它却在布拉德福定律的第二区，且处于偏低位置；公共服务社以前被看成是一个不重要的出版部门，而在布拉德福定律中却处于核心区。此外，这种分布还可以指导读者检索文献。

（4）动态馆藏的维护：以前，图书馆的馆藏和服务一直都是凭经验进行的，没有量的准确概念。这种量的混乱状态很大程度上是由于不能确定情报源的有用收藏的最小量。运用布氏定律确定动态期刊馆藏，能使馆藏合理化。

（5）检索工具完整性的测定：在图书馆管理中，检验文摘索引、目录等检

---

① 王伟. 信息计量学及其医学应用[M]. 北京：人民卫生出版社，2009.

索工具的完整性是一项极为重要的工作。这对于确定读者检索的完整性和评价馆藏也是很有意义的。利用布拉德福定律的等级排列方法和数学表达式，一方面，可以确定某一遮盖度的文摘索引至少要检索多少种情报源；另一方面，通过实际统计数据与根据布氏定律计算的理论值相比较的方法可以评价某一特定学科的检索工具的完整性，为这些工具的选择和利用提供科学依据。

（6）学科幅度的比较：根据布拉德福定律，对不同学科的期刊和论文数量进行分析，能得到大小不同的核心区和 S 值。对不同核心区和 S 值进行比较，就可看出学科之间的差别。一般来说，参数 S 可表示一个学科领域范围的大小及发展的成熟程度，可供判断有关学科的幅度时参考。此外，在两个核心区中出现的期刊数量，还可以作为两门学科重叠程度的判据。凭经验就可以知道，若对于某一学科来说是很重要的期刊，对另一学科也是重要的，那么这两个学科便有了重叠，若这种对两个学科都很重要的期刊越多，那么这两个学科的重叠程度也就越高。现在，运用布拉德福定律解决这一问题，使这种判断定量化了。

（7）指导读者利用期刊：布拉德福定律对于指导读者阅读文献具有实际意义。用"核心期刊"这种量的概念指导读者，可大大提高读者利用期刊的效率。

（8）指导期刊订购工作：利用布氏定律，既可以确定某一学科的"核心期刊"，为期刊选订提供依据；又可以确定哪些期刊必须订购，而哪些期刊可以通过复制其中的论文来解决，从而指导期刊订购工作。这对于制定合理的文献搜集政策和经费分配方案，都具有指导意义。

由于布氏定律是试图用数学模型来说明社会领域中特定现象的一次成功的尝试，它与社会科学中的某些规律极为类似，例如，西方广为流传的所谓"二八定律"，即帕累托（Pareto）的 80/20 规则等。因此，有些学者提出将布氏定律及其等级排列技术的应用扩展到文献工作以外的广大的社会领域中去。例如，布鲁克斯在纪念布拉德福一百周年诞辰的专刊上，提出了布拉德福的等级排列技术可以应用于一些社会现象的看法；甚至提出以布氏理论为基础创立新的学科分支——个体统计学（statistic of individuality）。随着这方面研究的不断深入，必将为布氏定律及其分布理论的应用开拓更为广阔的光辉前景。

第五章

数理统计分析法

数理统计是统计学的数学基础,从数学的角度去研究统计学,为各种应用统计学提供理论支持。狭义地讲,数理统计的内容可以分为试验设计和统计推断两大部分。实验设计是一种有计划的研究,包括一系列有意图性的对过程和要素进行控制,对观测结果进行统计分析以便确定过程变异之间的关系,进而改变该过程的研究。数据的收集处理可以归于这个范畴。统计推断主要包括参数估计和假设检验,通常称为推断统计学,比如通过样本估计总体的期望和方差,并做出统计检验,给出其置信区间等。从广义上来说,数理统计学是研究有效地运用数据收集与数据处理、多种模型与技术分析、社会调查与统计分析等,对科技前沿和国民经济重大问题和复杂问题,以及社会和政府中的实际问题,提供科学的分析方法和思路,以便对问题进行推断或预测,从而对决策和行动提供依据和建议的应用广泛的基础性学科。也可以说,前者是理论研究者的观点,后者是应用研究者的视角。所以,也有人将统计学分为数理统计和应用统计。2009 年,国务院学位委员会、教育部在《学位授予和人才培养学科目录设置与管理办法》(学位〔2009〕10 号)中将统计学作为一级学科。相应地,教育部普通高校本科专业目录也在统计学类下设统计学和应用统计学。由统计学学科地位的上升可见其在科学发展中的重要性,事实上正是统计学应用的广泛性和实用性提升了其学科地位。

在信息研究领域中,统计学的应用也是处处可见的,比如研究信息分布的集中离散规律、著者分布的布拉德福规律、信息增长和老化规律时都或多或少应用了统计学的知识和方法。随着统计学研究和应用的不断深入,它已经成为信息科学研究中不可或缺的基础方法。多元统计学的发展更是有利于信息计量学的研究,如主成分分析、因子分析、多维尺度分析等方法助推了信息科学在可视化方面的发展。

数理统计的主要内容有参数估计、假设检验、相关分析、试验设计、非参数统计、过程统计等。本章从收集数据、处理数据、分析数据和解释数据几个层面编写,5.1 节简要介绍了数理统计基本概念,5.2 节和 5.3 节分别讲解了描述性统计和推断统计的相关知识,5.4 节和 5.5 节介绍了相关分析、回归分析、主成分分析、因子分析、多维尺度分析和对应分析等主要方法。

5.1 数理统计基础

5.1.1 数理统计的基本概念

数理统计学是以概率论为基础,以样本数据为研究对象的一门学科,是伴随着概率论的发展而壮大起来的。简单地说,概率论是研究总体的特征和分布规律,而数理统计是研究样本的相关特征,并由样本特征推断总体特征[①]。首先介绍一些基本概念。

(1) 变量。变量是研究对象某一特征的抽象描述,其具体表现称为变量值。变量可以分为随机变量和非随机变量。数理统计学研究的是随机变量,从计量的角度又可以分为分类变量、顺序变量和数值型变量,数值型变量又分为离散变量和连续变量。还有学者将变量分为经验变量和理论变量,后者主要指由统计学家用数学方法构造出来的经典变量,如三大抽样统计量,详见5.2.4。

(2) 总体与元素。总体是指研究对象的全体。理论研究中,一般视总体为一个带有不确定概率分布的随机变量 X,并假设总体具有分布函数 $F(X)$。总体中每一个独立的个体称为该总体的元素。

(3) 样本与抽样。在实际研究中,有时候不可能将总体中所有的个体都纳入研究范围,考虑到破坏性,以及时间和精力的限制等因素,往往是通过科学的方法选择(抽样)总体中的部分元素作为研究对象。所选出的元素集合称为该总体的样本或子样,记为 $X_1, X_2, \cdots, X_n$;所选出的元素数量称为样本容量,一般用 n 表示;抽样样本的实现结果称为样本观测值,记为 $x_1, x_2, \cdots, x_n$。选择样本的过程称为抽样过程。不同的抽样方式就得到不同的抽样样本。抽样的基本要求是独立性和代表性。独立性是指抽取的任意元素之间互相独立,即相邻下一次的抽样结果与本次的结果没有必然联系;代表性是指所抽取的个体具备总体的属性,即与总体同分布。

一般地,从总体 X 中随机地抽取 n 个元素 $X_1, X_2, \cdots, X_n$ 组成的样本称为简单随机样本(简称样本),如无特别指出,书中所指样本均为简单随机样本。前述抽样过程称为简单随机抽样。简单随机抽样得到的样本 $X_1, X_2, \cdots, X_n$ 相互独立且与总体 X 同分布(简称独立同分布),记为 IID(independent identical distribution)。

(4) 分布函数与密度函数。总体分布函数,也称为理论分布函数,是指随机变量 X 的累积概率函数,一般记为 $F(X)$,即 $F(X)=P(X\leqslant x)$,$x\in \mathbf{R}$。设 $X_1, X_2, \cdots, X_n$ 是来自总体的一个样本,观察值为 $x_1, x_2, \cdots, x_n$,次序观测值 $x_{(1)}\leqslant x_{(2)}\leqslant \cdots \leqslant x_{(n)}$,则样本的经验分布函数定义为

$$F_n(x) = \begin{cases} 0, & x<x_{(1)}, \\ \dfrac{1}{n}\sum_{i=1}^{k} n_i, & x_{(k)}\leqslant x<x_{(k+1)}, k=1, 2, \cdots, n-1 \\ 1, & x\geqslant x_{(n)} \end{cases}$$

[①] 陈在余. 统计学原理与实务 [M]. 北京:清华大学出版社,2009.

式中，n_i 为样本数据 $x \in [x_{(k)}, x_{(k+1)}]$ 的频数。

样本分布函数是指样本 $X_1, X_2, \cdots, X_n$ 的联合分布函数，设总体分布函数为 $F(X)$，则该样本的分布函数表示为 $F(X_1) \times F(X_2) \times \cdots \times F(X_n) = \prod_{i=1}^{n} F(X_i)$。

根据随机变量的取值范围，可将其分为离散型和连续型两种。相应总体的分布就有离散型分布和连续型分布。连续型随机变量的分布是连续函数，其导数（如可导）称为概率密度函数，一般记为 $f(x)$。密度函数具备两个基本性质：

第一，$f(x) \geqslant 0$，$x \in D$，D 为支撑集。

第二，$\int_{x \in D} f(x) \mathrm{d}x = 1$。

反之，密度函数的积分即为分布函数：$F(x) = P(X \leqslant x) \int_{-\infty}^{x} f(t) \mathrm{d}t$。

（5）参数与统计量。为了研究总体的某种未知特征值，往往用一些希腊字母来描述，称其为总体的参数。统计量是样本和总体参数的函数，除此之外，不包括任何无关未知量，如样本均值和样本方差等都是常见的统计量。统计量有描述样本数据特征和浓缩样本信息的作用，比如，样本平均值就简单直观地反映了所有数据的集中程度，虽然刻画得比较浅显，但易于理解，适用性强。统计量的构造是数理统计研究和应用中一种非常重要的手段，在后面介绍的假设检验问题中发挥了很大作用。

5.1.2 统计数据的来源

简单地说，统计数据是对现象进行计量的结果，不是指单个的数字，而是由多个数据构成的数据集，统计数据可以是数字的也可以是文字的，通常也称为统计资料。数据收集环节是决定统计分析结果是否可信的关键前提。

统计数据的来源可以分为直接来源和间接来源两种。直接来源又可以分为统计调查和科学实验两类。通过直接来源获得的数据称为第一手数据，可信度很高，但获取成本可能较大。统计调查和科学实验是获取统计数据的两个主要的直接来源。统计调查是指使用明确的概念、方式和程序，以有组织、有条理的方式，从一个总体的部分或所有单元中收集感兴趣的指标信息，并将这些信息综合编辑成有用的简单形式的所有活动[1]。简言之，统计调查是按计划有组织地收集原始数据的方法。常用的调查方式有普查、抽样调查、重点调查、典型调查和统计报表制度。通过普查获得的数据系统、全面、准确，但费时、费力，

---

[1] 姜达维，谷丽颖. 实用统计学 [M]. 北京：机械工业出版社，2005.

相比之下，抽样调查可以弥补这些不足，因而成为最主要的主动收集数据的方式。统计报表制度是被动接收数据的主要形式。

间接来源形式较多，如图书资料、报纸、年鉴等，随着通信网络技术的快速发展，获取网上数据成了当前的主要手段。通过间接来源获得的数据称为第二手数据，指不需要通过调查或实验就可以凭借现有资料而获得的数据，获取方便、快捷，但得到的数据可能不完全符合初衷。常见的来源有《中国统计年鉴》《中国统计摘要》《中国社会统计年鉴》《中国工业统计年鉴》《中国农业统计年鉴》《中国人口统计年鉴》《中国市场统计年鉴》《世界经济年鉴》《国外经济统计资料》《世界发展报告》等。

相对于前两种方法，间接获得数据无疑省钱、省时、省力，也省心。但也受到现有数据源的限制，不一定能获得完全满足自己意愿的数据。值得注意的是，随着网络的深入应用、电子资源的不断增加，当前间接获取资料的来源更加多样化，除了以上提到的各种统计年鉴、统计摘要、书籍、报纸等以外，互联网上的电子资源将成为未来收集数据的主要阵地，其容量大，且不受距离的影响等便利因素还将促使非电子化资源向电子化资源转变，如电子图书、电子期刊，以及各种数据库（SCI、EI、A&CHI等）。此外，针对一些特殊的需要，如政府、企事业内部数据，以及社会调查和咨询公司的数据报告也是间接数据来源的重要补充。

5.1.3 统计数据的质量与误差处理

数据的质量直接影响研究分析的结果，因此在数据收集过程中要严把质量关。评价所收集到的数据质量的指标有：精度——最低的抽样误差或随机误差；准确性——最小的非抽样误差或偏差；关联性——满足用户决策、管理和研究的需要；及时性——在最短的时间里取得并公开数据；最低成本——以最经济的方式取得数据。

测量值与真值之差异称为误差，有绝对误差和相对误差两种衡量方法。误差的产生有系统因素和偶然因素，相应地称为系统误差和偶然误差。所有的误差最终体现在数据的误差上。统计学主要研究抽样或调查方法所引起的误差。

抽样误差由抽样的随机性引起，是所有样本可能的结果与总体真值之间的平均性差异。样本量的大小和总体的变异性对抽样误差影响较大。抽样以外的因素引起的误差称为非抽样误差，有抽样框误差、回答误差、无回答误差、调查员误差和测量误差等（图5-1）。

误差看似可大可小，可正可负，没有规律性，但事实上，当测量次数很多时，误差的分布一般服从正态分布，因此误差是可以估计和控制的。抽样分布

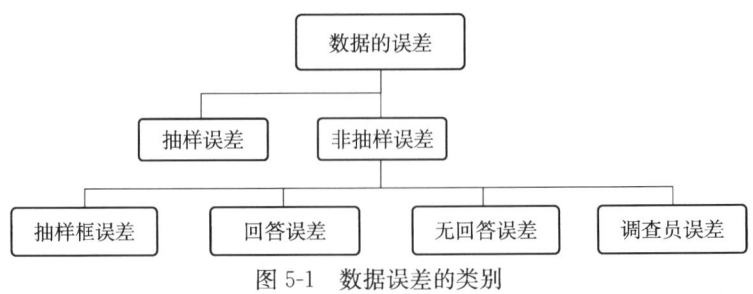

图 5-1 数据误差的类别

可以根据理论分布估计和控制。非抽样误差的控制多种多样，针对调查获取数据环节，控制的办法是：首先挑选调查员，对他们进行培训，提高督导员的调查专业水平，其次是调查过程的控制，包括对调查结果进行检验、评估，对现场调查人员进行奖惩的制度等。

5.1.4 统计数据的整理

（1）数据审核。无论是原始数据（raw data）还是二手数据（second hand data）都需要进行审核，目的是检查数据中的错误。审核数据准确性的方法有逻辑检查和计算检查。逻辑检查是从定性的角度，审核数据是否符合逻辑，内容是否合理，各项目或数字之间有无相互矛盾的现象，主要用于对分类和顺序数据的审核；计算检查是检查调查表中的各项数据在计算方法和结果上有无错误，主要用于对数值型数据的审核。

对原始数据主要从完整性和准确性两个方面进行审核。完整性审核主要是检查应调查的单位或个体是否有遗漏，所有的调查项目或指标是否填写齐全，准确性审核主要是检查数据内容是否符合实际，是否真实反映客观实际情况，以及是否有错误或计算是否正确等。对二手数据的审核包括三个方面：适用性审核——弄清楚数据的来源、数据的口径以及有关的背景资料，确定数据是否符合自己分析研究的需要；时效性审核——尽可能使用最新的数据；确定是否需要做进一步的加工整理。

（2）数据筛选。当数据中的错误不能予以纠正，或者有些数据不符合调查的要求而又无法弥补时，需要对数据进行筛选。因此，数据筛选就是将某些不符合要求的数据或有明显错误的数据予以剔除，将符合某种特定条件的数据筛选出来。

（3）数据排序。对数据排序即按一定顺序将数据排列，以发现一些明显的特征或趋势，找到解决问题的线索。排序有助于对数据检查纠错，以及为重新归类或分组等提供依据。在某些场合，排序本身就是分析的方法或目的之一，排序也有助于计算机完成数据分析工作。

对分类数据的排序有字母型数据排序法和汉字型数据排序法。排序有升序和降序之分，字母型数据一般采用升序，汉字型数据可按汉字拼音的首位字母排序，也可以按笔画顺序排序。对数值型数据的排序有递增排序和递减排序两种。

数据的整理与显示是数据分析的基础阶段，其主要目的是弄清所面对的数据类型，因为不同类型的数据所采取的处理方式和方法是不同的；对分类数据和顺序数据主要是做分类整理；对数值型数据则主要是做分组整理；适合于低层次数据的整理和显示方法也适合于高层次的数据，但适合于高层次数据的整理和显示方法并不适合于低层次的数据。

5.2 描述性统计

描述性统计分析实际上是对数据的探索分析过程，主要是对数据进行整理、归纳和总结，便于研究者了解和把握数据的主要特征和全貌。特征数和统计图表是主要的衡量和显示方式。

从计量的方式看，描述性统计变量可以分为定性变量和定量变量两种。频率和频数是描述定性变量的两个重要指标。对于给定的类，类（或组）频数是指落入这个类中的观测值的个数；类（或组）相对频率是指落入这个类中的观测值的个数相对于观测值总数的比例。定量变量较多，按性质可以分为描述集中趋势的变量，如均值、中位数、众数等；描述变异程度的变量，如极差、方差、标准差等；描述相对位置的变量，如偏度、峰度以及标准得分等。

5.2.1 数据的集中趋势分析

集中趋势指标是描述一组同质数据向某一中心值靠拢的倾向和程度，反映数据集中趋势或平均水平的统计指标主要有中位数、众数、分位数、平均数（均值）等。

（1）中位数是将数据按其数值大小排序后处于正中间位置的数，常记为 M，它将样本分为数量相等的两部分。对于容量为偶数的样本数据来说，中位数为中间两个数的平均值；对于分组数据，同时考虑数据容量的奇偶性，并按下式计算

$$M = L + \frac{d-a}{f} \times i$$

式中，L 为中位数所在组的下限，f 为所在组频数，d 为中位数应在次序，a 为

低于中位数所在组下限的数据累计频次，i 为组距。

（2）众数是数据中出现次数最多的观测值。对于分组数据的众数一般用频数最大的组的组中值来估计。众数不受极端值的影响，但一组数据中可能没有众数或有多个众数。

（3）平均数又称为均值（mean），是最具代表性的集中趋势衡量指标。根据不同的需要可以计算不同的平均数，如算术平均数、调和平均数、几何平均数等。

（4）分位数是中位数概念的拓展，有四分位数（quantile）、十分位数（decile）和百分位数（percentile）等多种形式，分位数一般指四分位数。中位数实际上是第二个四分位数、第五个十分位数或第五十个百分位数。

中位数、众数和平均数可视为其所在数据集的代表数，各有优劣（表5-1）。理论上，当数据总体服从正态分布时，三数重合。均值是相对理想的集中趋势指标，但也有对极值不敏感的缺点，因此在使用中，会用到截尾均值（trimmed mean）和缩尾均值（winsorized mean）。前者在体育竞赛中计算得分时常用到。

表 5-1　中位数、众数、平均数和分位数概述

特征数	描述	优点	缺点
中位数	中间性，偏斜程度	易计算，不受极端值影响	只反映位置信息
众数	普遍性，分布峰值	直观，不受极端值影响	实用性较差
平均数	对称性，均衡点	信息完整	易受极端值影响
分位数	偏斜程度	不受极端值影响	只反映位置信息

5.2.2　数据的离散程度分析

与数据的集中趋势相应的是数据的差异程度，它所反映的是数据分布的范围、波动等情况，描述各变量值偏离中心值的程度，因此也称为变异程度。衡量数据离散程度的统计量主要有绝对偏差、极差（全距）、四分位差、平均差、方差、标准差和变异系数等，其中有绝对量也有相对量。

（1）极差（range）即两极差，也称全距，是一组数据中最大值与最小值的差，为非负值。类似的还有四分位差（quartile deviation），又称其为内距。

（2）绝对偏差（sum of absolute difference），简称绝对差，是观测值与其均值之差绝对值的总和。绝对差是描述一组数据偏离其均值程度的最直观简单的统计指标。平均偏差（average of absolute difference），简称平均差，是样本绝对差相对样本容量的平均值，是一个相对量。

（3）方差（variance）是观测值与平均值离差平方和的平均值，是描述数据变异程度最常见的指标。方差的算术平方根称为标准差，与变量同量纲。

（4）变异系数（coefficient of variation）是标准差与均值之比，为无量纲指标，因此可以比较不同量纲和数量级的样本之间的数据波动情况（表5-2）。

表5-2 数据离散程度指标优缺点

特征数	表达式	描述	优点	缺点
极差	$R = x_{max} - x_{min}$	取值的范围大小	易计算	不敏感，易受极端值影响
四分位差	$Q_d = Q_U - Q_L$	中间一半数据的离散程度	有代表性	信息不完整
绝对差	$S = \sum |x_i - \bar{x}|$	绝对偏差量	直观，易理解，不受极端值的影响	不具备可微性
平均差	$AD = \sum |x_i - \bar{x}|/n$	相对偏差	相对量，同量纲可比	不具备可微性
方差	$S^2 = \sum (x_i - \bar{x})^2/n$	数据平均差异	具备良好的函数性质	与观测值量纲不同
标准差	$S = \sqrt{S^2}$	数据平均差异	与观测值量纲相同，同量纲可比	
变异系数	$CV = \dfrac{S}{\bar{x}}$	相对变异程度	无量纲的相对量	比较抽象

5.2.3 数据的分布

1. 二项分布 (binomial distribution)

二项分布是研究一个事件在 n 次重复试验中发生的次数的分布规律。设随机变量 X 表示在一次试验中事件 A 发生的次数，若其概率分布函数为

$$P(X=x) = p^x(1-p)^{1-x}, \quad x=0, 1$$

其中，$p = P(X=1) = P(A)$ 表示发生的概率，则称 X 服从参数为 p 的伯努利（Bernoulli）分布，记为 $X \sim B(1, p)$。

设在伯努利试验中，若 X 的概率函数为

$$P(X=x) = \binom{n}{x} p^x (1-p)^{n-x}, \quad x=0, 1, \cdots, n$$

则称 X 服从参数为 n，p 的二项分布记为 $X \sim B(n, p)$。

2. 泊松分布 (Poisson distribution)

泊松分布是一种重要的计数值分布，是稀有事件（正常情况下事件发生的可能性很小）发生次数的概率模型。设 X 是一非负整数值随机变量，若 X 的概率函数为

$$P(X=x) = \frac{\lambda^x}{x!} e^{-\lambda}, \quad x=0, 1, 2, \cdots, \infty$$

则称 X 服从参数 λ 的泊松分布，记为 $X \sim P(\lambda)$。

3. 正态分布（normal distribution）

若随机变量 X 的概率密度为

$$f(x) = \frac{1}{\sqrt{2\pi}\sigma} e^{-\frac{1}{2}(\frac{x-\mu}{\sigma})^2}, \ x \in \mathbf{R}$$

则称 X 服从参数为 μ，σ 的正态分布，记为 $X \sim N(\mu, \sigma^2)$，其中 $\mu \in \mathbf{R}$ 为位置参数，$\sigma > 0$ 为尺度参数。

如果自然界和社会领域常见的某个计量变量的取值受到大量微小、独立的随机因素的影响，每一个因素不足以确定变量的取值，然而所有因素的叠加却决定变量的测量结果，那么这个变量一般可以用正态分布来描述。

5.2.4 数据的图形探索

（1）散点图（scatter plot）。设 (x_i, y_i)，$i = 1, 2, \cdots, n$ 是二维随机变量 X，Y 的样本数据点，将点 (x_i, y_i)，$i = 1, 2, \cdots, n$ 在平面直角坐标系中标记出来就得到二维随机变量 X，Y 样本数据的一张散点图。由散点图可以直观地看出 X，Y 的相关关系和程度。对于多维数据的情况，我们就需要构建散布图矩阵来探索两两变量之间的分布关系。

（2）条形图（bar chart），即用宽度相同的条形高度或长度来表示类别数据的图形，有单式条形图、复式条形图等形式，主要用于反映分类数据的频数分布。绘制时，各类别可以放在纵轴上，横轴表示数量，称为条形图；也可以放在横轴上，用纵轴表示数量，称为柱状图（column chart）。如需要比较分类变量在不同时间或不同空间上的多个值，还可以采用对比条形图。有时需要按数据的频数高低排列后再以柱状图显示，这称为帕累托图（Pareto chart）。

（3）饼图（pie chart）也称圆形图，是在圆内用扇面和扇形角度来表示数值大小或比例的图形。环形图与饼图类似，可用于结构比较研究。条形图、对比条形图、帕累托图和饼图多用于对分类数据的展示，顺序数据的对比展示可使用环形图。

（4）直方图（histogram diagram）使用矩形的宽度和高度来表示频数分布的图形，实际上是用矩形的面积来表示各组的频率分布。在直角坐标系中，用横轴表示数据分组，纵轴表示频率，各组与相应的频数就形成了一个矩形，即直方图。

直方图与条形图的区别是：条形图是用条形的长度（横置时）表示各类别频数的多少，其宽度（表示类别）则是固定的；直方图是用面积表示各组频数

（率）的大小，矩形高度表示每一组的频数或百分比，宽度则表示各组的组距，其高度与宽度均有意义；直方图的各矩形通常是连续排列，条形图则是分开排列；条形图主要用于展示分类数据，直方图则主要用于展示数值型数据。

（5）折线图也称频数多边形图（frequency polygon），是在直方图的基础上，把直方图顶部的中点（组中值）用直线连接起来，再把原来的直方图抹掉。折线图的两个终点要与横轴相交，具体做法是：第一个矩形的顶部中点通过竖边中点（即该组频数一半的位置）连接到横轴，最后一个矩形顶部中点与其竖边中点连接到横轴；折线图下所围成的面积与直方图的面积相等，二者所表示的频数分布是一致的。

（6）茎叶图（stem-and-leaf display）类似于直方图，是对原始数据的整理，以探索其分布。对一组比较集中的数值，以高位数字作为"茎"，以最低位数字作为"叶"向"茎"的右侧"生长"而形成的形状。茎叶图是数字的堆积图，与直方图相比，它不仅给出了数据的分布形态，也保留了原始数据的信息，但不适合大批量数据。

（7）数据集的箱线图（box plot）是由箱子和直线组成的图形，它是基于以下五个数的图形概括：最小值（min）、第一个四分位数（Q_1）、中位数（M）、第三个四分位数（Q_3）和最大值（max）。

5.2.5　时间序列的统计描述

时间序列（times series）是同一现象在不同时间上的相继观察值按时间先后排列而成的数列。形式上由现象所属的时间和现象在不同时间上的观察值两部分组成的二维数组。一般将横轴视为时间轴，纵轴视为数据轴，就可以将时间序列呈现在二维平面上，或以散点图的形式，或以折线图的形式[1]。观测时间单位可以是年份、季度、月份或其他任何时间形式。时间序列分析的目的是为了描述事物在过去时间的状态，为了揭示事物发展变化的规律性，分析其发展趋势并预测事物在未来时间的数量。

一般将时间序列分为两类：平稳序列（stationary series）和非平稳序列（non-stationary series）。平稳序列是指波动不大或波动无规律的时间序列，非平稳时间序列最常见，它可能包括趋势性、季节性、周期性和随机性。时间序列趋势的图示常采用线图（line plot），横轴默认为时间轴（图 5-2）。

增长率是时间序列分析中最常见的统计指标，也称为增长速度。增长率是指报告期观察值与基期观察值之比减 1，常用百分比表示。根据对比的基期不

---

[1]　阮敬．SAS统计分析从入门到精通［M］．北京：人民邮电出版社，2009．

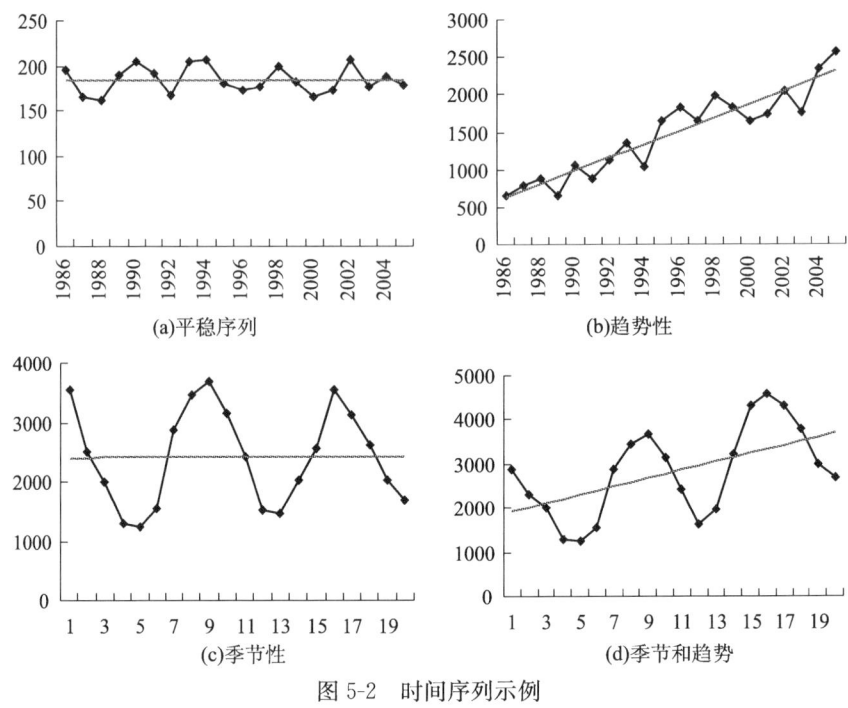

图 5-2 时间序列示例

同,增长率可以分为环比增长率和定基增长率;根据计算方法的不同,可分为一般增长率、平均增长率、年度化增长率。

5.3 推断性统计:参数估计与假设检验

根据样本观测数据,给出总体分布未知参数的一个近似值的问题,统称为参数估计。一般来说,首先要构造估计量(统计量),然后分析其效能和置信域。效能分析是讨论估计量的系统误差和精确性,置信域分析是讨论估计量的随机误差和可信赖性,主要思想方法有点估计和区间估计。

根据样本观测值对给定两种相斥假设做出可信判断的问题,称为参数假设检验。两种相斥假设称为原假设和备择假设。参数假设检验就是从中选择一个更加可信的结果,其理论依据是"小概率事件"原理,即在一次试验中小概率事件基本不会发生,如果发生了就不能轻易认为是小概率事件。常见的问题是正态分布的参数假设检验。

5.3.1 参数估计

1. 点估计

定义：设 X_1，X_2，$\cdots$，X_n 是取自总体 X 的一个样本，x_i，x_2，$\cdots$，x_n 是相应的一组样本观测值，θ 是总体的未知参数，为了估计 θ，需构造一个适当的统计量 $\hat{\theta}(X_1, X_2, \cdots, X_n)$，然后用其观测值的函数 $\hat{\theta}(x_1, x_2, \cdots, x_n)$ 来估计 θ 的值。此时，称 $\hat{\theta}(X_1, X_2, \cdots, X_n)$ 为 θ 的估计量，$\hat{\theta}(x_1, x_2, \cdots, x_n)$ 为 θ 的估计值，统称为点估计，简称估计，记为 $\hat{\theta}$。

对点估计的评价主要包括三个方面：相合性、无偏性和有效性。点估计是一个统计量，因此它是一个随机变量，在样本量一定的条件下，我们不可能要求它完全等同于参数的真实值，但如果我们有足够的观察值，根据格里文科定理，随着样本量的不断增大，经验分布函数逼近真实分布函数，因此完全可以要求估计量随着样本量的不断增大而逼近参数真值，这就是相合性。对于无偏性，主要是指样本统计量作为总体参数的估计量要求样本统计量的期望值等于被估计的总体参数。而有效性则是指以样本统计量估计总体参数，估计量的方差比其他估计量的方差小。

2. 区间估计

如果 $\hat{\theta}=\hat{\theta}(x_1, x_2, \cdots, x_n)$ 是未知参数 θ 的一个点估计，那么一旦获得样本的观测值，估计值就能给人们一个明确的数量概念，非常直观。但其缺陷是不能给出估计的精确度和误差的范围。为了弥补这一不足，人们提出了另一种估计方法——区间估计。区间估计要求根据样本给出未知参数的一个范围，并保证参数的真值以指定的较大的概率属于这个范围。

定义：设总体 X 含有一个待定的未知参数 θ。如果我们从样本 X_1，X_2，$\cdots$，X_n 出发，找出两个统计量 $\theta_1=\theta_1(X_1, X_2, \cdots, X_n)$ 与 $\theta_2=\theta_2(X_1, X_2, \cdots, X_n)$，$(\theta_1<\theta_2)$，使得区间 $[\theta_1, \theta_2]$ 以 $1-\alpha$ $(0<\alpha<1)$ 的概率包含这个待估参数 θ，即 $P(\theta_1 \leqslant \theta \leqslant \theta_2)=1-\alpha$，那么称随机区间 $[\theta_1, \theta_2]$ 是 θ 的一个置信度为 $1-\alpha$ 的置信区间。置信度也称作置信水平。

需要说明的是，总体的参数 θ 虽然未知，但它是某个常数，而样本是随机抽取的，每次取得的样本值 X_1，X_2，$\cdots$，X_n 也不尽相同，由此确定的区间 $[\theta_1, \theta_2]$ 是随机的，每个这样的区间可能包含也可能不包含 θ 的真值。置信度 $1-\alpha$ 是给出区间 $[\theta_1, \theta_2]$ 包含真值 θ 的可靠程度，而 α 表示区间 $[\theta_1, \theta_2]$ 不包含真值 θ 的可能性大小。通常在生产和科研中取 95% 的置信度，也取 99% 或

90%的置信度。一般来说，在样本容量一定的情况下，置信度越高，置信区间就越长，换句话说，希望置信区间的可靠性越大，估计的范围也就越大，反之亦然。

5.3.2 假设检验的基本问题

1. 基本概念

对总体分布函数的类型或分布函数中的参数提出假设，希望通过抽样并根据样本提供的信息对假设是否成立进行推断，这类问题即是统计推断的另一类基本问题——假设检验。在假设检验问题中，我们把任何一个有关总体未知分布的假设称为统计假设（简称假设）。通常把待检验的假设称为原假设或零假设，记为 H_0；与之对立的假设则称为备择假设或对立假设，记为 H_1。

总体的分布类型是已知的，未知的只是其中的一个或几个参数，统计假设只与这些未知参数有关，我们称为参数假设，相应的检验称为参数假设检验。如果总体的分布类型也是未知的，在这种情形往往需要直接针对总体分布的具体形式或总体分布的某些特征提出假设，我们称此类假设为非参数假设，相应的检验称为非参数假设检验。在本节中我们只讨论正态分布总体下的参数假设检验问题。

拒绝域是使原假设被拒绝（否定）的样本观测值所在的区域，它一般是样本空间的一个子集，用 W 表示。接受域是使原假设得到接受的样本观测值所在的区域，同样，它也是样本空间的一个子集，用 $\overline{W}$ 表示。

由于样本具有随机性，所以当我们根据样本进行判断时就有可能犯两类错误：其一是 H_0 为真时，但由于随机性使样本观测值落在拒绝域中，从而错误地拒绝了原假设 H_0，这种错误称为第一类错误。其发生的概率称为犯第一类错误的概率（或拒真概率），记为 α，即 $\alpha = P$（拒绝 $H_0 \mid H_1$ 为真）$= P_\theta (x \in R)$，$\theta \in \Theta$；其二是 H_0 不真时，但同样由于随机性使样本观测值落在接受域中，从而错误地接受了原假设 H_0，这种错误称为第二类错误，其发生的概率称为犯第二类错误的概率（或受伪概率），记为 β，即 $\beta = P$（接受 $H_0 \mid H_1$ 为真）$= P_\theta (x \in R)$，$\theta \in \Theta$。在假设检验问题中，我们当然希望两类错误都少犯，即希望 α 和 β 都小。遗憾的是，在样本容量一定的条件下不可能找到使 α 和 β 都小的检验。在此背景下，只能采取折中方案。奈曼（Neyman）和皮尔逊（Pearson）提出一个原则，即在控制犯第一类错误的概率 α 的条件下，尽量使犯第二类错误 β 的概率达到最小。我们称这种检验准则为最优检验准则。但由于最优检验准则有时很难找到，甚至可能不存在，所以在一般情况下我们只对第一类错误的概率加以限制而不考虑犯第二类错误的概率。这种假设检验称为显著性检验，在显著性检验中，虽然只控制 α 而不考虑 β，但也不能使得 α 过小（α 过小会导致 β 过大），在适当控制 α 中制约 β。最常用的选择是 $\alpha=0.05$，$\alpha=0.10$，$\alpha=0.01$。我们把允许犯第一类错误的上界 α 称为显著性水平或检验水平。

2. 参数假设检验的一般步骤

（1）建立零假设 H_0。

（2）构造一个含待检参数 θ 的统计量（不含其他未知参数），以及一个分布已知的枢轴量 $u=u(X_1, X_2, \cdots, X_n; \theta)$，并确定其分布。

（3）对给定的显著性水平 α，由上述枢轴量及其分布，结合零假设 H_0，确定拒绝域 W，使得 $P\{(X_1, X_2, \cdots, X_n) \in W | H_0\} \leq \alpha$。

（4）根据样本值 $(X_1, X_2, \cdots, X_n)$ 是否落在 W 中作出是否拒绝 H_0 的统计决断：如果 $(X_1, X_2, \cdots, X_n) \in W$，则拒绝 H_0，如果 $(H_1, H_2, \cdots, X_n) \notin W$，则不能拒绝 H_0。

概率很小的事件在一次试验中是几乎不可能发生的。也就是说，对总体的某个假设是真实的，那么不利于或不能支持这一假设的事件 A 在一次试验中是几乎不可能发生的，这就是小概率原理；如果在一次实验中事件 A 发生了，我们就有理由怀疑这一假设的真实性，从而拒绝这一假设。

5.3.3　均值、比例与方差的假设检验

1. 单正态分布总体的参数假设检验

设 $(x_1, x_2, \cdots, x_n)$ 是来自正态分布总体 $X \sim N(\mu, \sigma^2)$ 的容量为 n 的样本，记 $\bar{x}$ 与 s^2 分别为样本均值与样本方差，我们考虑对于总体均值 μ 与方差 σ^2 的参数假设检验。

1）均值 μ 的假设检验问题

检验问题的提出：

$$H_0: \mu=\mu_0 \quad \leftrightarrow \quad H_1: \mu \neq \mu_0 \quad\quad (A)$$
$$H_0: \mu \leq \mu_0 \quad \leftrightarrow \quad H_1: \mu > \mu_0 \quad\quad (B)$$
$$H_0: \mu \geq \mu_0 \quad \leftrightarrow \quad H_1: \mu < \mu_0 \quad\quad (C)$$

其中，μ_0 为指定的常数。以上是常见的三种假设检验问题，其中（A）称为双边（侧）假设检验问题，（B）、（C）称为单边（侧）假设检验问题。

(1) 方差 σ^2 已知是均值 μ 的假设检验（U 检验法）。

首先选择枢轴量 $U=\dfrac{\bar{x}-\mu}{\sigma_0/\sqrt{n}}$，已知其在原假设 $\mu=\mu_0$ 成立时服从标准正态分布 $N(0,1)$；其次计算检验统计量 $U_0=\dfrac{\bar{x}-\mu_0}{\sigma_0/\sqrt{n}}$；然后根据原假设得出拒绝域：

检验（A）的拒绝域可取为 $W=\{(x_1, x_2, \cdots, x_n)\ |\ |u_0|>u_{1-\alpha/2}\}$

检验（B）的拒绝域可取为 $W=\{(x_1, x_2, \cdots, x_n)\ |\ u_0>u_{1-\alpha}\}$

检验（C）的拒绝域可取为 $W=\{(x_1, x_2, \cdots, x_n)\ |\ u_0<u_\alpha\}$

式中，$u_{1-\alpha/2}$、$u_{1-\alpha}$、u_α 分别为 $N(0,1)$ 的 $1-\alpha/2$ 下侧分位数、$1-\alpha$ 下侧分位数、α 下侧分位数（下同）。最后得出问题的结论。

(2) 方差 σ^2 未知时均值 μ 的假设检验（t 检验法）。

该检验步骤和上面的情况完全相同。已知在原假设下枢轴量 $t=\dfrac{\bar{x}-\mu}{s/\sqrt{n}} \sim t(n-1)$，计算检验统计量的值 $t_0=\dfrac{\bar{x}-\mu_0}{s/\sqrt{n}}$，然后根据原假设得出拒绝域并做出结论。拒绝域如下：

检验（A）的拒绝域可取为 $W=\{(x_1, x_2, \cdots, x_n)\ |\ |t_0|>t_{1-\alpha/2}(n-1)\}$

检验（B）的拒绝域可取为 $W=\{(x_1, x_2, \cdots, x_n)\ |\ t_0>t_{1-\alpha}(n-1)\}$

检验（C）的拒绝域可取为 $W=\{(x_1, x_2, \cdots, x_n)\ |\ t_0<t_\alpha(n-1)\}$

式中，$t_{1-\alpha/2}$、$t_{1-\alpha}$、t_α 分别为分布 $t \sim t(n-1)$ 的 $1-\alpha/2$ 下侧分位数、$1-\alpha$ 下侧分位数、α 下侧分位数（下同）。

2) 方差 σ^2 的假设检验问题

检验问题的提出：

$H_0: \sigma^2 = \sigma_0^2 \quad \leftrightarrow \quad H_1: \sigma^2 = \sigma_0^2 \quad$ （A）

$H_0: \sigma^2 \leq \sigma_0^2 \quad \leftrightarrow \quad H_1: \sigma^2 > \sigma_0^2 \quad$ （B）

$H_0: \sigma^2 \geq \sigma_0^2 \quad \leftrightarrow \quad H_1: \sigma^2 > \sigma_0^2 \quad$ （C）

其中 $\sigma_0 > 0$ 为指定的常数。

以下讨论均值 μ 未知时方差 σ^2 的假设检验问题（χ^2 检验法）的方法和步骤。

(1) 选择枢轴量 $\chi^2 = \dfrac{(n-1)s^2}{\sigma^2}$，已知原假设 $\sigma^2 = \sigma_0^2$ 成立时服从 $\chi^2(n-1)$。

(2) 计算统计量的值 $\chi_0^2 = \dfrac{(n-1)s^2}{\sigma_0^2} \sim \chi^2(n-1)$。

(3) 得出拒绝域：

检验（A）的拒绝域可取为

$W=\{(x_1, x_2, \cdots, x_n)\ |\ \chi_0^2 < \chi_\alpha^2/2(n-1)\ 或\ \chi_0^2 > \chi_{1-\alpha/2}^2(n-1)\}$

检验（B）的拒绝域可取为
$$W = \{(x_1, x_2, \cdots, x_n) \mid \chi_0^2 > \chi_{1-\alpha}^2 (n-1)\}$$

检验（C）的拒绝域可取为 $W = \{(x_1, x_2, \cdots, x_n) \mid \chi_0^2 < \chi_\alpha^2 (n-1)\}$
式中，$\chi_{\alpha/2}^2 (n-1)$、$\chi_{1-\alpha/2}^2 (n-1)$、$\chi_\alpha^2 (n-1)$、$\chi_{1-\alpha}^2 (n-1)$ 分别为 $\chi^2 (n-1)$ 的 $\alpha/2$ 下侧分位数、$1-\alpha/2$ 下侧分位数、α 下侧分位数和 $1-\alpha$ 下侧分位数（下同）。

2. 两正态分布总体的参数检验

设 $(x_1, x_2, \cdots, x_m)$ 是来自正态分布总体 $X \sim N(\mu_1, \sigma_x^2)$ 的容量为 m 的样本，$(y_1, y_2, \cdots, y_n)$ 是来自正态分布总体 $Y \sim N(\mu_2, \sigma_y^2)$ 的容量为 n 的样本，两总体相互独立。记 $\bar{x}$ 与 $\bar{y}$ 分别为两样本均值，s_x^2 和 s_y^2 分别为两样本方差。我们考虑对于两总体均值差 $\mu_1 - \mu_2$ 与方差比 σ_x^2/σ_y^2 的假设检验。

1) 均值差的假设检验问题

检验问题的提出：

$H_0: \mu_1 - \mu_2 = 0 \quad \leftrightarrow \quad H_1: \mu_1 - \mu_2 \neq 0$ （A）

$H_0: \mu_1 - \mu_2 \leq 0 \quad \leftrightarrow \quad H_1: \mu_1 - \mu_2 > 0$ （B）

$H_0: \mu_1 - \mu_2 \geq 0 \quad \leftrightarrow \quad H_1: \mu_1 - \mu_2 < 0$ （C）

其中，μ_0 为指定的常数。

(1) 两总体方差已知时均值的比较。

已知 $\mu_1 - \mu_2$ 的点估计 $\bar{x} - \bar{y}$ 的分布，即 $\bar{x} - \bar{y} \sim N\left(\mu_1 - \mu_2, \dfrac{\sigma_1^2}{m} + \dfrac{\sigma_2^2}{n}\right)$，因此采用 U 检验方法，检验统计量为 $u = \dfrac{(\bar{x} - \bar{y})}{\sqrt{\dfrac{\sigma_1^2}{m} + \dfrac{\sigma_2^2}{n}}}$，当原假设 $\mu_1 = \mu_2$ 成立时 $u \sim N(0, 1)$。相应三种假设的拒绝域分别简记为：$W_A = \{|u_0| > u_{1-\alpha/2}\}$、$W_B = \{u_0 > u_{1-\alpha}\}$、$W_C = \{u_0 < u_\alpha\}$。

(2) 两总体方差相当但未知时均值的比较。

设 $\sigma_x^2 = \sigma_y^2 = \sigma^2$ 未知，取如下统计量 $t = \dfrac{(\bar{x} - \bar{y}) - (\mu_1 - \mu_2)}{S_w\sqrt{\dfrac{1}{m} + \dfrac{1}{n}}} \sim t(m+n-2)$，

则相应三种假设的拒绝域分别简记为：$W_A = \{|t_0| > t_{1-\alpha/2}\}$、$W_B = \{t_0 > t_{1-\alpha}\}$、$W_C = \{t_0 < t_\alpha\}$。

2) 方差比的假设检验问题

方差比的 F 检验又称方差齐性检验或同质性检验。考虑以下检验问题：

$H_0: \sigma_x^2 = \sigma_y^2 \quad \leftrightarrow \quad H_1: \sigma_x^2 \neq \sigma_y^2$ （A）

$H_0: \sigma_x^2 \leq \sigma_y^2 \quad \leftrightarrow \quad H_1: \sigma_x^2 > \sigma_y^2$ （B）

$H_0: \sigma_x^2 \geq \sigma_y^2 \quad \leftrightarrow \quad H_1: \sigma_x^2 < \sigma_y^2$ （C）

我们只考虑两均值未知的情况,因为均值已知方差未知的情况几乎不会发生。此时,S_x^2 和 S_y^2 分别是 σ_x^2 和 σ_y^2 的无偏估计,已知(当原假设 $\sigma_x^2=\sigma_y^2$ 成立时)检验统计量及分布:$F=\dfrac{S_x^2}{S_y^2}\sim F(m-1, n-1)$,相应三个检验问题的拒绝域分别为:$W_A=\{F<F_{\alpha/2}(m-1, n-1)\}$ 或 $F>F_{1-\alpha/2}(m-1, n-1)$、$W_B=\{F>F_{1-\alpha}(m-1, n-1)\}$、$W_C=\{F<F_\alpha(m-1, n-1)\}$。

3)比例的检验

此处所指的比例 p 可看作是某事发生的概率,即等同于二点分布 $b(1, p)$ 中的参数。设 x 为 n 次试验后该事件出现的次数,则其服从伯努利试验,即 $x\sim B(n, p)$。我们可以根据发生次数对比例 p 作出检验。我们只考虑以下假设问题:

$$H_0: p\leqslant p_0 \quad \leftrightarrow \quad H_0: p>p_0 \qquad (A)$$

给定显著性水平 α,相当于寻找满足以下条件的 c_0

$$\sum_{i=c_0}^{n}\binom{n}{i}p_0^i(1-p_0)^{n-i}>\alpha>\sum_{i=c_0+1}^{n}\binom{n}{i}p_0^i(1-p_0)^{n-1}$$

从而得拒绝域为 $W=\{x\geqslant c_0+1\}$。相应检验问题

$$H_0: p\geqslant p_0 \quad \leftrightarrow \quad H_0: p<p_0 \qquad (B)$$

的拒绝域为 $W=\{x\leqslant c_0\}$,此时的 c_0 满足 $\sum_{i=0}^{c_0}\binom{n}{i}p_0^i(1-p_0)^{n-i}\leqslant\alpha$。

5.4 相关分析与回归分析

5.4.1 相关分析

变量间的关系可以分为函数关系与相关关系,前者是确定性的,后者带有不确定性,因此这两种关系也被称为确定性关系和不确定性关系。函数关系是指变量之间存在着严格的依存关系,亦即当其他分条件不变时,对于某一自变量或几个自变量的每一个或一组数值都有因变量的一个确定值与之相对应,并且这种关系一般可以用一个确定的函数表达式反映出来,如商品的销售额和销售量之间的关系。相关关系不同于函数关系,当重复观测时,观测点不是完全落在统计关系曲线上,而是围绕统计关系曲线散布,因此有学者称之为统计关系。相关关系可以表示为确定部分和随机性部分二者之和,这是回归分析的基础。

相关关系指两事物之间的一种非确定的对应关系,如家庭收入和支出、子女身高和父母身高之间的关系等。从不同的角度可以对相关关系做如下不同的分类:按涉及变量的个数多少可以分为(简)单相关、复相关和偏相关;按依

存形式不同可分为线性相关和非线性相关；按变化方向不同分为正相关和负相关；按相关程度分为完全相关、不完全相关和不相关；按变量之间的因果关系的方向分为单项因果相关、双向因果相关和虚假相关[①]。

我们要注意相关关系与因果关系的区别和联系。两变量有较强的相关关系（相关系数较大），并不意味着两者之间有因果关系。例如，某年的降雨量与出生率有很强的相关性，但不能说高降雨量导致了高出生率，也不能说高出生率导致了高降雨量。又如，很多网友注意到，2010年，国家发展和改革委员会上调油价与世界某些地方地震爆发在时间上有很强的相关性，但是没有绝对因果关系，事实上世界各地每天爆发地震是非常频繁的，而网友只是抽取了一些特殊地区和时间而已。相关关系的描述可以用散点图表示（图5-3）。

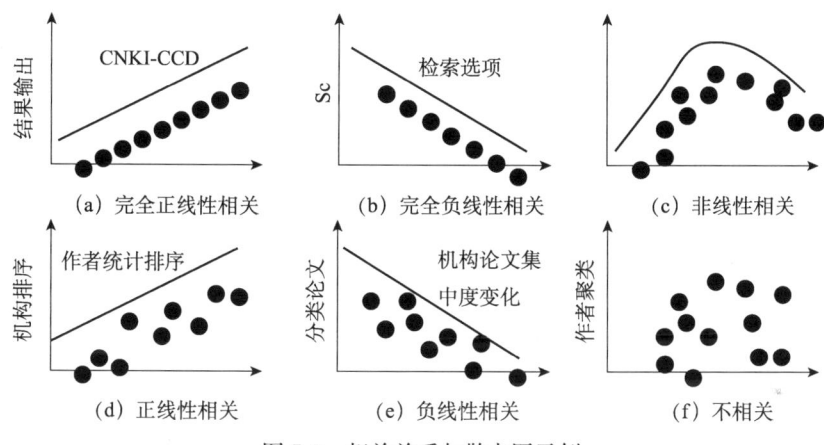

图 5-3　相关关系与散点图示例

5.4.2　相关系数及其检验

对不同类型的变量应采用不同的相关系数来度量，常用的两变量间相关系数主要有 Pearson 简单相关系数、Spearman 等级相关系数等，多变量间相关性的度量指标有复相关系数、偏相关系数等。

1. Pearson 简单相关系数

Pearson 简单相关系数是测量两个变量之间线性相关的方向和程度的常用指标。总体相关系数的表达式为 $\rho = \dfrac{\text{cov}(X, Y)}{\sqrt{D(X)} \sqrt{D(Y)}}$，式中 cov$(X, Y)$ 为变量

---

① 贾俊平. 统计学 [M]. 北京：中国人民大学出版社，2008.

X 与变量 Y 的协方差，$D(X)$ 为变量 X 的方差，$D(Y)$ 为变量 Y 的方差。

样本相关系数是总体相关系数的估计值 $r=\hat{\rho}=\dfrac{\sum(x-\bar{x})(y-\bar{y})}{\sqrt{\sum(x-\bar{x})^2}\sqrt{(y-\bar{y})^2}}$。

通常采用下面的计算公式 $r=\dfrac{n\sum xy-\sum x\sum y}{\sqrt{n\sum x^2-(\sum x)^2}\times\sqrt{n\sum y^2-(\sum y)^2}}$。

相关系数 r 的取值范围为闭区间 $[-1,1]$。$r>0$ 为正相关；$r<0$ 为负相关；$r=0$ 表示不存在线性关系；$|r|=1$ 表示完全线性相关；$0<|r|<1$ 表示存在不同程度线性相关。

2. Spearman 等级相关系数

Spearman 等级相关系数用来度量定序变量间的线性相关关系，设计思想与 Pearson 等级相关系数相同，只是数据为非定距的，故计算时并不直接采用原始数据 (x_i, y_i)，而是利用数据的秩，用两变量的秩 (U_i, V_i) 代替 (x_i, y_i) 代入 Pearson 等级相关系数计算公式中，于是其中的 U_i 和 V_i 的取值范围被限制在 1 和 n 之间，且公式可被简化为

$$r=1-\dfrac{6\sum D_i^2}{n(n^2-1)}$$

其中，$\sum\limits_{i=1}^{n}D_i^2=\sum\limits_{i=1}^{n}(U_i-V_i)^2$。

如果两变量的正相关性较强，它们秩的变化具有同步性，于是 D 的值较小，r 趋向于 1；如果两变量的正相关性较弱，它们秩的变化不具有同步性，于是 D 的值较大，r 趋向于 0。在小样本下，Spearman 等级相关系数服从 Spearman 分布；在大样本下，Spearman 等级相关系数的检验统计量为 Z 统计量（$Z=r\sqrt{n-1}$），Z 统计量近似服从标准正态分布。

5.4.3　一元线性回归分析

相关分析是测度两个变量（向量）之间的线性关联度的，并用一些指数（相关系数）表示相关程度。回归分析是关于研究因变量对另一个或多个解释变量的依赖关系。相关关系与回归分析的区别有：相关分析中 x 与 y 对等，回归分析中 x 与 y 要明确自变量和因变量；相关分析中 x、y 均为随机变量，回归分析中只有 y 为随机变量；相关分析测定相关程度和方向，回归分析用回归模型进行预测和控制。当然，相关关系与回归分析也是有紧密联系的：相关分析是回归分析的基础和前提，回归分析是相关分析的深入和继续。

在回归分析中,最简单、最基本的单方程模型为一元线性回归模型。一元线性回归分析的总体回归模型为

$$y_i = \beta_0 + \beta_1 x_i + u_i$$

式中,β_0 为常数项或截距项,β_1 为斜率系数,u_i 为随机误差项,又称随机干扰项。因此,线性回归模型由确定性部分和随机性部分组成。$\beta_0 + \beta_1 x_i$ 为确定性部分,称为对于给定值的期望值,即 $E(y|x) = \beta_0 + \beta_1 x_i$,该式被称为总体线性回归方程。随机误差项是所有的解释变量、模型的设定误差、测量误差以及其他随机因素的总影响。一般所应用的回归模型称为古典(或经典)线性回归模型,简称回归模型。

1. 一元线性回归模型参数的估计

一般用 $\hat{\beta}_0$ 和 $\hat{\beta}_1$ 表示参数的估计,称 $\hat{y} = \hat{\beta}_0 + \hat{\beta}_1 x$ 为样本回归方程。为了得到这些估计值而最为广泛使用的方法就是普通最小二乘法(OLS)。最小二乘法的思想在于确定参数 $\hat{\beta}_0$ 和 $\hat{\beta}_1$,使得 $Q = \sum(y_i - \hat{y}_i)^2 = \sum(y_i - \hat{\beta}_0 - \hat{\beta}_1 x_i)^2$ 达到最小。称 $e_i = y_i - \hat{y}_i$ 为回归残差,则估计参数使得残差平方和最小。

因此,根据微积分的极值定理,对 Q 求相应于 $\hat{\beta}_0$、$\hat{\beta}_1$ 的偏导数,并令其等于 0,即

$$\begin{cases} \dfrac{\partial Q}{\partial \hat{\beta}_0} = -2\sum(y_i - \hat{\beta}_0 - \hat{\beta}_1 x_i) = 0 \\ \dfrac{\partial Q}{\partial \hat{\beta}_1} = -2\sum(y_i - \hat{\beta}_0 - \hat{\beta}_1 x_i)x_i = 0 \end{cases} \text{即可求得:} \begin{cases} \hat{\beta}_1 = \dfrac{n\sum xy - \sum x \sum y}{n\sum x^2 - (\sum x)^2} \\ \hat{\beta}_0 = \dfrac{\sum y}{n} - \hat{\beta}_1 \dfrac{\sum x}{n} = \bar{y} - \hat{\beta}_1 \bar{x} \end{cases}$$

样本回归直线具有下述性质:第一,它通过 y 和 x 的样本平均数 $\bar{y}$ 和 $\bar{x}$ 所确定的那一点 $(\bar{x}, \bar{y})$;第二,$\hat{y}_i$ 的平均值和 y_i 的平均值相等;第三,残差的平均值是零;第四,残差和 $\hat{y}_i$ 不相关;第五,残差与 x 不相关。通过最小二乘法得到的参数的估计值称为最小二乘估计,它有以下统计性质,即线性、无偏性、有效性、渐进性和一致性等,限于篇幅就不详述。

2. 一元线性回归模型的拟合程度分析

回归模型容易建立,但所建的模型是否有意义要通过统计检验。

1) 一元线性回归模型的判定系数

容易验证 $y_i - \bar{y} = (\hat{y} - \bar{y}) + (y_i - \hat{y})$。进一步可证明,对上式两边分别平方加总后等式仍然成立,即 $\sum(y_i - \bar{y})^2 = \sum(\hat{y} - \bar{y})^2 + \sum(y_i - \hat{y}_i)^2$。记 $RSS = \sum(\hat{y} - \bar{y})^2$,称其为回归平方和,它反映自变量 x 的变化对因变量 y 取

值变化的影响，或者说，是由于 x 与 y 之间的线性关系引起的 y 的取值变化，也称为可解释的平方和。记 $ESS=\sum(y-\hat{y})^2$，称为参差平方和，反映除 x 以外的其他因素对 y 取值的影响，也称为不可解释的平方和或剩余平方和。记 $TSS=\sum(y-\bar{y})^2$ 称为总平方和，反映因变量的 n 个观察值与其均值的总离差。则上式即可简写为 $TSS=ESS+RSS$。

将回归平方和与总平方和的比值称为判定系数，常用百分制表示。它测度了回归直线对观测数据的拟合程度，记为 R^2，即 $R^2=\dfrac{\sum(\hat{y}-\bar{y})^2}{\sum(y-\bar{y})^2}=1-\dfrac{\sum(y-\hat{y})^2}{\sum(y-\bar{y})^2}=1-\dfrac{ESS}{TSS}=\dfrac{RSS}{TSS}$。不难得出，判定系数和相关系数的计算关系 $r=\text{sgn}(b)\sqrt{R^2}$，因为 $R^2=\dfrac{(n\sum xy-\sum x\sum y)^2}{(n\sum x^2-(\sum x)^2)(n\sum y^2-(\sum y)^2)}$，$r=\dfrac{n\sum xy-\sum x\sum y}{\sqrt{n\sum x^2-(\sum x)^2}\sqrt{n\sum y^2-(\sum y)^2}}$。

判定系数无方向性，而相关系数有方向，其方向与样本回归系数 b 相同。判定系数说明变量值的总离差平方和中可以用回归线来解释的比例，相关系数只说明两变量间关联程度及方向。

2) 一元线性回归模型的估计标准误

估计标准误差是指实际值与估计值的平均离差，简称标准误。其定义公式如下

$$S_e=\sqrt{\dfrac{\sum(y-\hat{y})^2}{n-2}}=\sqrt{\dfrac{\sum y^2-a\sum y-b\sum xy}{n-2}}$$

式中，$n-2$ 为自由度，2 代表有两个约束条件。估计标准差越小，则变量间相关程度越高，回归线对 Y 的解释程度越高。

3. 一元线性回归模型的显著性检验

1) 回归系数的显著性检验

回归系数的显著性检验就是要检验自变量对因变量的影响程度是否显著的问题。若总体回归系数 $\beta_1=0$，则总体回归线就是一条水平线，说明两个变量之间没有线性关系，即自变量的变化对因变量没有影响。

根据正态分布下最小二乘估计量的性质，可求出回归参数的抽样分布分别为：

$$\hat{\beta}_0\sim N\left(\beta_0,\dfrac{\sum x_i^2}{n\sum(x_i-\bar{x})^2}\sigma^2\right),\ \hat{\beta}_1\sim N\left(\beta_1,\dfrac{\sigma^2}{\sum(x_i-\bar{x})^2}\right)$$

因此，一般的假设检验过程如下：

(1) 建立原假设和备择假设。假设样本从一个没有线性关系的总体中选出，即

$$H_0: \beta_1 = 0; \quad H_1: \beta_1 \neq 0$$

(2) 计算检验统计量 t 的值。已知原假设成立时，$t = \dfrac{\hat{\beta}_1}{S_{\hat{\beta}_1}} \sim t(n-2)$，其中，$S_{\hat{\beta}} = \sqrt{\hat{\sigma}^2 / \sum (x_i - \overline{x})^2}$，$\hat{\sigma} = \sum e_i^2 / (n-2)$。

(3) 确定显著性水平 α，并根据自由度 $n-2$ 查 t 分布表，找出相应的临界值 $t_{\alpha/2}$。

(4) 得出检验结果。若 $|t| > t_{\alpha/2}$，拒绝 H_0，表明自变量 x 对因变量 y 的影响是显著的；若 $|t| \leq t_{\alpha/2}$，接受 H_0，表明自变量 x 对因变量 y 无显著影响。

2) 回归方程总体显著性检验

回归方程总体显著性检验是对回归方程所有回归系数显著性的同时检验，采用 F 检验方法，其基本步骤如下：

(1) 建立原假设与备择假设：$H_0 \beta_1 = \beta_2 = \cdots = \beta_k = 0$，由于备择假设和原假设是对立的，所以备择假设为：至少有一个 β_i 不为 0。

(2) 计算 F 统计量的值：在原假设成立的条件下，已知 F 统计量服从第一个自由度为 k，第二个自由度为 $n-k-1$ 的 F 分布，即 $F = \dfrac{ESS/k}{RSS/(n-k-1)} = \dfrac{\sum (\hat{y} - \overline{y})^2 / k}{\sum (y - \hat{y})^2 / (n-k-1)}$。对于一元线性回归，$F$ 统计量简化为：$F = \dfrac{ESS/1}{RSS/(n-2)} = \dfrac{\sum (\hat{y} - \overline{y})^2 / 1}{\sum (y - \hat{y})^2 / (n-2)}$。

(3) 确定显著性水平 α，并根据两个自由度查 F 分布表，得到相应的临界值 F_α。

(4) 得出检验结果。若 $F > F_\alpha$，则拒绝 H_0，说明回归方程在整体上是显著的；若 $F \leq F_\alpha$，则接受 H_0，说明回归方程在整体上不显著。

5.5 多元统计分析的降维方法

多元统计分析处理的是多变量（多指标）问题，即研究两个以上变量之间的关系[①]。由于变量较多，增加了分析问题的复杂性。但在实际问题中，变量之

---

① 张润楚. 多元统计分析 [M]. 北京：科学出版社，2006.

间可能存在一定的相关性，因此，多变量中可能存在信息的重叠。人们自然希望用较少的变量来代替原来较多的变量，而这种代替又保留原来多个变量的大部分信息，这实际上是一种"降维"的思想。主成分分析、因子分析、多维尺度分析等都是"降维"思想的应用。

5.5.1 主成分分析

主成分分析也称为主分量分析，是由霍特林（Hotelling）于1933年首先提出的。在实际问题中，由于多个变量之间往往存在一定程度的相关性，人们自然希望通过线性组合的方式，从这些指标中尽可能地提取信息。当第一个线性组合不能提取更多的信息时，再考虑用第二个线性组合继续这个快速提取的过程……，直到所提取的信息与原指标数据所含信息相差不多时为止（通常应该达到原信息量的70%以上），这就是主成分分析的思想。一般说来，在主成分分析适用的场合，用较少的主成分就可以得到较多的信息量。以最大的几个主成分为分量，就得到一个较低维的随机向量，例如，使用第一主成分和第二主成分来呈现所提取的主要信息。可见，通过提取主成分既可以降低数据的"维数"，又保留了原始数据的大部分信息。

我们知道，当一个变量只取一个数据时，这个变量（数据）提供的信息量是非常有限的，当这个变量取一系列不同数据时，我们可以从中读出最大值、最小值、平均数等信息。变量的变异性越大，说明它对各种场合的"遍历性"越强，提供的信息就更加充分，信息量就越大。主成分分析中的信息，就是指标的变异性，用标准差或方差来衡量。

1. 主成分分析的数学原理及几何意义

记 p 个变量构成 p 维随机向量为 $X=(X_1, X_2, \cdots, X_p)'$，对 X 做正交变换：令 $Y=T'X$，其中 T 为正交矩阵，要求 Y 的各个分量是不相关的，并且 Y 的第一个分量的方差是最大的，第二个分量的方差次之……依次排列。根据矩阵理论，这样的正交矩阵是存在的。而且，在正交变化下，Y 的各分量方差之和与 X 的各分量方差之和相等，保持了信息不丢失。

主成分分析数学模型中所做的正交变换，在几何上就是作一个坐标旋转。在二维空间中，主成分分析有直观的几何意义。

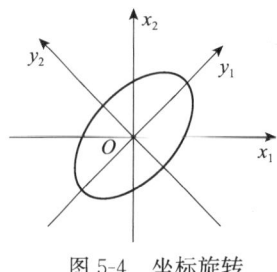

图 5-4 坐标旋转

假设共有 n 个样品，每个样品都测量了两个指标 (X_1, X_2)，它们大致分布在一个椭圆内（图5-4）。事实上，散点的分布有可能沿着某一个方向略显扩张，这个方向就把它看作椭圆的长轴方向。显然，在坐标系 x_1Ox_2 中，单独看这 n 个点的分量 X_1 和 X_2，它们沿着 x_1 方向和 x_2 方向都具有较大的离散性，其离散的程度可以分别用的 X_1 的方差和 X_2 的方差表示。如果仅考虑 X_1 或 X_2 中的任何一个分量，那么包含在另一分量中的信息将会损失，因此，直接舍弃某个分量不是"降维"的有效办法。

如果我们将该坐标系按逆时针方向旋转某个角度 θ 变成新坐标系 y_1Oy_2，这里 y_1 是椭圆的长轴方向，y_2 是椭圆的短轴方向。旋转公式为

$$\begin{cases} Y_1 = X_1\cos\theta + X_2\sin\theta \\ Y_2 = -X_1\sin\theta + X_2\cos\theta \end{cases}$$

我们看到新变量 Y_1 和 Y_2 是原变量 X_1 和 X_2 的线性组合，它的矩阵表示形式为

$$\begin{bmatrix} Y_1 \\ Y_2 \end{bmatrix} = \begin{pmatrix} \cos\theta & \sin\theta \\ -\sin\theta & \cos\theta \end{pmatrix} \begin{bmatrix} X_1 \\ X_2 \end{bmatrix} = \boldsymbol{T'X}$$

其中，$\boldsymbol{T'}$ 为旋转变换矩阵，它是正交矩阵，即有 $\boldsymbol{T'} = \boldsymbol{T}^{-1}$，或 $\boldsymbol{T'T} = \boldsymbol{I}$。

易见，n 个点在新坐标系下的坐标 Y_1 和 Y_2 几乎不相关。称它们为原始变量 X_1 和 X_2 的综合变量，n 个点 y_1 在轴上的方差达到最大，即在此方向上包含了有关 n 个样品的最大量信息。因此，欲将二维空间的点投影到某个一维方向上，则选择 y_1 轴方向才能使信息的损失最小。我们称 Y_1 为第一主成分，称 Y_2 为第二主成分。第一主成分的效果与椭圆的形状有很大的关系，椭圆越是扁平，n 个点在 y_1 轴上的方差就相对越大，在 y_2 轴上的方差就相对越小，用第一主成分代替所有样品所造成的信息损失也就越小。

2. 主成分的形式表示

设 $\boldsymbol{x} = (x_1, \cdots, x_p)'$ 为一个 p 维随机向量，并假定存在二阶矩，其均值向量与协方差阵分别记为 $\boldsymbol{\mu} = E(\boldsymbol{x})$，$\boldsymbol{\Sigma} = D(\boldsymbol{x})$。考虑如下的线性变换：

$$\begin{cases} Y_1 = t_{11}X_1 + t_{12}X_2 + \cdots + t_{1p}X_p = \boldsymbol{T'_1 X} \\ Y_2 = t_{21}X_1 + t_{22}X_2 + \cdots + t_{2p}X_p = \boldsymbol{T'_2 X} \\ Y_p = t_{p1}X_1 + t_{p2}X_2 + \cdots + t_{pp}X_p = \boldsymbol{T'_p X} \end{cases}$$

用矩阵表示为 $\boldsymbol{Y} = \boldsymbol{TX}$，其中 $\boldsymbol{Y} = (Y_1, Y_2, \cdots, Y_p)'$，$\boldsymbol{T} = (T_1, T_2, \cdots, T_p)$。

我们希望寻找一组新的变量 $Y_1, \cdots, Y_m$ ($m \leqslant p$)，这组新的变量要求充分地反映原变量 $X_1, \cdots, X_p$ 的信息，而且相互独立。即第一主成分是满足 $\boldsymbol{T'_1 T_1} = 1$，使得 $D(Y_1) = \boldsymbol{T'_1 \Sigma T_1}$ 达到最大的 $Y_1 = \boldsymbol{T'_1 H}$；第二主成分是满足 $\boldsymbol{T'_2 T} = 1$，且 $\text{cov}(Y_2, Y_1) = \text{cov}(\boldsymbol{T'_2 X}, \boldsymbol{T'_1 X} = 0)$，使得 $D(Y_2) = \boldsymbol{T'_2 \Sigma T_2}$ 达到最大的 $Y_2 = \boldsymbol{T'_2 X}$；一般情形，第 k 主成分是满足 $\boldsymbol{T'_k T_k} = 1$，且 $\text{cov}(Y_k, Y_i) = \text{cov}(\boldsymbol{T'_k X}, \boldsymbol{T'_i X}) = 0$ ($i < k$)，使得 $D(Y_k) = \boldsymbol{T'_k \Sigma T_k}$ 达到最大的 $Y_k = \boldsymbol{T'_k X}$。

设 $x=(X_1,\cdots,X_p)'$ 的协方差阵为 $\boldsymbol{\Sigma}$，其特征根为 $\lambda_1 \geqslant \lambda_2 \geqslant \cdots \geqslant \lambda_p \geqslant 0$，相应的单位化的特征向量为 $T_1,T_2,\cdots,T_p$，那么由此所确定的主成分为 $Y_1=T_1'X,Y_2=T_2'X,\cdots,Y_m=T_m'X$，其方差分别为 $\boldsymbol{\Sigma}$ 的特征根，逐一降低。

3. 主成分的方差贡献率

主成分分析把 p 个原始变量 $X_1,X_2,\cdots,X_p$ 的总方差 $tr(\boldsymbol{\Sigma})$ 分解成了 p 个相互独立的变量 $Y_1,Y_2,\cdots,Y_p$ 的方差之和 $\sum_{k=1}^{p}\lambda_k$。主成分分析的目的是减少变量的个数，所以一般不会使用所有 p 个主成分的，而忽略一些带有较小方差的主成分将不会给总方差带来太大的影响。这里我们称 $\varphi_k=\lambda_k/\sum_{k=1}^{p}\lambda_k$ 为第 k 个主成分 Y_k 的贡献率。第一主成分的贡献率最大，这表明 $Y_1=T_1'X$ 综合原始变量 $X_1,X_2,\cdots,X_p$ 的能力最强，而 $Y_2,Y_3,\cdots,Y_p$ 的综合能力依次递减。若只取 $m(<p)$ 个主成分，则称 $\psi_m=\sum_{k=1}^{m}\lambda_k/\sum_{k=1}^{p}\lambda_k$ 为主成分 $Y_1,\cdots,Y_m$ 的累计贡献率，累计贡献率表明 $Y_1,\cdots,Y_m$ 综合 $X_1,X_2,\cdots,X_p$ 的能力，通常取 m，使得累计贡献率达到一个较高的百分数（如85%以上）。

5.5.2 因子分析

一般认为，因子分析（factor analysis）思想是查尔斯·斯皮尔曼（Charles spearman）在1904年发表的文章《对智力测验得分进行统计分析》中首次提出的。目前，因子分析在心理学、社会学、经济学等学科中都取得了成功的应用，是多元统计分析中典型方法之一。

因子分析也是一种降维、简化数据的技术。它通常研究众多变量之间的内部依赖关系，探求观测数据中的基本结构，并用少数几个抽象变量来表示其原始数据结构。这几个抽象变量被称为"因子"，它们能反映原来众多变量的主要信息。原始的变量是可观测的显在变量，而"因子"一般是不可观测的潜在变量。例如，在商业企业的形象评价中，消费者可以通过由一系列指标构成的评价指标体系，评价百货商场的各个方面的优劣。但或许消费者真正关心的只是三个方面：商店的环境、商品的服务和商品的价格。这三个方面除了价格外，商店的环境和服务质量都是客观存在的、抽象的影响因素，都不便于直接测量，只能通过其他具体指标进行间接反映。又如，在研究区域社会经济发展中，描述社会与经济现象的指标很多，但过多的指标容易导致分析过程复杂化。一个合适的做法就是从这些关系错综复杂的社会经济指标中提取少数几个主要因子，每一个主要因子都能反映相互依赖的社会经济指标间的共同作用，抓住这些主要因素就可以帮助我们对复杂的社会经济发展问题进行深入分析、合理解释和正确评价。因子分析就是一种通过显在变量测评潜在变量，通过具体指标测评抽象因子的统计分析方法。

因子分析的内容非常丰富，常用的因子分析类型是 R 型因子分析和 Q 型因子分析。两者主要的差别是：R 型因子分析是以变量为分析对象，Q 型因子分析是以样品为分析对象。本书介绍 R 型因子分析，Q 型因子分析过程与之相同。

1. 因子分析模型

1) R 型因子分析模型

R 型因子分析中的公共因子是不可直接观测但又客观存在的共同影响因素，每一个变量都可以表示成公共因子的线性函数与特殊因子之和，即

$$X_i = a_{i1}F_1 + a_{i2}F_2 + \cdots + a_{im}F_m + \varepsilon_i, \quad (i=1, 2, \cdots, p)$$

式中，F_1，F_2，$\cdots$，F_m 称为公共因子，ε_i 称为 X_i 的特殊因子。该模型可用矩阵表示为

$$X = AF + \varepsilon$$

其中，$A = \begin{bmatrix} a_{11} & a_{12} & \cdots & a_{1m} \\ a_{21} & a_{22} & \cdots & a_{2m} \\ \vdots & \vdots & & \vdots \\ a_{p1} & a_{p2} & \cdots & a_{pm} \end{bmatrix} = (A_1, A_2, \cdots, A_m)$，$X = \begin{bmatrix} X_1 \\ X_2 \\ \vdots \\ X_p \end{bmatrix}$，$F = \begin{bmatrix} F_1 \\ F_2 \\ \vdots \\ F_m \end{bmatrix}$，

$\varepsilon = \begin{bmatrix} \varepsilon_1 \\ \varepsilon_2 \\ \vdots \\ \varepsilon_p \end{bmatrix}$。

且满足：

(1) 公因子数量不超过变量个数，即 $m \leqslant p$；

(2) 公共因子与特殊因子不相关，即 $\text{cov}(F, \varepsilon) = 0$；

(3) 各个公共因子不相关且方差为 1，即 $D_F = D(F) = \begin{bmatrix} 1 & & & 0 \\ & 1 & & \\ & & \ddots & \\ 0 & & & 1 \end{bmatrix} = I_m$；

(4) 各个特殊因子不相关，即 $D_\varepsilon = D(\varepsilon) = \begin{bmatrix} \sigma_1^2 & & & 0 \\ & \sigma_2^2 & & \\ & & \ddots & \\ 0 & & & \sigma_p^2 \end{bmatrix}$，方差不要求相等。

模型中的 a_{ij} 是第 i 个变量在第 j 个因子上的系数，称为因子"载荷"。如果把变量 X 看成 m 维空间中的一个点，则 a_{ij} 表示它在坐标轴 F_j 上的投影。矩阵

A 称为因子载荷矩阵。

2) Q 型因子分析模型

类似地，Q 型因子分析的数学模型可表示为：$X_i = a_{i1}F_1 + a_{i2}F_2 + \cdots + a_{im}F_m + \varepsilon_i$，$i = 1, 2, \cdots, n$。与 R 型因子分析模型不同的是，Q 型因子分析中 X_1，X_2，$\cdots$，X_n 表示的是 n 个样品。但无论是 R 型或 Q 型因子分析，都用公共因子 F 表示 X，一般要求 $m < p$，$m < n$，因此，因子分析与主成分分析一样，也是一种降低变量维数的方法。我们下面将看到，因子分析的求解过程同主成分分析类似。

2. 因子载荷阵的统计意义

1) 因子载荷 a_{ij} 的统计意义

对于因子模型 $X_i = a_{i1}F_1 + a_{i2}F_2 + \cdots + a_{ij}F_j + \cdots + a_{im}F_m + \varepsilon_i$，$(i = 1, 2, \cdots, p)$，我们可以得到，$X_i$ 与 F_j 的协方差为：$\text{cov}(X_i, F_j) = \text{cov}(\sum_{k=1}^{m} a_{ik}F_k, F_j) + \text{cov}(\varepsilon_i, F_j) = a_{ij}$。

如果对 X_i 做了标准化处理，则 X_i 的标准差为 1，且 F_j 的标准差为 1，因此有 $r_{X_i, F_j} = a_{ij}$。那么，从上面的分析，我们知道对于标准化后的 X_i，a_{ij} 是 X_i 与 F_j 的相关系数，它一方面表示 X_i 对 F_j 的依赖程度，绝对值越大，依赖程度越高；另一方面也反映了变量 X_i 对公共因子 F_j 的相对重要性。了解这一点对我们理解抽象的因子含义有非常重要的作用。

2) 变量共同度 h_i^2 的统计意义

设因子载荷矩阵为 **A**，称第 i 行元素的平方和为变量 X_i 的共同度，记为 h_i^2，即

$$h_i^2 = \sum_{j=1}^{m} a_{ij}^2 \quad i = 1, 2, \cdots, p$$

由因子模型知 $D(X_i) = a_{i1}^2 + a_{i2}^2 + \cdots + a_{im}^2 + D(\varepsilon_i) = h_i^2 + \sigma_i^2$，此式说明变量 X_i 的方差由两部分组成：第一部分为共同度 h_i^2，它描述了全部公共因子对变量 X_i 的总方差所作的贡献，反映了公共因子对变量 X_i 的影响程度；第二部分为特殊因子 ε_i 对变量 X_i 的方差的贡献，通常称为个性方差。如果对 X_i 做了标准化处理，有 $1 = h_i^2 + \sigma_i^2$。

3) 公因子 F_j 的方差贡献 g_j^2 的统计意义

设因子载荷矩阵为 **A**，称第 j 列元素的平方和为公共因子 F_j 对 **X** 的贡献，即 $g_j^2 = \sum_{i=1}^{p} a_{ij}^2$，$j = 1, 2, \cdots, m$。$g_j^2$ 表示同一公共因子 F_j 对各变量所提供的方差贡献之总和，它是衡量每一个公共因子相对重要性的一个尺度。

3. 因子得分

在因子分析模型 $\boldsymbol{X}=\boldsymbol{AF}+\varepsilon$ 中，如果不考虑特殊因子的影响，当 $m=p$ 且 $\boldsymbol{A}$ 可逆时，我们可以从每个样品的指标取值 X 计算出其在因子 $\boldsymbol{F}$ 上的相应取值：$\boldsymbol{F}=\boldsymbol{A}^{-1}\boldsymbol{X}$，即该样品在因子 $\boldsymbol{F}$ 上的"得分"情况，简称为该样品的因子得分。但是因子分析模型在实际应用中要求 $m<p$，因此，不能精确计算出因子的得分情况，只能对因子得分进行估计。估计因子得分的方法也有很多，1939 年汤姆森（Thomson）给出了一个回归的方法，称作汤姆森回归法。

该方法假设公共因子可在对 p 个原始变量做回归，即

$$\hat{F}_j = b_{j0} + b_{j1}X_1 + \cdots + b_{jp}X_p, \quad (j=1, \cdots, m)$$

如果 F_j，X_i 都标准化了，回归的常数项为零，即 $b_{j0}=0$。由因子载荷的统计意义知道，对于任意的 $i=1, \cdots, p$；$j=1, \cdots, m$ 都有

$$a_{ij} = r_{X_i, F_j} = E(X_i F_j) = E[X_i(b_{j1}X_1 + \cdots + b_{jp}X_p)]$$
$$= b_{j1}E(X_i X_1) + \cdots + b_{jp}E(X_i X_{jp}) = b_{j1}r_{i1} + \cdots + b_{jp}r_{ip}$$

记 $\boldsymbol{B}=\begin{bmatrix} b_{11} & b_{12} & \cdots & b_{1p} \\ b_{21} & b_{22} & \cdots & b_{2p} \\ \vdots & \vdots & & \vdots \\ b_{m1} & b_{m2} & \cdots & b_{mp} \end{bmatrix}$，则上式可写成矩阵形式为 $\boldsymbol{A}=\boldsymbol{RB}'$，或 $\boldsymbol{B}=\boldsymbol{A}'\boldsymbol{R}^{-1}$，于是

$$\hat{\boldsymbol{F}} = \begin{bmatrix} \hat{F}_1 \\ \vdots \\ \hat{F}_m \end{bmatrix} = \begin{bmatrix} b_1'\boldsymbol{X} \\ \vdots \\ b_m'\boldsymbol{X} \end{bmatrix} = \boldsymbol{BX} = \boldsymbol{A}'\boldsymbol{R}^{-1}\boldsymbol{X}$$

即得因子得分的估算公式 $\hat{\boldsymbol{F}}=\boldsymbol{A}'\boldsymbol{R}^{-1}\boldsymbol{X}$，其中 $\boldsymbol{R}$ 是 $\boldsymbol{X}$ 的相关系数矩阵。

5.5.3 多维尺度分析

若给你一组城市，你总能从地图上测出任何一对城市之间的距离。但若给你若干城市的距离，你能否确定这些城市之间的相对位置呢？假定你知道只是哪两个城市最近，哪两个城市次近等，你是否还能确定它们之间的相对位置呢？假定通过调查了解了 10 种饮料产品在消费者心中的相似程度，你能否确定这些产品在消费者心中的相对位置呢？在实际中我们常常会遇到类似这样的问题。多维尺度分析就是解决这类问题的一种方法，多维尺度（multidimensional scaling，MDS）分析，也称为多维标度法，是分析研究对象的相似性或差异性的一种多元统计分析方法。采用 MDS 在低维空间展示"距离"数据结构，创建

多维空间感知图（perceptual mapping），图中的点（对象）的距离反映了它们的相似性或差异性（不相似性）。一般在两维空间，最多三维空间比较容易解释，可以揭示影响研究对象相似性或差异性的未知变量或因子的潜在维度。

多维标度法起源于心理测度学，用于理解人们判断的相似性。托格森（Torgerson）拓展了理查森（Richardson）及克林伯格（Kellenberge）等在20世纪三四十年代的研究，突破性地提出了多维标度法，后经谢泼德（Shepard）和克鲁斯卡尔（Kruskal）等进一步发展完善，现在已经成为一种广泛用于心理学、市场调查学、社会学、物理学、政治科学及生物学等领域的数据分析方法。

多维标度法解决的问题是：当 n 个对象（object）中各对对象之间的相似性（或距离）给定时，确定这些对象在低维空间中的表示，并使其尽可能与原先的相似性（或距离）"大体匹配"，使得由降维所引起的任何变形达到最小。多维空间中排列的每一个点代表一个对象，因此点间的距离与对象间的相似性高度相关。也就是说，两个相似的对象由多维空间中两个距离相近的点表示，而两个不相似的对象则由多维空间两个距离较远的点表示。多维空间通常为二维或三维的欧氏空间，但也可以是非欧氏高维空间。

多维标度法内容丰富、方法较多。按相似性（距离）数据测量尺度的不同，MDS 可分为：度量 MDS 和非度量 MDS。当利用原始相似性（距离）的实际数值为间隔尺度和比率尺度时称为度量 MDS（metric MDS），当利用原始相似性（距离）的等级顺序（即有序尺度）而非实际数值时称为非度量 MDS（nonmetric MDS）。按相似性（距离）矩阵的个数和 MDS 模型的性质 MDS 可分为古典多维标度（CMDS，一个矩阵，无权重模型）、重复多维标度（replicated MDS，几个矩阵，无权重模型）、权重多维标度（WMDS，几个矩阵，权重模型）。本书仅介绍常用的古典多维标度法和权重多维标度法[①]。

1. 相似与距离的概念

在进行多维标度分析时，收集的数据必须能够反映两个研究对象的相似性或差异性程度。如果数据是多个分析变量的原始数据，则要根据聚类分析中使用的方法，计算分析对象间的相似测度；如果数据不是广义距离阵，要通过一定的方法将其转换成广义距离阵才能进行多维标度分析。因此，我们首先介绍与多维标度法相关的一些概念。

---

① 高惠璇. 应用多元统计分析 [M]. 北京：北京大学出版社，2008.

1) 相似数据与不相似数据

如果用较大的数值表示非常相似，用较小的数值表示非常不相似，则计量所得的数据为相似数据。如用 10 表示两种饮料非常相似，用 1 表示两种饮料非常不相似。如果用较大的数值表示非常不相似，较小的数值表示非常相似，则计量所得数据为不相似数据，也称距离数据。例如，用 10 表示两种饮料非常不相似，用 1 表示两种饮料非常相似。

2) 距离阵

(1) 广义距离阵：称一个 $n \times n$ 矩阵 $\boldsymbol{D} = (d_{ij})_{n \times n}$ 为广义距离阵，如果满足以下两个条件：①$\boldsymbol{D} = \boldsymbol{D}'$；②$d_{ij} \geqslant 0$，$d_{ii} = 0$，$i, j = 1, 2, \cdots, n$，$d_{ij}$ 称为第 i 点与第 j 点间的距离。

(2) 欧氏距离阵：设 $\boldsymbol{D} = (d_{ij})_{n \times n}$ 为 $n \times n$ 的距离阵，如果存在某个正整数 r 和 $\boldsymbol{R}^r$ 中的 n 个点 $X_1, X_2, \cdots, X_n$，使得 $d_{ij}^2 = (X_i - X_j)'(X_i - X_j)$，$i, j = 1, 2, \cdots, n$，则称 $\boldsymbol{D}$ 为欧氏距离阵。

(3) 相似系数阵：称 $n \times n$ 矩阵 $\boldsymbol{C} = (c_{ij})_{n \times n}$ 为相似系数阵，如果满足条件：①$\boldsymbol{C} = \boldsymbol{C}'$；②$c_{ij} \leqslant c_{ii}$，$i, j = 1, 2, \cdots, n$，$c_{ij}$ 称为第 i 点与第 j 点间的相似系数。

2. 古典多维标度法的思想和方法

设 $X_1, X_2, \cdots, X_n$ 为 r 维空间中的 n 个点，用矩阵表示为 $\boldsymbol{X} = (X_1, X_2, \cdots, X_n)'$。在多维标度法中，我们称 $\boldsymbol{X}$ 为距离阵 $\boldsymbol{D}$ 的一个拟合构图，求得的 n 个点之间的距离阵 $\hat{\boldsymbol{D}}$ 称为 $\boldsymbol{D}$ 的拟合距离阵，$\hat{\boldsymbol{D}}$ 和 $\boldsymbol{D}$ 尽可能接近。如果 $\hat{\boldsymbol{D}} = \boldsymbol{D}$，则称 $\boldsymbol{X}$ 为 $\boldsymbol{D}$ 的一个构图。

我们假设有 n 个城市对应欧氏空间的 n 个点，其距离阵为 $\boldsymbol{D}$，它们所对应的空间的维数为 r，第 i 个城市对应的点记为 X_i，则 X_i 的坐标记作 $X_i = (X_{i1}, X_{i2}, \cdots, X_{ir})$。设 d_{ij}^2 为 i 城市与 j 城市之间的距离 $\boldsymbol{B} = (b_{ij})_{n \times n}$，其中，$b_{ij} = \frac{1}{2}(-d_{ij}^2 + \frac{1}{n}\sum_{j=1}^n d_{ij}^2 + \frac{1}{n}\sum_{i=1}^n d_{ij}^2 - \frac{1}{n^2}\sum_{i=1}^n \sum_{j=1}^n d_{ij}^2)$。那么，一个 $n \times n$ 距离阵 $\boldsymbol{D}$ 为欧氏距离阵的充要条件是 $\boldsymbol{B} \geqslant 0$（非负定）。

3. 度量 MDS 的古典解

根据上述古典多维标度法的基本思想及方法，可给出求度量 MDS 古典解的一般步骤：

(1) 根据距离阵数据，按照公式 $b_{ij} = (X_i - \overline{X})'(X_j - \overline{X})$ 计算出 b_{ij}。

(2) 根据 b_{ij} 构造出内积矩阵 $\boldsymbol{B}$。

(3) 计算内积矩阵 **B** 的特征值 $\lambda_1 \geqslant \lambda_2 \geqslant \cdots \geqslant \lambda_n$ 和前 r 个非零特征值 $\lambda_1 \geqslant \lambda_2 \geqslant \cdots \geqslant \lambda_r$ 对应的单位特征向量。其中，r 的确定有两种方法：一是事先确定 $r=1$，2 或 3；二是取最小的 r，使得前 r 个大于零的特征值占全体特征值的比例 κ 大于或等于预先给定的变差贡献比例 κ_0，即 $\kappa = \dfrac{\lambda_1 + \lambda_2 + \cdots + \lambda_r}{|\lambda_1| + |\lambda_2| + \cdots + |\lambda_n|} \geqslant \kappa_0$。

(4) 根据 $\boldsymbol{X} = \boldsymbol{\Gamma}\boldsymbol{\Lambda}^{1/2}$ 计算 $\hat{X}$，得到 r 维拟合构图（简称古典解）。这里需要注意，如果 λ_i 中有负值，表明 D 是非欧氏型的。

1) 已知距离矩阵的 CMDS 计算

例 1：以 10 城市间的飞行距离数据来说明度量古典 CMDS 的计算过程（表 5-3）。

表 5-3　10 个城市间的飞行距离

序号	1	2	3	4	5	6	7	8	9	10
1	0	587	1 212	701	1936	604	748	2 139	2 182	543
2	587	0	920	940	1 745	1 188	713	1 858	1 737	597
3	1 212	920	0	879	831	1 726	1 631	949	1 021	1 494
4	701	940	879	0	1 374	968	1 420	1 645	1 891	1 220
5	1936	1 745	831	1 374	0	2 339	2 451	347	959	2300
6	604	1 188	1 726	968	2 339	0	1 092	2 594	2 734	923
7	748	713	1 631	1 420	2 451	1 092	0	2 571	2 408	205
8	2 139	1 858	949	1 645	347	2 594	2 571	0	678	2 442
9	2 182	1 737	1 021	1 891	959	2 734	2 408	678	0	2 329
10	543	597	1 494	1 220	2300	923	205	2 442	2 329	0

1=亚特兰大，2=芝加哥，3=丹佛，4=休斯敦，5=洛杉矶，6=迈阿密，7=纽约，8=旧金山，9=西雅图，10=华盛顿；表 5-4 同

表中数据为比率测度，数值越大表明距离越远，数值越小表明距离越短，符合广义距离阵的定义，又只涉及一个距离阵，因此为度量 CMDS。根据上述度量古典 CMDS 的计算方法，首先可求得内积矩阵，结果见表 5-4。

计算 B 的特征值分别为：$\lambda_1 = 9\,582\,144$，$\lambda_2 = 1\,686\,820$，$\lambda_3 = 8157$，$\lambda_4 = 1433$，$\lambda_5 = 509$，$\lambda_6 = 26$，$\lambda_7 = 0.35$，$\lambda_8 = -898$，$\lambda_9 = -5468$，$\lambda_{10} = -35\,479$。前两个特征值的贡献率为：$\kappa_2 = \dfrac{\lambda_1 + \lambda_2}{|\lambda_1| + |\lambda_2| + \cdots + |\lambda_{10}|} = 0.995\,969$，因此取 $r=2$。由第 4 步得到表 5-5 结果。

第五章　数理统计分析法

表 5-4　10 个城市内积矩阵

序号	1	2	3	4	5	6	7	8	9	10
1	537 138	227 674.7	−348 122	198 968.7	−808 343	894 857.1	696 696.2	−1 005 131	−1 050 183	656 444.9
2	227 674.7	262 780.5	−174 029	−134 310	−593 986	234 414.3	585 085	−580 732	−315 384	488 486.2
3	−348 122	−174 029	235 561.7	−92 439.5	569 636.6	−563 061	−504 420	681 440.4	658 370.2	−462 937
4	198 968.7	−134 310	−92 439.5	352 200.4	29 298.47	516 284.3	−124 221	−162 952	−550 030	−32 799.4
5	−808 343	−593 986	569 636.6	29 298.47	1 594 273	−1 129 628	−1 498 685	1 750 892	1 399 106	−1 312 563
6	894 857.1	234 414.3	−563 061	516 284.3	−1 129 628	1 617 392	920 343.3	−1 541 762	−1 866 872	918 032
7	696 696.2	585 085	−504 420	−124 221	−1 498 685	920 343.3	1 415 758	−1 583 181	−1 129 543	1 222 167
8	−1 005 131	−580 732	681 440.4	−162 952	1 750 892	−1 541 762	−1 583 181	2 027 920	1 845 928	−1 432 422
9	−1 050 183	−315 384	658 370.2	−550 030	1 399 106	−1 866 872	−1 129 543	1 845 928	2 123 620	−1 115 010
10	656 444.9	488 486.2	−462 937	−32 799.4	−1 312 563	918 032	1 222 167	−1 432 422	−1 115 010	1 070 601

表 5-5 10 个城市的二维坐标

$\sqrt{\lambda_1}e_1$	$\sqrt{\lambda_2}e_2$	e_1	e_2
−718.759	142.994	−0.232 19	0.110 099
−382.056	−340.84	−0.123 42	−0.262 43
481.602	−25.285	0.155 581	−0.019 47
−161.466	572.77	−0.052 16	0.441 007
1 203.738	390.100	0.388 867	0.300 36
−1 133.53	581.907	−0.366 18	0.448 043
−1 072.24	−519.024	−0.346 38	−0.399 63
1 420.603	112.589	0.458 925	0.086 689
1 341.723	−579.739	0.433 442	−0.446 37
−979.622	−335.473	−0.316 47	−0.258 3

因此，得到 10 个城市的坐标分别为：(−718.759, 142.994 2), (−382.056, −340.84), (481.602, −25.285), (−161.466, 572.77), (1 203.738, 390.100), (−1 133.53, 581.907), (1 072.24, −519.024), (1 420.603, 112.589), (1 341.723, −579.739), (−979.622, −335.473)。

计算结果显示，较大的两个特征值的贡献率已经得到 99% 以上，说明在二维平面上表示 10 城市间的相对位置是合适的。由于有特征值小于零，表明距离阵不是欧氏型，其结果为拟合构图。本例中，城市是"对象"，飞行里程是"相似性"。图 5-5 给出了 MDS 反映美国 10 座城市相对位置的感知图。图 5-5 中的 10 个点，每个点代表一个城市，相近的点代表飞行距离近的城市，相距较远的点代表飞行距离远的城市。

2) 已知相似矩阵的 CMDS 计算

如果已知的数据不是 n 个对象之间的某种距离，而是 n 个对象间的某种相似性测度（比如相关性），只需将相似系数阵 C 转换为广义距离阵 D，其他计算与上述方法相同。

令 $d_{ij} = (c_{ii}+c_{jj}-2c_{ij})^{1/2}$，由相似系数的定义可知，$c_{ii}+c_{jj}-2c_{ij} \geqslant 0$，易见 $d_{ii}=0$，$d_{ij}=d_{ji}$，故 D 为距离阵。根据数学定理易知，当 $C \geqslant 0$，D 为欧氏型。

例 2：为了分析下列六门课程之间的结构关系，根据劳雷和马克斯维尔得到的相关系数矩阵（见表 5-6，相关系数的值越大，表示课程越相似，相关系数值越小，表明课程越不相似，显而易见，相关系数矩阵为相似系数矩阵，记为 C），使用多维标度法用图形直观地反映这六门课之间的相似性。

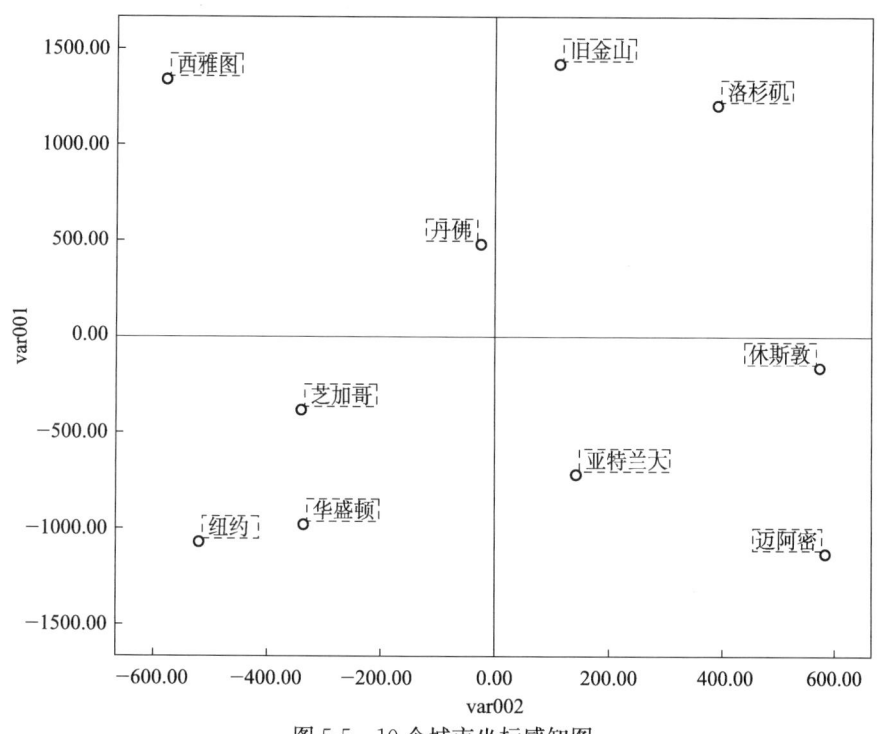

图 5-5 10 个城市坐标感知图

表 5-6 六门课程的相关系数阵

课程	盖尔语	英语	历史	算术	代数	几何
盖尔语	1	0.439	0.41	0.288	0.329	0.248
英语	0.439	1	0.351	0.354	0.32	0.329
历史	0.41	0.351	1	0.164	0.19	0.181
算术	0.288	0.354	0.164	1	0.595	0.47
代数	0.329	0.32	0.19	0.595	1	0.464
几何	0.248	0.329	0.181	0.47	0.464	1

根据变换可得到距离阵 D，见表 5-7。在此基础上，进一步得到内积矩阵 B，见表 5-8。

表 5-7 六门课程的距离阵 D

课程	盖尔语	英语	历史	算术	代数	几何
盖尔语	0	1.059 245	1.086 278	1.193 315	1.158 447	1.226 376 8
英语	1.059 245	0	1.139 298	1.136 662	1.166 19	1.158 447 2
历史	1.086 278	1.139 298	0	1.293 058	1.272 792	1.279 843 7
算术	1.193 315	1.136 662	1.293 058	0	0.9	1.029 563
代数	1.158 447	1.166 19	1.272 792	0.9	0	1.035 374 3
几何	1.226 377	1.158 447	1.279 844	1.029 563	1.035 374	0

表 5-8 六门课程的内积矩阵

课程	盖尔语	英语	历史	算术	代数	几何
盖尔语	0.547 111	−0.027 06	0.026 778	−0.191 06	−0.154 56	−0.201 222
英语	−0.027 06	0.520 778	−0.045 39	−0.138 22	−0.176 72	−0.133 389
历史	0.026 778	−0.045 39	0.686 444	−0.245 39	−0.223 89	−0.198 556
算术	−0.191 06	−0.138 22	−0.245 39	0.494 778	0.085 278	−0.005 389
代数	−0.154 56	−0.176 72	−0.223 89	0.085 278	0.485 778	−0.015 889
几何	−0.201 22	−0.133 39	−0.198 56	−0.005 39	−0.015 89	0.554 444 4

经计算得 $\boldsymbol{B}$ 的特征值分别为：$\lambda_1=1.142\,875$，$\lambda_2=0.623\,283\,6$，$\lambda_3=0.602$，$\lambda_4=0.525$，$\lambda_5=0.396$，$\lambda_6=-0.000005$。

从结果知距离阵 D 不是欧氏型，我们取 $r=2$，由求得 D 的古典解如表 5-9 所示。

表 5-9 距离阵 D 的古典解

e_1	e_2	$\sqrt{\lambda_1}e_1$	$\sqrt{\lambda_2}e_2$
0.377 535 7	0.337 679 4	0.403 606	0.266 592
0.225 856 6	0.610 664 4	0.241 453	0.482 109
0.580 531 2	−0.643 831	0.620 619	−0.508 29
−0.428 132	0.050 656 9	−0.457 7	0.039 993
−0.394 165	−0.049 315	−0.421 38	−0.038 93
−0.361 63	−0.305 851	−0.386 6	−0.241 46

图 5-6 大体反映了这六门课程的基本结构，从图中可以直观地看出，算术、代数、几何较为相近，英语和盖尔语较为相近，而历史课程与其他课程的差异性较大。

4. 非度量 MDS 的古典解

在实际问题中，我们涉及更多的是不易量化的相似性测度，如两种颜色的相似性，虽然我们可以用 1 表示颜色非常相似，10 表示颜色非常不相似，但是这里的数字只表示颜色之间的相似或不相似程度，并不表示实际的数值大小，因而是定序尺度，这时需要由两两颜色间的不相似数据 δ_{ij} 构造"距离"矩阵。对于非度量的不相似性矩阵，我们如何进行多维标度分析呢？假定有一个 n 个对象的不相似矩阵 $(\delta_{ij})_{n\times n}$，要寻找 n 个对象的一个 r 维拟合构造点 X。下面介绍克鲁斯卡尔的非度量 MDS 的分析方法。

为了寻找一个较好的拟合构造点，我们可以从某一个拟合构造点开始，即先将 n 个对象随意放置在 r 维空间，形成一个感知图，用 $X_i=(X_{i1}, X_{i2},\cdots,X_{ir})'$ 表示第 i 对象在 r 维空间的坐标，对象 i 与 j 距离为 $d_{ij}=\sqrt{(X_{j1}-X_{j1})^2+(X_{i2}-X_{j2})^2+\cdots+(X_{ir}-X_{jr})^2}$。然后微调 n 个对象在空间

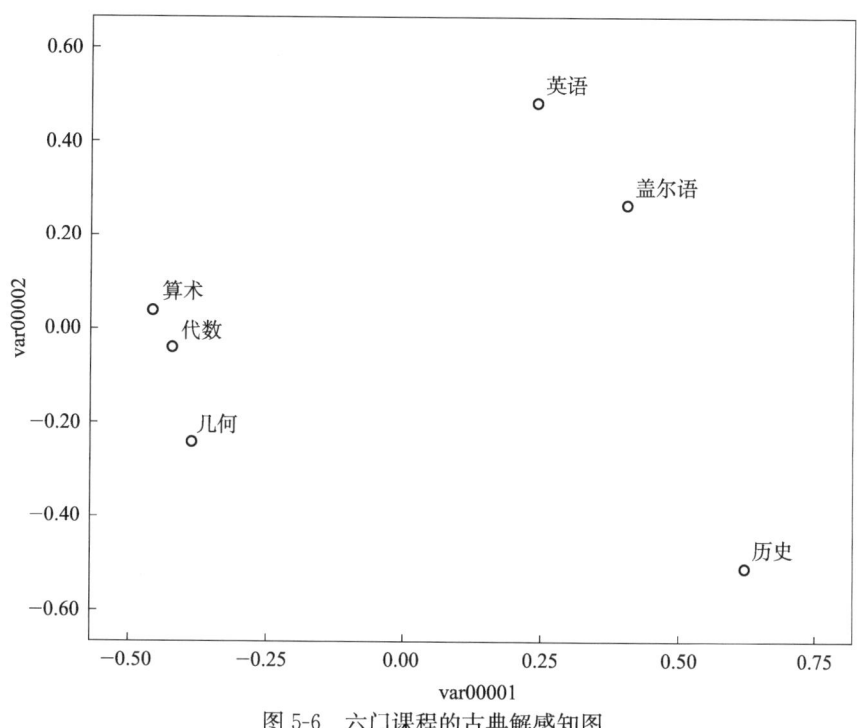

图 5-6 六门课程的古典解感知图

的位置,改进空间距离 d_{ij} 与不相似数据 δ_{ij} 间的匹配程度,直到匹配性无法改进为止。显然,定量测度 d_{ij} 与 δ_{ij} 间的匹配性是问题的难点。因为,对于定序尺度 δ_{ij} 来说,如何量化它与 d_{ij} 间的对应程度是解决问题的关键。克鲁斯卡尔提出了用最小平方单调回归的方法,确定 δ_{ij} 的单调转换 $\hat{d}_{ij}$。然后,他又提出用以测度偏离完美匹配程度的量度 STRESS,称之为"应力",定义为 STRESS= $\sqrt{\sum_i \sum_j (d_{ij}-\hat{d}_{ij})^2 / \sum_i \sum_j d_{ij}^2}$。$d_{ij}$ 与 $\hat{d}_{ij}$ 之间差异越大,STRESS 值就越大,表明匹配性也就越差。非度量 MDS 就是要采用迭代方法,找到使 STRESS 尽可能小的 r 维空间中 n 个对象的坐标。对于找到的拟合构造点,当 STRESS=0 时,表示拟合完美,$d_{ij}=\hat{d}_{ij}$;当 $0<$STRESS$\leqslant 2.5\%$ 时,表示拟合非常好,当 $2.5\%<$STRESS$\leqslant 5\%$ 时,表示拟合好;当 $5\%<$STRESS$\leqslant 10\%$ 时,表示拟合一般;当 $10\%<$STRESS$\leqslant 20\%$ 时,表示拟合差。

另一种测量偏离完美匹配的量度是由塔卡杨(Takane)等提出的。对给定维数 r,将这个量度记为 S 应力,其定义为 S 应力=$(\sum\sum (d_{ij}^2-\hat{d}_{ij}^2)^2 / \sum\sum d_{ij}^4)^{1/2}$。也就是说,$S$ 应力是将 d_{ij} 和 $\hat{d}_{ij}$ 用它们的平方代表后所得到的量度。S 应力的值介于 0 和 1。典型的情况是:此值小于 0.1 意味着感知图是 n 个对象的一个好的几何表示。

在非度量 MDS 分析过程中，另一个需要解决的问题是感知图空间维数 r 的确定。我们可以制作应力－r 图确定感知图的维数 r。从前述可知，对每一个 r，可以找到使应力达到最小的点结构。随着 r 的增加，最小应力将在运算误差的范围内逐渐下降，且当 $r=n-1$ 时达到零。从 $r=1$ 开始，可将应力 $S(r)$ 对 r 作图。这些点随 r 的增加而呈下降排列。若找到一个 r，上述下降趋势到这一点开始接近水平状态，即形成一个"肘"形曲线，这个 r 便是"最佳"维数。非度量 MDS 虽然是基于非度量尺度数据的分析方法，但是，当定量尺度的距离阵中的数据不可靠，而距离大小的顺序可靠时，采用非度量 MDS 比度量 MDS 得到的结果更接近于实际。

5. 权重多维标度法

以上我们的讨论都是以单个"距离"阵数据出发进行的，但在实践中，往往需要确定多个距离阵数据的感知图，比如由 10 个人分别对 5 种饮料进行两两相似评测，结果就会得到 10 个相似性矩阵，那么，我们如何根据这 10 个人的评测结构得出 5 种饮料的相似性感知图呢？显然，按照古典多维的方法，我们只能是每一个相似性矩阵确定一个感知图，10 个人分别确定 10 个感知图。但是，往往我们想要得到的是这 10 个人共同的一个感知图而非 10 个。本节将介绍由 Carroll 和 Chang 提出的解决这类问题的多维标度方法——权重多维标度法（WMDS）。基础权重多维标度法也称权重个体差异欧氏距离模型。

设由 m 个个体对 n 个对象进行比较评测，得到 m 个 $n\times n$ 不相似（相似）矩阵，然后将其转换为距离阵。每个距离阵都有自己的拟合构造空间，权重个体差异欧氏距离模型通过给予不同个体不同的权重综合得到 m 个个体的公共拟合构造空间。设 X_{it} 表示 i 对象在公共拟合构造空间的 t 维坐标，则对于 i 对象第 k 个个体在公共拟合构造空间的 t 维坐标为 $Y_{it}^{(k)}$，即 $Y_{it}^{(k)} = w_{kt}^{1/2} X_{it}$，其中 $w_{kt}^{1/2}$ 为第 k 个个体在 t 维的权重。对于第 k 个个体，对象 i 和 j 的欧氏距离为 $d_{kij} = \sqrt{\sum_{t=1}^{r}(Y_{it}^{(k)} - Y_{jt}^{(k)})^2}$，进一步得 $d_{kij} = \sqrt{w_{k1}(X_{i1}-X_{j1})^2 + \cdots + w_{kr}(X_{ir}-X_{jr})^2}$，式中 $w_k = (w_{k1}, w_{k2}, \cdots, w_{kr})'$ 是个体间唯一不同的参数，而分析对象在公共感知图中的坐标则所有个体都相同。在此基础上可依据古典 MDS 求内积的方法得到如下公式

$$b_{kij} = \frac{1}{2}\left(-d_{kij}^2 + \frac{1}{n}\sum_{i=1}^{n}d_{kij}^2 + \frac{1}{n}\sum_{j=1}^{n}d_{kij}^2 - \frac{1}{n^2}\sum_{i=1}^{n}\sum_{j=1}^{n}d_{kij}^2\right) = \sum_{t=1}^{r}w_{kt}X_{it}X_{jt}$$

Carroll 和 Chang 采用非线性迭代最小平方法求得 X 的最优解，得到公共拟合构造点。

5.5.4 对应分析

在社会、经济以及其他领域中，进行数据分析时经常要处理因素与因素之间的关系，以及因素内部各个水平之间的相互关系。例如，评价某一个行业所属企业的经济效益，我们不仅要研究因素 A，即企业按照经济效益好坏的分类情况，以及要研究因素 B，即经济效益指标之间的关系，还要研究哪些企业与哪些经济效益指标更密切一些。这就需要相应的分析方法，将经济效益指标和企业状况放在一起进行分类、作图，以便更好地描述两者之间的关系，在经济意义上做出切合实际的解释。

对应分析也叫相应分析（correspondence analysis），其特点是它所研究的变量可以是定性的。对应分析的思想首先由理查森（Richardson）和库德（Kuder）于 1933 年提出，后来法国统计学家让-保罗·贝内泽（Jean-Paul Benzécri）等对该方法进行了详细的论述而使其得到了发展，现在这种方法已经成为常用的多元分析方法之一。为了把握对应分析方法的实质，本节将从列联资料入手，介绍一些基本概念和对应分析的基本理论，并让读者理解对应分析与独立性检验的关系，进一步明确对实际问题进行对应分析研究的必要性所在。

1. 列联表

通常意义下的对应分析，是指对两个定性变量（因素）的多种水平进行相应性研究。设有两组因素 A 和 B，其中因素 A 包含 r 个水平，即 A_1，A_2，$\cdots$，A_r；因素 B 包含 c 个水平，即 B_1，B_2，$\cdots$，B_c。又设 Ω 为受制于这两个因素的载体（或客体）的集合总体。我们希望通过对集合总体 Ω 关于这两组因素的有关资料（或抽样资料）分析这两组因素的关系。

例如，要考查在某个人群中关于吸烟或不吸烟（因素 A）与得肺癌或不得肺癌（因素 B）两组因素之间的关系。通常的做法是，随机地从该人群中抽样，对这两种因素进行调查，不妨设调查了 k 个人，得到一个二维列联表，如表 5-10 所示。

表 5-10 二维列联表

因素 A	因素 B		
	得肺癌（B_1）	不得肺癌（B_2）	
吸烟（A_1）	k_{11}	k_{12}	k_1
不吸烟（A_2）	k_{21}	k_{22}	k_2
	k_1	k_2	$k = k = \sum k_{ij}$

表 5-10 中，k_{ij} 为调查的 k 人中出现因素 A 的第 i 个水平和因素 B 的第 j 个水平的人数。这样，我们就得到一个两因素，即吸烟与是否得肺癌的 2×2 列联表。

一般地，设受制于某个载体总体的两个因素为 A 和 B，其中因素 A 包含 r 个水平，即 A_1，A_2，$\cdots$，A_r；因素 B 包含 c 个水平，即 B_1，B_2，$\cdots$，B_c。对这两组因素做随机抽样调查，得到一个 $r\times c$ 的二维列联表，记为 $\boldsymbol{K}=(k_{ij})_{r\times c}$，见表 5-11。表中，$k_i=\sum_{j=1}^{c}k_{ij}$ 表示因素 A 的第 i 个水平的样本个数；$k_j=\sum_{i=1}^{r}k_{ij}$ 表示因素 B 的第 j 个水平的样本个数；$k=k=\sum k_{ij}$ 表示总的样本个数。这样我们便称 $\boldsymbol{K}=(k_{ij})_{r\times c}$ 为一个 $r\times c$ 的二维列联表。

表 5-11　一般的二维列联表

		因素 B				
		B_1	B_2	$\cdots$	B_c	
因素 A	A_1	k_{11}	k_{12}	$\cdots$	k_{1c}	k_1
	A_2	k_{21}	k_{22}	$\cdots$	k_{2c}	k_2
	$\cdots$	$\cdots$	$\cdots$	$\cdots$	$\cdots$	$\cdots$
	A_r	k_{r1}	k_{r2}	$\cdots$	k_{rc}	k_r
		k_1	k_2	$\cdots$	k_c	$k=k=\sum k_{ij}$

为了叙述方便，先引进一些基本概念和记号。设 $\boldsymbol{K}=(k_{ij})_{r\times c}$ 为一个 $r\times c$ 的列联表（表 5-11），称元素 k_{ij} 为原始频数。将列联表 $\boldsymbol{K}$ 转化为频率矩阵，记为 $\boldsymbol{F}=(f_{ij})_{r\times c}$，见表 5-12。

表 5-12　一般的二维频率表

		因素 B				
		B_1	B_2	$\cdots$	B_c	
因素 A	A_1	f_{11}	f_{12}	$\cdots$	f_{1c}	f_1
	A_2	f_{21}	f_{22}	$\cdots$	f_{2c}	f_2
	$\cdots$	$\cdots$	$\cdots$	$\cdots$	$\cdots$	$\cdots$
	A_r	f_{r1}	f_{r2}	$\cdots$	f_{rc}	f_r
		f_1	f_2	$\cdots$	f_c	$1=f=\sum f_{ij}$

表 5-12 中，$f_{ij}=k_{ij}/k$ 是样本中属于因素 A 的第 i 个水平和因素 B 的第 j 个水平的百分比，且 $f_i=\sum_{j=1}^{c}f_{ij}$，$f_j=\sum_{i=1}^{r}f_{ij}$，$i=1$，2，$\cdots$，r，$j=1$，2，$\cdots$，c。我们记：$\boldsymbol{f}_r=(f_1, f_2, \cdots, f_r)'$，$\boldsymbol{f}_c=(f_1, f_2, \cdots, f_c)'$，$\boldsymbol{D}_r=\text{diag}(f_1, f_2, \cdots, f_r)=\text{diag}(\boldsymbol{f}_r)$，$\boldsymbol{D}_c=\text{diag}(f_1, f_2, \cdots, f_c)=\text{diag}(\boldsymbol{f}_c)$，那么有，$\boldsymbol{f}_r=\boldsymbol{F}\boldsymbol{I}_c$，$\boldsymbol{f}_c=\boldsymbol{F}'\boldsymbol{I}_r$，$\boldsymbol{I}'_r\boldsymbol{f}_r=\boldsymbol{I}'_c\boldsymbol{f}_c=\boldsymbol{I}'_r\boldsymbol{F}\boldsymbol{I}_c=1$，其中 $\boldsymbol{I}_r=(1, 1, \cdots, 1)'_{r\times 1}$，$\boldsymbol{I}_c=(1, 1, \cdots, 1)'_{c\times 1}$。从数理统计的角度，$K$ 可视为对两个随机变量（记为 ξ 和 η）调查得到的二维列联表，频率矩阵 F 则表示它们相应的经验联合抽样分布为

$$P\{\xi=i, \eta=j\}=f_{ij}, i=1, 2, \cdots, r, j=1, 2, \cdots, c$$

式中，ξ 与 η 分别表示因素 A 和因素 B 的随机变量。(f_1, f_2, f_r) 和 $(f_1, f_2, \cdots, f_c)$ 分别为二维随机变量 (ξ, η) 的抽样边际分布。在此，我们称 $\boldsymbol{D}_r$ 和 $\boldsymbol{D}_c$ 分别为 ξ 和 η 的边际阵。那么，有条件概率为 $P\{\eta=j \mid \xi=i\} = \dfrac{P\{\xi=i, \eta=j\}}{P\{\xi=i\}} = \dfrac{f_{ij}}{f_{i.}}$，$j=1, 2, \cdots, c$，在此称 $\boldsymbol{f}_c^i = \left(\dfrac{f_{i1}}{f_{i.}}, \dfrac{f_{i2}}{f_{i.}}, \cdots, \dfrac{f_{ic}}{f_{i.}}\right)' \in \boldsymbol{R}^c$ 为因素 A 的第 i 个水平分布轮廓，称 $\boldsymbol{D}_r^{-1}\boldsymbol{F}$ 为因素 A 的轮廓矩阵。这里应该注意到，$\boldsymbol{f}_c^i$, $i=1, 2, \cdots, r$ 是超平面 $x_1+x_2+\cdots+x_r=1$ 的一点集。

同理，因素 B 的第 j 个水平的分布轮廓为 $\boldsymbol{f}_r^j = \left(\dfrac{f_{1j}}{f_{.j}}, \dfrac{f_{2j}}{f_{.j}}, \cdots, \dfrac{f_{rj}}{f_{.j}}\right)' \in \boldsymbol{R}^r$，并称 $\boldsymbol{D}_c^{-1}\boldsymbol{F}'$ 为因素 B 的轮廓矩阵，同样 $\boldsymbol{f}_r^j$, $j=1, 2, \cdots, c$ 是超平面 $y_1+y_2+\cdots+y_c=1$ 的一点集。这里有 $P\{\xi=i \mid \eta=j\} = \dfrac{P\{\xi=i, \eta=j\}}{P\{\eta=j\}} = \dfrac{f_{ij}}{f_{.j}}$, $i=1, 2, \cdots, r$。

最后有 $\boldsymbol{D}_r\boldsymbol{I}_r=\boldsymbol{F}\boldsymbol{I}_c$, $\boldsymbol{I}_r'\boldsymbol{D}_r\boldsymbol{I}_r=\boldsymbol{I}_r'\boldsymbol{F}\boldsymbol{I}_c=1$, $\boldsymbol{D}_c\boldsymbol{I}_c=\boldsymbol{F}'\boldsymbol{I}_r$, $\boldsymbol{I}_c'\boldsymbol{D}_c\boldsymbol{I}_c=\boldsymbol{I}_c'\boldsymbol{F}'\boldsymbol{I}_r=1$。$\boldsymbol{D}_r$ 和 $\boldsymbol{D}_c$ 中的元素起到了权重的作用，称其为权重矩阵。

2. 对应分析基本理论

我们知道对应分析的主要目的是寻求列联表行因素 A 和列因素 B 的基本分析特征和它们的最优联立表示。为了实现行因素 A 与列因素 B 最优联立表示，进一步剖析行因素 A 内部之间，列因素 B 内部之间，以及行因素 A 和列因素 B 之间的关系，这里将介绍原始的列联资料 $\boldsymbol{K}=(k_{ij})_{r\times c}$ 变换成矩阵 $\boldsymbol{Z}=(z_{ij})_{r\times c}$ 的具体过程，这样使得 z_{ij} 对行因素 A 和列因素 B 具有对等性，在此基础上进行对应分析。

1）相关概念

（1）惯量（inertia）是每一维到其重心的加权距离的平方，它度量行列关系的强度。

（2）奇异值（singular value）是惯量的平方根，反映行与列各水平在二维图中分量的相关程度，是对行与列进行因子分析产生的新的综合变量的典型相关系数。

（3）惯量比例（proportion of inertia）是各维度（公因子）分别解释总惯量的比例及累计百分比，类似于因子分析中公因子解释能力的说明。

2）原始资料的变换

设 $\boldsymbol{K}=(k_{ij})_{r\times c}$ 为一个 $r\times c$ 的列联资料，其转化后的频率矩阵为 $\boldsymbol{F}=$

$(f_{ij})_{r\times c}$。对因素 A 而言，第 i 个水平分布轮廓 $f_c^i \in \mathbf{R}^c$ ($i=1, 2, \cdots, r$) 为超平面 $x_1+x_2+\cdots+x_r=1$ 的一点集。如果考虑因素 A 中各水平之间的远近，引入欧氏距离，那么第 i 个水平和第 i' 个水平之间的欧氏距离为 $D^2(i, i') = \sum_{j=1}^{c} \left(\frac{f_{ij}}{f_{i.}} - \frac{f_{i'j}}{f_{i'.}}\right)^2$。这样定义的距离没有考虑到因素 B 的各水平边际概率的影响，为了消除因素 B 各个水平数量级的影响，应该对每一项加一个权数 $1/f_{.j}$，即有

$$D_w^1(i, i') = \sum_{j=1}^{c} \left(\frac{f_{ij}}{f_{i.}} - \frac{f_{i'j}}{f_{i'.}}\right)^2 \frac{1}{f_{.j}} = \sum_{j=1}^{c} \left(\frac{f_{ij}}{f_{i.}\sqrt{f_{.j}}} - \frac{f_{i'j}}{f_{i'.}\sqrt{f_{.j}}}\right)^2$$

我们称 $D_w^2(i, i')$ 为因素 A 中第 i 个水平和第 i' 个水平之间 χ^2 距离。也可以看作是点集 $\left(\frac{f_{i1}}{f_{i.}\sqrt{f_{.1}}}, \frac{f_{i2}}{f_{i.}\sqrt{f_{.2}}}, \cdots, \frac{f_{ic}}{f_{i.}\sqrt{f_{.c}}}\right)'$ 中两点 i 和 i' 之间的欧氏距离 ($i=1, 2, \cdots, r$)。那么，我们从加权的角度考察这 r 个点的平均水平，其第 j 个分量的平均水平为

$$\sum_{i=1}^{r} \frac{f_{ij}}{f_{i.}\sqrt{f_{.j}}} \cdot f_{i.} = \frac{1}{\sqrt{f_{.j}}} \sum_{i=1}^{r} f_{ij} = \sqrt{f_{.j}}, \quad j=1, 2, \cdots, c$$

从而，计算出关于因素 B 各水平构成的协方差阵记为 $\mathbf{\Sigma}_c = (a_{ij})_{c\times c}$，其中，

$$\begin{aligned}
a_{ij} &= \sum_{\alpha=1}^{r} \left(\frac{f_{\alpha i}}{f_{\alpha.}\sqrt{f_{.i}}} - \sqrt{f_{.i}}\right)\left(\frac{f_{\alpha j}}{f_{\alpha.}\sqrt{f_{.j}}} - \sqrt{f_{.j}}\right) \cdot f_{\alpha.} \\
&= \sum_{\alpha=1}^{r} \left(\frac{f_{\alpha i} - f_{\alpha.}f_{.i}}{\sqrt{f_{\alpha.}f_{.i}}}\right)\left(\frac{f_{\alpha j} - f_{\alpha.}f_{.j}}{\sqrt{f_{\alpha.}f_{.j}}}\right) \\
&= \sum_{\alpha=1}^{r} z_{\alpha i} \cdot z_{\alpha j}
\end{aligned}$$

$$z_{\alpha i} = \frac{f_{\alpha i} - f_{\alpha.}f_{.i}}{\sqrt{f_{\alpha.}f_{.i}}} = \frac{k_{\alpha i}/x_{..} - (k_{\alpha.}/x_{..})(k_{.i}/x_{..})}{\sqrt{(k_{\alpha.}/x_{..})(k_{.i}/x_{..})}} = \frac{k_{\alpha i} - (k_{\alpha.}k_{.i}/k_{..})}{\sqrt{k_{\alpha.}k_{.i}}},$$

$\alpha=1, 2, \cdots, r$, $i=1, 2, \cdots, c$

令 $\mathbf{Z} = (z_{ij})_{r\times c}$，则有 $\mathbf{\Sigma}_c = \mathbf{Z}'\mathbf{Z}$。

类似地，针对因素 B 的第 j 个水平的分布轮廓 $f_r^j \in \mathbf{R}^r$，它是超平面 $y_1+y_2+\cdots+y_c=1$ 的一点集，$j=1, 2, \cdots, c$。同样，变换以后所得到的关于因素 A 各水平构成的协方差阵为 $\mathbf{\Sigma}_r = \mathbf{Z}\mathbf{Z}'$。这里我们需要说明的是，将原始列联表设 $\mathbf{K} = (k_{ij})_{r\times c}$ 中的数据变换成矩阵 $\mathbf{Z} = (z_{ij})_{r\times c}$ 时，则因素 A 和因素 B 各个水平构成的协方差阵分别为 $\mathbf{\Sigma}_r = \mathbf{Z}\mathbf{Z}'$ 和 $\mathbf{\Sigma}_c = \mathbf{Z}'\mathbf{Z}$，矩阵 $\mathbf{\Sigma}_r$ 和 $\mathbf{\Sigma}_c$ 存在简单的对等关系，这样如果把原始列联表中的数据 k_{ij} 变换成 z_{ij}，z_{ij} 对于两个因素就具有对等性。

3) 基于矩阵的分析过程

由矩阵的知识我们知道，$\Sigma_r = ZZ'$ 和 $\Sigma_c = Z'Z$ 有完全相同的非零特征根，记为 $\lambda_1 > \lambda_2 > \cdots > \lambda_m$，$0 < m \leqslant \min\{r, c\}$，设 $u_1, u_2, \cdots, u_m$ 为相对于特征根 $\lambda_1, \lambda_2, \cdots, \lambda_m$ 的关于因素 B 各水平构成的协方差阵 Σ_c 的特征向量，则有 $\Sigma_c u_j = Z'Z u_j = \lambda_j u_j$。用矩阵 Z 左乘两端得 $ZZ'(Zu_j) = \lambda_j (Zu_j)$，即有 $\Sigma_r (Zu_j) = \lambda_j (Zu_j)$。该式表明 Zu_j 为相对于特征值 λ_j 的关于因素 A 各水平构成的协方差阵 Σ_r 的特征向量。这样我们就建立了对应分析中 R 型因子分析和 Q 型因子分析的关系。也就是说，我们可以从 R 型因子分析出发而直接得到 Q 型因子分析的结果。

这里需要强调的是，由于 Σ_r 和 Σ_c 有相同的特征根，而这些特征根又表示各个公共因子所提供的方差。那么，在因素 B 的 c 维空间 R^c 中的第一公共因子，第二公共因子直到第 m 个公共因子与因素 A 的 r 维空间 R^r 中相对于的各个主因子在总方差中所占的百分比就完全相同。这样就可以用相同的因子轴同时描述两个因素各个水平的情况，把两个因素的各个水平的状况同时反映到具有相同坐标轴的因子平面上。一般情形，我们取两个公共因子，这样就可以在一张二维平面图上绘出两个因素各个水平的情况，即可以直观地描述两个因素 A 和因素 B 以及各个水平之间的相关关系。

3. 对应分析应注意的问题

对应分析是分析两组或多组变量之间关系的有效方法，在离散情况下，它是从资料出发通过建立因素间的二维或多维列联表来对数据进行分析的。在此我们要问，这种分析是否有意义，或者说对于所给的数据是否值得做这种对应分析。以下我们将介绍对应分析与独立性检验的内在关系，以此说明应用对应分析方法在解决实际问题时，避免盲目性。

设二维列联资料为 $K = (k_{ij})_{r \times c}$（表 5-11），其频率阵为 $F = (f_{ij})_{r \times c}$（表 5-12）。用 $p_{i\cdot}$ 表示因素 A 中第 i 水平发生时的概率；$p_{\cdot j}$ 表示因素 B 中第 j 水平发生时的概率，那么其估计值分别为 $f_{i\cdot} = \dfrac{k_{i\cdot}}{k}$ 和 $f_{\cdot j} = \dfrac{k_{\cdot j}}{k}$。这里我们关心的是因素 A 和因素 B 是否独立，由此提出要检验的问题，即 H_0：因素 A 和因素 B 是独立的；H_1：因素 A 和因素 B 不独立。

根据以上假设构的统计量 $\chi^2 = \sum\limits_{i=1}^{r} \sum\limits_{j=1}^{c} \dfrac{[k_{ij} - \hat{E}(k_{ij})]^2}{\hat{E}(k_{ij})} = \sum\limits_{i=1}^{r} \sum\limits_{j=1}^{c} \dfrac{[k_{ij} - k_{i\cdot} k_{\cdot j}/k]^2}{k_{i\cdot} k_{\cdot j}/k} = k \sum\limits_{i=1}^{r} \sum\limits_{j=1}^{c} (z_{ij})^2$。其中 $z_{ij} = (k_{ij} - k_{i\cdot} k_{\cdot j}/k)/\sqrt{k_{i\cdot} k_{\cdot j}}$，当假设 H_0 成立时，在 n 足够大的条件下，χ^2 服从自由度为 $(r-1)(c-1)$ 的 χ^2 分布。不难得到拒绝区域为：$\chi^2 >$

$\chi^2_{1-\alpha}[(r-1)(c-1)]$。

通过上面的分析,我们应该注意几个问题:

(1) 这里的 z_{ij} 是原始列联资料 $\boldsymbol{K}=(k_{ij})_{r\times c}$ 通过相应变换以后得到的资料阵 $\boldsymbol{Z}=(z_{ij})_{r\times c}$ 的元素,说明 z_{ij} 与 χ^2 统计量有着内在的联系。

(2) 关于因素 B 和因素 A 各水平构成的协方差阵 $\boldsymbol{\Sigma}_c$ 和 $\boldsymbol{\Sigma}_r$ 有 $\mathrm{tr}(\boldsymbol{\Sigma}_c)=\mathrm{tr}(\boldsymbol{\Sigma}_r)=\chi^2/k$,这里 $\mathrm{tr}(\cdot)$ 表示矩阵的迹。

(3) 独立性检验只能判断因素 A 和因素 B 是否独立。如果因素 A 和因素 B 独立,则没有必要进行对应分析;如果因素 A 和因素 B 不独立,可以进一步通过对应分析考察两因素各个水平之间的相关关系。

第六章

基于 DEA 的科研投入产出分析法

6.1 数据包络分析

20 世纪 80 年代，美国运筹学家查恩斯（A. Charnes）、库珀（W. W. Cooper）和罗兹（E. Rhodes）在 *European Journal of Operational Research* 期刊上发表了一篇名为"Measuring the Efficiency of Decision Making Units"的文章[①]。这篇文章的发表宣告了数据包络分析（data envelopment analysis，DEA）方法的诞生，并对 DEA 方法、模型的发展和应用产生了极为深远的影响。查恩斯、库珀和罗兹的这篇论文已经成为 DEA 相关研究的经典之作。

6.1.1 DEA 研究现状述评

DEA 方法是指以多个投入产出指标数据作为决策单元的输入、输出数据，利用数学规划计量决策单元之间的相对有效性，判断决策单元是否位于"生产前沿面"上的一种计量方法。DEA 是一种非参数统计方法，可以确定生产前沿面的各项特征值。

除了表 6-1 中所列之外，还包括 1993 年兰德等[②]建立的随机 DEA 模型，1996 年 Huang 和 Li[③]建立的机会约束 DEA 模型，等等。

具体来说，研究者对 DEA 模型的研究主要集中在以下几个方面：

（1）指标权重的研究[④]。最初的 C^2R 模型选择了对计量对象最有利的权重，很难反映客观事实。1989 年，查恩斯等构建的 C^2WH 模型能够根据人的偏好确定指标权重，但模型本身过于抽象，必须针对不同的问题构建不同形式的模型。张景义[⑤]认为权重间的关系有强弱之分，提出了权重强排序和弱排序的 DEA 模型。

---

① Charnes A, Cooper W W, Rhodes E. Measuring the efficiency of decision making units [J]. European Journal of Operational Research, 1978, (2): 429-444.

② Land K C, Lovell C A K, Thore S. Chance-constrained Data Envelopment Analysis [J]. Managerial and Decision Economic, 1993, (14): 541-554.

③ Huang Z M, Li S X. Dominance stochastic model in Data Envelopment Analysis [J]. European Journal of Operational Research, 1996, (95): 390-403.

④ 马占新. 数据包络分析方法的研究进展 [J]. 系统工程与电子技术, 2002, 24 (3): 42-46.

⑤ 张景义. 一类偏好结构下的 DEA 分析方法和模型 [D]. 大连：大连理工大学硕士学位论文，1987.

(2) 决策单元的输入、输出数据研究。DEA 模型的研究对象包括多个输入、输出指标。这些指标并不全是静态不变的,有些指标可能会发生变化。1989 年,Banker 和 Morey 研究了能够处理不变输入、输出指标和可变输入、输出指标的 DEA 模型[1]。刘永清等[2]提出了输入、输出指标在有限范围内变化的 DEA 模型。何静[3]构建了只有输入、输出指标的 DEA 模型。库克等[4]构建了以序数词为输入、输出变量的 DEA 模型。Takeda[5] 在 2000 年探讨了追加输入指标对决策单元的影响。

表 6-1　DEA 的主要模型

年份	作者	模型
1978	Charnes 等[6]	C^2R
1984	Banker[7]	BC^2
1985	Charnes 等[8]	C^2GS^2
1985	Fare 和 Grosskopf[9]	FG
1986	Charnes 等[10]	C^2W
1989	Charnes 等[11]	C^2WH

(3) DEA 抽象模型研究。随着研究的不断深入,研究者提出了不同的 DEA 模型。这些模型的基本原理和求解方法基本一致,因此,对 DEA 模型进行抽象的研究也慢慢浮现。查恩斯等提出了 C^2WY 模型,这是一个 DEA 综合模型,它

---

[1] Banker R D, Morey R. Efficiency analysis for exogenously fixed inputs and outputs [J]. Operations Research, 1989, 34 (4): 513-520.

[2] 刘永清, 李光金. 要素在有限范围变化的 DEA 模型 [J]. 系统工程学报, 1995, 10 (4): 87-94.

[3] 何静. 只有输入(出)的数据包络分析模型及应用 [J]. 系统工程学报, 1995, 10 (2): 49-55.

[4] Cook W D, Kress M, Seiford L. On the use of ordinal data envelopment analysis [J]. Journal of the Operational Research Society, 1993, 44 (2): 133-140.

[5] Takeda E. An extended DEA model: appending an additional input to make all DMUs at least weakly efficient [J]. European Journal of Operational Research, 2000, (125): 25-33.

[6] Charnes A, Cooper W W, Rhodes E. Measuring the efficiency of decision making units [J]. European Journal of Operational Research, 1978, (2): 429-444.

[7] Banker R D, Charnes A, Cooper W W. Some models for estimating technical and scale inefficiencies in Data Envelopment Analysis [J]. Management Science, 1984, 30 (9): 1078-1092.

[8] Charnes A, Cooper W W, Golary B, et al. Foundation of Data Envelopment Analysis for Pareto-Koopmans efficient empirical production function [J]. Journal of Economics, 1985, (87): 594-604.

[9] Fare R, Grosskopf S. A nonparametric cost approach to scale efficiency [J]. Journal of Economics, 1985, (87): 594-604.

[10] Charnes A, Cooper W W, Wei Q L. A semi-infinite multicriteria programming approach to Data Envelopment Analysis with infinitely many decision making units [R]. Center for Cybernetic Studies Report CCS 511, 1986.

[11] Charnes A, Cooper W W, Wei Q L, et al. Cone ratio Data Envelopment Analysis and multi-objective programming [J]. International Journal of Systems Science, 1989, 20 (7): 1099-1118.

除了包括 C^2R 和 BC^2 两个基本模型外，还包括 C^2W 和 C^2WH 模型[1]。李树根等[2]研究了 Banach 空间中的 DEA 模型，认为研究者提出的 DEA 模型都是 Banach 空间中的 DEA 模型的特例。马占新和唐焕文[3]提出了 ZHDEA 综合 DEA 模型，并讨论了其求解方法。

（4）DEA 模型与其他理论相结合的研究。研究者在改进 DEA 模型的过程中，也将一些相关理论如模糊集理论和灰色理论引入进来。

6.1.2　DEA 理论研究

DEA 的理论随着模型的发展、应用也不断发展、完善。目前，DEA 的理论研究主要包括以下几个方面：

（1）决策单元的有效性研究。决策单元的有效性是 DEA 最重要的理论基础研究之一，是 DEA 模型的核心概念。李树根等[4]探讨了 C^2R 和 C^2W 模型的决策单元有效集合的结构；朱乔等[5]把决策单元的有效性分为规模有效性、饱和有效性和技术有效性，并讨论了这三种有效性的概念；冯俊文[6]研究了 C^2R 和 C^2GS^2 模型的决策单元有效性问题；郝海等研究了不同方面的决策单元的有效性[7]；Sinuany-Stern 等运用判别分析法研究了决策单元有效的排序方法[8]；等等。林秀芹等[9]还讨论了区间 DEA 的决策单元的有效性定义。

（2）DEA 有效性与决策单元之间的关系研究。决策单元与 DEA 的有效性存在着非常紧密的联系。决策单元的微小变化都可能会影响到 DEA 的变化。吴文江[10]研究了决策单元的输入变化对 DEA 有效性的影响。魏权龄等[11]分析了决

---

① Charnes A, Cooper W W, Wei Q L, et al. Compositive Data Envelopment Analysis and Multi-objective Programming [R]. Center for Cybernetic Studies Report CCS 633, 1988.

② 李树根，杨印生，郝海. Banach 空间的 DEA 模型 [J]. 东北运筹与应用数学，1996，11（1）：16-18.

③ 马占新，唐焕文. 一个综合的 DEA 模型及其相关性质 [J]. 系统工程学报，1999，14（4）：311-316.

④ 李树根，杨印生. DEA 有效决策单元集合的结构 [J]. 吉林大学工学学报，1991，21（3）：1-4.

⑤ 朱乔，盛昭瀚，吴广谋. DEA 模型中的有效性问题 [J]. 东南大学学报，1994，（2）：78-82.

⑥ 冯俊文. C^2R 和 C^2GS^2 的 DEA 有效性问题 [J]. 系统工程与电子技术，1994，16（7）：42-51.

⑦ 郝海. 评价决策单元相对效率的修正 DEA 模型 [J]. 系统工程与电子技术，2000，22（2）：40-43.

⑧ Sinuany-Stern Z, Friedman L. DEA and the discriminant analysis of ratios for ranking units [J]. European Journal of Operational research, 1998, (111): 470-478.

⑨ 林秀芹，季大琴，郭均鹏. 区间数据包络分析的主客观求解及其应用研究 [J]. 军事运筹与系统工程，2004，18（3）：19-24.

⑩ 吴文江. 只改变输出使决策单元变为 DEA 有效 [J]. 系统工程，1995，13（2）：17-20.

⑪ 魏权龄，李宏. 决策单元的变更对 DEA 有效性的影响 [J]. 北京航空航天大学学报，1991，17（1）：85-97.

策单元的变更对 DEA 有效性的影响。

（3）数据变换不变性的研究。数据变换不变性是通过改变 DEA 模型的数据，在不改变 DEA 有效性的前提下，提高数据的准确性。岳明[1]通过增加数据量，并对数据进行适当转换，使生产前沿面能够更真实地反映生产实际情况。李纪选[2]探讨了在数据变换的过程中保持 DEA 有效性不变的理论依据。马占新等[3]提出了基于偏序集理论的变换性质，并对保持 DEA 有效性的前提下，如何进行数据变换进行了研究。

（4）灵敏度研究。DEA 的有效性完全取决于决策单元的输入、输出数据，因此，DEA 的灵敏度一直是 DEA 理论中的一个重要研究内容。1985 年，查恩斯构造了一个特殊的逆矩阵，研究了单个决策单元输入、输出发生变化时，DEA 的灵敏度[4]。随后，查恩斯和莱拉里克（Neralic）研究了基于基础解系矩阵的 DEA 的灵敏度[5]。何静等[6]分析了 C^2R 和 C^2GS^2 的灵敏度问题。杨印生等[7]研究了带有参数的C^2R的灵敏度。1999 年，日本学者响（Hibiki）等[8]提出了改变参考集研究 DEA 灵敏度的方法。

（5）DEA 与其他方法的组合研究。1993 年，王应明等[9]综合了 DEA 方法、层次分析法和模糊综合计量评价方法，提出了基于权重的计量评价方法，用于计量工业经济效益。王宗军[10]指出将各种计量评价方法综合运用是未来的发展趋势。乔（Joe）[11]将 DEA 方法和主成分分析法相结合，研究了中国各城市的经济效

---

[1] 岳明. 用 DEA 方法确定生产函数 [J]. 数学的实践与认识，1990，(4)：38-46.

[2] 李纪选. 用 DEA 方法确定生产函数的一点注记及决策单元 DEA 有效的条件 [J]. 应用基础与工程科学学报，1996，(3)：241-247.

[3] 马占新，唐焕文. 关于 DEA 有效在数据变化下的不变性 [J]. 系统工程学报，1999，14 (2)：40-75.

[4] Charnes A. Sensitivity analysis in DEA [J]. Annals f OR, 1985, (2): 139-156.

[5] Charnes A, Neralic L. Sensitivity analysis of the additive model in DEA [J]. European Journal of Operational Research, 1990, (48): 332-341.

[6] 何静，吴文江. 有关 DEA 有效性的定理及其在灵敏度分析中的应用 [J]. 系统工程理念与实践，1997，17 (8)：14-19.

[7] 杨印生，王全文. 带有参数的 CR 模型的灵敏度研究及其应用 [J]. 系统工程与电子技术，1997，19 (12)：59-62.

[8] Hibiki N, Sueyoshi T. DEA sensitivity analysis by changing a reference set: regional contribution to Japanese industrial development [J]. Omega, International Journal Management Science, 1999, (27): 139-153.

[9] 王应明，傅国伟. 一种用于工业经济效益综合评价的模型和方法 [J]. 系统工程与电子技术，1993，15 (3)：18-21.

[10] 王宗军. 综合评价的方法、问题及其研究趋势 [J]. 管理科学学报，1998，(1)：74-79.

[11] Joe Z. Data envelopment analysis vs principle component analysis: an illustrative study of economic performance of Chinese cities [J]. European Journal of Operational Research, 1998, (111): 50-61.

益。班克（Banker）等学者[①]将 DEA 方法与博弈论方法相结合进行了实证研究。

6.1.3　DEA 的应用

利用 DEA 方法分析科研投入产出的实证研究不胜枚举。可以从以下几个方面划分：

（1）按地区划分：研究者会以某一个省、市的科研投入产出作为数据源进行研究。

（2）按科研机构划分：科研机构分为高校和企业。将 DEA 方法应用到高校的研究最多。高校可以按类型分为理、工、农、医等，还可以分为重点、一般、民办院校。

（3）按行业划分：科研机构按行业可以分为制造业、服务业等。

（4）按地区、科研机构、行业综合划分：研究者往往会把研究对象定位在某一个省、市的某一类高校或者某一行业中。

（5）按研究方法的不同划分：部分研究者只使用 DEA 方法进行应用研究，部分研究者会在 DEA 方法的基础上综合应用其他方法进行研究。比如，DEA 与 Malmquist 指数结合的方法、DEA 超效率模型、DEA 与层次分析法结合的方法等。

6.1.4　DEA 在科研投入、产出计量中的适用性

科研投入、产出活动包括多个投入（输入）因素和多个产出（输出）因素。输入因素与输出因素之间的关系复杂、度量单位不一致，难以进行全面的计量分析。DEA 存在以下优点：

（1）不需要考虑各指标的量纲；

（2）不需要设定输入、输出间的函数关系；

（3）不需要预先设定权重；

（4）计量分析结果丰富。

因此，DEA 方法已经成为科研机构相对有效性计量分析的一个重要工具。目前，国内外有很多论文都将 DEA 方法应用到科研投入、产出的计量分析中来。根据计量分析的数据源不同，可以把这些研究成果分为针对不同地区的科研投入、产出计量分析，针对不同研究机构的科研投入，产出计量分析和针对

[①] Banker R D, Charnes A, Cooper W W, et al. Constrained game formulations and interpretations for data envelopment analysis [J]. European Journal of Operational Research, 1989, (42): 299-308.

不同地区、不同研究机构的科研投入、产出计量分析。针对不同地区的科研投入计量分析通常会以某一个省份作为研究的数据源，引入 DEA 方法中的某一个模型对其进行分析[①]。针对不同研究机构的科研投入，产出计量分析通常会以某一类科研机构作为研究的数据源，利用 DEA 方法中的某一个模型对其进行分析[②]。针对不同地区、不同研究机构的科研投入、产出计量分析则是把以上两种研究方法相结合，对科研投入、产出进行分析[③]。

6.2　DEA 的基本概念

1. 决策单元

决策单元是 DEA 方法中最核心的一个概念。决策单元（decision making unit，DMU）是指将投入转化为产出的实体单位。在经济领域，每一种经济活动都需要投入经济要素，产出经济要素。DMU 专门用来衡量经济活动，同一计量对象中的 DMU 具有相同类型的投入、产出，通过对投入、产出的计量，制定实现目标的最优决策。

2. 生产可能集

设 DMU 在经济活动中的输入和输出向量分别为 $X=(x_1, x_2, \cdots, x_m)^T$ 和 $Y(y_1, y_2, \cdots, y_s)^T$，$(X, Y)$ 表示决策单元的整个经济活动过程。

定义 6-1　集合 $T=\{(X, Y) | 产出 Y 能由 X 生产出来\}$ 称所有可能的生产活动构成的生产可能集。

对于任一决策单元 Z，它的生产可能集 T 满足以下四条公理：

(1) 凸性：对任意的 $(X_1, Y_1) \in T$ 和 $(X_2, Y_2) \in T$，$\lambda \in [0, 1]$，有 $\lambda(X_1, Y_1)+(1-\lambda)(X_2, Y_2) \in T$。

(2) 无效性：如果 $(X, Y) \in T$，若 $\overline{X} \geqslant X$，则 $(\overline{X}, Y) \in T$；若 $\overline{Y} \leqslant Y$，则 $(X, \overline{Y}) \in T$。

(3) 锥性：如果 $(X, Y) \in T, K \geqslant 0$，则 $k(X, Y) = (kX, kY) \in T$。

(4) 最小性：生产可能集必须同时满足以上三个公理。

定义 6-2　设 T 为生产可能集，称 $L(Y) = \{X | (X, Y) \in T\}$ 为 Y 的

[①] 陈燕武．福建省科技投入产出效率评价 [J]．科技和产业，2011，1 (11)：40-44．
[②] 童康．采用"投入-产出"法评估高校效益的局限性和可能性 [J]．江苏高教，2009，4：18-20．
[③] 王晶，张爱民．北京市属高校科研投入产出效果评价研究 [J]．中国市场，2010，27：142-144．

输入可能集;称 $P(X)=\{Y\mid(X,Y)\in T\}$ 为 X 的输入可能集。

定义 6-3 设 $(X,Y)\in T$,如果不存在 $(X,Y)\in T$,$Y\leqslant Y$,则称 (X,Y) 为有效的生产活动;设 $(X,Y)\in T$,如果不存在 $(X,Y)\in T$,$X\leqslant X$,则称 (X,Y) 为有效的生产活动。

定义 6-4 对于生产可能集 T,所有有效的生产活动点 (X,Y) 构成的曲面 $Y=f(X)$ 称为生产函数。

6.3 DEA 的主要模型

DEA 从产生一直发展到现在,已经出现了很多模型。本节首先介绍两个最基本且应用最广的模型——C^2R 模型和 BC^2 模型。C^2R 模型主要针对科研投入、产出的综合效率进行计量分析。BC^2 模型主要针对科研投入、产出的技术效率进行计量分析。

6.3.1 C^2R 模型

设有 n 个 DMU,每个 DMU 的输入类型有 m 种,输出类型有 s 种。对于 DMU_j ($j\in[1,\cdots,n]$),有:

X_j,Y_j 分别表示 DMU_j 的输入向量和输出向量;

$x_{ij}=DMU_j$ 第 i 种输入的投入量,$x_{ij}>0$ ($1\leqslant r\leqslant s$);

$y_{rj}=DMU_j$ 第 r 种输出的产出量,$y_{rj}>0$ ($1\leqslant r\leqslant s$);

v_i 表示第 i 个投入指标的权重 ($1\leqslant i\leqslant m$),u_r 是第 r 个投入指标的权重 ($1\leqslant r\leqslant s$),有:

$X_j=(x_{1j},x_{2j},\cdots,x_{mj})^T$,$j=1,\cdots,n$;

$Y_j=(y_{1j},y_{2j},\cdots,y_{mj})^T$,$j=1,\cdots,n$;

$v=(v_1,v_2,\cdots,v_m)^T$;

$u=(u_1,u_2,\cdots,u_s)^T$。

每个输入、输出指标赋予一定的权重,得到每个决策单元的效率指数:

$$h_j=\frac{u_T Y_j}{v^T X_j}=\frac{\sum_{r=1}^{s}u_r y_{rj}}{\sum_{i=1}^{m}v_i x_{ij}},\ j=1,2,\cdots,n$$

效率指数 h_j 是指在权重 v 和 u 的调节下,投入 $v^T X_j$ 与产出 $u^T Y_j$ 之比。

对 DMU_{jo} 进行效率计量分析时,效率指数 $h_{jo} \leq 1$ 作为约束条件,h_{jo} 最大化作为最终目标,有如下分式规划

$$\begin{cases} \max \dfrac{u^T Y_{jo}}{v^T X_{jo}} \\ \text{s.t.} \ \dfrac{u^T Y_j}{v^T X_j} \leq 1, \ j=1,\cdots,n \\ u \geq 0, \ v \geq 0 \end{cases}$$

这是 C^2(Charns-Cooper)R 模型的最初形式。这个分式规划不方便计算,通过 C^2 变换,将其转换成等价的线性规划:

$$(P) \begin{cases} \max \mu^T Y_{jo} \\ \omega^T X_j - \mu^T Y_j \geq 0, \ j=1,\cdots,n \\ \omega^T X_{jo} = 1 \\ \omega \geq 0, \ \mu \geq 0 \end{cases}$$

其中,$\omega = tv$,$\mu = tu$,$t = \dfrac{1}{v^T X_{jo}}$。

线性规划问题(P)是指找到一个权重向量,使得决策单元 DMU_{jo} 的效率最大化。对于(P)有如下定义:

(1) 如果(P)的最优解 v^o,u^o 满足 $u^{oT} Y_{jo} = 1$,称 DMU_{jo} 为弱 DEA 有效;

(2) 如果(P)的最优解 v^o,u^o 满足 $u^{oT} Y_{jo} = 1$,且,$v^o > 0$,$u^o > 0$,称 DMU_{jo} 为 DEA 有效。

线性规划问题(P)的对偶规划:

$$(D) \begin{cases} \min \theta \\ \text{s.t.} \ \sum_{j=1}^{n} X_j \lambda_j \leq \theta X_{jo} \\ \sum_{j=1}^{n} Y_j \lambda_j \geq Y_{jo} \\ \lambda_j \geq 0, \ j=1,\cdots,n \end{cases}$$

(D)是指在保持 Y_{jo} 不变的情况下,在 $T_{C^2 R}$ 的范围内,将 X_{jo} 按 θ 缩小。如果不能缩小,表示 DMU_{jo} 是有效的,反之则不是有效的。对于(D)有如下定义:

(1) DMU_{jo} 为弱 DEA 有效的充要条件是(D)的 $\theta^o = 1$;

(2) DMU_{jo} 为 DEA 有效的充要条件是(D)的 $\theta^o = 1$,且每个最优解 λ^o、S^{-o}、S^{+o} 和 θ^o 都满足 $S^{-o} = S^{+o} = 0$。松弛变量表示输入冗余,剩余变量表示输出不足。S^{-o} 和 S^{+o} 表示松弛变量和剩余变量的最优解。

线性规划问题(P)和对偶规划问题(D)是从输入缩小、输出不变的角度来判断 DEA 中 DMU_{jo} 的有效性。因此,它们被称为投入导向(input-oriented)的 $C^2 R$ 模型。相应地,我们还可以从输入不变、输出扩大的角度判断 DEA 中

DMU$_{jo}$的有效性，这种方法被称为产出导向（output-oriented）的C^{2}R模型。

以上两个线性规划模型在应用时都很复杂，计算起来不太方便。随着计算机技术的不断进步，相应的软件被开发出来，如Matlab等，这些软件能够方便地进行大型线性规划模型的计算。这为DEA方法的发展与应用提供了良好的环境。

6.3.2 BC^{2}模型

C^{2}R模型对DMU有效性进行判断有一个假设：被计量的DMU可以通过扩大投入规模等比例扩大产出规模，即锥性公理。因此，对于DEA无效的DMU，是无法利用C^{2}R模型判断是由规模还是技术导致无效的。于是，Banker、查恩斯和库珀于1984年提出了BC^{2}模型，增加了凸性假设：$\sum_{j=1}^{n}\lambda_j=1$，解决了以上的问题。

投入导向的BC^{2}线性规划和对偶规划分别是：

$$(P^I_{BC^2})\begin{cases}\max\ (\mu^T Y_{jo}-\mu_o)\\ \omega^T X_j-\mu^T Y_j+\mu_o\geqslant 0,\\ j=1,\cdots,n\\ \omega^T X_{jo}=1\\ \omega\geqslant 0,\ \mu\geqslant 0,\ \mu_o\in E^1\end{cases}\text{和}(D^I_{BC^2})\begin{cases}\min\theta\\ \sum_{j=1}^{n}X_j\lambda_j\leqslant \theta X_{jo}\\ \sum_{j=1}^{n}Y_j\lambda_j\geqslant Y_{jo}\\ \sum_{j=1}^{n}\lambda_j=1,\ \lambda_j\geqslant 0,\ j=1,\cdots,n\end{cases}$$

BC^{2}模型的线性规划具有同样的定义：

（1）如果（$P^I_{BC^2}$）的最优解ω^o、μ^o、μ_o^o满足$\mu^{oT}Y_{jo}-\mu_o^o=1$，则称DMU$_{jo}$为弱DEA有效；

（2）如果（$P^I_{BC^2}$）的最优解ω^o、μ^o、μ_o^o满足$\mu^{oT}Y_{jo}-\mu_o^o=1$，且$\omega^o>0$，$\mu^o>0$，则称DMU$_{jo}$为DEA有效。

同样，对偶规划也具有类似的定义：

（1）DMU$_{jo}$为弱DEA有效的充要条件是$D^I_{BC^2}$的$\theta^o=1$；

（2）DMU$_{jo}$为DEA有效的充要条件是$D^I_{BC^2}$的$\theta^o=1$，且每个最优解λ^o、S^{-o}、S^{+o}和θ^o都满足$S^{-o}=S^{+o}=0$。

6.3.3 超效率DEA模型

虽然传统的DEA模型可以判断决策单元的效率是否达到最优，但无法对其进行再排序。超效率DEA模型正是为了解决这一问题而诞生的。超效率DEA模型如下所示：

$$\begin{cases} \min \theta_0^{\text{super}} \\ \text{s.t.} \sum_{\substack{j=1 \\ j \neq 0}}^{n} \lambda_j x_{ij} + S_i^- = \theta^{\text{super}} x_{i0}, \ i=1, 2, \cdots, m \\ \sum_{\substack{j=1 \\ j \neq 0}}^{n} \lambda_j y_{ij} - S_i^+ = y_{i0}, \ i=1, 2, \cdots, s \\ \sum_{\substack{j=1 \\ j \neq 0}}^{n} \lambda_j = 1 \\ \lambda_j \geqslant 0, \ j \neq 0 \end{cases}$$

其中，θ^{super} 是效率指数，λ_j 是输入、输出系统，两者都是决策变量。x_{ij} 是第 j 个计量评价对象的第 i 个输入指标值，y_{ij} 是第 j 个计量评价对象的第 i 个输出指标值，S_i^- 是输入指标松弛变量，S_i^+ 是输出指标松弛变量。

θ^{super} 能够充分反映出科研投入产出的效率。θ^{super} 的值有三种情况：$\theta_0^{\text{super}} < 1$；$\theta_0^{\text{super}} 1$；$\theta_0^{\text{super}} > 1$。第一种情况表示科研投入产出没有达到最优效率；第二种情况表示科研投入产出正好达到最优效率；第三种情况表示科研投入产出超过了最优效率。

超效率 DEA 模型与传统 DEA 模型的主要区别有以下三点：

（1）超效率 DEA 模型能够对有效前沿面上的决策单元进行再次排序，从而可以对最优效率的决策单元进行再次比较。传统 DEA 模型仅仅能够判断决策单元是否有效，但无法判断有效决策单元的优劣。

（2）输入指标松弛变量 S_i^- 能够找出未达到最优效率的决策单元的输入冗余，从而修正效率低下的决策单元。传统 DEA 模型仅仅能够判断决策单元是否有效，但找到发现输入决策单元效率低下的原因。

（3）输出指标松弛变量 S_i^+ 能够找出未达到最优效率的决策单元的输出冗余，从而修正效率低下的决策单元。传统 DEA 模型仅仅能够判断决策单元是否有效，但无法找到输出决策单元效率低下的原因。

6.3.4 C^2GS^2 模型

C^2GS^2 模型，也称加法模型，是由查恩斯、库珀、格拉里、斯佛德、斯图兹共同提出的。C^2GS^2 模型可以用于计量评价科研过程中的技术有效性和规模有效性。通过数学模型对决策单元之间的效率进行比较分析，发现最优效率决策单元。C^2GS^2 模型适用于对具有多输入变量、多输出变量的系统进行计量评价。在运用 C^2GS^2 模型时，通常将研究数据源的科研生产过程看作一个实体在一定的范围内，通过投入一定数量的科研要素，产出一定数量的科研产品的活动。这种实体被称作决策单元。假设被研究数据源有 n 个决策单元，每个决策单元有 m 种科研输入要素和 s 种科研输出要素。x_{ij} 为第 j 个决策单元的第 i 种科研输入的投入量，且 $x_{ij}>0$。y_{rj} 为第 j 个决策单元的第 r 种科研输出的产出量，且 $y_{rj}>0$。v_i 为第 i 种科研输入的权，且 $v_i \geqslant 0$。u_r 为第 r 种科研输出的权，且 $u_r \geqslant 0$。权系数 $V(v_1, v_2, \cdots, v_m)^T$，$U=(u_1, u_2, \cdots, u_s)^T$；$X_j=(x_{1j}, x_{2j}, \cdots, x_{mj})^T$，$Y_j=(y_{1j}, y_{2j}, \cdots, y_{sj})^T$，$x_{ij}$，$y_{rj}$ 为已知。每个 DMU 的科研效率计量评价指标为：$\theta = U^T Y_j / V^T X_j = (\sum_{r=1}^{s} u_r y_{rj} / \sum_{i=1}^{s} v_i x_{ij})(j=1, 2, \cdots, n)$。为了满足 $\theta_j \leqslant 1$ $(j=1, 2, \cdots, n)$，有 $\sum_{r=1}^{s} u_r y_{rj} - \sum_{i=1}^{m} v_i x_{ij} \leqslant 0 (j=1, 2, \cdots, n)$。综上所述，得到投入产出计量评价的 C^2GS^2 模型

$$\begin{cases} \max \sum_{j=1}^{n} (U^T Y_j - V^T X_j) \\ \text{s.t.} \, U^T Y_j - V^T X_j \leqslant 0, \, j=1, 2, \cdots, n \\ \sum_{j=1}^{n} V^T X_j = 1 \\ U \geqslant 0, \, V \geqslant 0 \end{cases}$$

上述模型不好求解，引入阿基米德无穷小量 ε，对原始模型进行对偶规划，得到最终的 C^2GS^2 模型

$$\begin{cases} \min \left[\theta_0 - \varepsilon (\sum_{i=1}^{m} S_{i0}^+ + \sum_{r=1}^{s} S_{r0}^-) \right] \\ \text{s.t.} \sum_{j=1}^{n} \lambda_j x_{ij} + S_{i0}^+ = \theta_0 x_{i0}, \, i \in (1, 2, \cdots, m) \\ \sum_{j=1}^{n} \lambda_j y_{ij} + S_{r0}^- = y_{r0}, \, r \in (1, 2, \cdots, s) \\ \theta_0, \, \lambda_j, \, S_{i0}^+, \, S_{r0}^- \geqslant 0 \end{cases}$$

其中，λ_j 为所求权利系数，S_{i0}^+ 表示决策单元第 i 项科研投入值，S_{r0}^- 表示决策单元第 r 项科研产出值。m、s 分别表示科研投入、产出指标数量。θ_0 表示根据 C^2GS^2 模型计算机出的决策单元的相对效率值。θ_0 的取值有以下两种情况：

(1) 当 $\theta_0 = 1$ 时，称该决策单元的科研投入有效。这说明在 n 个决策单元组成的系统中，以科研投入为基础的科研产出得到了优化。

(2) 当 $\theta_0 < 1$ 时，称该决策单元的科研投入有效。这说明在 n 个决策单元组成的系统中，以科研投入为基础的科研产出没有得到优化。可以在保持产出不变的情况下，降低科研投入，从而提升 θ_0 值。

假设 $K = \sum \lambda_i / \theta$，可以进一步分析科研投入产出的规模收益：

(1) 当 $K=1$ 时，表示科研投入产出的规模收益不变。

(2) 当 $K<1$ 时，表示科研投入产出的规模收益递增。这说明只要在该决策单元的科研投入的基础上增加投入量，科研产出量将大幅度增加。

(3) 当 $K>1$ 时，表示科研投入产出的规模收益递减。这说明即使在该决策单元的科研投入的基础上大幅度增加投入量，科研产出量也不会发生大幅度变化。

6.4 DEA 模型与其他方法的综合应用

有时仅仅利用 DEA 模型无法对科研投入产出进行深入的计量分析，需要将 DEA 模型与其他方法结合，对科研投入产出数据进行全方位的综合分析。下面列举几种常用的综合应用方法。

6.4.1 DEA 模型与 Malmquist 指数

Malmquist 指数由科维斯等提出，是以 Malmquist 数量指数和距离函数为基础建立起来的，用于计量全要素生产率（TFP）。同时，它还适用于计量科研投入产出的动态变化。科研投入产出的最主要特征是多投入因素、多产出因素。基于 DEA 模型的 Malmquist 指标可以方便地处理这种多投入、多产出的数据。另外，Malmquist 指数还能够分解成几个指数，得到更加深入准确的动态分析结果，根据分析结果发现影响科研投入产出的原因。

科维斯等使用 M_i^t 和 M_i^{t+1} 表示基于投入的全要素生产率指数[①]

$$M_i^t = D_i^t(x^t, y^t)/D(x^{t+1}, y^{t+1})$$
$$M_i^{t+1} = D_i^{t+1}(x^t, y^t)/D_i^{t+1}(x^{t+1}, y^{t+1})$$

基于投入是指在一定的投入组合下，使用最小投入与实际投入之比计量技术效率。x^t、x^{t+1}、y^t 和 y^{t+1} 分别表示 t 和 $t+1$ 期的投入和产出。$D_i^t(x^t, y^t)$、$D_i^t(x^{t+1}, y^{t+1})$、$D_i^{t+1}(x^t, y^t)$ 和 $D_i^{t+1}(x^{t+1}, y^{t+1})$ 分别表示 t 和 $t+1$ 期的距离函数。$D_i^t(x^t, y^t)$ 表示在第 t 期的技术水平下，第 t 期的效率水平。其他三个距离函数依此类推。M_i^t 和 M_i^{t+1} 分别表示在第 t 期和第 $t+1$ 期的技术水平下，第 t 期和第 $t+1$ 期的全要素生产率的变化。

Fare 等使用 M_i^t 和 M_i^{t+1} 的几何平均值计算 Malmquist 指数。这样做是为了

---

① Caves D W, Christensen L R, Diewert W E. Multilateral comparisons of output, input and productivity using superlative index numbers [J]. Economic Journal, 1982, 92: 73-86.

避免生产技术参照的选择随意性。

$$M_i(x^{t+1}, y^{t+1}, x^t, y^t) = \left\{ \left[\frac{D_i^t(x^t, y^t)}{D_i^t(x^{t+1}, y^{t+1})}\right]\left[\frac{D_i^{t+1}(x^t, y^t)}{D_i^{t+1}(x^{t+1}, y^{t+1})}\right]\right\}^{\frac{1}{2}}$$

$$\times \left[\frac{D_i^t(x^t, y^t)}{D_i^{t+1}(x^{t+1}, y^{t+1})}\right]\left\{\left[\frac{D_i^{t+1}(x^t, y^t)}{D_i^t(x^{t+1}, y^{t+1})}\right]\left[\frac{D_i^{t+1}(x^t, y^t)}{D_i^{t+1}(x^t, y^t)}\right]\right\}^{\frac{1}{2}}$$

科研投入产出计量评价效率的 Malmquist 指数分为资源配置效率指数（TECH）和技术进步与创新效率指数（TPCH）。资源配置效率指数是指在规模报酬不变（CRS）的条件下，技术效率变化指数。它代表了两个时期相对技术效率的变化，计量了第 t 期到第 $t+1$ 期每个决策单元到生产前沿面的追赶程度，因此也称为"追赶效应"或者"水平效应"。当 TECH>1 时，表明决策单元的生产更接近生产前沿面，相对技术效率有所提高。技术进步与创新效率指数代表了两个时期生产前沿面的移动，计量了第 t 期到第 $t+1$ 期生产前沿面的移动，因此也称为"前沿面移动效应"或者"增长效应"。当 TPCH>1 时，表明生产前沿面向外移动，即技术出现了进步。

Malmquist 指数弥补了 C^2R 模型的缺点。静态 C^2R 模型只能针对同一时期的数据进行分析，无法针对处于不同时期的无效率产业的科研投入产出的计量评价结果的变化[①]。Malmquist 指数以面板数据为数据源，因此引入距离函数，运用距离函数进行垂直分析，从而弥补了静态 C^2R 模型的缺点，使整个分析结果更加全面完整。

6.4.2 三阶段 DEA 模型

三阶段 DEA 模型是由 Fried 等提出的用于计量评价决策单元效率的方法[②]。三阶段 DEA 模型顾名思义，包括三个阶段：

（1）第一阶段利用传统的 DEA 模型中的 BC^2 模型进行分析。BC^2 模型在上一节中已经介绍，在此不再赘述。BC^2 模型计算出的效率值是技术效率值。技术效率值可以分解成规模效率与纯技术效率的乘积，表达式为：技术效率＝规模效率×纯技术效率。

（2）第二阶段利用随机前沿分析（SFA）模型分析 DEA 模型。佛莱德等认为，第一阶段的分析结果会受到以下三个因素的影响：环境因素、管理因素和

---

① Wheelock D C, Wilson P W. Technical progress, inefficiency, and productivity change in US Banking, 1984—1993 [J]. Journal of Money, Credit, and Banking, 1999，(31)：212—234.

② Fried H O, Lovell C A K, Schmidt S S, Yaisawarng S. Accounting for environmental effects and statistical noise in Data Envelopment Analysis [J]. Journal of Productivity Analysis, 2002 (17)：121-136.

随机因素。传统的 BC^2 模型并没有对这三种因素加以区分。换句话说，BC^2 模型无法判断决策单元的有效性是由环境因素、管理因素，还是由随机因素造成的。SFA 模型可以分别反映到以上三种因素对决策单元的影响，从而进一步剔除环境因素和随机因素造成的影响，发现由管理因素引起的决策单元投入冗余，并加以引导改善。以投入导向为例，假设有 n 个决策单元，每个决策单元有 m 种投入，有 p 个可观测的外部环境变量，它们分别对每个决策单元的投入松弛变量进行 SFA 分析，SFA 回归方程为

$$S_{ik} = f^i(z_k; \beta^i) + v_{ik} + \mu_{ik}, \quad i=1,2,\cdots,m; \quad k=1,2,\cdots,n$$

其中，S_{ik} 表示第 k 个决策单元的第 i 个投入松弛变量；$z_k = z_{1k}, z_{2k}, \cdots, z_{pk}$，表示 p 个可观测的外部环境变量；β^i 表示外部环境变量的待估参数；$f^i(z_k; \beta^i)$ 表示外部环境变量对投入差值 S_{ik} 的影响，一般情况下：$f^i(z_k; \beta = z_k\hat{\beta}^i)$；$v_{ik} = u_{ik}$ 表示混合误差；v_{ik} 表示随机干扰，假设 $v_{ik} \cdot N(0, \sigma_{vi}^2)$；$u_{ik}$ 表示管理无效，假设 $u_{ik} \cdot N^+(u^i, \sigma_{ui}^2)$；$v_{ik}$ 和 u_{ik} 独立不相关。特别地，当 $\lambda = \sigma_{ui}^2/(\sigma_{ui}^2 + \sigma_{vi}^2)$ 的值无限趋近于 1 时，表示管理因素将会成为主要的影响因素；反之，当 $\lambda = \sigma_{ui}^2/(\sigma_{ui}^2 + \sigma_{vi}^2)$ 的值无限趋近于 0 时，表示随机因素将会成为主要的影响因素。

我们可以利用 SFA 模型的回归结果对决策单元的投入项进行进一步调整。首先增加外部环境或者运气较好的决策单元的投入，然后降低外部环境或者运气较差的决策单元的投入，最大限度地剔除外部环境和随机因素的影响。调整模型为

$$\hat{x}_{ik} = x_{ik} + [\max_k\{z_k\hat{\beta}^i\} - z_k\hat{\beta}^i] + [\max_k\{\hat{v}_{ik}\} - \hat{v}_{ik}], i=1,2,\cdots,m; k=1,2,\cdots,n$$

其中，X_{ik} 表示第 k 个决策单元在第 i 项投入的实际值；$\hat{x}_{ik}$ 表示调整值；$\hat{\beta}^i$ 表示外部环境变量参数的估计值；$\hat{v}_{ik}$ 表示随机变量参数的估计值。式中，第一个中括号的作用是将所有决策单元调整到相同的外部环境下，第二个中括号的作用是将所有决策单元调整到相同的随机误差范围内。通过两次调整，每个决策单元将面对相同的外部环境和随机误差。

（3）第三阶段将第二阶段调整后的投入数据 $\hat{x}_{ik}$ 替换原始投入数据 x_{ik}，产出不变，仍是 y_{ik}，再次利用 BC^2 模型进行效率计量分析。通过对投入数据的调整，得到的每个决策单元的效率值即是剔除了外部环境因素和随机因素影响后的效率值。

6.4.3 AHP 与 DEA 模型

层次分析法（analytic hicrarchy process，AHP）是美国运筹学家萨蒂（T. L. Saaty）教授于 20 世纪 70 年代提出的一种层次权重决策分析方法。它是一种将定性分析和定量分析相结合的多指标综合计量评价方法。AHP 一般包括以下几个步骤：分析问题的本质、影响因素和因素间的关系；基于问题构建层次结构模型；对每个层次的要素进行比较分析，建立判断矩阵；判断矩阵的最

大特征值以及对应的正交化特征向量，从而获得该层要素的权重；计算各层次要素相对于总体目标的综合权重，为最优方案的选择提供依据[①]。

AHP 能够将半定性、半定量问题转化为定量计算，将决策者经验量化，充分反映决策者偏好，分析结果充分反映评价的主观因素，为决策者提供定量的决策依据。DEA 模型不需要深入了解投入量、产出量的信息结构以及估计参数，可以直接对投入、产出进行多因素分析。AHP 与 DEA 模型的结合，能够充分发挥各自优势，同时定量分析主观因素和客观因素，缩小分析结果中的客观成分，增加主观成分，从而减少主观认识和客观实际的差距，计量评价方法更加完善，结果更加科学。具体来说，计量评价方法包括以下几个步骤：

（1）分析待计量评价系统的层次结构，以及各因素之间的关系，利用 AHP 建立层次结构体系。

（2）利用 AHP 计算各类因素相对于总目标的权重向量。

（3）按照指标层次体系建立决策单元集合，用 DEA 模型求出各个决策单元的值。

（4）利用 AHP 计算出的权重，得到总体优先级向量。

（5）比较总体优先级向量，得到各方案的优劣。

6.5 DEA 的应用

6.5.1 C^2R 模型应用

以天津师范大学理工类学科的科技创新能力指标为例，以 2001～2007 年每个年度作为决策单元进行 C^2R 模型的应用研究。投入和产出指标如表 6-2 所示。

表 6-2 投入和产出指标列表

科研投入指标	科研产出指标
教学与科研人员/人	科技专著
研究与发展人员/人	学术论文
R&D 项目数/项	技术转让合同数
R&D 投入人员/人	鉴定成果
R&D 拨入经费	国家、省部级获奖
科技经费总筹资	

2001～2007 年科研投入数据如表 6-3 所示。

---

① Liu D R, Shih Y Y. Integrating AHP and data mining for product recommendation based on customer lifetime value [J]. Information Management, 2005, 42 (3): 387-400.

表 6-3 2001~2007 年科研投入数据表

年份	教学与科研人员/人	研究与发展人员/人	R&D项目数/项	R&D投入人员/人	R&D拨入经费/千元	科技经费总筹资/千元
2001	227	130	158	87	1 754	2 644
2002	268	134	177	117	2 767	4 112
2003	372	98	208	76	5 040	5 930
2004	357	173	243	115	3 585	4 729
2005	374	209	278	139	9 045	11 047
2006	246	198	182	91	4 563	6 833
2007	248	161	255	128	5 709	11 682

2001~2007 年科研产出数据如表 6-4 所示。

表 6-4 2001~2007 年科研产出数据表

年份	科技专著/部	学术论文/篇	技术转让合同数/项	鉴定成果/项	国家、省部级获奖/项
2001	15	287	0	4	0
2002	3	271	2	1	2
2003	3	298	1	0	2
2004	2	319	2	6	0
2005	4	218	1	6	0
2006	1	143	0	2	1
2007	1	151	0	0	1

根据 C^2R 模型，决策单元对应的线性规划为：

$$D_\varepsilon = \begin{cases} \min[\theta - \varepsilon(S_1^- + S_2^- + S_3^- + S_4^- + S_5^- + S_6^- + S_1^+ + S_2^+ + S_3^+ + S_4^+ + S_5^+)] \\ 227\lambda_1 + 268\lambda_2 + 372\lambda_3 + 357\lambda_4 + 374\lambda_5 + 246\lambda_6 + 248\lambda_7 + S_1^- = 227\theta \\ 130\lambda_1 + 134\lambda_2 + 98\lambda_3 + 173\lambda_4 + 209\lambda_5 + 198\lambda_6 + 161\lambda_7 + S_2^- = 130\theta \\ 158\lambda_1 + 117\lambda_2 + 208\lambda_3 + 243\lambda_4 + 278\lambda_5 + 182\lambda_6 + 255\lambda_7 + S_3^- = 158\theta \\ 87\lambda_1 + 117\lambda_2 + 76\lambda_3 + 115\lambda_4 + 139\lambda_5 + 91\lambda_6 + 128\lambda_7 + S_4^- = 87\theta \\ 1754\lambda_1 + 2767\lambda_2 + 5040\lambda_3 + 3585\lambda_4 + 9045\lambda_5 + 4563\lambda_6 + 5709\lambda_7 + S_5^- = 1754\theta \\ 2644\lambda_1 + 4112\lambda_2 + 5930\lambda_3 + 4729\lambda_4 + 11047\lambda_5 + 6833\lambda_6 + 11682\lambda_7 + S_6^- = 2644\theta \\ 15\lambda_1 + 3\lambda_2 + 3\lambda_3 + 2\lambda_4 + 4\lambda_5 + \lambda_6 + \lambda_7 - S_1^+ = 15 \\ 287\lambda_1 + 271\lambda_2 + 298\lambda_3 + 319\lambda_4 + 218\lambda_5 + 143\lambda_6 + 151\lambda_7 - S_2^+ = 287 \\ 2\lambda_1 + \lambda_3 + 2\lambda_4 + \lambda_5 - S_3^+ = 0 \\ 4\lambda_1 + \lambda_2 + 6\lambda_4 + 6\lambda_5 + 2\lambda_6 - S_4^+ = 4 \\ 2\lambda_2 + 2\lambda_3 + \lambda_6 + \lambda_7 - S_5^+ = 0 \\ \lambda_j \geq 0, \ j=1, 2, \cdots, 7 \\ S_1^-, S_2^-, S_3^-, S_4^-, S_5^-, S_6^-, S_1^+, S_2^+, S_3^+, S_4^+, S_5^+ \geq 0 \end{cases}$$

取 $\varepsilon = 10^{-5}$，利用线性规划软件 Lingo 10.0 进行处理，得决策单元最优解，结果如表 6-5 所示。

表 6-5 决策单元最优解列表

年份	θ^0	S_1^{0-}	S_2^{0-}	S_3^{0-}	S_4^{0-}	S_5^{0-}	S_6^{0-}	S_1^{0+}	S_2^{0+}	S_3^{0+}	S_4^{0+}	S_5^{0+}
2001	1	0	0	0	0	0	0	0	0	0	0	0
2002	1	0	0	0	0	0	0	0	0	0	0	0
2003	1	89.3	57.6	0	69.3	890.4	1 179.6	0.23	0	0.14	0	0
2004	1	0	0	0	0	0	0	0	0	0	0	0
2005	0.93	0	10.9	19.2	6.9	5 326.3	5 953.7	8.2	156.8	0	0	0
2006	0.95	0	77.3	18.7	0	1 870.5	3 072.5	1.0	76.8	1.5	0	0
2007	0.92	0	17.4	75.4	30.2	3 471.6	8 048.8	14	136	0	0	0

1. 综合分析

首先查看 2001~2007 年科研创新投入产出效率。θ 值在 7 年中都超过了 0.9，说明 7 年的科研创新投入产出效率差距并不大。然后查看决策单元的有效性。从表 6-5 可以清晰地看出，2001 年、2002 年和 2004 年的 θ 值均为 1，并且松弛变量均为 0，说明这三年的决策单元均有效。2003 年为弱决策单元有效。相比之下，2005 年、2006 年和 2007 年三年为决策单元非有效，说明这三年科研创新投入产出效率有所下降。

2. 松弛变量分析

通过生产前沿面分析我们可以知道，当投入指标的松弛变量为非零时，说明对应的投入要素未能充分发挥本身的作用，未能促进科学研究的产出。从表 6-5 可以看出，研发人员的数量存在较大冗余，说明高校对研发人员的投入没有完全反映到产出上。当产出指标的松弛变量为非零时，说明对应的产出要素未能达到有效水平。从表 6-5 可以看出，高校的科技专著和技术转让数量存在问题，是松弛变量值最大，说明高校需要鼓励科研人员提高科技专著和技术转让的数量。

3. 在相对有效面上的投影分析

在此以 2006 年为例，假设

$x^0 = \theta^0 X^0 - S^{0-}$
$= 0.95\,(246, 198, 182, 91, 4563, 6833)^T - (0, 77.3, 18.7, 0, 1870.5, 3072.5)^T$
$= (233.7, 110.8, 154.2, 86.45, 2464.4, 3418.9)^T$

$y^0 = Y^0 + S^{0+}$
$= (1, 143, 0, 2, 1)^T + (1, 76.8, 1.5, 0, 0)^T$
$= (2, 219.8, 1.5, 2, 1)^T$

(x^0, y^0) 构成了新的决策单元，表示决策单元在相对有效面上的投影。(x^0, y^0) 与原来的 7 个决策单元构成新的线性规划，得到最优解

$$S_1^{0-}=S_2^{0-}=S_3^{0-}=S_4^{0-}=S_5^{0-}=S_6^{0-}$$
$$=S_1^{0+}=S_2^{0+}=S_3^{0+}=S_4^{0+}=0, \theta^0=1$$

新决策单元有效。通过投影方法分析得出，2006年决策单元非有效的主要原因是R&D项目投入数量明显偏大。这说明科研人员科研产出相对较低，同时，科研投入经费的效益在短时期内尚未显现出来。从表6-5我们可以判断，如果在投入方面把科研人员的数量减少77人，R&D经费减少187.1万元，科技经费减少307.3万元，并且产出不变，相对效率就能够提高。如果投入无法减少，我们可以增加产出要素，也能够达到决策单元的最优。

6.5.2 C^2R 和 C^2GS^2 模型应用[①]

本例中，利用 C^2R 模型和 C^2GS^2 模型对高校科研投入产出进行计量评价研究。θ_j、δ_j 分别表示 C^2R 模型和 C^2GS^2 模型中第 j 所高校的综合效率和纯技术效率。$\eta_j=\theta_j/\delta_j$ 表示第 j 所高校的规模效率。假设 $\theta_j<\delta_j$，如果 $\sum_{j=1}^{n}\lambda_j<1$，则称第 j 个决策单元规模收益递减；如果 $\sum_{j=1}^{n}\lambda_j>1$，则称第 j 个决策单元规模收益递增。

经过主成分分析和最后调整，高校科研投入产出计量评价指标体系包括3个一级指标，7个二级指标和15个三级指标。其中，15个三级指标中包括7个投入指标和8个产出指标，具体如表6-6所示。

表6-6 高校科研投入产出计量评价指标体系

一级指标	二级指标	三级指标
科研资源	人力资源	研究人员
	科研平台	国家重点实验室、省部级重点实验室、国家工程研究中心、省部级工程研究中心、部级以上人文社科基地
		产学研联合体、大学科技园
科研投入	科研项目	科研项目总数
		省级科技成果转化专项资金项目数、"四技"项目数
	经费投入	政府投入的科研经费
		企事业单位委托经费及其他科研经费投入
科研产出与效益	论文与专著	发表论文总数
		出版专著数
	成果鉴定与获奖	鉴定、验收成果数
		国家自然科学奖、国家技术发明奖、国家科技进步奖
		省部级科技进步奖、省哲学社会科学奖、其他部级成果奖
	知识产权与成果效益	专利申请数
		专利授权数
		专利、技术转让许可收入

[①] 戚涌，李千目，王艳．一种基于DEA的高校科研绩效评价方法[J]．科学学与科学技术管理，2008，29（12）：178-181．

本例选取江苏省21所高校的有关数据进行分析。数据来源于江苏省科技厅组织的调查问卷、各高校上报的数据，以及教育部、科技部、中国科技信息研究所等机构的统计数据，以及各高校的网站信息。表6-7中只列出部分数据。

表6-7 21所高校部分信息

学校	Out1	Out2	...	Out8	In1	...	In6	In7
南京大学	5 842	10	...	66	1 776	...	16 923	16 801
东南大学	4 963	128	...	0	1 226	...	28 657	18 139.5
南京航空航天大学	3 139	87	...	184	1 706	...	7 348.47	8 305.24
南京理工大学	2 510	37	...	701	2 080	...	6 640.55	23 307.49
河海大学	1 864	32	...	0	1 994	...	2 467.06	14 277.78
南京信息工程大学	1 239	14	...	286	590	...	2 135.3	1 034.1
南京农业大学	0	0	...	930	1 045	...	26 679.5	1 980.28
南京师范大学	1 540	5	...	133	1 123	...	4 568	5 387
中国药科大学	893	29	...	0	0	...	1 136	3 763.62
南京工业大学	1 443	4	...	1971	588	...	15 040	4 021.653
南京邮电大学	1 020	21	...	0	146	...	1 318.9	2 146
南京医科大学	1 116	3	...	0	0	...	5 795.3	729.74
南京中医药大学	324	21	...	0	290	...	1 317.774	307.9
南京工程学院	218	32	...	0	0	...	583	4 598.3
南京林业大学	645	7	...	110	484	...	5 489	360
江苏大学	2 450	13	...	0	553	...	2 564.5	9 638.88
江苏科技大学	1 260	8	...	0	275	...	684.4	3 984.3
江南大学	2 972	173	...	950	550	...	5 128.5	7 049
苏州大学	2 912	37	...	3200	1 009	...	2 195.5	0
中国矿业大学	2 119	16	...	3 139	690	...	3 477.6	23 915.78
扬州大学	2 597	53	...	265	2050	...	5 548.28	7 490.49

对数据进行标准化，结果如表6-8所示。

表6-8 21所高校数据标准化结果

学校	Out1	Out2	...	Out8	In1	...	In6	In7
南京大学	87.08	45.218	...	46.293	69.982	...	70.082	69.963
东南大学	77.6	78.697	...	45.429	61.045	...	87.94	72.085
南京航空航天大学	64.778	67.065	...	47.837	68.844	...	55.511	56.492
南京理工大学	59.588	52.878	...	54.602	74.921	...	54.434	80.278
河海大学	54.258	51.46	...	45.429	73.524	...	48.083	65.962
南京信息工程大学	49.101	46.353	...	49.172	50.712	...	47.578	44.966
南京农业大学	38.879	42.38	...	57.598	58.104	...	84.93	46.466
南京师范大学	51.585	43.799	...	47.17	59.372	...	51.28	51.867
中国药科大学	46.247	50.609	...	45.429	21.125	...	46.057	49.293
南京工业大学	50.785	43.515	...	71.22	50.679	...	67.217	49.734
南京邮电大学	47.294	48.339	...	45.429	43.498	...	46.335	49.9
南京医科大学	48.087	43.232	...	45.429	21.125	...	53.148	44.484
南京中医药大学	21.552	54.013	...	45.429	45.837	...	46.334	43.815
南京工程学院	42.327	51.46	...	45.429	21.125	...	45.215	50.617
南京林业大学	44.2	44.367	...	46.869	48.989	...	52.682	43.897

续表

学校	Out1	Out2	...	Out8	In1	...	In6	In7
江苏大学	59.093	46.069	...	45.429	50.111	...	48.231	58.608
江苏科技大学	49.275	44.65	...	45.429	45.594	...	45.37	49.643
江南大学	63.4	91.465	...	57.86	50.062	...	52.133	54.502
苏州大学	62.905	52.878	...	87.301	57.52	...	47.669	43.327
中国矿业大学	56.362	46.92	...	86.503	52.336	...	49.62	81.242
扬州大学	60.306	57.218	...	48.897	74.432	...	52.772	55.202

把标准化数据代入 C^2R 模型和 C^2GS^2 模型，得到表 6-9。表中最后一列列出了高校科研投入产出的规模有效性，"—"表示规模有效，"irs"表示规模收益递增。

表 6-9　21 所高校 C^2R 模型和 C^2GS^2 模型计算结果

学校	综合效率	纯技术效率	规模效率	规模收益情况
南京大学	1.000	1.000	1.000	—
东南大学	1.000	1.000	1.000	—
南京航空航天大学	1.000	1.000	1.000	—
南京理工大学	0.975	0.976	0.999	irs
河海大学	0.967	1.000	0.967	irs
南京信息工程大学	0.929	0.946	0.982	irs
南京农业大学	1.000	1.000	1.000	—
南京师范大学	0.845	0.921	0.918	irs
中国药科大学	0.921	1.000	0.921	irs
南京工业大学	0.971	0.983	0.989	irs
南京邮电大学	0.907	0.934	0.971	irs
南京医科大学	0.959	1.000	0.959	irs
南京中医药大学	0.986	0.991	0.995	irs
南京工程学院	0.935	1.000	0.935	irs
南京林业大学	1.000	1.000	1.000	—
江苏大学	0.988	0.991	0.998	irs
江苏科技大学	0.937	0.976	0.960	irs
江南大学	1.000	1.000	1.000	—
苏州大学	1.000	1.000	1.000	—
中国矿业大学	1.000	1.000	1.000	—
扬州大学	1.000	1.000	1.000	—

"技术有效"是指在投入一定的情况下，产出已经达到最大值，即高校的规模收益处于最佳状态。当生产处于"规模收益递增"状态时，增加投入可以增加产出，高校应该扩大科研投入规模。当投入增加到一定程度后，随着投入的增加，产出会减少，"规模收益递增"状态会转变成"规模收益递减"状态。当高校处于"规模收益递减"状态时，高校应该减少科研投入。

从表中可以看出，南京大学、东南大学、南京航空航天大学、南京农业大学、南京林业大学、江南大学、苏州大学、中国矿业大学、扬州大学高校的科研处于最佳规模收益状态。河海大学、中国药科大学、南京医科大学、南京工程学院高校为技术有效，规模收益递增，这些高校可以适当加大科研的规模。

南京理工大学、南京信息工程大学、南京师范大学、南京工业大学、南京邮电大学、南京中医药大学、江苏大学、江苏科技大学高校处于规模效益递增状态，既不是技术有效，也不是规模有效。这些高校可以同时加大科研的规模和技术的力度。

表6-10列举了高校科研产出不足量和冗余量。表中正数表示不足量，负数表示冗余量，0表示均衡状态。表中的数据说明在投入不变的情况下，高校可以通过改变产出指标提高投入产出效率。

表6-10 21所高校科研产出情况

学校	Out1	Out2	Out3	Out4	Out5	Out6	Out7	Out8
南京大学	0	0	0	0	0	0	0	0
东南大学	0	0	0	0	0	0	0	0
南京航空航天大学	0	0	0	0	0	0	0	0
南京理工大学	0	8.853	9.381	0	0.55	0.868	3.171	0
河海大学	0	0	0	0	0	0	0	0
南京信息工程大学	0	2.163	4.878	0	0.139	0	0.539	0.199
南京农业大学	0	0	0	0	0	0	0	0
南京师范大学	0	25.519	6.826	0	0.761	3.928	8.443	1.924
中国药科大学	0	0	0	0	0	0	0	0
南京工业大学	2.62	11.605	3.135	4.736	4.239	0	5.21	0
南京邮电大学	0	9.611	5.449	0	1.936	0	2.394	0.634
南京医科大学	0.332	18.848	6.547	0	1.88	0.346	0.315	3.136
南京中医药大学	5.277	0	0	0	0	1.1	0.159	3.566
南京工程学院	0	0	0	0	0	0	0	0
南京林业大学	0	0	0	0	0	0	0	0
江苏大学	0	22.452	10.394	0	1.08	0	9.988	20.161
江苏科技大学	0	11.901	4.13	0	4.454	0	1.095	4.462
江南大学	0	0	0	0	0	0	0	0
苏州大学	0	0	0	0	0	0	0	0
中国矿业大学	0	0	0	0	0	0	0	0
扬州大学	0	0	0	0	0	0	0	0

表6-11列举了高校科研投入不足量和冗余量。表中负数表示不足量，正数表示冗余量，0表示均衡状态。表中的数据说明在产出不变的情况下，高校可以通过改变投入指标提高投入产出效率。

表6-11 21所高校科研投入情况

学校	In1	In2	In3	In4	In5	In6	In7
南京大学	0	0	0	0	0	0	0
东南大学	0	0	0	0	0	0	0
南京航空航天大学	0	0	0	0	0	0	0
南京理工大学	13.884	0	0.011	0.14	27.102	0	28.144
河海大学	0	0	0	0	0	0	0

续表

学校	In1	In2	In3	In4	In5	In6	In7
南京信息工程大学	4.82	0	18.761	4.674	0.851	0.851	0
南京农业大学	0	0	0	0	0	0	0
南京师范大学	13.681	10.5	0	6.712	0	2.514	3.35
中国药科大学	0	0	0	0	0	0	0
南京工业大学	0	16.044	0	4.063	0.714	17.922	0
南京邮电大学	0	18.851	0	1.315	2.045	0	4.546
南京医科大学	0	14.401	0	12.04	4.781	8.335	0
南京中医药大学	2.732	9.283	0	1.662	0	0.749	0.132
南京工程学院	0	0	0	0	0	0	0
南京林业大学	0	0	0	0	0	0	0
江苏大学	0.401	4.567	58.796	0.002	11.059	0	10.556
江苏科技大学	0	0.051	0.522	0.789	4.514	0	2.423
江南大学	0	0	0	0	0	0	0
苏州大学	0	0	0	0	0	0	0
中国矿业大学	0	0	0	0	0	0	0
扬州大学	0	0	0	0	0	0	0

为了对有效的决策单元进一步排序分析，建立最优和最差虚拟高校：DMU_{n+1} 和 DMU_{n+2}。DMU_{n+1} 的投入选取 n 个决策单元指标的最小值，产出选取最大值。DMU_{n+2} 的投入选取 n 个决策单元指标的最大值，产出选取最小值。最优和最差虚拟高校如表 6-12 所示。

表 6-12　最优与最差虚拟高校指标状况

DMU	Out1	Out2	⋯	In1	⋯	In6	In7
最优	87.0804	91.4656		21.1259		45.2158	43.3271
最差	38.8791	42.3809		74.9215		87.9401	81.2426

最后，以最优决策单元效率值最大并且最差决策单元效率值最小的目标函数求得最优解，将其作为公共权向量计算出高校科研投入产出值，进行有效性排序，然后求得高校科研投入产出的综合效率相对值，除去最优决策单元和最差决策单元的综合效率值，进行相对综合效率的统一排序，排序结果如表 6-13 所示。

表 6-13　21 所高校综合效率得分与排名

学校	综合效率	综合效率排名
南京大学	0.952	6
东南大学	0.908	9
南京航空航天大学	0.921	7
南京理工大学	0.830	10
河海大学	0.796	11
南京信息工程大学	0.604	17
南京农业大学	1.000	1

续表

学校	综合效率	综合效率排名
南京师范大学	0.592	19
中国药科大学	0.585	20
南京工业大学	0.711	13
南京邮电大学	0.585	20
南京医科大学	0.605	16
南京中医药大学	0.716	12
南京工程学院	0.603	18
南京林业大学	1.000	1
江苏大学	0.658	14
江苏科技大学	0.617	15
江南大学	1.000	1
苏州大学	1.000	1
中国矿业大学	0.991	5
扬州大学	0.913	8

从表6-13中我们可以看出，南京农业大学、南京林业大学、江南大学、苏州大学高校的科研综合效率最高，其次是中国矿业大学、南京大学、南京航空航天大学、扬州大学、东南大学、南京理工大学。效率没有达到最高的高校可以通过改变投入、产出指标值，直到达到决策单元的最优。

6.5.3 超效率DEA模型应用[①]

本例运用超效率DEA模型对14个省级行政区的科研投入产出进行计量评价分析。在实际运用中，大概包括以下几个步骤：

1. 确定评价指标

本例中以权威文献的指标为基础，本着国际关注、以人为本、可持续发展和又好又快的原则，根据区域科研计量评价指标的特点建立科研计量评价指标体系，具体包括：技术市场成交额、专利授权数、高技术产品出口总额、高技术产业总产值/工业总产值、国际三大检索系统收录论文数、社会劳动生产率、科技进步贡献率、年均GDP增长速度、人均GDP、万元GDP综合能耗、工业固体废物综合利用率、工业废水排放达标率、人均邮电业务总量、百人固定电话和移动电话用户数、公共图书馆与博物馆数、R&D经费、R&D经费/GDP、地方财政科技拨款

---

① 迟国泰，隋聪，齐菲. 基于超效率DEA的科学技术评价模型及其实证[J]. 科研管理, 2010, 2 (31): 94-104.

占财政支出比重、R&D人员全时当量和每万人口中科学家工程师比重。

2. 选择样本

本例中选取了14个省份进行实证分析，包括东北地区的辽宁省、黑龙江省，华北地区的北京市、山西省，华东地区的上海市、山东省、江西省，中南地区的河南省、广东省、广西壮族自治区，西南地区的四川省、云南省，西北地区的陕西省、新疆维吾尔自治区。14个省份中，既包括沿海地区，又包括内陆地区；既包括经济发达地区，又包括经济欠发达地区；既包括汉族为主的地区，又包括少数民族集中的地区。数据选择非常合理。数据来源于《中国科技统计年鉴2003—2007》和各省份2003~2007年统计年鉴。

3. 聚类分析

利用离差平方和聚类方法对表中的数据进行聚类分析，分析结果如表6-14所示。

表6-14 聚类分析结果

第一类			第二类			第三类		
评价对象	得分	排名	评价对象	得分	排名	评价对象	得分	排名
北京	131.48%	1	四川	164.22%	1	江西	163.38%	1
广东	124.76%	2	陕西	145.87%	2	黑龙江	146.06%	2
上海	117.73%	3	辽宁	124.54%	3	新疆	131.12%	3
山东	99.34%	4	河南	122.40%	4	云南	105.68%	4
						广西	102.00%	5
						山西	69.59%	6

4. 投入产出计量

分别以"科技投入"和"科技产出"指标作为超效率DEA模型的输入和输出指标。

5. 总体分析

中国14个省级行政区科研投入产出通过聚类分析可以分为三类：第一类科研实力最强，包括北京、上海、广东和山东；第二类科研实力一般，包括辽宁、四川、陕西和河南；第三类科研实力最弱，包括山西、黑龙江、江西、广西、云南和新疆。首都及东部沿海地区的科研实力最强，科研投入力度大，产出成果显著。科研成果对当地经济的发展起着非常重要的推动作用。

内陆及老工业地区中，四川省的"社会劳动生产率"在同类省中是最低的。

因为四川是农业大省,工业地区发展较慢,这也导致了四川省人口的大量流失。四川省的科研投入中有大部分是军事项目的投入,产出无法通过市场衡量。这些因素的综合作用降低了四川省的计量评价结果排名。陕西省的"专利申请授权数"和"高技术产业出口总额"也是在同类省中最低的。其中主要也是因为陕西的科研投入有大部分是军事项目的投入。辽宁省的"万元GDP综合能耗"是同类省中最低的,主要因为辽宁是老工业基地,相比较现在的新能源、环保能源,它的能源消耗相对较大。

中部地区和边远地区的科研实力最弱,主要受到了中央经济发展的政策影响。从20世纪80年代的沿海发展,到90年代的西部大开发,我国忽视了对中部地区发展的扶持。

6. 科研投入冗余产出不足分析

科研投入冗余和产出不足的数据如表6-15所示。

表6-15 科研投入冗余和产出不足数据列表

省份	投入冗余					产出不足				
	R&D经费	R&D经费/GDP	地方财政科技拨款占财政支出比重	R&D人员全时当量	每万人中科学家工程师比重	技术市场成交额	专利授权数	高技术产品出口总额	高技术产业总产值/工业总产值	国际三大检索系统收录论文数
山东	65	0	0	8 561.7	0	79.24	0	1 201.9	0.05	0
山西	13.1	0.35	0	19 636	13.7	0.29	36.05	0	0.01	0

从表6-15中可以看出,山东省的"R&D经费"和"R&D人员全时当量"存在冗余,而"技术市场成交额""高技术产品出口总额"和"高技术产业总产值/工业总产值"存在不足。山东省的"R&D人员全时当量"超过了上海,但是"技术市场成交额""高技术产品出口总额"和"高技术产业总产值/工业总产值"与北京、上海等地还存在较大差距。

山西省的"R&D经费""R&D经费/GDP"和"R&D人员全时当量"存在冗余,而"技术市场成交额""专利授权数"和"高技术产业总产值/工业总产值"存在不足。山西省的"R&D经费""R&D经费/GDP"和"R&D人员全时当量"都高于同类省的平均值,但是"技术市场成交额""专利授权数"和"高技术产业总产值/工业总产值"都低于同类省的平均值。由此表明,山西省的科研投入产出亟待提高。

7. 科研发展的政策建议

(1) 加大科研投入总量,调整投入结构。各省可以加大财政科研投入的力度，同时形成多元化、多渠道的科研投入体系，通过财政直接投入、税收优惠等多种方式，增强全社会科研资源配置的能力。同时，合理安排科研机构的正常运转经费、科研项目经费、科技基础条件经费的比例。通过调整和优化投入结构，提高科研经费使用效率。

（2）提高自主创新能力。鼓励国有大型企业加快研究型机构的建设，形成一批集研究、设计、制造于一体的大型研究企业。重视民营和中小型科研企业在自主创新、发展高新技术中的作用，为其提供充分施展才能的舞台。提高推进产学研结合的力度，鼓励企业、科研院所、高校强强联合，进行合作研究开发，通过建立技术联盟等方式提高科研投入产出的效率和效益。充分发挥研究型高校的科研力量，为社会不断输送高素质的科研人员。加快建立以企业为主体、市场为导向、产学研相结合的创新体系。确立政府引导、社会投入的策略，发展和完善市场经济下的多元化科研投入体系，还应该激励个人、非营利性机构、公益性社会团体增加科研投入，提高民间资本投资研发活动的回报率。利用国际资源，形成引进—消化—吸收—再创新的良性循环。

（3）大力发展循环经济，提高资源综合利用效率。开发新能源、发展节能技术和清洁能源技术，促进能源结构优化，降低工业产品单位能耗，促进产业结构由资源消耗型向资源节约型转变。提高资源循环利用率和资源转化、再利用能力。将工业企业废物废料进行回收加工处理，降低废料的排放。政府部门建立工业企业完善的监督机制，对于建立并严格按照相关标准处理的企业应该予以鼓励甚至奖励，对于完全忽视废物处理、污染管理的企业应当予以严厉的处罚。

（4）应当因地制宜，针对不同的地区采取不同的政策。对于东部沿海地区，应当充分发挥科研优势，增加自主创新能力，尽快缩小与国际水平的差距。带动全国科技的发展，联系东中西部地区，实现科技的共同发展。对于西部地区，需要加大科研基础设施的投入，促进其发展。充分发挥老工业基地现有的科研力量。加快人才培养，特别是少数民族地区教育的发展，提高全民整体的素质。增加对中部地区的科研扶持，加大科研投入，发展高技术产业，与东、西部紧密结合起来，共同促进全国科技的发展。

6.5.4 AHP/DEA 模型应用[①]

本例首先运用 AHP 模型确定高校创新能力，然后利用 DEA 模型进行投入产出计量评价分析。

---

① 蓝祥龙，谢南斌. 基于 AHP/DEA 的高校科技创新能力评价指标体系研究[J]. 江西师范大学学报（哲学社会科学版），2010，1（43）：114-120.

1. 高校科研创新能力指标体系

根据有关高校科研创新能力内涵和建立计量评价指标体系的基本原则，考虑到数据的科学性和完整性，通过与相关专家的讨论，将高校科研创新投入指标和产出指标分为 6 个二级指标和 26 个三级指标，具体指标如表 6-16 所示。

表 6-16　高校科研创新投入和产出指标

一级指标	二级指标	三级指标
高校科技创新投入指标体系	科技创新投入能力	R&D 人员数
		R&D 经费投入量
		科技活动人员中教授以上人员数
		基础研究投入量
		科研仪器设备投入量
	科技创新支撑能力	科研经费中政府投入比例
		科研经费中企业投入比例
		国家及省（部）级科技计划项目
		国家及省（部）级重点学科数
		校园网络覆盖率及人均拥有图书馆藏书量
	可持续创新能力	省（部）级以上优秀青年占科技人员比例
		年度科研人员培训率
		科技经费投入占 GDP 的比重
		科技引进消化吸收率
		科研仪器设备更新率
高校科技创新产出指标体系	科技创新产出能力	学术论文发表总数
		SCI、EI、ISTP 收录论文数
		出版科技著作数
		省（部）级以上科技成果奖
		发明专利授权数
	科技成果扩散能力	专利售出合同数
		技术转让合同数
		科技成果转化率
	科技创新贡献率	专利出售当年实际收入
		技术转让当年实际收入
		科技进步对 GDP 增长的贡献率

2. AHP 模型确定高校科研创新能力

根据教育专家的相关评估和广大教师的意见，结合调查数据对各要素的相对重要性进行了计量评价分析，建立了 B 层相对于 A 层的判断矩阵，计算了权重

$$\lambda_{\max}(A_1) = \frac{1}{n} \sum_{i=1}^{n} \frac{(A_1 w)i}{wi}$$

$$A_1 \begin{bmatrix} 1.000 & 1.342 & 1.268 \\ 0.754 & 1.000 & 1.137 \\ 0.789 & 0.879 & 1.000 \end{bmatrix}$$

求矩阵 A_1 的最大特征值。

$$\lambda_{\max}(A_1) = 3.0038$$
$$CI = (-n)/(n-1) = [\lambda \max(A_1) - 3]/(3-1) = 0.0019$$
$$CR = CI/CR = 0.0019/0.58 = 0.0033 < 0.1$$

其中，CI 是成对比矩阵 $A = (\alpha_{ij})_{n \times n}$ 的一致性指标，由数学公式得，成对比矩阵 $A = (\alpha_{ij})_{n \times n}$ 是一致矩阵的条件是它的最大特征值 $\lambda_{\max}(A) = n$。CI 的值反映了成对比矩阵的一致性程度。n 是判断矩阵的阶数，RI 是平均随机一致性指标。

$$A_2 = \begin{bmatrix} 1.000 & 1.168 & 1.038 \\ 0.856 & 1.000 & 1.006 \\ 0.963 & 0.994 & 1.000 \end{bmatrix}$$

$$\lambda_{\max}(A_2) = 3.002$$
$$CI = (-n)/(n-1) = [\lambda_{\max}(A_2) - 3]/(3-1) = 0.0009$$
$$CR = CI/RI = 0.0009/0.58 = 0.0015 < 0.1$$

两个矩阵的 CR 值分别是 0.0033 和 0.0015，都小于 0.1。根据判断规则，判断矩阵 A_1、A_2 具有较好的一致性，说明可以作为实际评价的权重。同理，建立 C 层相对于 B 层的判断矩阵，计算权重。

根据计算结果，发现判断矩阵的 CR 值均小于 0.1，一致性都比较好。求出的权重具有比较好的可信性。

另外，只有当 DEA 模型中的决策单元数量大于投入、产出指标数量之和的 2 倍时，才能取得比较好的结果。本例按照权重大小，确定 6 个输入指标和 6 个输出指标。输入指标为 R&D 人员数、R&D 经费投入量、国家及省（部）级重点学科数、校园网络覆盖率及人均拥有图书馆藏书量、年度科研人员培训率和科技引进消化吸收率。输出指标为学术论文发表总数，SCI、EI、ISTP 收录论文数，省（部）级以上科技成果奖，科技成果转化率，专利出售当年实际收入和技术转让当年实际收入。

3. DEA 模型计量评价高校科研创新效率

DEA 模型的计量评价结果与投入、产出指标的量纲无关，无须对原始数据进行无量纲化处理。本例将收集到的 18 所高校 2008 年的相关数据运用 DEA 中的 C^2R 模型进行线性规划求解，结果如表 6-17 所示。

表 6-17　18 所高校科技创新效率

决策单元	技术效率	纯技术效率	规模效率	规模报酬
1	1.000	1.000	1.000	不变
2	1.000	1.000	1.000	不变
3	0.819	0.822	0.783	递减
4	1.000	0.896	0.964	递增
5	0.852	1.000	1.000	不变
6	1.000	1.000	1.000	不变
7	0.838	1.000	1.000	不变
8	1.000	0.915	0.932	递增
9	0.921	1.000	1.000	不变
10	1.000	0.932	0.991	递增
11	0.922	0.945	0.996	递增
12	0.762	0.796	0.817	递减
13	1.000	1.000	1.000	不变
14	1.000	1.000	1.000	不变
15	0.889	0.922	0.960	递增
16	0.912	0.956	0.984	递增
17	0.879	0.915	0.956	递增
18	0.678	0.783	0.906	递减
平均	0.915	0.939	0.961	

从表 6-18 中可以看出，18 所高校的科研创新能力从总体上来说相对比较好，平均技术效率达到了 0.915。8 所高校的技术效率达到了 1.000，说明这 8 所高校的科研创新能力最强，其他 10 所高校没有达到最优的技术效率。特别是编号为 12、18 的高校，技术效率只有 0.762 和 0.678，说明这两所高校的科研创新能力相对较差，科研投入资源没有完全被有效利用，存在较大资源浪费。

从规模报酬角度分析，7 所高校的规模报酬呈现递增趋势，它们分别是编号为 4、8、10、11、15、16、17 的高校，说明这 7 所高校的生产函数还没有达到最优状态，科研创新产出的增长率大于科研创新投入的增长率，高校如果增加投入，产出会出现大幅度增长。3 所高校的规模报酬呈现递减趋势，它们分别是编号为 3、12、18 的高校，说明这 3 所高校的生产函数已经过了最优状态，科研创新产出的增长率小于科研创新投入的增长率，高校如果大幅度增加投入，产出只会小幅度增长。

从学校层次结构上分析，18 所高校有研究型大学、研究-教学型大学、教学-研究型大学、教学型大学 4 个层次。按照层次结构求得各层次技术无效的高校平均效率，计算结果发现，研究型和研究-教学型大学科研创新能力最高，教学-研究型大学科研创新能力较低，教学型大学的最低，技术效率和纯技术效率值均在 0.8 以下。它们还没有达到平均效率值，在投入冗余和产出不足存在着问题。

从学校类型分析，18 所高校有 8 所综合型大学、5 所理工类大学、3 所医农类大学、2 所师范类大学。4 种类型的高校的平均规模效率均大于平均纯技术效率。理工类和医农类大学的规模效率值最高,为 1.000。4 类平均技术效率分别为 0.912、0.951、0.948 和 0.720。师范类大学的大部分投入集中在教学中,科研创新的投入相对较少,这是导致师范类大学平均技术效率较低的主要原因。

6.5.5 基于超效率的三阶段 DEA 模型应用

投入和产出指标会直接影响到最后的计量评价结果。因此,在选取指标时,首先不能遗漏重要的指标,还要考虑指标是否存在重复问题。本例根据高校科技创新的内涵和结构以及数据的可获取性,选取了 13 个投入指标和 6 个产出指标,具体指标如表 6-18 所示。

表 6-18 高校创新效率评价指标

投入	人力	一般科技人员、科技人员中科学家与工程师、一般 R&D 人员、R&D 人员中工程师与科学家、一般 R&D 全时人员、R&D 全时人员中的工程师与科学家、一般 R&D 成果应用及科技服务人员、R&D 成果应用及科技服务人员中工程师与科学家、一般 R&D 成果应用及科技服务全时人员、R&D 成果应用及科技服务全时人员中工程师与科学家
	经费	R&D 经费、R&D 成果应用及科技服务经费、其他科技活动经费
产出		出版科技著作、发表学术论文、专利授权数、专利出售金额、技术转让金额、科技成果获国家级的奖励
环境		人均 GDP、政府拨款占投入经费的比例、R&D 机构数、研究项目数

在投入指标中,"一般科技人员"是指投入科技人员中非科学家与工程师的部分,以此类推。在产出指标中,"科技成果获国家级的奖励"只统计了国家科技进步奖,省(自治区、直辖市)科技进步奖以及国务院各部门科技进步奖。新疆、西藏、青海某些指标数据缺失,没有在本次计量评价的范围内。

SS 进行因子分析和回归分析,确保指标能够真实全面地反映评价对象,结果如表 6-19 所示。结果说明投入指标非常适合做因子分析,提取的 3 个公因子能够全面反映投入指标的信息。

表 6-19 因子分析特征描述与检验结果

指标共同度	累计解释力	KMO	Bartlett 球体检验
0.83~0.97	93%	0.78	<0.0001

(1) 第一阶段:SDEA 分析。如果运用传统的 DEA 分析,处于效率前沿的高校创新效率无法进一步区分,这种分析结果会给第二阶段的分析造成误差,所以,本例采用 SDEA 模型,效率值如表 6-20 所示。地方高校科研创新有效区域不一定分布在经济发达地区,欠发达甚至经济落后地区高校的创新效率也能够达到相对有效。北京、云南、河南、陕西、宁夏 5 所高校的创新效率相对较高,其中,陕

西的"R&D 经费"较"R&D 成果应用及科技服务经费"低，说明 R&D 成果应用及科技服务经费投入较多，R&D 经费投入较少，并且"技术转让金额"远高于其他地区。河南的产出高效率主要集中在"学术论文"和"科技著作"上。

表 6-20　SDEA 模型效率值

省份	SDEA1	SDEA3	省份	SDEA1	SDEA3
北京	445.11	445.11	山东	248.83	248.86
天津	180.63	180.63	河南	514.11	514.11
河北	203.23	209.81	湖北	104.02	104.02
山西	101.49	101.49	湖南	134.35	134.61
内蒙古	101.65	102.79	广东	86	105.51
辽宁	327.25	327.25	广西	110.17	698.78
吉林	207.83	207.83	海南	126.43	126.43
黑龙江	89.23	104.9	重庆	143.68	143.68
上海	169.58	179.14	四川	105.08	243.71
江苏	103.73	691.7	贵州	97.8	102.48
浙江	167.23	558.18	云南	446.3	446.3
安徽	149.63	156.11	陕西	590.23	560.78
福建	87.74	91.33	甘肃	129.66	129.66
江西	137.58	137.58	宁夏	488.94	488.94

（2）第二阶段：O.L.S. 回归分析。以 SPSS 进行回归分析，结果如表 6-21，结果与第一阶段的结果吻合，一个地区的人均 GDP 以及科技活动经费中政府拨款所占的比例与地方高校科技创新效率没有太大的关系。高校中的研发机构数量对效率有积极促进作用。在同等的人力和经费投入条件下，研发机构的数量越多，创新效率越高；相反，则创新效率越低。

其他的因素，比如"R&D 占投入经费的百分比"对效率评价没有影响，和第一阶段的结果相同。"专利出售金额"和"技术转让金额"与"R&D 成果应用及科技服务经费"相关，所以出现陕西 R&D 经费比例相对较低，但效率最高的现象。

表 6-21　O.L.S. 回归分析结果

自变量	回归系数	标准回归系数
常数	335.262	
R&D 占投入经费的比例	−153.607（144.53）	−0.163
研发机构数	2.047*（0.88）	0.580
研究项目数	−0.167*（0.79）	−0.793
人均 GDP	0.001（0.0012）	0.110
R^2	0.21	

* 表示显著性水平高

（3）第三阶段：DEA 分析。第三阶段的分析表明：四川、浙江、江苏、广西 4 所高校的创新效率在剔除了环境指数的影响之后大幅度提升。环境指数反映的是"R&D 机构数"和"研究项目数"的影响，通过观察发现：浙江、广西两个地方的高校研发机构少，研究项目过多是效率相对较低的主要原因。江苏和四川两个地方的高校的研究项目过多，可以通过增加高校的 R&D 机构和减少研究项目的数量来提高创新的效率。对于江苏和四川，在不改变经费投入的前提下，只用减少研究项目数就可以提高创新效率。除了以上 4 个地区外，其他地区的影响较小。

地方高校的科技创新效率不受地区经济发展水平、教育水平的影响。科技活动经费主要来源于政府拨款和企业委托，两个指标的不同比例不会对效率产生影响。"R&D 占投入经费的百分比"和一般 R&D 人员占项目参加人员的比例对效率没有影响。在投入不变的情况下，高校的研发机构对效率产生积极的影响，研究项目的数量对效率产生消极的影响。

第七章

引文分析法

在科学文献（包括自然科学和人文社会科学）的体系结构中，每篇文献都不是孤立存在的，而是相互影响和相互联系的。科学文献的相互作用突出表现在文献之间的相互引用上，其外在特征便是采用尾注、脚注、间注等形式在正文之后或之中列出其"参考文献"或"引用书目"，借以标记所引用的文献和事实的来源或出处，从而形成了文献之间的引用与被引用关系。随着科学技术的发展和科学知识的积累，人们对引文分析的理论研究和实践应用都在不断深入，并逐渐发展成为科学计量学理论方法的重要组成部分。著名科学计量学家布劳温也将引文分析法称为"当今世界上最富声望的科学计量技术"，可见引文分析法在科学计量学中占有举足轻重的地位，具有重要的理论意义和实际作用。

7.1 引文分析的概念与方法

文献的引证代表了知识的交流与交互行为，它是支撑现代科学的基础，为不同学者的观点提供了证据支持，也是一种吸取和利用其他知识后的表达致谢的方式，引证规范的建立便利了社会知识交流的开展，使得研究者可以站在他人的肩膀上，进行高起点的深入研究，从而达到进一步的知识创新。科技文献的引用和被引用，是科技知识和信息内容的一种继承和发展，是科学不断发展的重要标志之一。引文分析作为一种系统分析研究文献引证现象与规律的方法，对整体提高科学研究水平，促进科学知识传播，推进国家知识创新体制建设有积极的意义。

7.1.1 引文分析的概念及其机理

1. 引文的本质

在科学研究领域中，科学文献之间并非是毫不相干、孤立存在的，而是相互联系的。科学文献之间的联系突出表现在文献之间的引证。一般而言，一篇论文或一本著作除了正文部分之外，还包含附于其后的"参考文献"部分。在写作过程中都需要参考相关文献，人们从这些参考文献中阅读并吸收或运用了概念、方法、研究思路、技术路线等多方面内容。

据各种图书情报学专业词典的解释，"引文"（citations）包括：①引用资料，即在一个著作中引用其他作品的片段内容或他人所发明的定义定理；②参考文献（bibliographic references），是指为撰写或编辑论著而引用或参考的有关文献资料，通常附在论文、图书或每章、节之后，有时也以注释（附注或脚注）形式出现在正文中[①]。国家标准《文后参考文献著录规则》2005年修订版的定义则为："文后参考文献，为撰写或编辑论文和著作而引用的有关文献信息资源。"中国图书情报界及学术界普遍接受这一解释[②]。

实际上，在引证行为发生过程中，一般会涉及"参考文献"和"引证文献"两个概念，我们必须明确它们之间是存在明显区别的，不能混为一谈。普赖斯曾指出，每一篇被引文献，对于引证者（论文作者）而言就是有了一篇参考文献（reference），而对于被引证者来说就是有了一篇引证文献（citation）。例如，作者A引证了作者B的一篇文献，那么作者A就有了一篇参考文献，而对作者B而言就有了一篇引证文献。由此可知，同一篇文献对于不同的对象的意义不同，其名称也就不同。

引文具有两重性，即客观性和主观性。在客观上，引文反映学术的发展轨迹，它是信息和知识被传递和利用后所遗留下的痕迹。在主观上，引文又是引用者个人的观点、态度、偏见或爱好的产物，这种引文活动又是一种复杂的智力活动，著者的主观思想决定着引文的实践活动。引文的作用具体表现在：可以反映论文作者的科学态度和论文具有真实、广泛的科学依据，也反映出该论文的起点和深度；能方便地把论文作者的成果与前人的成果区别开来；能起索引作用，提供查找论文的线索；有助于科技情报人员进行情报研究和文献计量学研究[③]。

2. 引文网络

引文作为科技文献不可或缺的部分，在一定程度上表明了文献之间的继承和发展关系。如果以射线箭头指向引证文献，箭尾指向被引文献，就可以将文献通过引证与被引证的关系联系起来。从一篇文献的引文遍历而去，我们可以得到从参考文献到引证文献的引文链（图7-1），这根链条生动地描绘了文献引证的前后次序和路径，反映出通过科学文献引证而引发的知识流动的路径和方向。

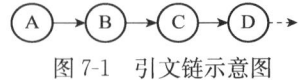

图 7-1 引文链示意图

在实际情况中，科学文献之间的引证关系并非是简单的链状结构，而很有可能有多条不同的引文链交叉融合，构成复杂的网状结构，可以反映出科学文

---

① 张静. 引文、引文分析与学术论文评价[J]. 社会科学管理与评论, 2008, (1): 33-38.
② 叶继元. 引文的本质及其学术评价功能辨析[J]. 中国图书馆学报, 2010, 36 (1): 35-39.
③ 张静. 引文、引文分析与学术论文评价[J]. 社会科学管理与评论, 2008, (1): 33-38.

之间纵向继承和横向联系的交流态势。因为一篇文献所引证的文献很可能不止一篇，而它本身还可能被其他多篇文献引证，这样，对于一篇文献而言有多篇引证文献，同时又拥有多篇参考文献，这些文献之间的引证与被引证关系就构成了错综复杂的引文网络，如图7-2所示。

图7-2中，带有编号的圆圈代表文献，在编号为1~9的这九个文献中，文献8的时间最早，而文献7的时间最晚。从逻辑上来说，后来的文献可以引用以前发表的文献，但以前的文献无法预见未来的文献，当然也就不可能引用后面出现的文献了。

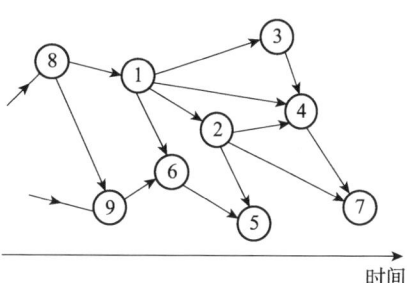

图7-2 引文网络示意图

引文网络揭示了文献之间复杂的引用关系。仔细观察可以发现，其实引文网络可以看作由若干引文链组合而成，只是引文链纵横交错，最终构成了复杂的网状结构。引文网络包含丰富的有关文献交流、学科联系以及科学发展的有益信息，通过对这些信息数据的统计和分析，可以追溯科学发展的历史，评价科学发展的规模和趋势。

3. 引文分析

科学文献通过引文形成了相互引证关系，构成了具有内在联系的"文献网"。所谓"引文分析"（citation analysis），就是以引用文献为素材，通过分析"文献网"的内在结构，揭示文献间的相互关系，研究科学文献的动态规律，评价科技生产率，并促进人们更有效地利用现有文献信息，推动学术研究向前发展的科学计量学方法。引文分析法，就是利用各种数学和统计学的方法以及比较、归纳、抽象、概括等逻辑方法，对科学期刊、论文、著作等分析对象的引用和被引用现象进行分析，以揭示其数量特征和内在规律，达到评价、预测和引导科学发展趋势的目的。

引文分析作为文献计量学和科学计量学的重要研究方法，其有力工具就是引文索引。所谓引文索引（citation index）是一种以文献之间的引用关系为基础的文献索引，即它以被引用文献即引文为标目，其下列出引用过该文献的全部文献（来源文献）的检索工具。它不同于从作者、题名等为标目而编制的索引，除了一般查询外，它能提供文献之间的内在联系。引文索引可以帮助确定知识或科学的结构，反映学科的渗透情况，可以从一个重要侧面评价被引用论文，刊载被引论文期刊以及学者、学者群体的影响程度和水平。

引文分析方法的数学基础是概率论与数理统计。它使用了概率分布、抽样统计、样本与总体的关系等基本的统计数学原理。它有时直接对总体进行分析，也常常采用抽样的方法，用样本的特征代表总体的特征，通过样本内或样本之间的特征比较，得出总体的结论（引文评价）；或通过样本内部文献引用关系的分析，推断总体内部的文献引用关系，进而推断知识转移关系和学科、主题之间的关系（引文网状分析）。引文分析方法的数学原理决定了引文测度具有宏观性和相对性，这是在进行引文评价和利用引文测度结果时必须给予充分注意的。

引文分析法从 20 世纪 20 年代开始出现并得到运用。1927 年，格罗斯等统计并分析了化学专业的某些期刊论文的参考文献，得到了化学教育方面的核心期刊，开创了运用引文分析方法的先河。后来，越来越多的科学家开始运用引文分析方法，各种类型的引文分析研究构成内容丰富的学科体系。由于各个学科、各个地区和各个时期的科学论文之间的引证现象往往有其自己的特征和规律，比如，它们可以反映一篇论文、一名科学家、一种科学期刊在科学发展过程中所起的作用，反映科学论文之间、科学家之间、科学期刊之间、科学专业以及科学学科之间的相互联系与区别。因此，引文分析法得到了广泛的重视和应用。实践证明，这种方法可以有效地应用于许多领域，正在发挥着越来越大的作用。

7.1.2 引文分析的发展历程

早在 1873 年，美国学者谢泼德创办《谢泼德引文》（*Shepard's Citation*），它是专为律师和法学家查阅案例及其引用情况而准备的检索类文献，是世界上最早利用引证关系，建立引文类检索的实践，它出现于法律界并非偶然，而是由法律研究与实践中的特殊需求决定的。1911 年，俄国化学家、院士瓦尔金（N. Valkin）利用引文分析了包括俄国在内的一些国家的化学家所做的贡献。1927 年，格罗斯夫妇在发表具有开创性意义的论文中，首次使用引文模式（citation pattern）对化学教育期刊进行评价，表明被引次数在评估科研工作中的重要性。1955 年，美国著名情报学家尤金·加菲尔德在 *Science* 杂志上发表的《引文索引应用于科学》一文，是具有划时代意义的开创性成果。他阐明文献之间的引文关系本质上是观念的联系，提出利用引用文献追踪科学进展的概念及建立引文索引的设想，为后来实际的 SCI 的建立奠定了基础，开启了引文分析的大门，至此引文分析法正式产生。1963 年，加菲尔德创办了 SCI，使引文分析有了合适的计量样本，为探讨科学的结构、评价与选择情况，考察科学著作及科学家的社会影响，研究科学知识之间的交流等提供了条件，标志着引文分析进入实用阶段。随后，1973 年、1978 年 SSCI 和 A&HCI 相继创办，引文分析研究扩展到整个科学领域。

1963年，开斯勒首次提出了"文献耦合"这一术语。他把两篇（或多篇）同时引证一篇论文的论文称为耦合论文，并把它们之间的这种关系称为文献耦合。文献耦合关系大量用于研究学科的内部结构、学科间的关系和研究热点，以及不同学科之间的知识交流现象和规律。1965年，普赖斯发表《科学引文网络》一文，提出了引文网络分析的设想，而且构想了绘制科学知识图谱来探索知识交流的宏图；第一次提出了引文的入度（in degree）和出度（out degree）的概念，认为由于累积优势的影响，文献被引频次呈现幂律分布。亨利·斯莫尔（Henry Small）在1973年发表的《科学文献的共引分析：两文献间联系的新测度》中，创造性地提出了文献共被引的概念和方法，定义了共引强度以测量论文之间的共引程度，认为共引是测量两篇文献相关度的一个新工具，并以1971年的SCI数据库中的粒子物理学为例，绘制了领域论文的共引网络图。

在传统引文分析研究过程中，除上面提到的标志性成果外，通过对国外引文分析为主题的论文的计量分析，还有其他许多有影响的论著：加菲尔德无疑具有最重要的影响力，1972年，加菲尔德发表在 *Science* 上的论文——《引文分析作为期刊评价的工具》被引数最多，他基于SCI，提出科学政策研究可以通过引文的频次和影响来排序和评价期刊，是引文分析领域的奠基性著作。加菲尔德于1979年出版的专著——《引文索引：它的理论及在科学技术与人文科学中的应用》对引文索引法的概念、应用原理和方法，以及它作为检索工具的重要意义和应用方法等做了详细的阐述。他认为，可以通过引文分析对期刊、文献以及科研产出等进行评价，可以对科学史进行研究，预测诺贝尔奖获得者，说明引文分析是一个能评价研究绩效、促进科学进步的新工具。麦克罗伯茨（MacRoberts）发表了系列对引文分析存在问题进行分析和批评的论文，1989年发表的《引文的问题评论》就是其代表作，他系统总结了引文分析存在的问题，并评论了两种引文分析理论。赛格列思（Seglen）在1997年也发表了对引文分析进行批判的论文——《为什么期刊影响因子不应该用来评价研究》，对其原因进行系统分析，如提出"期刊IF值不能表现出该期刊的所有文献、期刊IF值与期刊内的个别文献实际被引用次数缺乏相对的关系、作者在发表文献时不是只考虑期刊IF值"等众多观点。1981年，怀特（White）发表《作者共被引：知识结构的文献测度》，该文被认为是作者共被引分析的又一经典之作，通过SSCI数据库，分析了情报学作者共引情况，划分了情报学的学科结构。麦恩肯（McCain）在1990年发表的《绘制智力空间中的作者图谱》中，对作者共引分析方法（ACA）从数据的收集、整理、聚类、可视化、分析结论等进行了全面的总结。2005年，赫希在发表《个体科学研究产出的量化指标》中提出h指数，作为一种科学评价新指标，立即引起全世界学术界的广泛关注，并形成了系列衍生指数。

近年来,计算机技术的快速发展与普及,为引文数据库的高效建设和可视化技术的发展都提供了一定的契机。在1997年,卡梅伦(R. D. Cameron)曾提出了基于互联网来建立全球科技文献数据库的设想。依托这个设想,NEC研究院另辟蹊径,于1998年推出了CiteSeer,通过网络爬虫来自动获取互联网上存在的论文全文,而不是要求出版机构提供排版文件或者印刷论文,并通过数据自动抽取出引文内容,并分解为一个一个的引文,实现了引文的自动分析,这是第一个实用的自动索引系统(automatic citation indexing,ACI)。CiteSeer是最早的也是最有影响力的计算机领域的OA资源。目前,国内外的论文平台都受到其影响,例如,其首先推出的研究热度、被引论文、同引论文等已经在中国知网等平台上得到了应用。另外,可视化技术与引文分析相结合也成为近年引文分析领域研究的一大热点。传统的基于引文数据的知识可视化研究的先驱是40多年前用手工绘制的对DNA研究的历史图。从那以后,普赖斯在他的科学网络图研究的经典著作中也用了同样的数据。知识领域可视化可以提供领域分析所需要的方法,特别是在多学科和快速发展的知识领域。领域可视化也被加菲尔德称为"科学知识图谱",分析者和领域专家从纵向图来预测一个学科领域的新兴趋势[1]。美国德雷塞尔大学信息科学技术学院著名科学计量学家怀特和麦肯恩,荷兰雷顿大学科学技术学中心的诺洋思(Noyons)、瑞安(Raan)和穆德(Moed),都不约而同地以共引分析为基础,与多种多元统计分析结合起来,采用相关的统计绘图软件,开展科学文献的计量研究,建立了基于多维尺度分析的知识图谱方法[2]。

随着网络的普及应用,引证关系也发生了变化,网络环境给引文分析也带来了新的机遇。引证和链接之间的区别研究使得人们对网络引证有了新的了解和定位,经研究发现,网络引文的功能更倾向于传统引文,网络引文分析因而逐渐从链接分析研究中独立出来。但是网络引文分析是一个新兴的研究领域,其研究尚处于探索发展阶段,对其相关概念的定义也没有一致的认识,在早期鲁索(Rousseau)积极推荐采用Sitation术语,以显示网络引证与链接(hyperlink)和传统引证(citation)的区别。另外,克雷奇默(Kretschmer)也提到,网络引文不同于一般链接,网络引文与传统引文具有可比性,甚至可以替代传统文献引文。在早期的研究中,学者们关注的重点是对网络链接的分析,将网络链接等同于网络引文或者认为网络链接包含了网络引文的概念,随着研究不断深入,网络引文与网络链接之间区别显现;尽管网络引文研究对象与传

---

[1] 陈悦,刘则渊. 悄然兴起的科学知识图谱[J]. 科学研究,2005,23(2):149-154.
[2] 叶继元. 引文的本质及其学术评价功能辨析[J]. 中国图书馆学报,2010,36(1):35-39.

统引文和网络链接存在交集,但在网络环境下,真正与传统引文对应的是网络引文而非链接,网络引文分析是传统引文分析在网络环境下的延续与发展。

7.1.3　引文分析的基本特点(引证分析的原理)

1. 引证行为和引证动机

科学文献的相互作用是科学发展规律的表现,它体现了科学知识的累积性、连续性和继承性,也体现了科学的统一性原则,多个学科之间广泛的交叉、渗透。这样,作为科学知识的记录和科研成果直接反映的科学文献也不可能是孤立的,而是相互联系的[①]。作者在创作科学论文时,不可避免地要引用他人的文献,汲取别人的经验和成果。因此,科学工作者的引用行为是科学活动普遍存在的现象,是科学交流不可或缺的一部分。

引证活动是引证动机的外在表现。科学文献的作者一般不会无缘无故地引证与其论述主题毫不相干的文献。文献引证的动机有多方面。温斯托克(M. Weinstock)认为,文献引证的原因有十几种之多,包括对开拓者表达尊重、对有关著作给予肯定、验证其所采用的方法和仪器、提供背景材料、对自己或别人的著作予以更正、评价以前的著作、为自己的论点寻求充分的论证、提供研究者现有的著作、对很少被引或未被引证的文献提供向导、验证数据及物理常数、核查原始资料中某个观点或概念是否被讨论过、核查原始资料或其他著作中起因人物的某个概念或名词、否定他人的著作或观点、对他人的优先权提出异议等。这些引证动机对于科学发展、学术交流而言都属于正常的引证动机。其引发的引证行为构成了科学知识形成、积累、升华过程的一部分。正常引证行为会从多个角度和层次反映科学发展的客观现象和规律。

从所划分出的引用机理类型可以看出,文献的相互引用是由科学发展的规律和科学研究活动的规律所决定的。科学学的研究表明,科学知识具有明显的累积性、继承性;任何新的学科或新的技术,都是在原有学科或技术的基础上分化、衍生出来的,都是对原有学科或技术的发展。科技文献是科技成果的反映和记录。新文献反映和记录的新的科研成果是建立在过去所发表文献记录和反映旧有的科研成果的基础之上的,是对旧文献和成果的继承和发展。人类知识之所以能代代相传,并得以累积,形成今天这样庞大的知识体系,所依仗的就是文献;即旧文献对于新文献是要发生知识转移的。对科学研究过程中的文献利用规律和科技工作者信息交流渠道的研究表明,科技工作者

---

① 邱均平. 中国人文社会科学著者的引文分析[J]. 现代情报,2008,28(8):37-40.

得以创造新的科研成果的知识基础主要来源于其他文献。将那些对自己的文献发生了知识转移的文献列为参考文献,是现代各国关于著作权的有关法律、法规所明确规定了的,也是科学活动中必须遵循的行为准则[①]。文献之间的这种引用关系是文献与文献之间知识转移的遗迹,这就是引文分析方法得以建立的文献学基础。

然而,在实际引证活动中,除了正常引证之外,还存在一些偏离以上目的的引证动机和行为。索恩(Frederick C. Thorne)指出:为了奉承某人而引证、为了相互吹捧而带有偏见的引证、为了自诩而引证、为支持某一学术研究派别的利益而引证、迫于权威压力而引证都是不正常的引证,可视为不正当引证。这些引证动机所引发的行为根本不仅不可能真实地反映出学术交流的客观过程和规律,而且有可能导致或助长不正当的学术之风,污染学术环境,最终阻碍科学交流和科学发展的进程。学术风气看似无形,却对学者的科研精神、学术态度等多方面起着润物细无声的作用。分析引证行为,探索引证动机对于规范引证规则、引导科学交流活动的正常进行、营造良好的学术风气有重要意义。

2. 引文分析的前提与假设

同大多数理论、方法一样,引文分析也需要建立在一定的假设前提之下,这样有利于通过形式间的数量联系,以及其他一些并不复杂的方法来探讨文献内容的联系。引文分析主要是基于以下假设进行的:

(1) 文献的引用表示作者确实使用过该文献;
(2) 文献的引用是文献价值、重要性及影响力的指标;
(3) 好的文献才会被引用;
(4) 原始文献和引用文献之间必然有相关性;
(5) 所有的引用都同等重要;
(6) 期刊引用报告收录的期刊能正确代表整个学科领域并支援其研究目标与目的;
(7) 引用次数是评价引用文献是否有意义的有效工作。

3. 引文分析法的优点与局限

引文分析法突破了以往以文献为具体内容为基础进行研究的方法,主要借助于与文献的引用和被引用情况相关的各种特征,采用数学和统计学方法来定

---

① 程妮. 基于引文的知识转移研究 [D]. 武汉:武汉大学博士学位论文,2009.

量研究科学现象和规律，预测科学前沿的发展趋势。引文分析法的优点主要表现在以下几个方面：

（1）广泛适用性：引文分析的素材是引文与被引文，而引文现象又是普遍存在的。以期刊论文为例，全世界范围约有90％以上的科学论文附设了引用文献，平均每篇论文有引用文献15篇。目前，我国88％左右的重要科学论文带有引用文献，平均每篇中文科学论文有引用文献8.9篇，可以说，凡是有引用文献的地方，引文分析方法就有用武之地，所以，引文分析方法具有广泛适用性。

（2）简便易用性：由于引文分析不要求其他先决条件和辅助条件，不需要使用者具有十分专深的知识，研究的深度、广度可以由自己控制，所以一般的信息人员都可以借助这种方法，完成一些有价值的研究课题，解决一些工作中的实际问题。总之，这种方法的使用限制极少，简便易用，很值得在广大的信息人员中普及推广[1]。

（3）功能特异性：由于引文分析方法具有广泛适用性和简便易用性的特点，通过一些不太复杂的统计和分析，就可以确定核心期刊、研究文献老化规律、研究信息用户的需求特点，甚至可以研究学科结构、评价人才等，我们不能不为其功能而感叹。

虽然引文分析方法具有广阔的应用前景，但是也存在一定的局限性。著者引用文献是一个人为控制的思维和判断过程，而作为其表现形式的引用文献，仅仅是宏观的、表面的测度，受到许多限制因素的影响[2]。总体而言，目前的引文分析法存在理论（基础理论和引用动机）不完善，引用过程受质疑，方法、工具和数据库存在缺陷以及引文分析应用与实践受限制的四大问题。究其原因，主要涉及以下几方面。

1）引文概念中的模糊性

引文是作者在其文献后附注的，是在作者写作过程中对其有影响的或是有助益的其他文献的题录信息的集合。在这个定义中，有两处是模糊的、需要界定的。其一就是"有影响的或有助益的"，这关系到"引用范围"和引文与实际参考文献的吻合程度；其二是"集合"的排列形式，这则与"引用单位"有关。只有明确地对这两个指标建立标准，才能使引文分析的结果更加有效[3]。

---

[1] Garfield E, Sher I H. New factors in the evaluation of scientific literature through citation indexing. American Documentation, 1963, 14 (3): 195-201.

[2] 梁永霞, 刘则渊, 杨中楷. 引文分析学形成与发展的可视化分析 [J]. 图书情报工作, 2010, 54 (2): 31-35.

[3] 孙建军, 李江. 网络信息计量理论、工具与应用 [M]. 北京: 科学出版社, 2009: 43.

2) 引文分析前提的不合理

引文分析是以一定的假设为基础的，这些假设是引文分析有效性的前提，前文已经阐述了引文分析所倚赖的基本前提和假设。但是随着引文分析研究的日益深入，我们不难发现，上面的假设已或多或少地显示出了其不合理性。比如：

（1）转引现象的存在：有些引文虽被写入参考文献，但引用者并未读过原文，更谈不上参考和借鉴了。这是因为他们将别人论文的参考文献直接列在了自己论文后的参考文献之中，即转引。这一现象与假设"文献的引用表示作者确实使用过该文献"矛盾。

（2）批评性引文的存在：批评性引文是以批评、纠正和否定有关著作为主要目的的引文。研究证明，有些具有错误观点或结论的论文，后人出于批评商榷，被引次数可能很多。批评性引文的存在破坏了"好的文献才会被引用"这一基本假设。

（3）各种外界因素的干扰：著者在选用引文时还受到可获得性（语言、文献年龄和报道等方面）、他人的暗示和最小努力法则的影响。因此，所引用的文献不一定都是最适合作者所用的，这与"文献的引用是文献价值、重要性及影响力的指标"矛盾。

（4）暗引现象的存在：暗引现象是全部引文并不能完全反映出作者所参考、借鉴的早期文献。所谓暗引现象就是文中引其内容而未注明出处，如用人名命名的理论和疾病等。

（5）并非所有引文的地位均相同：引文有些是出现在前言和篇名中，有些是出现在正文中，有些出现在结论和讨论中。在这些情况下，作者对原著的引用内容和程度是不相同的，但在目前的引文分析中，对它们都是同等看待、不加区分的。

（6）引用文献与被引用文献之间的联系具有可加性：这意味着将这种联系简单地等同于数量关系，而忽略了诸如质量和影响等因素。

（7）被引次数较少的文献也不能一概认为不重要：它受到许多因素的限制，如发表的时间、语种、学科专业等。被引次数上的微小差别也不能完全说明质量上的优劣，它有很大的随机性。这一现象与"引用次数是评价引用文献是否有意义的有效工作"矛盾。

如何克服这些不合理因素，完善引文分析的理论基础，已成为当前引文分析理论研究中亟待解决的问题。

3) 引文分析法的微观探索力度不够

尽管引文分析法已初步形成了一套比较系统的方法，可分别从引文数量上和引文的网状关系上进行分析。但引用行为是一种人为行为，从某种意义上说，引文分析可以算是一种行为分析。作者有着复杂的引用动机。有关引文分析法有效性的争论，在一定程度上也就源于对作者引用动机的争论。在目前的研究中，有不少研究者已开始尝试建立引用动机模型，并在此基础上通过引文上下文/内容分析建立引文类型学，然而由于受到样本量、分析方法等因素的限制，其结论的标准性和普遍性仍有待于进一步的验证。因此，要大力加强对引文分析的微观探索，将现有的方法进一步深化，同时也要避免其复杂化，使其易操作，具有相当的客观性和准确性[1]。

4）引用形式多样性和引用动机的复杂性

参考文献有多种形式，除文中的夹注、脚注外，还有较普遍的文后所附参考文献、主要参考文献、引用文献等形式。参考文献多样性的引用形式反映出参考或引用的程度有所不同；另外，对这些数据的采集、统计、处理也有不同；再者，不同的文献载体和作者的不同习惯形成各有差异的引用形式。

作者引用他人著作的原因有很多，温斯托克已经指明了参考文献的15种基本功能，且这些都属于正常的引用动机。而实际上，由于人的心理因素非常复杂，使得论文著者的引用行为也具有复杂性和多样性，并非所有引文都按规范的标准，其中还可发现有很多不良的引用行为，例如：①转引，即对自己未经亲自查阅过的文献而从他人论文的引文中加以引用；②崇引，即不从真实需要出发，仅仅为了让他人感觉自己的文章水平高而盲目引用一些对自己研究工作并无实际重要性的权威专家的作品，或故意使用一些不恰当却很流行的术语；③别有用心的自引，作者正确地引用自己的文献可以表明研究工作的连续性，但有些作者却故意引用自己已发表的与著文关联不大或根本不相关的论文来提高自己的学术影响；④主观性的漏引，即作者实际上引用了某篇文献，却在自己论文的参考文献中有意不列出该篇引文，这种现象无疑会影响被引文献的被引率，从而使得引文分析的结果出现误差；⑤还有些作者故意引用多种语言的文献，或者在参考文献中列出一些文章中并没有引用过的文献。这些现象虽然都是人的道德问题而不是引文分析方法本身的缺陷，但它们的存在会使引文分析的结果出现偏差甚至错误[2]。

由此看来，作者引用文献的动机非常复杂，文献被引用不一定反映着被引文献的重要性。而在引文分析的实践中，对引用动机不加区别，只在频率上反映为引用一次，这是不符合科学规范的，其得出的结果至少可以说是粗糙的。

5）引文数量随机性导致平等"量"化困难

一般来讲，由于科学上客观存在的连续性与继承性，科学论文的撰著者通

---

[1] 叶继元. 引文的本质及其学术评价功能辨析 [J]. 中国图书馆学报，2010，36 (185)：35-39.
[2] 杨思洛. 基于网络引证关系的知识交流规律研究 [D]. 武汉：武汉大学博士学位论文，2011.

常要参考早期发行物，从中援引一些已知事实并在论文结尾列出所引用文献的来源或出处，以备读者做深入探讨的查找。然而，在写作实践中，撰著者所列出的引文在数量上是随机的，没有任何比例或限制。统计数据表明，国内外科学环境和写作习俗是大不相同的。一般地，我国撰著者和读者的引文意识没有国外那么高，这就难免有的文章列出的引文寥寥无几，甚至有的刊物由于篇幅所限而删去了引用文献。另外，引文数量还要受其他因素（如外语水平、引文来源、心理动机等）影响而呈现出不规范性。引文分析如果把这种数量不规范的数据加以同等对待，显然难以将其"量"化，或者简单地将其"量"化而得出令人难以信服的结论[①]。

6）引用和被引用文献的相关度问题

目前，引用和被引用文献的关系比较复杂，它们彼此之间的相关性程度难以确定。有的引用量多，有的引用量少；有的引用方法，有的引用结论。其引用的程度和内容不相同，引文与原著的关系就不一样。但目前的引文分析实践中，一般只是根据引文的数量来考察，而不管其引用性质如何，不加区分，同等对待。这往往也影响了引文分析法的准确性。

7）被引文献类型的单调性导致数据的片面性

有关研究报道表明，当前多数学者利用信息的来源是期刊文献。诚然，期刊具有它独有的特点，但每种引文类型都有其各自的优势。比如，学位论文是研究者经过多年研究的成果，它具有反映问题全面、系统的特点，对某一问题的历史、现状、未来都做了较为详细论述，这对科研工作者来说极为重要；图书具有论述系统、知识全面、内容专深、技术定型、观点成熟、可信度高等特点；会议论文集反映某一学科的前沿，讨论的都是当前重大的学术问题，且研究者中有一部分是较有影响力的科学家、专家或学术带头人，他们的研究代表着本学科的研究动向、发展趋势和最新研究成果；报纸虽然专业性不是很强，但它具有较高的权威性等。引文类型所占比例如此悬殊说明引文类型的单调性，它没有对期刊以外的引文类型给予适当的重视并加以利用，只注重那些容易查找、容易收集、来得快的信息，而忽视了那些系统的、全面的、比较专深的文献资料，以这种统计数据得出的规律只适用于期刊而很难普遍应用。

由于科技发展和交流的需要，引用和被引用已是科学文献学者之间相互关系的突出表现。科技文献学者来自不同的国家和地区，因而使用不同的语种。而统计结果显示，许多国内文献的引文语种大多数为中文，外文较多的属英文，这在一定程度上表明了引文信息资料的封闭性，国内学者利用外国的科研成果和

---

① 史卫国，饶艳. 论引文分析法研究进展与趋势［J］. 山东图书馆季刊，2001，(3)：9-10.

情报信息甚少。当然，这种情况随着学术研究的日益国际化也在不断得到改善。

引文类型的问题在很大程度上是由作者选用引文的可获得性所决定的。索普（M. E. Soper）研究指出，著者引用的文献，大部分是个人收藏的文献；少部分是本部门和就近图书馆的资料，而其他城市或其他国家的文献所占比例甚小。这说明著者选用参考文献以方便为准则，以占有为前提；同时还要受到著者语言能力、文献本身年龄和流通周期，以及二次出版物报道的影响。

8）马太效应的影响

有的研究者认为，在文献引用方面也存在着马太效应的影响。人们往往以"名著""权威"作为选择引文的标准，有的确实出于需要，也有的则是为了装饰门面，抬高自己论文的"身价"。一种期刊因为发表名人的文章而为众人所引用，以致引起连锁反应，结果其引文率很高。这种马太效应的心理作用，掩盖和影响着文献引用的真实性。

9）引文分析的工具和技术存在缺陷

基于引文分析研究与评价的质量、合理性和可靠性很大程度上依赖于所用引文数据的精确性和全面性，不准确或不全面的数据往往造成不精确甚至错误的结果，而数据库的检索功能与响应速度对引文分析的效率也影响重大。当前，在国内外都涌现了许多出色的引文数据库如 SCI、SSCI、CSSCI 等，它们作为引文分析重要的数据来源都各具特色，但却也并非十全十美，都存在不同程度的缺陷，一些共性的问题，如来源期刊领域和地区及语言分布不均衡、覆盖面不完整、合著论文荣誉归属问题缺乏统一的认定标准、引文只标引第一作者有失公平、同人异名或异人同名的问题尚未完全解决、引文数据库的不同学科适用性和普及度有待提高、网络引文与传统引文的区别处理，等等，这些缺陷和不足无疑都会对引文分析结果的准确性产生一定的影响。

另外，引文分析往往涉及大规模数据，为提高分析效率也涌现出了许多引文分析工具，例如，专门用于信息计量分析的工具有 Bibexcel、Citespace、Histcite 等，通用处理工具有 SPSS、SAS、Pajek、Ucinet 等。这些工具所具备的引文分析功能也各有千秋。现在引文可视化是研究重点，但不同的可视化工具、不同的方法与过程都会产生不同的结果，而且不同软件产生的可视化图谱的侧重点也不同。不管是因为具体的软件，还是这些软件中的具体算法，或者说是因为不同形式及不同的角度，使得可视化结果不同，其效率和效果都存在问题。表面上看起来较为客观的引文计量分析，实际上是十分主观的不太可信的结果。这些软件工具对数据往往也具有特定要求，很多只适合处理外文文献题录，缺少兼容或针对中文引文的分析工具，这与中文引文库数据很不规范是有一定关系的。这些引文分析技术的落后性，也就致使引文分析自身应用的优越性难以体现出来。

10) 引文数据的反馈性带来严重的滞后性

被引数据是在引文索引来源期刊上发表论文的专家学者借鉴、利用的文献情况的综合体。它的统计分析是反馈性的，因此存在严重的滞后性。这些文献是科研工作者查找到并阅读过以后，在自己的科研工作和成果中参考、借鉴、继承并作为引文列在自己的科研成果中。这一过程显然需要相当的时间。而索引机构整理、编辑、核对、修正也是需要时间的，所以引文特别是被引数据的统计分析是严重滞后的。

引文索引特别是被引数据的反馈性决定了它不可能超前于专家学者的认同、借鉴和利用。由于事物发展和人们认识有一个过程，这个过程的长短由于事物的不同而有别，所以论文发表后的被引时机和时间长短亦不同。科学上的发现被人们重视、承认、接受一般都有一个过程，从发展看，总体上这一过程越来越短。在科学史上，有些发现要几年甚至几十年后才得到承认的例子并不是很罕见的，遗传学家孟德尔的研究成果在30多年后才得到公认就是一例。当然，也有一些发现一出现就立即引起人们的广泛注意，很快成为"热点"，从而被大量引用。加菲尔德在对被大量引用论文的被引用情况进行研究分析后，将它们的被引用的实际情况归纳为五类：高速飞弹型、流星型、迟开之花型、双峰型和持久型。不管是哪种类型，对于那些创造、发明、创新的成果，在未获得同行专家学者认同、引用之前，是不可能在引文数据统计分析中得到认证的。这无疑会对基于引文分析的评价活动探索带来负面影响。

11) 引文分析不能完全反映科学交流状况

文献之间引用关系较客观真实地表征了科学的累积性、连续性和继承性，可以描述、解释、预测和评价科学交流行为活动。引文实际上是作者群体在学术共同体认同的学术理念和规则影响下产生的，是可以考察分析的一种学术交流现象。众多学者都从引文分析视角展开了科学交流的研究活动。然而引文的模糊界定和著者引用行为的偏颇（如引而不用、用而不引等现象），使得通过引文并不能完全反映出学者的科学交流情况。另外，在科学交流中，特别是在网络环境下，存在着多种交流方式，引文视角仅仅是其中的一个方面，它只能揭示正式科学交流的状况，却不能反映出非正式交流的内容。而有时这种非正式交流较正式交流对学者的科学研究影响更大，这也就影响了引文分析在科学交流探测中的应用。

7.1.4　引文分析的基本类型与步骤

1. 引文分析的基本类型

目前，引文分析已经得到了广泛的使用。引文分析主要有以下三种基本类型。

（1）从引文的数量进行分析，主要用于对论文或期刊进行评价。例如，通过被引次数来反映论文或期刊的质量、学术影响力等。

（2）研究引文的链状关系或网状关系，将一篇篇看似孤立的论文联系起来，发现论文内容上的关联性和继承性，同时有助于反映出学科结构以及发展趋势。

（3）从引文的主题着手，分析学科中各主要研究主题之间的联系，通过聚类等分析手段，揭示学科热点知识。

若从引文的其他不同特征出发，还可派生出许多类型的引文分析。例如，从引文的语种、国别、年代、作者等进行的引文分析。

从科学方法的层次性和动态性角度，引文分析法还可以分为两类：历时引文分析法和共时引文分析法。

（1）历时引文分析法是对某一确定的文献集合产生之后在各年份被引用数据进行统计分析的方法。历时数据的统计是对文献集合在各年被引用数据逐年统计，可以反映文献集合及其中文献的老化过程。历时数据的分析方法是以某一确定的文献集合为对象，按照一定的时间间隔统计其被引数据，并依照引用时间顺序排列，观察间隔时间前后引文数据的变化。

（2）共时引文分析法是在某一确定时间，对过去历年发表的文献被该确定时间发表的文献引用的数据进行统计分析的方法。共时数据的统计是将某一确定时间的所有文献全部收集起来，统计过去历年发表的文献被该确定时间引用的数据，可以反映确定时间文献老化的时间分布状态。共时数据的分析是利用共时观察在给定的时间内不同年限的引文分布情况，研究间隔时间、前后引文时间分布数据的变化。

历时引文分析法反映的是引文变化过程，而共时引文分析法反映的是引文的状态。运用这两类方法对文献老化展开的研究比较多，但对于其是否一致并且是否都具有合理性尚未达成共识。

2. 引文分析的基本步骤

1）选取统计对象

根据所要研究的学科的具体情况，选择该学科中有代表性的权威的杂志，确定若干期及若干篇相关论文作为统计的对象。

2）统计引文数据

在选取的论文中，分项统计每篇论文后面的引文数量、出版年代、语种、类型、论文作者的自引量，统计项目可依据研究的目的和要求自行确定。

3）引文分析

在获取的引文数量的基础上，根据研究的目的，从引文的各种指标或其他不同的角度进行分析。例如，引文量的理论分布分析，引文量的集中、离散趋势分析，引文量随时间增长规律的分析，引文的重要指标分析，包括自引量、引文语种、文献类型、年代、国别等项目的分析，以及作者、期刊、机构、学科之间的引证关系分析等。

4）得出结论

根据引文分析原理和其他一般原则进行判断和预测，得出相应的分析结论。

在引文分析的基本步骤中，引文统计是关键的一环。无论采用哪种类型的引文分析，都必须在引文统计数据的基础上进行。因此，引文统计是引文分析的前提。在进行引文统计、搜集引文数据时，首先必须选准统计对象，即可提供引文资料的文献源。可供引文统计时用的文献源有许多种，如述评性期刊以及其他基本出版物等；还可以直接从原始期刊中的论文来统计引文数据。

7.2 常用引文分析工具

正如前文所述，无论何种类型的引文分析都必须依托于浩大的引文统计工作才能得以顺利进行。而长时间以来科技文献的指数增长和数据库技术的快速发展，都使我们淹没在了文献数据的海洋，必须要依托先进信息技术工具，才能有效开展引文分析工作。为解决此问题，国内外已经有许多杰出的引文分析工具不断涌现，图7-3所展示的正是目前国内外常用的引文分析工具[1]。

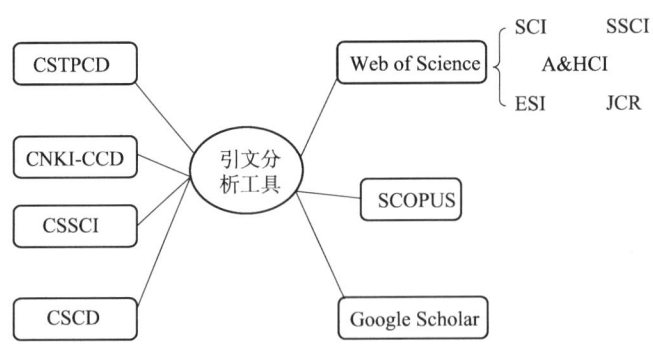

图7-3 国内外常用的引文分析工具

国外的引文索引工具有：SCI、SSCI、A&HCI、ESI、JCR、SCOPUS、

---

[1] 孙建军，李江. 网络信息计量理论、工具与应用[M]. 北京：科学出版社，2009：43.

Google Scholar 等。

国内的引文索引工具有:中国科技论文与引文数据库(CSTPCD)、中国知网-中国引文数据库(CNKI-CCD)、中文社会科学引文索引(CSSCI)和中国科学引文索引(CSCD)等。

7.2.1 ISI Web of Science

ISI Web of Science 是全球最大、覆盖学科最多的综合性学术信息资源,收录了自然科学、工程技术、生物医学等 230 个学科领域最具影响力的 12 000 多种核心学术期刊。美国科技信息研究所(Institute for Scientific Information, ISI)于 1964 年正式发行了 SCI 数据库。这一数据库历来被公认为世界范围内最权威的科学技术文献的索引工具,能够提供科学技术领域最重要的研究成果。SCI 引文检索的体系更是独一无二的,不仅可以从文献引证的角度评估文章的学术价值,还可以迅速方便地组建研究课题的参考文献网络。1997 年,ISI 推出了 SCI 的网络版数据库——Web of Science 检索系统中的 Science Citation Index Expanded,其信息资料更加翔实,收录期刊更多,同时该系统充分利用 World Wide Web 网罗天下的强大威力,检索功能更加强大、更新更加及时[1]。Science Citation Index Expanded 共收录期刊 6800 余种,每周新增 17 750 条记录,记录包括论文与引文(参考文献),其引文记录所涉及的范围十分广泛,包括图书、期刊论文、会议论文、专利和其他各种类型的文献。它不仅可用于查找最新的研究成果(文摘和所引用的参考文献),还提供文献被引用情况的检索。独特的引文检索体系,使其成为普遍使用的学术评价工具。

2000 年,ISI 推出 ISI Web of Knowledge 学术信息资源整合体系,其中以 Web of Science 为核心。Web of Science 是大型综合性、多学科、核心期刊引文索引数据库,包括三大引文数据库,即 SCI、SSCI&HCI 与两个化学信息事实型数据库(Current Chemical Reactions,CCR;Index Chemicals,IC),以及科学引文检索扩展版(Science Citation Index Expanded,SCIE)、科技会议文献引文索引(Conference Proceedings Citation Index-Science,CPCI-S)和社会科学以及人文科学会议文献引文索引(Conference Proceedings Citation index-Social Science & Humannalities,CPCI-SSH)三个引文数据库,以 ISI Web of Knowledge 作为检索平台。

2014 年 1 月 12 日,Thomson Reuters 以 Web of Science 替代之前的 Web of Knowledge 平台。其变化主要有:原 Web of Science 数据库更名为 Web of

---

[1] Thomson Reuter. Web of Science [EB/OL]. http://www.web of knowledge.com/wos [2015-12-30].

Science 核心合集；平台新增 SciELO Citation Index；新增 OA 期刊文章的精炼功能；检索结果中增加 ESI 高被引与热点论文的标识；新增 Google Scholar 的链接；摘要页面可以直接了解期刊的学科分类及分区信息；摘要页面可以直接实现关键词的检索。图 7-4 是 Web of Science 新版平台的检索界面。

图 7-4　ISI Web of Knowledge 检索界面

我们以"scientometrics"（科学计量学）为主题进行检索，得到检索结果如图 7-5 所示。

图 7-5　以"scientometrics"（科学计量学）为例检索的结果

第七章 引文分析法

检索结果可以分别按照出版日期、入库时间、被引频次、相关性、第一作者、来源出版物、会议标题等进行升降序排列，这里我们选择按被引频次降序排列，便可以找到被引频次最高的文章，点击进入，则得到如图 7-6 所示的详细记录。在该页面中，我们可以获取该篇文章的作者、出版物、出版年、被引频次、参考文献数目、学科类型等详细信息，同时通过页面提供的引证文献追踪、具有共同参考文献（文献耦合）的查找以及引用的参考文献分析、引证关系图绘制等路径入口，分别进入相关的深度引文检索界面。

图 7-6　检索结果中被引频次最高文章的详细记录示例

图 7-7 是这篇文章的引证文献（施引文献）检索结果页面，再进一步选择所关注的引文可以进入其对应的详细记录页面。图 7-8 指示的是这一文章引用参考文献的检索结果情况。图 7-9 是与这一记录引用了共同参考文献的记录检索页面，即文献耦合结果页面，其中页面右侧还给出了每一条记录与所选记录之间的共同参考文献数目，即文献耦合强度，数目越大，两篇文章之间的相关性也可能就越大，关于文献耦合的详细说明将在 7.4 节进行具体阐述，这里不再过多赘述。Web of Science 提供这一功能主要是帮助用户了解：有哪些作者引用了您所关注的论文中的参考文献？在这一研究领域里谁的工作最为接近？引用了某一特定研究论文的参考文献的论文通常发表在什么类型的文献源上？这对于自身科研投稿是否有所启发？这些文献何时被大量参考引用？它们的价值是如

何体现出来的？还有哪些机构、哪些作者曾经引用了来自某篇特定论文的参考文献？他们是否在从事相同领域的研究工作？研究方向有什么异同之处？其中是否涉及跨学科研究，他们是如何进行的？这些对于科研工作者未来的研究工作是大有裨益的。

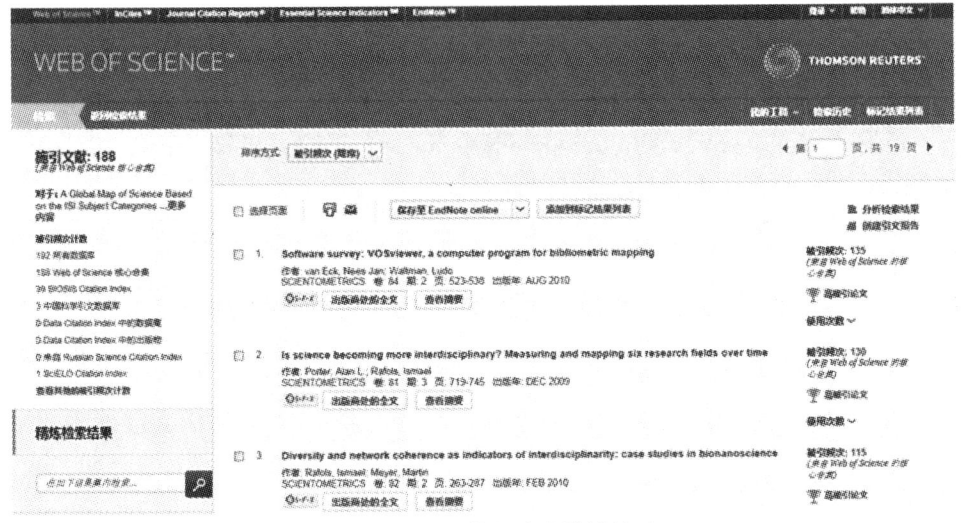

图 7-7　施引文献的检索结果界面

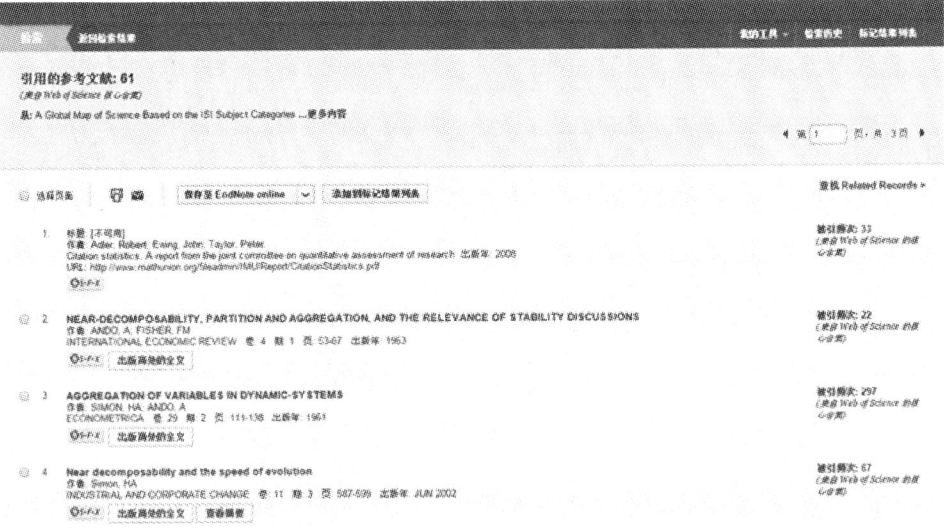

图 7-8　引用的参考文献检索结果页面

第七章 引文分析法

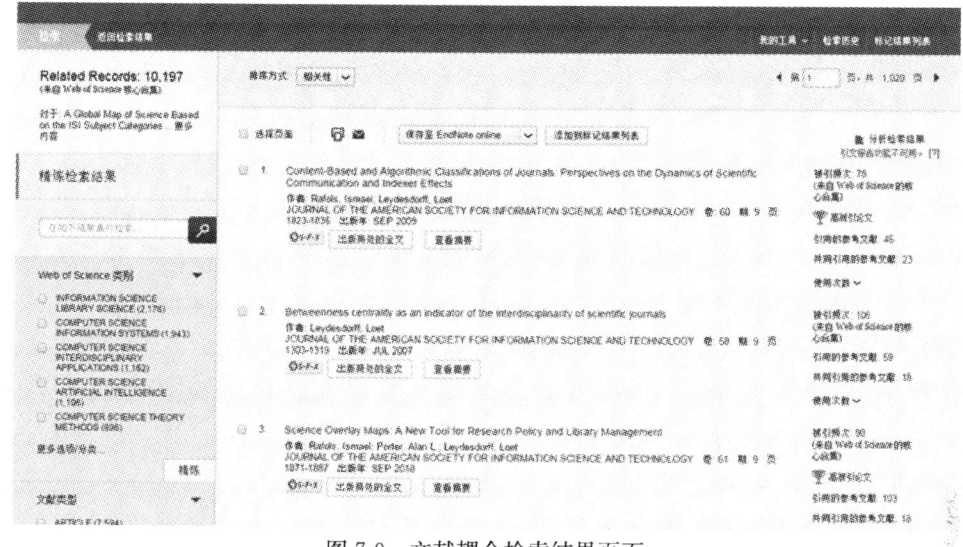

图 7-9 文献耦合检索结果页面

Web of Science 还提供了引文关系可视化功能，通过前向、后向以及双向引证关系图示可以更加清晰地表征选定文献与参考文献、引证文献之间的引证关系，其中还有 1 层、2 层引证关系的不同设置，满足用户对深度引证关系分析的需求，具体如图 7-10～图 7-12 所示。

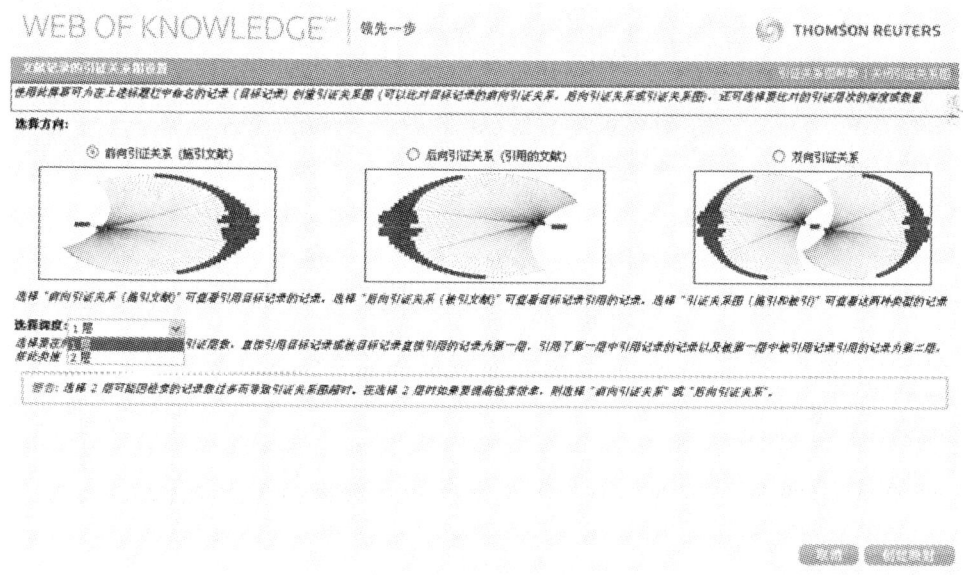

图 7-10 引证关系图检索界面

215

■ 科学计量学

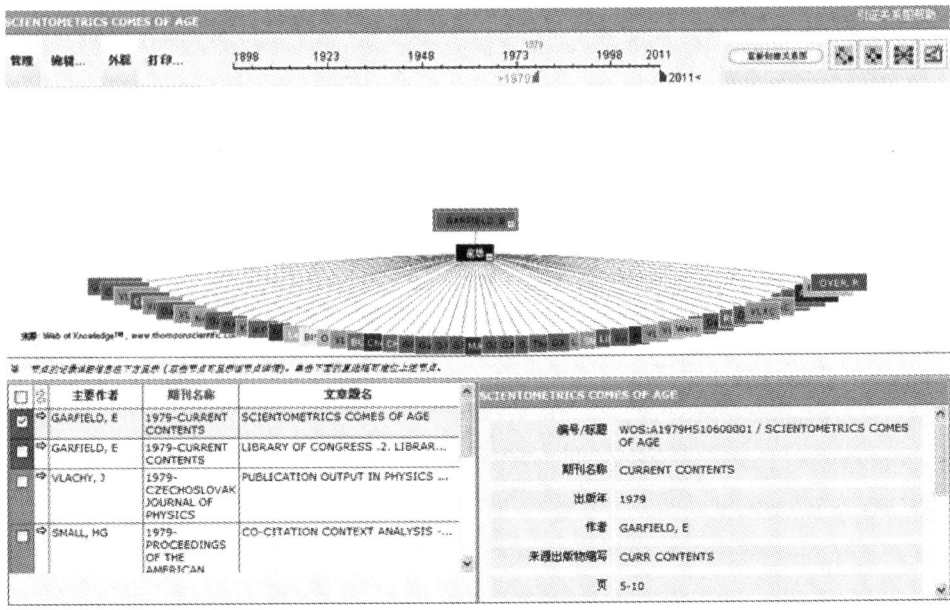

图 7-11 前向引证关系图示

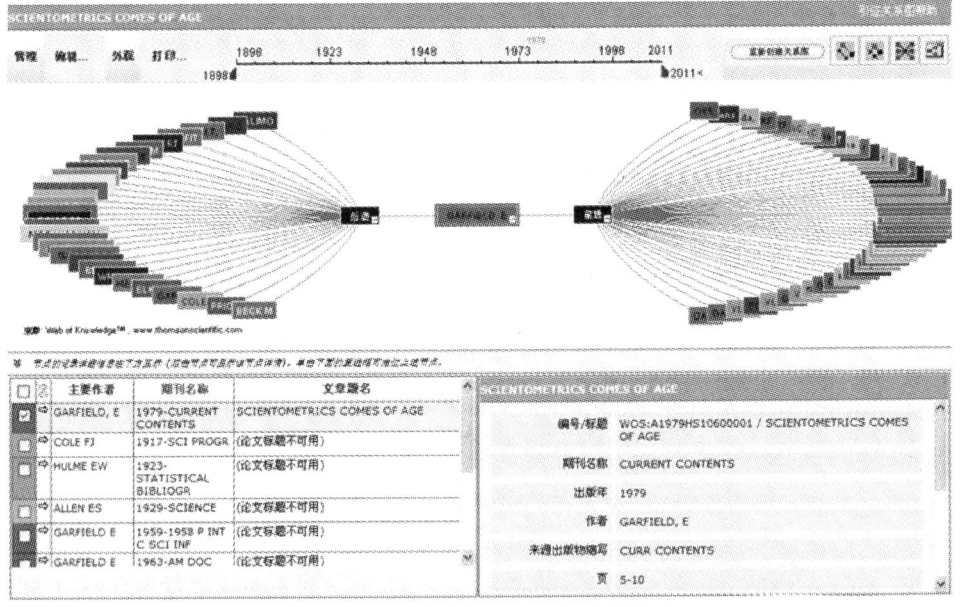

图 7-12 双向引证关系图示

另外，通过 Web of Science 还可以进行被引参考文献的检索，基本界面如图 7-13 所示。我们以科学引文索引之父"Garfield E"为例进行检索，进入第 2

步（图 7-14），点击页面中"全选"—"完成检索"，即得到如图 7-15 所示的结果。假如选择其中一项，点击"查看记录"，则进入如图 7-6 所示的界面。同样，也可以对某一被引作者建立引证关系图，具体步骤与上述一致，在此不再赘述。

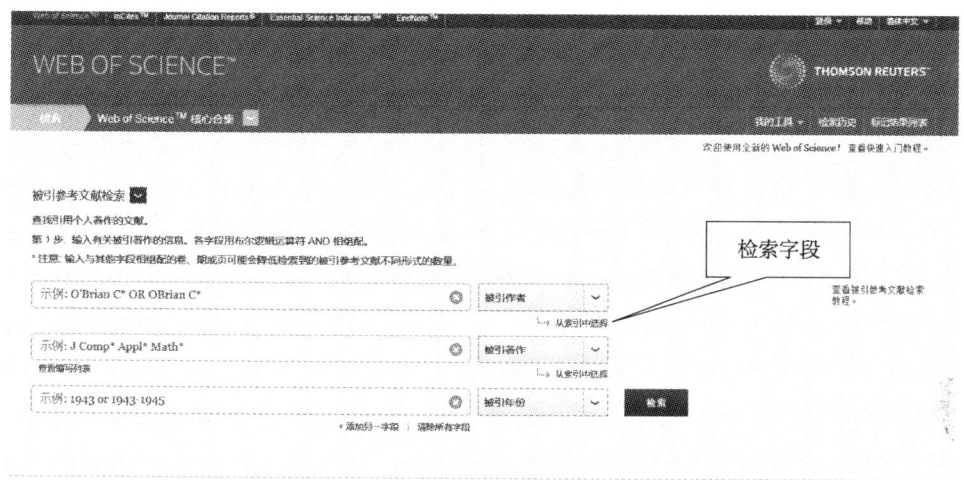

图 7-13　被引参考文献检索界面（第 1 步）

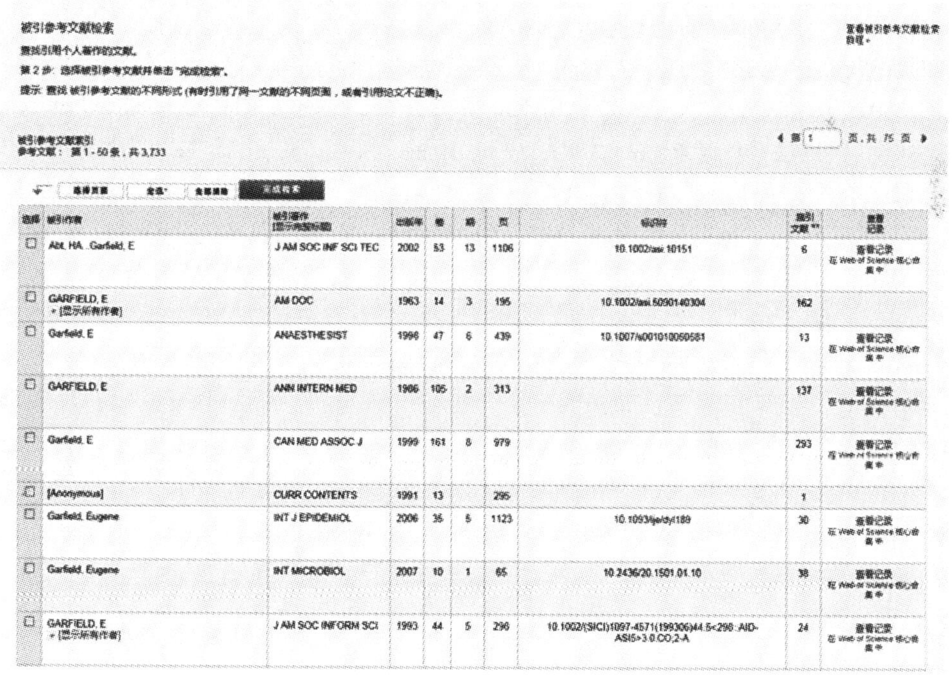

图 7-14　以"Garfield E"为例进行引文检索（第 2 步）

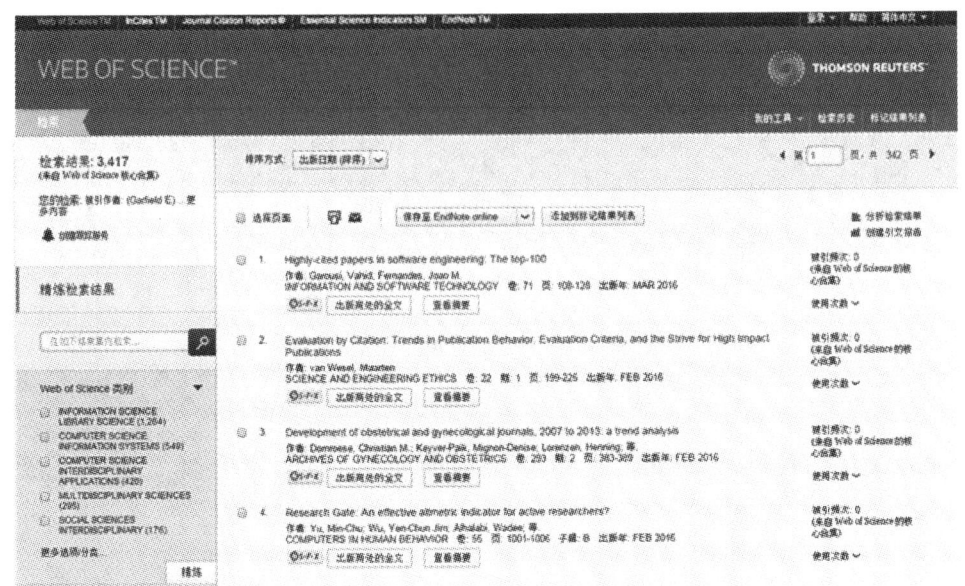

图 7-15 以"Garfield E"为例进行引文检索的结果界面

除了上述功能以外,Web of Science 还提供检索结果的分析,这一功能也是非常强大的,对于科研工作者同样是很有帮助的。在图 7-15 所示的界面中,点击"分析检索结果",即进入如图 7-16 所示的界面(上半部分)。其中可以对作者、地区、文献类型、机构等多项字段进行分析。在此我们选择"作者"字段,对前 10 项记录进行分析,即可得图 7-16 中的下半部分;进而选择其中的记录,点击"查看记录",即进入记录的详细页面。除了检索结果的分析,Web of Science 还能生成引文分析报告,可以帮助用户直接完成引文统计分析以及绘制图表的工作,方便易用。在图 7-15 的界面中,点击"创建引文报告",即进入引文报告界面,如图 7-17 所示。

为了解决广大研究者所面临的同名同姓不同人的问题的干扰,Web of Science 还开发了作者甄别的功能模块,来帮助用户识别他们所寻找的特定的唯一的作者。图 7-18 便是作者甄别检索的界面,我们同样以"Garfield E"为例进行检索,并可进一步缩小研究领域范围,点击选择研究领域后得到如图 7-19 所示的界面。用户可以从该界面进一步选择作者所在机构,进入图 7-20 界面进行作者的唯一辨识。

第七章 引文分析法

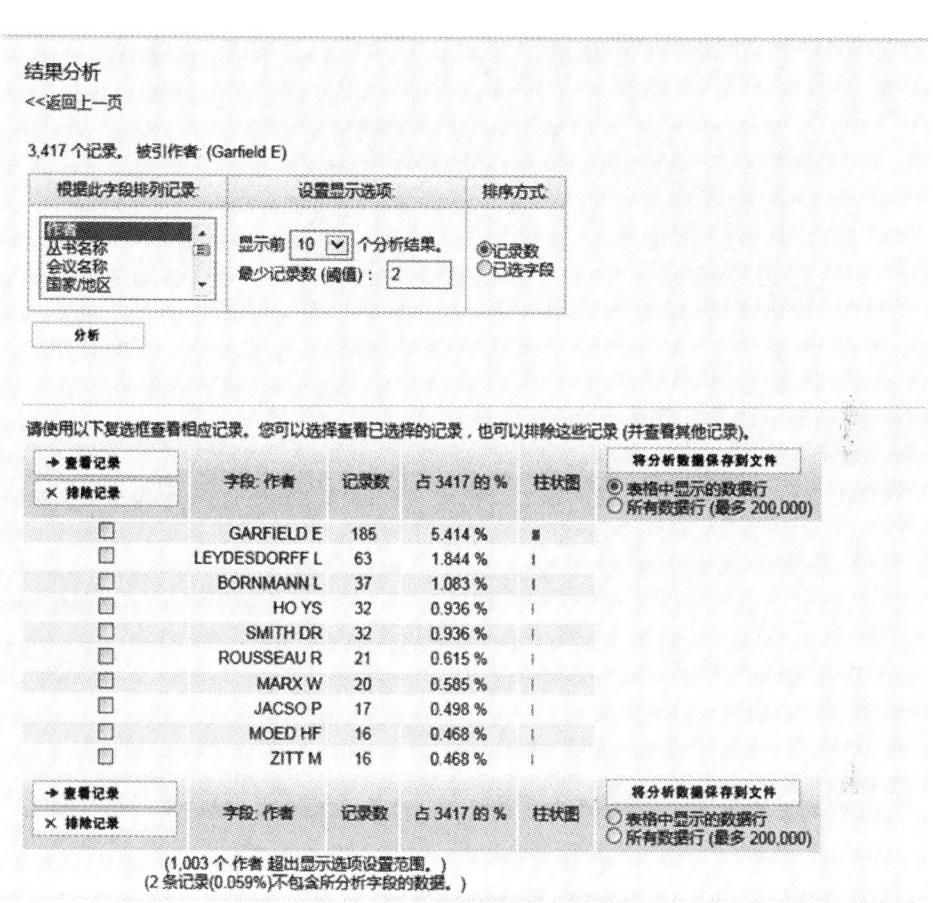

图 7-16 检索结果分析界面

■ 科学计量学

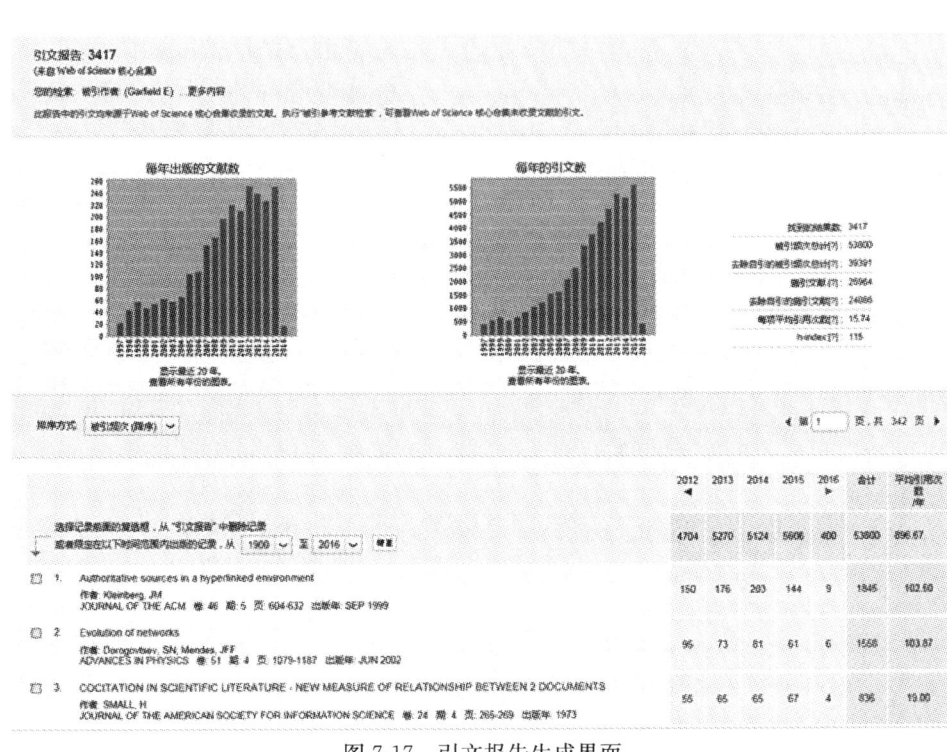

图 7-17 引文报告生成界面

图 7-18 作者甄别检索界面

图 7-19 以 "Garfield E" 为例的作者领域甄别检索界面

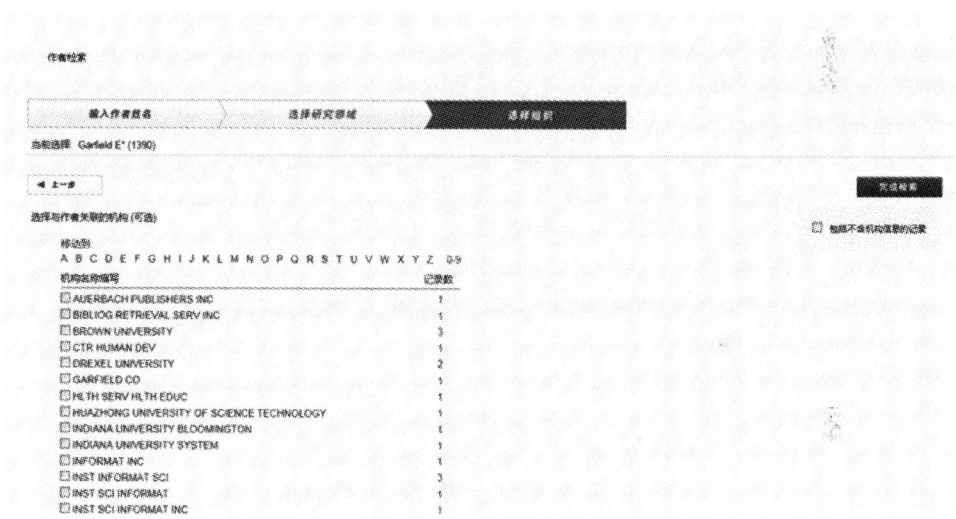

图 7-20 以 "Garfield E" 为例的作者机构甄别检索界面

7.2.2 ESI

ESI 是 ISI 于 2001 年推出的衡量科学研究绩效、跟踪科学发展趋势的基本分析评价工具，是基于 ISI 的 SCI 和 SSCI 所收录的全球 10 000 多种学术期刊的 1000 多万条文献记录而建立的计量分析数据库。它通过 ISI Web of Science 提供服务，是 ISI 网络集成服务平台的一个重要组成部分。ESI 从引文分析的角度，针对农业科学、生物学与生物化学、化学、临床医学、计算机科学、经济学与商贸学、工程学、环境/生态学、地质科学、免疫学、材料科学、数学、微生物学、分子生物学与遗传学、综合交叉学科、神经科学和行为学、药理学与毒理学、物理学、植物学与动物学、心理学/精神病学、社会科学以及空间科学 22 个专业领域，分别对国家或地区、研究机构、期刊、论文以及科学家进行统计分析和排序，主要指标包括论文数、引文数、篇均被引频次。用户可以从该数据库中了解一定范围内的科学家、研究机构（大学）、国家（城市）和学术期刊在某一学科领域的发展和影响力，确定关键的科学发现，评估研究绩效，掌握科学发展的趋势和动向。ESI 数据库不仅为科学评价提供了大量实用的科学数据，而且能够实现与 ISI Web of Knowledge、ISI Document Solution 和 Science Watch 的链接。

ESI 的主要内容包括引文排位（citation rankings）、高被引论文（most cited papers）以及引文分析（citations analysis）三大主要模块（图 7-21）。其中，引文排位模块包括科学家、机构（大学、企业、政府部门或学术研究机构等）、国家和期刊排名表，高被引论文模块包括高被引论文（highly cited papers）和热门论文（hot papers）列表，引文分析模块包括基线（baselines）和研究前沿（research fronts）列表。引文排序页面和高被引论文页面还提供了与顶尖论文页面、时间序列图的链接。除此三个主要模块之外，ESI 还提供对其各种表格和数据进行评论的内容，包括 In-Cites、特殊话题（special topics）、科学观察（science watch）。图 7-22 是 ESI 页面结构图，反映了其中各个页面之间的关系。

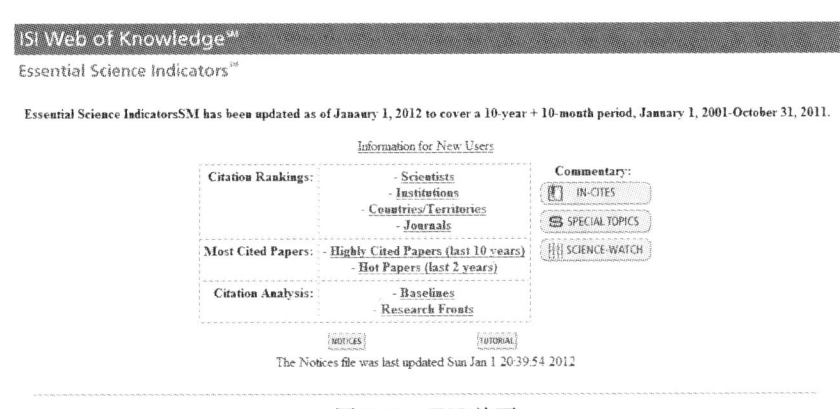

图 7-21　ESI 首页

ESI 数据库的特色数据类型包括高被引科学家排序（前 1%）、机构（大学、公司和政府研究机构）排序（前 1%）、国家和期刊的排序（前 50%），排序分为单个和所有领域。还有可供检索的"高被引论文"以及被称作"热门论文"的专门论文集，它们都是根据特定领域和特定时间段的百分位数的排位选择的，高被引论文在近 10 年的论文中选出，而热门论文是指在近期（近 2 年）发表的且当前时期显示出异乎寻常被引频次的论文。除了检索排序，ESI 还提供了"基

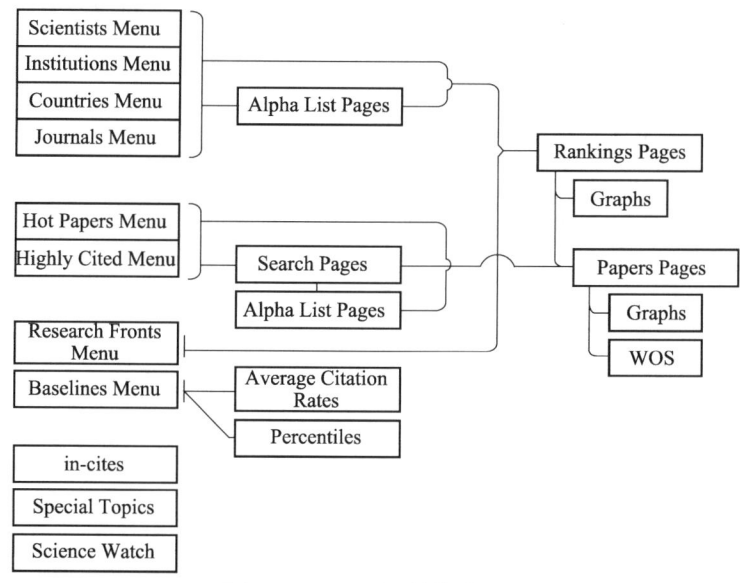

图 7-22 ESI 页面结构流程图

线”这一特色分析功能，即对大的论文组中每篇论文累积被引频次的度量，它为特定领域和年份的论文组提供了期望的被引频次和统计百分比。它既是衡量研究绩效的基准，也是帮助理解引文统计的标尺。另外，ESI 的另一个独特之处是提供被称为“研究前沿”的专业领域列表（图 7-23），其通过算法得出的主题反映当前深入研究和有突破性的科学领域。可以说，基线和研究前沿是 ESI 真正具有引文功能部分的体现。

ISI Web of Knowledge℠
Essential Science Indicators℠

RESEARCH FRONTS RANKINGS IN AGRICULTURAL SCIENCES

Sorted by: Citations

1 - 20 (of 210) Page 1 of 11

	View	Fronts	Papers	Citations	Citations Per Paper	Mean Year
1		CANADIAN PHYSICAL ACTIVITY GUIDELINES; PHYSICAL ACTIVITY BEHAVIOUR CHANGE; PROMOTE PHYSICAL ACTIVITY; MODERATE-TO-VIGOROUS PHYSICAL ACTIVITY	35	3,474	99.26	2008.9
2		PERFLUORINATED COMPOUNDS; PERFLUORINATED CHEMICALS; PERFLUORINATED ACIDS; PERFLUOROALKYL COMPOUNDS IMPAIR HUMAN SEMEN QUALITY; ORGANOPHOSPHATE PESTICIDE EXPOSURE	36	3,381	93.92	2008.3
3		MATRIX-ASSISTED LASER DESORPTION ELECTROSPRAY IONIZATION (MALDESI) FOURIER TRANSFORM ION CYCLOTRON RESONANCE MASS SPECTROMETRY; SURFACE DESORPTION ATMOSPHERIC PRESSURE CHEMICAL IONIZATION MASS SPECTROMETRY; BIOANALYSIS; MELAMINE; CYANURIC ACID	44	3,299	74.98	2008.3
4		MODEL GRASS BRACHYPODIUM DISTACHYON; GRASS GENOME EVOLUTION; PLANT GENOME SEQUENCES; GENOME SEQUENCING; GRAPEVINE GENOME SEQUENCE SUGGESTS ANCESTRAL HEXAPLOIDIZATION	13	2,642	203.23	2008.4
5		ARABIDOPSIS CHIMERIC TCP3 REPRESSOR; FLORAL TRAITS; SHOOT BRANCHING CONTROL; ARABIDOPSIS TRANSCRIPTION FACTORS, STRIGOLACTONE-RELATED SHOOT BRANCHING PATHWAY; ELUSIVE SHOOT BRANCHING HORMONE	47	2,287	48.66	2009.2

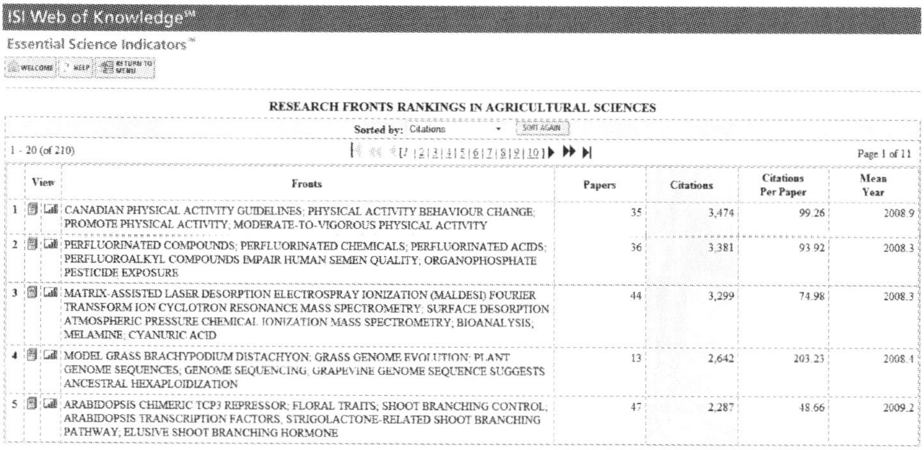

图 7-23 ESI 中农业科学研究前沿列表（部分）

作为学术信息资源体系——ISI Web of Knowledge 的一部分，ESI 为科学研究者提供了一种动态的、综合的、基于网络的研究分析环境。ESI 这一信息体系的特点在于：综合全面的定量数据、清晰准确的统计以及与其他有价值的信息资源的链接。利用该数据库，研究人员可以系统地、有针对性地分析国际科技文献，从而了解一些著名的科学家、研究机构（或大学）、国家（或区域）和学术期刊在某一学科领域的发展和影响；同时，科研管理人员也可以利用该资源找到影响决策分析的基础数据。

作为一种基本的科学计量分析评价工具，ESI 的评价功能主要体现在五个方面：对科研成果的评价；对科技人才的评价；对科研机构的评价；对科学出版物的评价；对科学学科本身的评价。具体的分析和评价功能有：分析某个公司、研究机构、国家以及期刊的科学研究绩效；跟踪自然科学和社会科学领域内的研究发展趋势；分析评价员工、合作者、评论家以及竞争对手的能力；测定某一专业研究领域内科学研究成果的产量和影响力。根据 ESI 所提供的评价功能，那些在政府部门中主要从事科技政策或经济政策制定的工作者，在大学、公司、政府部门以及私人实验室中从事科研项目的管理人员，从事监测和评估科学研究的专家学者以及科学出版部门的工作人员，大学或者公司的招聘人员等都将成为 ESI 数据库的主要用户。

7.2.3　Scopus

Scopus[①] 数据库是著名的 Elsevier 公司于 2004 年年底推出的具有强大功能的多学科参考数据库，其是目前收集科学文献最全面的摘要与索引（A&I）数据库，是目前世界上最大的二次文献数据库。Scopus 数据库收录了来自全球 5000 多家科学出版公司的 19 000 多种刊物，涉及 18 000 多种同行评议的期刊（含 1800 种开放期刊）、400 种商业出版物、300 种书籍系列，覆盖医学、农业与生物科学、物理、工程学、社会学、经济、商业与管理、生命科学、化学、数学、地球与环境科学、心理学、艺术与人文学等研究领域。目前，Scopus 数据库提供从 1996 年至今的 2450 万条文摘及全部文后参考文献；从 1823 年至 1996 年的 2100 万条文摘，460 万条会议文献，3850 种期刊的在编文章（article in press）；以及 35 000 万个科学网页，以及来自 5 个专利组织（美国专利局、欧洲专利局、日本专利局、世界知识产权组织和英国知识产权局）的 2470 万条

---

① About Scopus. http：//www.info.sciverse.com/scopus/about ［2012－3－18］.

专利记录。

作为继国外三大检索数据库之后的又一大规模索引工具，Scopus 虽为后起之秀，但其内容全面、学科广泛，能够提供数量庞大的相关文献，检索效果不亚于 SCIE，同时运用互联网搜索引擎 Scirus，还可同步检索科学网站与专利资料，文献源更加广泛。其丰富的检索字段和对检索结果提供整体的概观和精细的限定，不仅可方便用户从不同途径查询所需文献，而且有助于用户快速确认与其研究内容相关的文献。Scopus 引文分析直接给出文章的总被引次数，清晰明了、简单易用；由于其收录的期刊数量多、学科门类齐全，令其在统计不同学科之间的互引量、交叉学科的内部联系等方面较具优势；尤其是收录更多的来自中国的期刊，对于分析和评价我国科技论文、著者、研究机构的学术水平更具有实际意义[①]。

从编排结构上看，Scopus 统一了检索入口，主要包括检索、引文追踪、链接、个性化服务四大模块。其中，检索模块提供四种检索途径：基本检索（Basic Search）、作者检索（Author Search）、高级检索（Adanced Search）和来源检索（Source）；引文追踪包括文献被引追踪、自引追踪和期刊总被引追踪；链接包括出版商链接、摘要和参考文献链接、全文链接；个性化服务包括我的提示（My Alerts）、我的列表（My List）、我的配置文件（My Profile）三个方面。图 7-24 是 Scopus 的页面结构流程图，图 7-25 是 Scopus 数据库的检索页面。

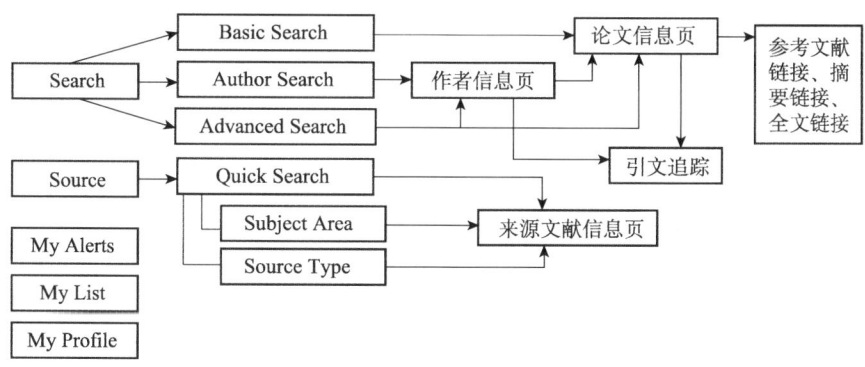

图 7-24　Scopus 页面结构流程图

---

① 邱均平，叶晓峰，熊尊妍．国外索引工具发展趋势研究——以 Scopus 为例［J］．情报科学，2009，27（6）：801-807．

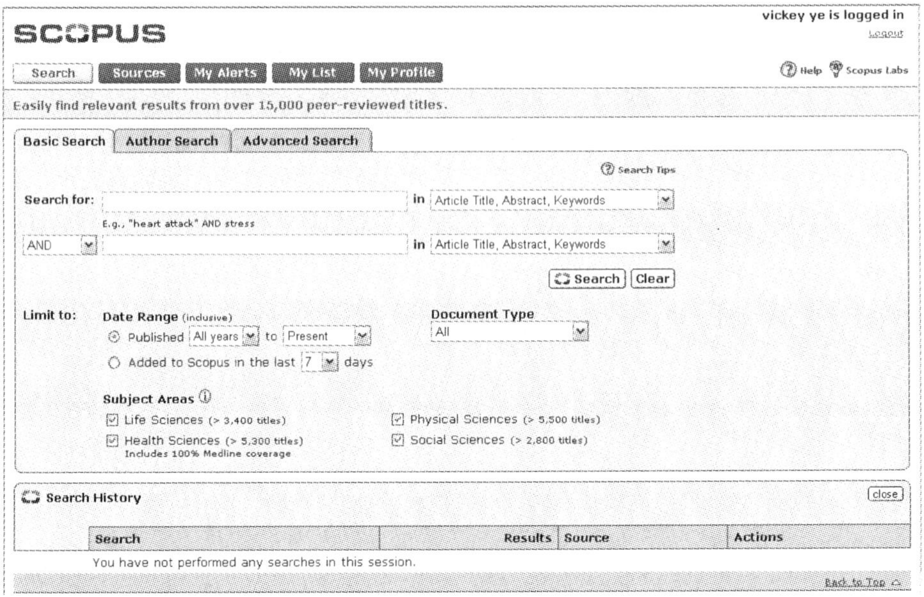

图 7-25　Scopus 数据库的检索页面

7.2.4　中文常用引文分析工具

1. 中国科学引文数据库（CSCD）

中国科学引文数据库（Chinese Science Citation Database，CSCD）[①] 是由中国科学院和国家自然科学基金委员会共同资助，由中国科学院文献情报中心于 1989 年创建的，其网络版建于 2002 年，在中国产生了巨大影响。CSCD 具有建库历史最为悠久，专业性强，数据准确规范，检索方式多样、完整、方便等特点，并在我国科研院所、高等学校的课题查新、基金资助、项目评估、成果申报、人才选拔以及文献计量与评价研究等多方面作为权威文献检索工具获得广泛应用。CSCD 曾先后被中国科学院院士主席团、第四届青年科学家奖组委会、国家自然科学基金委员会、国家重点实验室办公室等在重要的科研管理工作中指定为查询库，同时被很多高等院校和科研院所指定为人才选拔和绩效评估的查询库，并被誉为"中国的 SCI"。

CSCD 是我国第一个引文数据库。1995 年，CSCD 出版了我国的第一本印刷本《中国科学引文索引》；1998 年，出版了我国第一张 CSCD 检索光盘；1999

---

① 中国科学文献服务系统. http://sdb.csdl.ac.cn/index.jsp［2012-3-20］.

年，出版了基于 CSCD 和 SCI 数据、利用文献计量学原理制作的《中国科学计量指标：论文与引文统计》；2003 年，CSCD 上网服务，推出了网络版；2005 年，CSCD 出版了《中国科学计量指标：期刊引证报告》。2007 年，CSCD 与美国 Thomson-Reuters Scientific 合作，CSCD 将以 ISI Web of Knowledge 为平台，实现与 Web of Science 的跨库检索，CSCD 是 ISI Web of Knowledge 平台上第一个非英文语种的数据库。

CSCD 分为核心库和扩展库，数据库的来源期刊每两年进行一次评选。核心库的来源期刊经过严格的评选，是各学科领域中具有权威性和代表性的核心期刊；扩展库的来源期刊经过大范围的遴选，是我国各学科领域优秀的期刊。2009~2010 年版最新版 CSCD 收录我国数学、物理、化学、天文学、地学、生物学、农林科学、医药卫生、工程技术、环境科学和管理科学等领域出版的中英文科技核心期刊和优秀期刊 1123 种，其中英文刊 67 种，中文刊 1056 种；核心库期刊 748 种，扩展库期刊 375 种，已积累从 1989 年到现在的论文记录 300 万条，引文记录近 1700 万条，内容丰富、结构科学、数据准确。CSCD 除具备一般的检索功能外，还提供新型的索引关系——引文索引，使用该功能，用户可以迅速地从数百万条引文中查询到某篇科技文献被引用的详细情况，还可以从一篇早期的重要文献或著者姓名入手，检索到一批近期发表的相关文献，对交叉学科和新学科的发展研究具有十分重要的参考价值。CSCD 还提供了数据链接机制，支持用户获取全文。CSCD 除提供文献检索功能外，其派生出来的中国科学计量指标数据库 (CSCD-ESI) 等产品，也成为我国科学文献计量和引文分析研究的强大工具。

CSCD 网络版提供两种检索途径：来源文献检索和引文检索。CSCD 可查询专著、期刊论文、会议文献、专利和其他非正式出版物的被引用情况；科技期刊被引情况；论文发表情况；专题文献；某作者、某期刊的被其他期刊论文引用的情况，查询结果可用于产生各期刊的被引频次和影响因子；等等。另外，CSCD 还新增引文分析功能，用户可以通过"来源文献"作者、机构、关键词等内容的检索，在检索结果的基础上，进行来源、年代、作者、学科的统计分析，并可通过"引文分析报告"的功能，得到有关该作者、机构、关键词等年度产出报告，同时得到这些论文的年度被引用报告，在引文分析报告中，还可以得到排除自引的结果分析。目前，该引文分析功能支持 5000 条结果的分析。

2. 中国科技论文与引文分析数据库 (CSTPC)

中国科技论文与引文分析数据库（Chinese Science and Technology Paper and Citation Database，CSTPC)[①] 是在中国科技信息研究所历年开展科技论文

---

① 中国科技论文统计与引文分析数据库. http://202.119.210.6:83/kjxx/cstpc.html [2012-3-20].

统计分析工作的基础上,由中国科学技术信息研究所和万方数据股份有限公司创建、开发的一个具有特殊功能的数据库。该数据库分成论文统计与引文分析两张光盘,全部数据来源于国内权威机构认定的千余种科技类核心期刊,以及科技部年度发布的科技论文与引文的统计结果。其收录范围为中国自然科学统计源刊和主要社会科学类核心源刊,涉及自然科学领域的各个专业。CSTPC集文献检索与论文统计分析于一体,它既是科技人员查找有关参考文献的重要依据,又是各级科技管理部门和各科研机构、高等院校了解全国和各单位、各部门科技论文发表情报的重要工具。

该数据库的主要功能有:查找国内发表的重要科技论文;了解历年来我国科技论文统计分析与排序结果;了解各地区、部门、单位、作者以及各学科及基金资助论文发表的详细情况;开展科技论文的引文分析。

3. 中文社会科学引文索引(CSSCI)

中文社会科学引文索引(Chinese Social Sciences Citation Index,CSSCI)[①]由南京大学中国社会科学研究评价中心与香港科技大学于1998年研制,其网络版也建于1998年,它是国家、教育部重点课题攻关项目,并作为我国社会人文科学主要文献信息查询与评价的重要工具,填补了我国社会科学引文索引的空白。

CSSCI遵循文献计量学规律,采取定量与定性相结合的方法从全国2700余种中文人文社会科学学术性期刊中精选出学术性强、编辑规范的期刊作为来源期刊。目前,CSSCI收录包括法学、管理学、经济学、历史学、政治学等在内的25大类的500多种学术期刊,现已开发1998~2011年13年度数据,来源文献有100余万篇,引文文献有600余万篇。

目前,利用CSSCI可以检索到所有CSSCI来源刊的收录(来源文献)和被引情况。来源文献检索提供多个检索入口,包括篇名、作者、作者所在地区机构、刊名、关键词、文献分类号、学科类别、学位类别、基金类别及项目、期刊年代卷期等。被引文献的检索提供的检索入口包括被引文献、作者、篇名、刊名、出版年代、被引文献细节等。其中,多个检索口可以按需进行优化检索:精确检索、模糊检索、逻辑检索、二次检索等[②]。检索结果按不同检索途径进行发文信息或被引信息分析统计,并支持文本信息下载。

作为我国人文社会科学主要文献信息查询的重要工具,CSSCI可以为广大用户提供以下服务:对于社会科学研究者,CSSCI可以从来源文献和被引文献

---

① 中文社会科学引文索引(CSSCI)简介. http://www.cssci.com.cn/introduce.htm[2012-3-20].

② 王小霞. 中文社会科学引文索引网络版设计. 现代图书情报技术,2001,(3):46-48.

两个方面向研究人员提供相关研究领域的前沿信息和各学科学术研究发展的脉搏，通过不同学科、领域的相关逻辑组配检索，挖掘学科新的生长点，展示实现知识创新的途径；对于社会科学管理者，CSSCI 可以提供地区、机构、学科、学者等多种类型的统计分析数据，从而为制定科学研究发展规划、科研政策提供决策参考[①]。对于期刊研究与管理者，CSSCI 提供多种定量数据，即被引频次、影响因子、即年指标、期刊影响广度、地域分布、半衰期等，通过多种定量指标的分析统计，可为期刊评价、栏目设置、组稿选题等提供定量依据。CSSCI 也可为出版社与各学科著作的学术评价提供定量依据。

4. CNKI 中国引文数据库（CNKI-CCD）

国家知识基础设施（China National Knowledge Infrastructure，CNKI）工程是以实现全社会知识资源传播共享与增值利用为目标的信息化建设项目，由清华大学、清华同方发起，始建于 1999 年 6 月。在党和国家领导以及教育部、中宣部、科技部、新闻出版总署、国家版权局、国家计委的大力支持下，在全国学术界、教育界、出版界、图书情报界等社会各界的密切配合和清华大学的直接领导下，CNKI 工程集团经过多年努力，采用自主开发并具有国际领先水平的数字图书馆技术，建成了世界上全文信息量规模最大的"CNKI 数字图书馆"，并正式启动建设"中国知识资源总库"及 CNKI 网络资源共享平台，通过产业化运作，为全社会知识资源高效共享提供最丰富的知识信息资源和最有效的知识传播与数字化学习平台。

CNKI 中的中国引文数据库（Chinese Citation Database，CCD）是我国目前最大的连续动态更新的引文检索数据库，它来源于目前世界上最大的中国期刊全文数据库、中国博士论文全文数据库、中国优秀硕士论文全文数据库、中国重要会议论文数据库、中国图书数据库中的文献和书目，实现了期刊、图书、论文、报纸类文献的引用文献和被引用文献的链接。该数据库收录了 1979 年至今中国学术期刊（光盘版）电子杂志社出版的所有源数据库产品的参考文献，并揭示各种类型文献之间的相互引证关系。它不仅可以为科学研究提供新的交流模式，同时也可以作为一种有效的科学管理及评价工具。随着数字资源的扩增，CNKI-CCD 中的文献类型及数量也将随之不断增长，相应地，各类型引用文献和被引用文献的链接也将动态增长。CNKI-CCD 数据为日更新。

该数据库可分别按照引文检索和源文献检索来获取各种类型的引文，并通过学科导航实现分类查询，具有作者统计、机构统计、期刊统计、专题统计、

---

① 苏新宁. 中国社会科学引文索引设计 [J]. 情报学报，2000，(4)：290-295.

基金统计、出版者统计等数据统计功能，在每种统计功能中可实现发文量、年被引量、下载量、引用排名、被引排名、h 指数等多方面的统计分析。另外，在 CNKI-CCD 中，用户还可以获得某一特定文献前后的引用路径，前向引用查询对调研某一课题的脉络、了解前人的研究工作和成果极为有效，后向被引查询能对了解相关研究工作的背景和进展，借鉴、渗透相关学科领域的思想和成果提供了更为便捷的途径[①]。目前，该数据库提供免费查询功能，网址为 http://www.cnki.net。

7.2.5 引文分析工具比较

1. 两大综合引文数据库——SCIE 与 Scopus 的比较

通过如表 7-1 所示的 SCIE 与 Scopus 基本信息的比较，可以总结出以下两大综合引文数据库适用范围的区别[②]。

表 7-1　SCIE 与 Scopus 基本信息比较

项目	SCIE	Scopus
收录的来源期刊量	7100 多种	19 000 余种
收录的时间范围	1898 年至今	1823 年（文摘）至今
引文回溯时间范围	1900 年	1996 年
收录的学科范围	自然科学、工程技术、生物医学等所有科技领域	自然科学、社会科学、工程技术及人文艺术
引文数量	5.71 亿条	2.3 亿条
数据分析功能	14 个字段的多角度分析	科学文献、来源出版物、学科领域、人才、科研机构 5 个角度分析
特色功能	分析工具（analyze tool） 引文报告（citation report） 引文关系图（citation maps）	引文应用 引文追踪 提供被网络资源引用的情况
优势	数据分析功能，回溯时间范围；包括英、中、日三种语言版本	收录的来源期刊量，收录的时间范围

（1）SCIE 较长的引文回溯时间范围以及较多的引文数量，可以全面地揭示一个理论、一个学科、一个学术观点、一种技术（方法）的起源、发展、变迁、修正及研究现状。

（2）Scopus 收录期刊数量多，学科范围广，对于统计学科间的互引量、交

---

① 崔雷. 文献计量学共引分析系统设计与开发. 情报学报，2000，(4)：308-312.
② 傅立云，吴敏琦，谢海华. SCIE 和 Scopus 引文功能的评价分析 [J]. 高校图书馆工作，2009，29 (6)：54-56.

叉学科间的内部联系有着一定的优势。并且其收录了 350 多种中国期刊,相较于 SCIE 仅收录了 76 种来自中国的期刊,Scopus 对于分析国内文献、科研机构、著者的科研水平特别有利。

(3) 综合比较而言,SCIE 的分析评价功能比 Scopus 要强。第一,作者或科研机构的文章被 SCIE 收录已成为衡量其科研水平的一个评价指标,而 Scopus 还不具备;第二,Scopus 虽然对科研机构、科学文献、科学人才、来源出版物以及引文等具有一定的分析功能,但局限于对文献 1996 年以来引用次数的分析,而 SCIE 除了分析引用次数外,还根据机构、学科、文献类型、出版年、作者等多种方式进行分析,用户可根据自己的需要进行选择。当然,Scopus 也有自己的优势,如能检索出某个学科的所有文献并对其进行分析。SCIE 虽然也有学科分析功能,但只是对检索结果进行学科分析,却不能检索出某个学科的所有文献并对其进行分析。

2. 四大中文引文索引数据库比较

通过如表 7-2 所示的四大中文引文索引数据库基本信息的比较,可以对国内引文索引数据库的发展做出以下评价[①]。

表 7-2 四大中文引文索引数据库基本信息比较

项目	CSCD	CSTPC	CSSCI	CCD
收录的来源期刊量	1200 种	5000 余种	500 多种	8200 多种
收录的学科范围	11 类学科	28 个学科	所有人文社科领域	10 大专辑 168 个专题
引文数量	200 万条	300 多万条	600 多万条	330 多万条
数据分析功能	14 个字段的多角度分析	知识脉络分析 学术统计分析	无	作者、机构、期刊、专题、基金、出版社 6 个字段统计分析
特色功能	分析工具 引文报告 引文关系图	知识脉络分析 学术统计分析 著者学术成果页	批量获取引文数据 分年度进行引文统计	引文网络图 同行关注文献 下载频次统计
优势	依托 Web of Knowledge 平台	中国科技专家库	权威性批量获取引文数据	引文数据的检全度

(1) CSCD 目前已经收录在 Web of Knowledge 平台,与 Web of Knowledge 平台充分集成,实现了与 SCIE 数据库基本相同的数据分析功能,以及分析工具、引文报告和引文关系图等特色功能,这样深度的引文分析功能较其他中文引文数据库是有着很大优势的。因此,做深度的引文分析,发现一个理论、一个学科、一个学术观点、一种技术(方法)的起源、发展、变迁、修正及研究

---

① 王知津,姚广宽. 三大中文数据库引文功能比较——CNKI、VP 和 CSSCI 实证研究 [J]. 图书情报知识,2005,(6):62-68.

现状,选择 CSCD 较为合适。

(2) 万方数据股份有限公司基于中国科技论文与引文数据库开发的知识服务平台,实现了知识脉络分析、学术统计分析和著者学术成果页展示。知识脉络分析能够以曲线图的方式展现该关键词近 7 年每年每百万期刊论文中的命中数,也就能够展现出其研究趋势,并且,还给出每一年与该关键词共现的 5 个关键词,据此能够看出近年来相关研究的热点变化。著者学术成果页能够将该著者的基本信息、发文量、被引次数、h 指数、被引频次变化、合作学者、关注点进行综合展示,对于分析某位著者的学术成果,以及分析合作网络方面具有重要的意义。作为一个信息计量工具,万方数据知识服务平台所提供的特色的分析功能使其为研究者提供了更加深入的信息分析。

(3) CSSCI 作为一个专门的引文数据库,其作用已经不仅仅是科技人员查找参考文献的工具,其严格的选刊标准,使其成为各级科技管理部门和各科研机构、高等院校统计本单位科技论文发表情况的重要工具,并且填补了我国人文社会科学文献计量统计分析的空白。此外,如果能够提供相关文献的聚类,可以更好地反映作者的学科背景及研究方向,反映学科之间的交叉渗透及发展趋势,就能够更好地体现其作为信息计量工具的深层次作用。

(4) CCD 是 CNKI 数字出版平台推出的引文数据库。因为其依托于 CNKI 所有源数据库,来源包括国内 8200 多种期刊,所以其引文数据能够提供较高的检全度,并且能够提供引文的全文链接,这是其资源优势。另外,相对于其他引文数据库,CCD 具有较好的数据统计分析功能和可视化展示功能。其数据统计包括作者、机构、期刊、专题、基金、出版社 6 个字段的统计,并且每个字段提供多种数据的统计,例如,作者统计,包括发文量、各年被引量、下载量、h 指数、期刊分布、作者被引排名、作者引用排名、作者关键词排名 8 个方面的数据统计,并且以柱状图的形式进行可视化的展示。

总的来说,近年来我国自建的引文数据库在各种论文统计分析和学术评价工作中得到广泛应用,一些新兴的引文数据库专注于不同维度的引文分析,如读秀,能够统计显示专著的被引用指数和被引用次数,并列出施引的专著,这对于做著作分析有着重要的意义。但是,整体而言,各引文数据库资源内容存在重复建设的问题,并且虽然都能够实现一定的引文分析功能,但其功能大多相似,没有深层次的挖掘和个性化的分析。随着技术的发展和需求的不断提高,仅仅提供参考文献的查询已经不能够满足用户的需求,还应当提供更深层次的计量和评价功能,才能够称其为科学计量引文分析的有效工具。

而且,相关研究表明,不同引文库对重要评价指标的影响比一般指标更大,因此,研究者在进行计量研究时,需要考虑到各个引文数据库自身的特点和优势,选择适合研究对象的数据库,以提升研究的可信度。

7.3 引文分布与测度指标

7.3.1 引文量的分布规律

引文量是某一主体对象含有的参考文献（被引文）数量。它是引文链的基本特征之一。通过引文量的分析，不仅可以揭示引证与被引证双方的相互联系，而且还可以从定量的角度反映出主体之间的联系强度。如果两篇论文或两种期刊之间的引文量大，就可以认为它们之间的引文强度大，说明其联系较紧密。因此，对引文量进行分析研究，是揭示科学文献引证规律的重要内容和途径。从目前研究来看，引文量的分布规律可从下列几个方面来分析。

1. 引文量的理论分布

将一定量的论文的引文量数据进行分析比较，便可发现其变化规律表现为以平均数为中点，接近中点的频次最多，离平均数远的频次趋于少数，形成中间高、两极低的正态理论分布。如果频次的分布不对称，理论分布就呈偏态。如果研究对象的引文量平均数，难以直接从统计中获得，也可以根据数理统计的方法，用样本的平均数来估测总体的平均数，并用一个可靠的区间范围来表达，同样可以达到预期的目的。

2. 引文篇数分布

引文篇数分布即每篇研究论文平均占有的引文篇数的分布。它不仅反映了论文作者引证文献的广度和深度，而且还能说明引文与被引文的学科内容之间的联系强度。因此，引文篇数分布是引文分布结构的一个重要方面。在进行引文分析时，一般都要开展引文篇数分布规律的分析。

对某些学科论文的引文分析表明，一篇研究论文的引文篇数以 5~15 篇的频次最高；而引文分布在 5 篇以下或 15 篇以上的论文数量是逐渐减少的。据国外统计，大约 90% 的期刊论文列出了被引文献，每篇论文所引证的参考文献平均为 15 篇，其中约有 12 篇来自定期刊物。

一篇科学研究论文的引文量多少，原则上取决于"以需设引"。引文过多可能使新的科技信息不突出，过少又不能提供足够的引文背景线索。文献的信息含量与冗余程度对引文量关系影响极大。引文篇数分布受到许多因素的影响，主要包括论文的学科性质、论文语种、论文类型以及人为因素等方面。经引文调查分析发现，在我国科技文献中，理论研究论文的引文篇数大于开发与应用研究论文的引文量；外文文献的平均引文量比中文每篇论文的引文量一般要高一些；综述类的论文要比普通类型的文章引文数更多；"引而不注"的现象使得出现在论文参考文献之列的引文数，只是所查阅的全部文献的三分之一到二分之一；等等。

7.3.2 加菲尔德引文集中定律

许多研究表明，科学引文的分布具有集中与离散特征。引文分布的这种集中性与离散性是相对于一定的测度指标而言的。引文按年度、语种、文献类型等的分布，都表现出这种集中与离散的趋势。本小节主要讨论引文按来源期刊的分布、引文篇数的频次以平均数为中心的分布所表现的集中与离散规律。

1. 加菲尔德引文集中定律概述

加菲尔德的引文计量研究表明，SCI 数据库中 75% 的参考文献来自不到 1000 种被引期刊；500 种期刊发表的被引文献占 SCI 收录参考文献的 70%。

某年出版的 385 万条被引文的一半只是发表在 250 种期刊上。与之相反，另外一半引文却分散在 2000 多种期刊中。加菲尔德发现，一个学科的非核心期刊在很大程度上是由其他学科的核心期刊构成的。他认为实际上所有学科的核心期刊合在一起不会超过 1000 种，或许甚至少于 500 种。这就是加菲尔德引文集中定律。

对中文科学引文的分析也得出了同样的结果，发现我国的引文分布情况不仅符合加菲尔德引文集中定律，而且，被引期刊集中化的趋势更加明显。统计数据表明，CSCI 的参考文献的一半来自不到 3% 的被引期刊总数；而 25% 的被引期刊总数就承担了 90% 的引文量；75% 的被引文总数只涉及 72 种被引期刊。

2. 引文在不同类期刊中的集中与分散

根据布拉德福定律，一个科学家需要参考和阅读的期刊论文有 3 个来源：1/3 来自本学科的数量很少的一组核心期刊；1/3 来自数量较多的另一组期刊，它们主要由本学科的非核心期刊构成；另外的 1/3 来自数量更多的一组非本学科领域的期刊。如果将这 3 类期刊依次称为 A 类、B 类和 C 类期刊的话，很明显，某一学科的引文主要集中来自数量很少的 A 类期刊；而另一部分引文却分散在数量很大的其他类的期刊中[①]。同时，对某一学科来说，C 类期刊的分布情况可以从各学科期刊之间的引证关系反映出来。通过对各学科期刊相互引证次数和引证系数的测定，可以确定某一学科 C 类期刊的分布范围。一般来说，自然科学各学科的 C 类期刊主要是由综合性期刊和技术性期刊构成的。

3. 引文量的集中与离散趋势

对每篇论文所占有的引文平均数和标准差（S）的测定，可以反映出某一学科平均引文量的集中与离散趋势。离散趋势愈小，表明平均数所代表的集中趋势愈精确。离散趋势亦即"离势"的大小，一般以标准差表示。在实际工作中，求平均数（$\bar{X}$）和标准差最简单的方法是利用频次分配表按等级差法计算。但离势又有绝对与相对之分，标准差即表示绝对离势的大小，它与平均数的大小有一定关系；若平均数不同时，则要计算其相对离势，其大小用变异系数 V 表示，值为 $S/\bar{X}$。

7.3.3 引文测度的主要指标

科学引文的指标分析，对于改善文献信息工作和管理，提高文献信息定量研究的水平都具有重要意义。引文指标分析包括引文年代、引文语种、引文类型、引文国别、引文作者（特别是著作大师）、被引数量、引证经典著作等的分析。下面选择引文中几项主要的指标加以分析。

1. 引文年代分析

从时间的角度对引文分布规律进行分析是引文分析的主要内容之一。它可以反映出被引文献的出版、传播和利用情况，特别是在文献老化和科技史的研究中，引文年代分布的分析更是一种广泛应用的有效方法。

早在 1965 年，普赖斯在对引文进行大量统计分析工作后就提出了"最大引文年限"的问题，并指出：文章被引用的峰值是该文章发表以后的第二年。这也就是说，当年发表的文献，所用的被引文大量来自前两年的。"最大引文年限"反映了科学文献最活跃、最有生命力的时期。这一重要参数的确定，不仅对于文献信息规律等理论研究产生重大影响，而且有利于有效地确定各学科领

---

① 邱均平，宋艳辉，温芳芳，马凤. 不同引文库对学术期刊评价的影响研究——以 CSSCI1998—2009 图情类期刊为例 [J]. 重庆大学学报（社会科学版），2010，16（4）：67-72.

域文献剔旧的最佳时限，使文献利用率达到最佳值，对文献出版发行工作等都具有指导作用。因此，这一课题引起了许多学者的研究，并提出了一些修改意见。例如，苏联学者柯果塔特可夫（Kegotatekf）提出，文献被引用的峰值一般在其发表后的2~4年。在不同时期、不同学术环境条件下，各学科文献的"最大引文年限"是不同的。我们应当用发展的眼点来对待普赖斯的结论。

许多研究表明，引文的分布随时间呈现出一定的规律性。一般来说，随着年度的由远及近，引文量呈增长趋势，即时间愈近，被引用的文献愈多。

如果以引文年代为横轴，各年引文量为纵轴，在坐标图上描绘各年数据点，然后用一条线连接起来，便可得到一条引文年代分布曲线。通过对造成曲线曲率变化原因的分析，不仅可以了解文献的传播利用情况，而且可以研究科学发展的进程和规律。

通过对有关引文年代分布曲线的分析，我们可以大致确定被引文献投入使用的周期。中文被引文献从出版到被利用的平均时间差大约是半年，而外文文献要两年左右。科学文献被引用的最佳年限，中文文献大致为出版后的 2~5 年；而外文文献为 3~8 年。科学工作者使用的引文，大多是近一二十年内发表的文献，而 20 年以前的文献就很少被人引用了。

根据以上结论，我们可从文献利用的最佳年限出发，确定文献的服务方式和保存年限，从而为文献的科学管理提供定量的依据；同时也从一个侧面反映出科学事业的发展水平。这是因为引文数量的多少在很大程度上受文献源的限制，而科学论文发表的多寡又从一个角度反映科学事业本身的状况。因此，对引文年代分布规律的分析是研究科学文献的出版和交流情况乃至研究科学进程的一个重要途径。

引文随时间的分布规律受许多因素的影响，诸如学科性质、文献类型、文献语种、文献服务质量，以及一些人为的社会因素等。大体上说，新兴学科、边缘学科文献的平均被引证时间要比其他学科长一些；理论性文献比应用型文献、科学文献比技术文献引证时间长；原始研究文献又比其他文献引证时间长；专著的引证时间长，而期刊论文则较易过时；等等。

2. 引文语种分析

被引证文献是由不同语种的文献构成的。某一语种的文献被引证量愈大，则说明该语种比较重要和常用。考察和分析引文语种的分布，对于人们有计划地引进外文文献、译文选题、外语教育等都颇有参考价值[①]。统计表明：英文、

---

① 柴省三. 引文分析应用跨国科学交流的定量研究. 情报理论与实践, 1997, 20 (2): 81-83.

中文、俄文文献在被引文献中占有较大比重。其中，英文文献仍然是我国科学工作者使用最多的文献，并将成为主导趋势。

同时，对于不同学科或专业来说，引文语种分布是不尽相同的。例如，《数学学报》61篇论文的435篇引文中，没有一篇日文文献；相反，德文和法文却占有一定比例。《环境科学》41篇论文的442篇引文中，中文比重最大，竟高达47%。

3. 引文文献类型分析

对引文按文献类型分布加以研究，可以了解该学科各类文献的使用数量、质量情况，以及各专业发展现状与趋势，从而确定各类型文献载体的情报价值、地位和利用情况。引文类型通常分为期刊、图书、会议文献、学位论文、技术标准以及网络信息等。其中，期刊和图书是最基本的引文类型，两者相比较而言，期刊具有出版周期短、内容新、载容量大、传递速度快等特点，在学术交流中具有突出作用，因此期刊引文量在引文总量中占有较大比例。在今后相当长的一段时期内，期刊引文量仍将是我国科技期刊的第一位情报信息源。除此以外，会议文献和学位论文或具有研究前沿性，或具有综合性的研究视角，在引文文献中的比重也在逐渐加大。另外，随着网络信息技术、存储技术的迅速发展，网络信息资源日益丰富，网络文献作为新兴的参考文献类型，由于其时效性强、信息载体具有多样性与灵活性、"链接"丰富、检索方便等优点，近年来受到许多学术研究者，尤其是中青年学者的青睐，在引文文献中频频出现。但是鉴于网络文献的安全性及其著录规范化问题的存在，这种文献类型的普遍应用还需谨慎对待。

4. 引文国别分析

由于科学研究的需要，任何一个国家的科技工作者都不可避免地要引证别国的科学文献，这样就形成了引文按国家分布的情况。对引文的国别分析，特别是各国文献互引情况的统计分析，可以探明各国互引文献的状况，弄清国际文献交流的数量和流向。这对于我们研究各国的科学发展水平和技术实力，制定合理的技术引进政策和提高我国的综合竞争力都具有非常重要的意义。

对于引文的国别分析，可以进而求出文献交流比 α 和引证参考文献的偏离值，进行各国文献互引的深入研究。A国与B国文献交流比的定义为

$$\alpha = \frac{\text{A国引用B国参考文献总数}}{\text{B国引用A国参考文献总数}} \times 100\% \tag{7-1}$$

如果 $\alpha > 1.0$，那么A国引证B国的文献较多；如果 $\alpha = 1.0$，那么A、B两

国彼此引证文献数目相等；如果 $\alpha<1.0$，那么 B 国引证 A 国的文献较多。可见，文献交流比是衡量不同国家互相引证文献的一个相对量度指标。

某一国家的科技工作者在特定时期内所发表文章的总数，可在一定程度上衡量一个国家科研能力的高低。如果这个国家的科研力量能够单独决定该国引证文献数量的话，那么可以推断出该国所引证的文献数量被别国引证的文献量一样多。

5. 引文按作者分析

引文按作者的分布是了解和评价某学科或专业的科技工作人员绩效的重要依据，对于客观评估机构和科研人员学术水平有重要参考价值。同时，根据论文频次分布数据，还可绘出拟合度很高的布-洛分布曲线，作为对科学计量学经验分布的验证。

6. 被引用数量分析

被引用数量的分析主要指对一种期刊、一个学科、一个地区、一个国家、一个著者的文献被引用频数进行分析。被引用数量表明了被引用客体对周围的影响能力。被引用频数越高，其对周围的影响力越大。从被引用数量的角度对一个客体进行分析，主要考察其被利用的程度和其对周围的影响，借此对客体进行评价，目前应用最多的就是期刊的评价，主要有以下分析指标：

1）**总被引频次**

总被引频次指某一期刊自创刊以来所登载的全部论文在统计当年被引用的总次数。该指标可以说明期刊总体被使用和受重视的程度，以及在学术交流中的作用和地位。

2）**影响因子**

影响因子指某期刊前 2 年发表的论文在统计当年的被引用总次数除以该期刊在前 2 年内发表的论文总数，其计算公式为

$$\text{影响因子} = \frac{\text{该刊前 2 年发表论文在统计当年被引用的总次数}}{\text{该刊前 2 年发表论文总数}} \times 100\% \quad (7\text{-}2)$$

影响因子是一个相对数值，说明了某一期刊中论文的平均被引用情况，同时，克服了大小不同的期刊由于刊期和发文数量带来的偏差，并根据普赖斯的"研究前锋"观点，在引用年度上采取回溯两年的办法。

自从加菲尔德于 1955 年为了给《即期目次》（*Current Contents*）和 SCI 选刊提出影响因子这一指标以来，其对期刊影响力的评价功能已为国内外文献计量界所公认。但伴随它的应用一直以来都有一些批评意见，主要有以下几点。

(1) 计算被引用频次时只计算期刊头两年的被引频次,不能充分反映出不同学科领域的期刊之间被引频次的差别,因为学科不同,其发展速度也不同,那些发展缓慢的学科最大被引用年限较长,而此法只反映出了期刊论文出版后第一年和第二年的平均影响力,对于那些发展较缓慢的学科内的期刊显然有失公允。对此,影响因子的提出者加菲尔德于1995年提出了"长期影响因子"这一概念。国内外最近几年出版的期刊引证报告也都列有"5年影响因子",目的就是克服传统影响因子在这方面的不足。5年影响因子的计算公式为

$$5\text{年影响因子} = \frac{\text{该刊前5年发表论文在统计当年被引用的总次数}}{\text{该刊前5年发表论文总数}} \times 100\% \quad (7\text{-}3)$$

(2) 自引对影响因子的贡献问题。伴随着影响因子被广泛应用,一些期刊主办编辑者为了提高自己期刊的影响因子,有意识地增加自引,人为地抬高自己期刊的影响因子,特别是在国内,这种现象表现尤其明显,这不能不引起人们的警惕。

(3) 如果一个期刊比较多地发表评论性和综述性的论文,由于这些论文容易被多次引用,也容易造成影响因子的失真。

3) 即年指标

即年指标又称当年指标,即某期刊在统计当年发表论文的被引用次数除以该刊当年发表的论文数。其计算公式为

$$\text{即年指标} = \frac{\text{该刊当发表论文被引用总次数}}{\text{该刊当发表论文总数}} \times 100\% \quad (7\text{-}4)$$

这是一个表征期刊即时反映速率的指标,主要描述期刊当年发表的论文在当年被引用的情况。

4) 他引总引比

他引总引比又称他引率,或称被他引率,指该期刊的总被引频次中,被其他期刊引用次数所占的比例。其计算公式为

$$\text{他引总引比} = \frac{\text{被其他期刊引用的频次}}{\text{期刊被引用的总频次}} \times 100\% \quad (7\text{-}5)$$

他引总引比反映了一种期刊对周围的其他期刊的影响程度。与该指标相对应的是被自引率。被自引率=1-他引总引比。在同一学科内,如果一个期刊的他引总引比明显低于同类期刊,单纯用影响因子评价该期刊就有可能失去客观性,因为在这种情形下,自引对期刊影响因子的贡献度过大,该期刊的学术性与影响力与影响因子已经不再相关。因此,一些学者呼吁在对期刊进行评价时,他引总引比与影响因子应联合应用。

5) h指数

h指数是由美国人赫希在2005年提出的用于评价科学产出的一个指标,其

定义为"被引频次大于或等于 h 的文章数",同许多其他引文计量指标一样,它可用于评价科学工作者的研究成果,也可以用于评价一个群体,这个群体可以是一个单位、一个科研组、一个学科、一种期刊、一个国家或地区。对于个人而言,其 h 指数确定非常容易。查出某个人发表的所有论文,让其按被引次数从高到低排列,往下核对,直到某篇论文的序号大于该论文被引次数,那个序号减去 1 就是 h 指数。对于一个期刊,其 h 指数就是指该刊在一定期间内发表的论文在这段时间内有 h 篇的被引频次不低于 h 次,其余论文的被引频次不大于 h 次。

赫希提出的 h 指数巧妙地将数量指标(发表的论文数量)和质量指标(被引频次)结合在一起,克服了以往各种评价科学工作者科研成果的单项指标的缺点。同影响因子相比,h 指数在以下两方面有所改进:①它是钝感的,不容易受到意外过多的未被引论文或显著高被引论文的影响;②它通过特定的平衡方法将"数量"(文章数)和"质量"(引用率)结合起来。因此,可以减少对一些小期刊明显的"过高评价"。

7.3.4 科学文献的自引分析

在作者的引证文献行为中,有时是引证其他作者的论文或著作,而有时则是引证自己以前发表的文献。这种限于本身范围内的引证称为"自引"。自引是一种重要而常见的引文形式,产生自引的原因主要是作者希望把目前的工作与先前的工作相联系,是研究成果不断深入、继承和发展的表现。因此,自引是一种必然的文献现象,也是科学文献交流的基本属性之一。同样,自引分析也是引文分析的一个重要组成部分。通过对自引过程特殊规律的分析研究,可以揭示各个国家、各个学科、各类专业、各种团体、各个语种、各种期刊之间的关系,反映科学研究的进展水平和动态,并能阐明科学社会中的一些趋势和规律。

在自引分析中经常要用到两个测度指标:"自引率"(self-citing rate)和"自被引率"(self-cited rate)。前者是指某类自引次数在该类总引证次数中所占的比例;而后者是指某类自被引次数在该类总被引次数中所占的比例。具体计算公式需结合自引的类型详细说明。

1. 学科自引

某一学科或专业领域的文献引证本学科或专业的文献的现象,称为学科自引。学科自引率可以评价学科的相对稳定性,分析学科的吸收能力。学科自引率可以用下式表示

$$自引率 = \frac{引证本学科文献的次数}{引证文献的总次数} \times 100\% \qquad (7\text{-}6)$$

学科自引率的大小可以作为科学独立性、稳定性以及学科之间相互联系程度的量度指标,对于文献收集与科研管理具有重要的参考价值。

2. 国家自引

某一国家或地区出版的文献中引证本国或本地区文献的现象,称为同一国家(地区)文献自引。引证本国的文献称为国家自引。其自引率为

$$自引率 = \frac{引证本国文献的次数}{引证文献的总次数} \times 100\% \qquad (7\text{-}7)$$

通过对同一语种某专业文献自引或同一国家(地区)文献自引的统计,可以分析该国学者在该学科专业领域中的水平和所处的地位。一般情况下,如果一个国家在某学科领域中占领先地位的话,则其同一国家、同一语种文献的自引率就较高。

类似的自引还有地区自引、机构自引等,这种计量指标可以突出"地域"特色,并反映有关学科的水平和科研工作的连续性。

3. 期刊自引

刊载在某一种期刊上的论文,引证同一种期刊以前发表的论文的现象,即该期刊自己源引自己的文献的这种现象,称为期刊自引。期刊自引率是评价期刊质量的重要指标之一。

美国的《期刊引证报告》是这样计算期刊的自引率的

$$自引率 = \frac{该刊自引的引文次数}{该刊所有引文总次数} \times 100\% \qquad (7\text{-}8)$$

4. 著者自引

某一作者在其著作中引证自己过去所发表的论文或自己与别人合著的论文,称为著者自引,其自引率为

$$自引率 = \frac{引证本人或与别人合著发表的论文次数}{被引证文献的总次数} \times 100\% \qquad (7\text{-}9)$$

著者自引率可以用来说明某学科领域内科学家队伍的稳定情况以及该学科发展现状及今后的趋势。

5. 同一语种文献自引

某一语种的文献引证同语种文献的现象,称为同一语种文献的自引。自引

率公式为

$$自引率 = \frac{引证同一语种文献的次数}{引证文献的总次数} \times 100\% \qquad (7-10)$$

7.3.5 网络环境下的引文分析

随着网络社会的到来，电子化、数字化、网络化已成为不可抗拒的潮流，网络信息资源正逐渐扩大其影响范围，成为人们获取信息的主要途径。目前，国内外出版的论文的参考文献中，已经有不少以网址形式出现的参考文献，并且所占比例越来越大，网络文献正逐渐成为论文的重要参考文献。因此，引文类型和引用方式的变化给引文分析法的应用也带来许多挑战。

网络引文分析的开创性研究始于1996年，维尔森（Wilson）采用同被引和多维向量描述了地球科学网页之间的关系。1997年，丹麦皇家情报学院的阿曼德（Almind）和英沃森（Ingwersen）对丹麦、瑞典、挪威网页进行计量，将上述国家科学类网页中所占份额与引文索引中的分布做了比较。同年，比利时著名文献计量学家鲁索对网站之间的链接分布进行了研究，结果发现符合洛特卡定律，并且这一定律对于诸如.edu,.com,.uk的域名同样适用。1998年，英沃森提出了网络影响因子（WIF）的概念。中国医科大学的崔雷应用引文分析法对美国排名前25位的医学院网页链接进行统计分析，发现在1731个链接中有1/3的链接集中在74个网址上，这一结果符合布拉德福分散定律，网址分布为1:4:42。诸如此类的实践使得对网络引文分析持怀疑态度甚至提出颠覆性意见的著名比利时文献计量学家埃格赫也不得不承认："虽然网络动态变化，但是网络引文是有章可循的。"但是，在网络引文使用的合理性、规范性与可获得性，网络引文与传统引文的关系，网络引文分析的应用等方面还存在很多讨论和争议。

网络文献是指以计算机存储介质为载体，通过网络向用户提供信息的文献形式。随着计算机网络技术的不断发展，网络资源正逐渐扩大其影响范围，成为人们获取信息的主要途径。在学术研究中，网络文献也越来越频繁地出现在学术论文的引文中。然而在现实的网络环境下，网络文献质量参差不齐、稳定性欠佳，引用也缺乏规范，由此引发学者对其学术价值的颇多争议。因此，关注网络引文现象，并对其进行规范和研究具有非常现实的意义。在此基础上，网络参考文献的可接受性也是科研人员关注的重点。其可接受性是指人们对网络参考文献的认可程度，主要表现在作者的引用行为上，即在其论文中是否引用网络参考文献，网络引文的研究者曾选用网络参考文献的论文占论文总数的百分比和网络参考文献占整个参考文献的百分比两个指标来进行分析。

网络文献的易变性、不确定性和不可靠性是影响网络引文可获得性的主要因素，研究表明网络服务器、网络通信线路、网络链接资源的调整对于网络参考文献可获取性的提高是很有帮助的，从而也有助于提高科研人员对网络信息资源的可接受性和可选择性[①]。许多学者研究发现，网络参考文献也与传统文献类似，遵从那些传统的文献计量经典定律，但其中又有些新的不同点和变化。传统引文是传统环境下纸质文献间的参考行为的结果。网络引文是在传统引文基础上发展而来，但与传统引文有显著不同：在引文的施引过程中，网络引文的作者主体、引用行为都存在于网络环境中，文献对象类型也有变化；另外网络引文分析通过各种网络数据库或搜索引擎进行。总之，实践证明，网络引文分析是可行的；同时，鉴于网络引文分析结果的不稳定性，至少目前网络引文分析还不能替代文献引文分析，特别是在评价学术影响方面。

引文分析的出发点只有一个，就是分析引用与被引用文献——引文与被引文。网络引文分析的最早研究者之一拉尔森指出：同传统环境一样，引用的概念也是赛伯空间的基本概念。文献计量分析的基础是文后参考文献，一般认为网络类似于参考文献的是网页上可点击的按钮，或称之为超级链接。将引文分析方法应用于网络就是基于二者之间的相似性。网络引文分析旨在规范网络引文的使用，探求网络引文的一般规律，更好地发挥网络引文的作用。一方面传统学术论文仍是人们进行学术交流的主阵地；另一方面网络资源以其无可比拟的优点受到人们的青睐，在这过程中，网络引文将起到重要的桥梁作用。根据网络发展趋势，新一代科研环境的到来，相关研究有着美好的前景和重要意义，同时也期待新的发展、突破和繁荣。在未来的发展中，网络引文研究将主要从以下几方面展开：

（1）对网络引文规律进行长期、大范围实证研究。引文的功能之一是为信息分析和情报研究提供线索，但现在相关研究并未深入。大量的论文内容雷同：分析网络引文的现实性和必然性、存在的问题、相关规范建议。虽然有不少论文进行实证调查分析，但一方面样本集中在图情领域，在整个科学范围内没有代表性；另外，缺少长期跟踪、实验考察，所得出结论缺乏说服力；采用的方法主要靠手工进行。其主要原因有主观方面，也由客观现实条件决定。未来研究可从以下方面着手：①组织由不同学科研究人员组成团队进行长期合作研究；②增强各数据库网络引文的著录与检索功能，增加网络引文检索入口和引文批量下载功能；③开发专门软件工具用于网络引文信息的挖掘，其功能主要包括数量统计、文本挖掘、引文分析等。

（2）网络引文可获得性研究。随着网络的兴起与发展，论文参考网络文献

---

① 思萌. 引文分析法的作用、局限性及其改进 [J]. 图书馆建设, 1992, (6): 17-20.

已成为一种趋势，而网络引文的可获得性是引文存在和发挥作用的基础。但是，目前国内对网络引文可获得性研究主要集中于对少量期刊的计量分析，得出可获得性的相关数据，并且得出的引文可获得率都很低，很少关注网络引文可获得性问题的解决对策。因此，很有必要构建一个具有多层次、全面、系统、具有实践意义的可获得性体系。

（3）传统引文分析定律适应性。传统引文法是图情领域特有的方法之一，得到了广泛应用。在网络环境中，网络引文对已有规律的适应性，在某些方面的调整等都有待深入研究。这主要是因为网络引文自身特点所形成的，如在传统的引文分析中，只要统计引文数据即可完成分析，而网络文献的引用关系十分复杂。网络引文机制有许多独特之处，网络引文除了引证外，还包括参考、应用、相关等；引用涉及的载体类型多、动态性强、数量多、数据量大等。

（4）网络引文规律的影响和利用分析。网络引文分析对网络信息资源的开发与利用具有重要意义，如通过引文类型可选出核心网站；通过被引网站的域名情况可以判断区域之间的合作与交流程度；通过引用网站的语言计量，可考察利用互联网的语言障碍等。但目前对网络引文的影响分析主要集中在对引文评价法和期刊评价的影响；对其利用也只有某些可行性的思路。这些都还处于初步的探索阶段，未来有必要在大规模实证分析基础上，探索网络引文规律，以促进网络信息资源的合理、高效利用。

7.4 文献耦合与同被引

7.4.1 文献耦合与同被引的概念

1. 文献耦合

在科技文献的被引文献中，人们经常可以看到不同文章的作者不约而同地引证某篇或某几篇完全相同的文献。针对这一现象，美国麻省理工学院的教授开斯勒于1963年首次提出了"文献耦合"这一术语。开斯勒在对《物理评论》（*Physical Reveiw*）期刊进行引文分析研究时发现，越是学科、专业内容相近的论文，它们参考文献中的相同文献的数量就越多。于是，他把两篇（或多篇）同时引证一篇论文的论文称为耦合论文，并把它们之间的这种关系称为文献耦合。

所谓"文献耦合"是指引证文献通过其参考文献（被引证文献）建立的耦合关系。具体地说，如果 A 和 B 两篇文献共同引证了一篇或多篇参考文献，或者说它们共同具有一篇或多篇同样的参考文献，则称 A 和 B 两篇文献具有引文上的耦合关系。具有耦合关系的论文可以认为它们必然在学科内容上存在某种联系或相关性，其耦合程度可以用"耦合强度"指标来衡量。"耦合强度"的量度单位是 A 和 B 两篇文献共有的参考文献的篇数。如果两篇文献具有一篇相同的参考文献，那么这两篇文献的耦合程度为 1 个引文耦（或称耦合单位）；以此类推，若两篇论文有 n 篇相同的参考文献，那么这两篇文献的耦合程度为 n 个引文耦；显然，耦合程度越高，意味着两篇文献在学科内容与专业性质上越接近，文献间联系也越紧密。

一般来说，"文献耦合"是指在两篇引证文献之间建立的关系，但也不局限于 2 篇，可以是 $n(n \geqslant 2)$ 篇。文献耦合是相对而言的。随着耦合的对象不同，耦合标准也有不同，可形成具有不同特点的文献耦合群。其耦合范围可用"耦合幅度"这一指标来衡量。因此，文献耦合使大量科学文献分群聚类，不仅提供了从文献被使用的角度检索文献的可能性，提高了文献情报服务的针对性和效率；而且还为研究文献的引证结构和规律、主题相似性及学科结构等问题开辟了新的途径。

"文献耦合"理论的基本出发点是：凡共同引证一篇或多篇参考文献的两篇引证文献之间必有相互联系，有耦合关系的每一组论文必然具有某些属性，包括：①共同引证和追溯某一历史背景；②共同继承某些科学论断和经典著作；③共同商榷和研究某一值得争论的问题；④共同引证某些试验数据或统计资料；⑤同属一个学科或专业；⑥属于交叉学科或边缘学科等。这些属性把表面上没有联系的众多论文组成有序结构。事实上，"耦合"概念不仅仅局限于同时引证的两篇论文本身之间的关系，它揭示的是一类普遍存在的关系，即两个（或两个以上）不同主体与同一客体之间的关系。因此，可以将开斯勒提出的"文献耦合"概念予以推广，相对于文献的学科主题、期刊、著者、语种、国别、机构、发表时间等特征对象来说都可以发生耦合关系。也就是说，"耦合"概念还能反映同时引证的两个（或多个）著者之间的耦合关系。例如，如果我们不以文献为单位，而以期刊为主体，若两刊同时引证了另一期刊的论文，则称这两种期刊具有耦合关系。同时，可把两刊同引某刊一次计为一个引文耦（或称引刊耦）。引文耦越多，表明这两刊的亲缘关系越密切。

科学论文及其相关媒介广义上的耦合现象，使一些表面上看起来没有联系的主体对象客观地被耦合起来，从而揭示了科技文献体系的内在联系和结构关系。因此，从广义上来理解和分析"耦合"概念，对全面理解信息计量学的研究对象和范围，促进信息计量学在科学学等领域更为广泛的应用，都具有一定的理论和现实意义。

刚开始时，开斯勒是把文献耦合作为一种新型的检索工具。假若用户已有一篇相关的论文（P_0），通过检索系统就可以检索出与（P_0）有耦合关系的全部论文簇 G_A（P_0）。开斯勒将 G_A（P_0）称作（P_0）的逻辑参考文献（logical reference）。作为检索工具，文献耦合有以下独特的优点。

（1）文献耦合不依赖于任何人工检索语言和词汇，所有的处理都由计算机自动匹配计算完成，因而避免了由于语言、语法、词汇习惯不一致所造成的种种困难，提高了检索效率和质量。

（2）与其他类型的引文索引检索一样，文献耦合不需要专家阅读或判断，这给图书情报部门检索管理带来了很大便利。

（3）文献耦合作为检索工具，可以突破传统静态分类的限制，同时，随着基础论文（P_0）继续地被别人引证，逻辑参考文献簇 G_A（P_0）也会不断地扩大，论文数量不断增加，反映出科学研究新的变化和方向。

尽管一些学者从理论上对文献耦合概念提出异议，但新的 SCI 光盘版仍通过文献耦合向用户提供那些与该索引论文关系最为密切的论文。

2. 同被引

在分析文献的引证关系时，不仅可以从论文具有相同参考文献的角度来看，而且还可以从一篇论文被后来的文献共同引证的角度来研究文献结构的动态规律。1973 年，美国情报学家亨利·斯莫尔和苏联情报学家依林娜·马沙科娃（Irina Marshakova）分别在研究文献的引证结构和文献分类时，同时首次提出了文献"同被引"（co-citation）的概念，作为测度文献间关系程度的另一种方法。

所谓文献同被引，就是指两篇（或多篇）论文同时被后来的一篇或多篇论文所引证，则称这两篇论文（被引证论文）具有"同被引"关系。换言之，如果 A 和 B 两篇（或多篇）文献，不管其发表的时间如何，只要同时被后来一篇或多篇论文引证，则称 A 和 B 两篇文献具有"同被引"关系。而且以引证它们的论文（引证文献的数量）多少来测度其同被引程度，即定义同时引证这两篇论文的论文篇数为同被引强度（co-citation strength）或同被引频率（co-citation frequency）。用集合论的语言描述同被引强度更容易被人们理解。假设 A 是引证了文献 X 的论文组成的集合，B 是引证了文献 Y 的论文组成的集合，则 A∩B 是同时引证了 X 和 Y 的论文组成的集合，那么 A∩B 中的元素数即为文献 X 和 Y 的同被引强度。若同时引证这两篇论文的文章越多，则它们的同被引频率越高，说明它们之间的关系越密切。同时，文献的同被引相关簇的跨度可用"同被引幅度"指标来衡量,若簇内的同被引文献越多,则其"同被引幅度"就越大。

斯莫尔在1973年提出的"文献同被引"概念,是作为描述科学领域内重要概念之间关系和模拟科学知识真实结构的一种方法。他以"粒子物理学"专业为例,进行了期刊论文的同被引分析研究,得到如图7-26所示的结果。

从引文网络图中可以看到,两对来自1968年的关系甚为密切的重要文献:Lovelace-Veneziano 和 Gell-Mann-Glashow,两者的同被引强度超过了49,它们通过 Gell-Mann 和 Weinberg 早期的论文被联系起来。

同被引关系也可以用于情报检索,例如,以多次被引证的论文为基础建立的二次索引,使人们可以利用同被引检索点检索出有关的新文献。

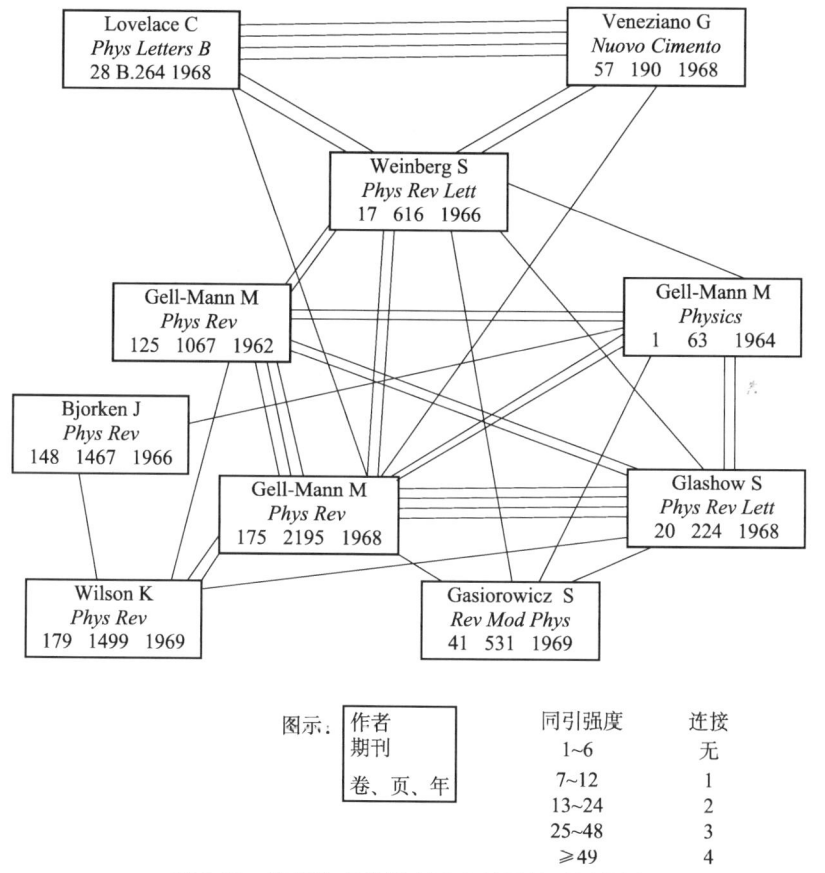

图 7-26　粒子物理学期刊论文的同被引网络图

同被引关系除了表现在两篇文献之间外,还存在三引乃至多引的同引关系。斯莫尔在1974年提出的圆环模型,形象地表现了双引、三引及多引等在内的同被引关系。斯莫尔仍以粒子物理学的 6 篇文献（1972 年数据）的被引数据为对象，求出文献间的距离，然后给出相应的圆形图（图 7-27）。

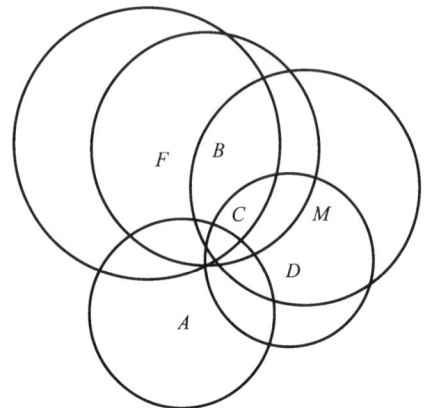

图 7-27　6 篇文献的同被引关系图

图 7-27 使文献之间的同被引关系形象化，并具有主题感。斯莫尔利用此模型对三引的同被引联系进行了数量分析，与实际结果非常符合。

与文献耦合的概念相类似，同样可以将"同被引"的概念推广到与文献相关的各种特征对象方面，从而形成各种类型的"同被引"概念，如期刊同被引、著者同被引、主题同被引等。广义上的同被引现象是一些无外部联系的特征对象客观地被同时引证它们的作者联系起来，从不同角度揭示了文献引证之间的复杂结构关系，为全面进行引文分析、研究引文结构提供了新的途径。

3. 文献耦合与同被引的异同

科学文献的耦合与同被引关系是既有联系又有区别的两个概念。它们都是指两篇论文通过另外一篇或多篇论文建立起来的关系，所以都可以反映出文献之间的联系程度和结构关系。在引文分析中属于同一种类型：即以文献之间的联系程度作为计量单位的网络结构分析，从引文角度揭示论文的主题相似性，以及相互之间作用和联系。这两种分析方法都可用于研究文献关系，进行文献检索和揭示学科结构等。但由于这两种方法观察处理问题的方向及主客体不同，也使两者存在着明显的区别，归纳起来有以下几点[①]：

（1）文献耦合反映的是两篇引证文献之间的关系，而同被引反映的是两篇被引证文献之间的关系。前者是由两篇文献的作者共同建立的，后者是由引证它们的作者各自建立的。

---

① 周军，苏新宁，袁培国．基于数据仓库的引文分析系统研究．情报学报，2002，(3)：290-294．

（2）文献耦合强度是固定不变的，同被引强度则是随时有可能发生变化的。这是因为对于任意两篇已发表的论文来说，其后的参考文献是固定不变的。因此，文献耦合后的关系就不会改变，也就长期地得到固定和承认。对于具有"同被引"关系的两篇文献来说，同被引的特性决定了它们始终处于"被动"地位，它们之间的关系总是等着其他文献来建立，其强度也是以后来其他文献的需求量来增加，所以同被引后的关系仍处于变化之中。

（3）文献耦合反映的文献间的关系是一种固定的、长久的关系，而同被引反映的则是变化的或暂时的关系。因此，文献耦合形成的模型是静态结构模型，而同被引则是动态结构模型。

（4）文献耦合是回溯的，属于"回向引证"，而同被引则是展望性的，属于"前向引证"。

（5）对于研究和解释科学文献的内在联系与规律，描绘科学发展的动态结构来说，同被引比文献耦合更具有优越性，其更适应当代情报科学研究的对象是不断变化和发展的特点。为了便于比较，本书将文献耦合与同被引之间的区别归纳为表 7-3。

表 7-3 文献耦合与同被引的比较

序号	文献耦合	同被引
1	反映引证文献之间的关系	反映被引证文献之间的关系
2	必须由两个（或两个以上）引证文献的作者共同建立	可以由一个引证文献的作者单独建立
3	关系媒介是被引文献或参考文献	关系媒介是引证文献
4	其程度以"耦合强度"指标衡量（共同的参考文献数）	其程度以"同被引强度"指标衡量（共同的引证论文数）
5	耦合强度固定不变	同被引强度随时改变
6	表示引证文献之间固定而长久的关系，反映的是静态结构	表示被引文献之间变化而暂时的关系，反映的是动态结构
7	处于主动的引证地位	处于被动的被引证地位
8	回溯性的，属于"回向引证"	展望性的，属于"前向引证"
9	被引文献引证文献 C←A ↑ B 先发表后发表 A 与 B 为文献耦合关系	引证文献被引文献 C→A ↓ B 后发表先发表 A 与 B 为同被引关系

7.4.2 文献耦合分析

对以文献引证为中心的各类耦合关系的分析和研究，不仅可以丰富信息计量学的研究和方法，开拓新的应用领域，而且能为科学学、预测学、科技管理学等方面的研究提供新的有效途径。

前面已经介绍过文献的耦合关系可以作为一种新型的检索工具，完成特殊类型的主题族性检索。耦合关系还有另一方面的重要应用就是研究学科的内部结构，划分出在学科、专业相近的一个个耦合强度较高的论文簇，并且给出簇与簇之间疏密不同的联系，形成论文之间具有相互影响作用的引文网络。

同时，因为文献耦合所揭示的是一类普遍存在的主客体之间的引证与被引证关系，所以可以将"文献耦合"的概念予以推广，利用耦合概念反映诸如学科、期刊、著者、语种、国别、机构、时期等多种特征对象的相似耦合关系[①]。

耦合分析方法是信息计量学和科学计量学中非常重要的独具特色的一种计量分析方法，在文献学、科学学、预测学和科技管理中有着广泛的应用，并不断开拓其新领域。下面介绍几类重要的耦合分析方法。

1. 文献耦合分析

文献耦合分析是最基本的耦合关系分析。它以被引论文作为联系媒介，把表面看起来毫无关系的论文联系起来，反映了引证文献之间的相互关系，在一定程度上揭示了科学学科之间的内在发展规律和组织结构，对于文献学、情报学、科学学、预测学等方面的研究都有一定意义。

对于文献耦合，可以从以下几个方面进行分析。

（1）通过引文相关论文簇分析学科之间的联系。在文献的耦合分析中，往往形成许多所谓的逻辑参考文献簇 G_A（P_0），即具有耦合关系的若干论文形成的论文簇。这有可能形成两类引文相关簇：一是闭式结构的，即在一簇引证文献中，如果其中每篇论文都与簇内任何一篇论文至少有一个耦合单位，则这簇论文就形成一个簇内的相互关联的闭式结构。二是开式结构的，即在若干论文中，如果每篇论文都与另一篇基准论文（如属于 A 学科）至少有一个耦合单位，则这些引文就形成一个与簇外任意一篇论文相关联的开式结构。显然，这些引文相关簇在一定程度上揭示了学科文献之间的相关关系，反映出学科内容之间的某些联系，或同属于一个学科，或是某学科的分支学科，以及交叉学科和边缘学科等。

（2）通过引文网络分析文献体系结构和学科结构[②]。文献耦合现象在客观上把众多表面毫无关系的论文联系起来，形成一个个相关论文网络。事实上，具有耦合关系的论文网络必然具有某些共同属性。这种由论文之间的引证关系决

---

① 白国应. 科学研究人员阅读科技文献规律初探. 科技情报工作，1982，(11)：12-16.
② 史卫国，饶艳. 论引文分析法研究进展与趋势 [J]. 山东图书馆季刊，2001，(3)：9-10.

定的网络属性把无外部联系的众多论文组成有序结构。通过分析这些结构就可以研究文献情报流的结构和规律性，进而研究整个学科的结构和发展规律。

（3）为文献检索提供新的途径。因为文献耦合现象能够把科学论文按其引证关系组合为具有各种属性的相关簇，从而提供了从文献使用的角度进行检索的可能性。这种从耦合关系出发查找相关文献的方法在一定程度上弥补了传统文献检索的不足，扩大了检索范围，从而大大提高了文献的检准率和检全率。

（4）有助于评价经典文献，回溯科学发展轨迹，确定当前科学研究热点，以及了解科学之间的交流规律等。

2. 期刊耦合分析

期刊耦合分析是文献耦合分析的推广。所谓期刊耦合是指以每种期刊为统计单元进行的耦合。具体地讲，就是 n 种（$n \geqslant 2$）期刊同时引证其他期刊论文时，则称这 n 种期刊之间的关系为"期刊耦合"，其耦合强度以同时被引证的期刊种数（或次数）来衡量，称之为期刊耦合频率或期刊耦合强度。

期刊耦合现象在客观上把众多的期刊按照引证关系结合为一个个有序的相关群，在一定程度上揭示出期刊之间的相互关系，为研究文献情报流的结构和规律，以及学科之间的联系提供客观的基础和条件。期刊的耦合分析主要有以下三个方面：

（1）判断期刊之间的关系和联系程度。当某两种期刊具有耦合关系时，说明这两种期刊在某种属性上有一定联系，或者同属某一专业领域，或者虽属不同学科的期刊但其中的论文有某种联系；揭示出它们在学科内容上的相互交叉关系；而且，其耦合强度的大小及增减，反映着它们之间联系的强弱及其变化。

（2）判断期刊的专业性质。通过期刊引证论文的"耦合强度"和"耦合比例"，可以判断出期刊的专业性质。

（3）从期刊耦合关系出发，通过期刊论文的内容分析，可以判断学科之间的相互关系和联系程度。

3. 著者耦合分析

这是从论文之间的耦合关系自然引申到著者之间的耦合关系。所谓著者耦合是指以一个个著者（含团体著者）作为基本单元进行的耦合。具体地说，就是 n（$n \geqslant 2$）个著者在文献中同时引证了某一个（或多个）著者所发表文献的情况，则称这 n 个著者具有耦合关系。这种耦合的媒介是被引证文献的作者，其耦合强度以同时被引证著者的数量来衡量。这种测度称为著者耦合强度或著者耦合频率。

著者耦合分析反映了著者之间的客观联系，在一定程度上揭示了学科专业人员的组织结构，这种分析方法在图书情报学、科学学和人才学领域都有广泛的应用。

（1）通过著者群体网络分析学科研究的状况和发展趋势。著者耦合现象在客观上把无外部联系的众多著者组合成一个个有序的群体网络，这些有序群体都是按其中著者所写的论文的属性来进行分类的。某学科论文著者群体在数量、质量及结构形式等方面的状况和发展变化，反映该学科研究的队伍状况、学科发展过程及其趋势，从而为信息计量学和科学学的研究提供了新的途径。

（2）根据相关著者群的组成，可以建立必要的科研同行通信网络，从而促进信息传递和学术交流。

（3）在情报检索中，可以从耦合著者群中的著者姓名出发，利用"著者目录"或"著者检索"能找出某专业课题的同行著者所发表的全部有关文献，从而为该学科课题的研究提供针对性较强的定题检索服务。

由此可见，通过著者耦合分析，可以了解特定学科领域论文著者群体的网络结构形式、著者队伍的现状及其发展变化、学科发展过程及其趋势。利用著者网络，可以扩大情报传递和学术交流，促进科学研究的发展。

4. 学科耦合分析

所谓学科（或专业）耦合是指以学科为基本单位进行的耦合。具体地讲，就是属于某 n（$n \geq 2$）个学科（或专业）的文献共同引证了别的学科（或专业）的文献时，称这 n 个学科具有耦合关系。其耦合程度以被引证的学科数量多少来测度。这种测度指标称为学科耦合强度或学科耦合频率。

显然，学科耦合属于回溯性的耦合。它所形成的是有关学科的相关群，利用这种耦合关系，可进行以下分析。

（1）利用学科耦合结构判断学科之间的关系。通过引文统计，可以确定学科之间的耦合关系结构及其耦合强度。很显然，耦合相关群中的学科之间以及与被引证学科之间，必然有一定的联系。若某两门学科的耦合强度较大，则说明这两门学科之间关系密切，有着交叉渗透的趋势；若某些学科不耦合，或者耦合强度不大，则表明它们之间的关系不密切。

（2）从学科耦合关系的变化了解学科发展的状况和变化规律。如果统计并确定不同时期的某些学科耦合关系及其耦合强度，不断跟踪并比较分析学科耦合结构的变化，则能了解该学科发展的来龙去脉以及复杂的变化关系。而且，耦合强度的增大,说明相关学科的关系加强了;反之,则意味着它们朝分化独立的趋势发展。

(3) 为专题文献的选择和搜集提供定量依据。利用学科(或专业)耦合强度来判断学科之间的相关程度,从而为文献选择和收藏提供依据。

可见,通过学科耦合分析,可以判断学科之间的关系和联系程度、分支层次关系,及其交叉渗透趋势;同时,也可从学科耦合关系的变化了解学科发展的状况和变化规律,进一步预测学科分化组合的发展趋势。

此外,还有文献所属的国别耦合、地区耦合、机构耦合、语种耦合等,利用这些耦合关系都可以进行相应的分析,还可得出许多有益的结论。

7.4.3 同被引分析

与耦合分析类似,我们也可以研究和进行各种类型的同被引分析。对广义的各种类型的"同被引"关系的分析和研究,是引证分析的重要内容之一。它不仅能丰富信息计量学的研究内容和方法,而且对于科学学、人才学、预测学等方面的研究都有一定的意义。

1. 文献同被引分析

文献的"同被引"是一类最基本的同被引关系。它主要体现了同被引的参考文献之间的结构关系,进而揭示和反映学科之间的某些联系。对这种文献间的同被引关系进行分析,主要有以下几个方面的意义:

(1) 通过文献的同被引相关群的分析,可进行文献学方面的理论研究。例如,从分析同被引文献的类型、语种等方面的组成及联系切入,可以研究科学文献体系的特征结构以及分布、利用等方面的规律。

(2) 通过文献同被引群体网络及其变化,可进行科学学方面的研究。例如,研究学科之间的相互关系、联系特征和发展变化状况及趋势等。

(3) 为制定文献采购策略和模型提供依据,为文献检索开辟新的途径。

由此可见,通过文献同被引分析,可以了解同被引文献群的特征结构,学科、文献类型,语种等的分布形式,以及科学文献体系中互相引证的规律性。通过分析同被引文献群网络结构及其变化趋势,可进行科学学和科技管理方面的研究,研究学科之间或整个科学体系中相互联系、相互作用的发展变化状况及其趋势。

2. 期刊同被引分析

这是文献同引分析的推广。所谓"期刊同被引"是指以期刊为基本单元而建立的同被引关系。具体地说，就是 n（$n \geqslant 2$）种期刊的论文被其他期刊同时引证时，则称这 n 种期刊具有"同被引"关系。其同被引程度以引证它们的期刊（引证期刊）种数（或次数）多少来衡量，这个测度指标称为期刊同被引强度或期刊同被引频率。

显然，期刊同被引关系把数量众多的期刊按被引证关系联系起来，进而从利用的角度揭示了各学科期刊之间的相互关系和结构特征。对期刊同被引关系可做如下分析：

(1) 根据期刊的同被引关系及强度，可以判断某些期刊的学科（或专业）性质。

(2) 为确定核心期刊提供依据和新途径。期刊的同被引反映了它们之间的某种学科或专业上的联系；而且若同被引频率较高，则说明这种专业关系比较密切，进而为确定核心期刊提供依据和新的途径。

3. 著者同被引分析

著者同被引也是由文献同被引关系引申发展而来的。它以著者作为同被引分析的计量单位，研究 n（$n \geqslant 2$）个著者发表的文献同时被其他文献著者引证的情况，其同被引强度以引证文献的著者的数量来衡量。

著者同被引是通过同被引文献的著者建立同被引关系，使众多的著者按照同被引关系形成一个著者相关群，揭示出学科专业人员的组织结构、联系程度，并进而反映出学科专业之间的联系及其发展变化状况。

(1) 通过同被引著者群的构成了解同行著者的情况。当 n 个著者被某一专题文献的著者同时引证时，则可以认为这 n 个著者以及引证著者都是该专题研究的同行，且同被引频率越高，说明它们之间的学科专业关系越密切。从同被引著者群可以获知同行著者（科研人员）的数量、构成、活动规律等方面的许多情况。若把某专题研究的同行著者联合起来组成协作网，加强学术交流，开展联合攻关，将大大促进该学科研究的深入和发展。

(2) 通过同被引著者群数量及核心著者群数量的变化推测学科的发展趋势。著者的数量和结构的变化，在一定程度上反映了学科及科学体系的发展变化、兴衰起伏、分化渗透等趋势。在同被引关系网络中，著者数量和结构方式的变化可作为判断学科动态变化的一个依据。通过定期考察和分析这些方面的变化，就可以跟踪和推测学科或专业的发展方向和趋势。因此，目前著者同被引分析已成为科学学、预测学、人才学常用分析方法之一。

(3) 为文献检索提供新的途径。从具有同被引关系的著者出发，可以进行某专题的定题检索服务，并能提高文献检索的针对性和效率。

4. 学科同被引分析

这是以整个学科作为研究对象进行的同被引分析。所谓学科的同被引是以学科为基本单元而建立的同被引关系。学科同被引分析以学科作为同被引分析的统计单位，研究 n ($n \geq 2$) 个学科的文献被其他学科文献同时引证的情况，其同引强度以引证它们的学科的数量来衡量。如果 n ($n \geq 2$) 个学科的文献被其他学科文献同时引证时，则称这 n 个学科具有同被引关系。其同被引程度以引证它们的学科（引证学科）的数量多少来衡量，这种测度称为学科同被引频率或学科同被引强度。同被引频率越高，说明这些学科的关系越密切，性质相近，交叉渗透程度高，从而揭示了 n 个学科之间或者一个学科的各分支学科之间的结构关系和联系程度。对此，可做如下分析和研究：

（1）根据同被引学科群的构成分析学科间的关系和科学体系结构。通过同被引关系，众多学科（或专业）聚集成一个个学科群体，形成一种网络。这种学科群体网络关系和结构，不仅在微观上能揭示某些学科间的相互交叉和依赖关系；而且在宏观上能一定程度地反映科学体系的学科构成和结构特征，进而为科学学的研究提供新的方法和途径。

（2）根据同被引学科群的数量变化，预测学科的发展趋势。具有同被引关系的学科群在数量、结构方式等方面的变化，在某种程度上反映了学科（或专业）的分化、渗透和综合趋势。通过统计并分析不同时期的学科（或专业）同被引关系，能追溯或跟踪学科发展过程及趋势，这对于科学学、预测学的研究具有一定意义。

（3）通过学科同被引关系的分析，可以了解和研究学科情报的来源、组成和交流规律，进而为情报学的研究提供素材和依据。

由此可见，通过学科同被引分析，可以宏观了解科学体系的学科构成和结构特征，推测学科发展趋势，了解科学知识与信息的交流规律。

7.4.4 引文的聚类分析

聚类分析是最常用的降低维数技术的多元统计方法之一。它属于降低维数技术的范畴。聚类分析的结果通常是网络图或是树状图，从图中可以分析求出需要预测判断的目标。

文献聚类分析（cluster and analysis of literature）是聚类分析技术在引文分析领域的具体应用。文献聚类分析根据引文的不同特征，进行引文的分群聚类和分析研究。一般来说，引文聚类分析主要是指专业聚类的分析。由于引文之间都具有一定程度的学科专业相关性，根据专业属性，引文可聚集成为一个个聚类群体。对引文的专业聚类进行分析是引证分析的重要内容之一，无论对于文献情报学还是科学学的研究都具有重要的意义。

双引聚类分析是近些年才发展起来的一种情报分析技术，也是引文分析法的一个重要组成部分。这种分析方法主要是从文献计量和专业聚类的角度来分析科学研究的动态结构或测度科学家的成就。通常，文献聚类分析以 SCI 和 SSCI 作为研究的出发点，通过调查、统计、分类、整理、分析等一系列步骤，最后达到一定的研究目的。

1. 主要原理

根据"双引"概念，可以这样来理解双引聚类分析法的原理。如果以某作者在他的某篇文章中至少同时引证了两篇文献（亦称文献对），那么这两篇文献就被认为对作者同时起了作用。当同样的文献对被许多作者的文章共同引证时，便聚集成引文的类群。也就是说，被共同引证的文献对不仅具有引证文献内容专业上的共性，而且还充当了引证作者之间的媒介，使他们建立一种彼此可以相互认识的联系基础。从另一个角度上讲，当一位作者创作论文时，它需要科学传统，必须参考与他的论文有关的过去发表的文章。这些参考文献的被利用，是为了鉴别作者在创作自己的论文中吸取的或引证的早期研究者的概念、方法和装置等。因此，引证作者提供的被引文在某种程度上正是表达和解释了他们在从事科学研究时的思想方法和理论实质。所以，在研究科学文献的引文时，通常只需浏览被引的有关条目就可知道引证作者所从事的科研领域和研究方向。

事实上，每篇学术论文一般不止引证两篇参考文献。据美国耶鲁大学教授普赖斯在1970年的调查，每篇科学论文参考文献的数量通常为10～22篇。1980年，通过对大量正式论文的调查统计，SCI 更精确地指出，平均每篇科学论文引证参考文献为15.9篇。此外，在一篇文章中，作者同时引证不同专业聚类的文献也是可能的。一般来说，双引的常常是两篇聚类的文章。当代科学论文的这些特征不仅为考察和解释科研活动的内部结构及规律提供了充分必要的条件，同时还从根本上保证了引文聚类的来源。

2. 方法步骤

就方法而言，双引聚类分析的基本步骤如下：

1) 寻找双引论文对、编制双引总目录

实际上，双引聚类指的就是一个按照一定的双引强度将文献对分类处理的技术过程。具体来说，所谓"聚类"就是利用论文间的同被引关系把本来无外部联系的论文"聚"在一起而形成"类"的过程。其中，同引强度是具有同引关系的论文能否有资格聚为一类的判断标志。所以，双引聚类分析的第一步是寻找具有双引关系的论文对。为此，首先必须对所要研究的学科中已发表的文献进行全面的调查统计，摘出被引证频率较高的文章及其参考文献中各有关条目，分类编排并制成索引目录，以便从中寻找它们之间的双引关系。对于任意两篇文章，只要具有双引关系，就把它们单独抽出来作为一个文献对编排在一起。在此过程中，将发现许许多多的文献对，因而编目工作必须分步进行。编目时，一般采用双向著录法，就是分别按照 AB 顺序或 BA 顺序，将每个文献对（两篇文献）单独著录，并制成两个目录表，最后再把它们汇集成双引文献总目录表。

2）进行专业聚类

利用双引文献总目录，进行专业聚类，从中产生各学科的专题文献簇，完成聚类的过程。在双引聚类过程中，如何选定合理适中的阈值是保证聚类顺利进行的"瓶颈"，同时也是决定聚类规模大小及其成败的关键所在。在许多论文对中，对于是否有资格参加聚类，需要规定一个入类标准。这就是选定双引强度的阈值问题。一般认为，当同引强度大于所选定的阈值时，那么该论文对就可聚集成簇，形成一个专题，该簇中所反映出来的文献也就是该专题中的核心文献；而同引强度小于阈值的论文对不能入类，则用来表示簇与簇之间的关系。阈值的选定不可太低也不能太高。若太低，势必影响聚类水平及其分析精度；若太高，又会使整个聚类系统失去平衡。一般地说，选定阈值应根据具体情况，以每个专题簇中的文献比较纯一，相互间的关系比较明朗清晰为原则。实际上，聚类项目越多，规模越大，选定阈值问题也就越复杂。目前，SCI 存储的数据量已经每年超过 1000 万条，在利用它们进行各种专题的双引聚类时，选定的阈值往往达到 15～17。

3）进行各种专项性研究和分析

双引聚类分析方法，可用于分析和研究学科之间的关系和动态结构；考察科学活动的规律与结构；评估科学家的能力与表现，衡量他们对实际经济效果的影响，为评奖和遴选工作提供重要的参考依据；同时还为科学学、科学史的研究提供一种重要手段。

由于科学引文来源广泛，数据量浩大，加之论文间的双引关系错综复杂，所以引文聚类过程通常得借助和运用计算机系统来实现。通过计算机程序进行加工、整理、分类、编目以后，大量的引文就按照各自所属的学科专业归类，形成专业课题的文献聚类簇。最后，通过调查产生的高引证率的文章把它们各自引证的聚类簇有机地组合并联络起来，利用计算机屏幕上显示的聚类映像，就可鉴别各专业学科的分布形态以及联系的远近程度，从而实现考察科技活动与结构的目标。

由此可见,文献的聚类分析主要指以耦合强度或共引强度等作为基本计量单位,对给定的引证文献集合或被引文献集合、学科或专业内容联系比较紧密的文献进行分类聚合的定量处理技术。这种技术可以将内容联系密切、学科性质接近的论文聚合为一个个文献簇,并定量给出簇与簇之间的联系程度,根据这些定量数据指标,我们就可以给出某一学科专业论文的聚类分析网络图或树状图。

导出这种客观存在的潜在网络图,无疑对分析文献间的联系,科学的组织结构,学科或专业的发展趋势,国家、地区或机构科研工作的规模、状况具有巨大的作用。为开展科学计量学研究,文献服务情报分析和科技管理提供参考数据和决策依据。文献聚类分析方法伴随现代信息技术的发展和大型引文数据库出现而不断发展,已成为科学学、情报学和现代科技管理应用研究中常用的基本方法之一。

3. 加菲尔德对自然科学进行的聚类分析

加菲尔德在1972年,利用SCI的引文数据库对整个自然科学进行了学科聚类分析研究。他的原始处理数据源包括867 600条被引文献、93 800篇来源文献和2400种期刊,基本涵盖了当时自然科学中的所有领域。聚类处理工作大致可分为如下步骤:

1) 确定阈值,初选原始文献

首先要确定被引证次数的阈值,即选择论文的质量标准,保证被引次数较高的论文入选聚类,从而使聚类工作有实际意义。阈值大小的选择与数据处理规模有关。加菲尔德根据他的数据处理规模,将入选阈值定为10,最终初选被引文献1832篇,来源文献16 927篇。

2) 对被引文献进行配对和匹配工作

加菲尔德进行的是同引聚类分析,所以首先对入选的1832篇被引文献进行论文配对,按照排列组合的公式计算,共可以配得约170万对论文对,然后逐一与来源文献进行匹配、筛除(计算机处理),最后得到20 414对论文对。该数目仅占可能配对总数的1.2%,同引强度范围为1~31,平均值仅为1.78。"情报计量学引论"的著者埃格希和鲁索曾提醒读者,绝大部分论文对根本不会被同引。此观点在此得到验证,同时说明整个自然科学的学科体系还是比较开放的,知识结构也比较松散。

3) 进行聚类分析

加菲尔德取同被引强度为3.6和10三种阈值对上述20 414对文献进行聚类,其结果如表7-4所示。

表 7-4　不同阈值的聚类文献数量

阈值	文献对数量	配对的文献数量	未配对的文献数量	文献族的数量
3	3067	1310	522	44
6	791	594	1238	47
10	213	193	1639	18

注：表中的文献簇的数量不包括由两篇文献构成的文献簇

从表 7-4 中可看到，阈值为 3 的聚类结果形成 44 个文献簇。表 7-5 是这 44 个文献簇的详细分类表，这些文献簇代表了当时科学最基本的结构单元和研究前沿。

表 7-5　阈值为 3 的聚类团分类表

学科或专业	参加聚类的文献数	配对数	团伙序号
生物医学	801	2205	3
化学	92	291	17
核物理	41	59	1
粒子物理	32	99	2
澳抗原	15	70	10
酶的晶体结构	12	30	27
板块构造学	10	35	13
病毒转染细胞	9	25	4
核磁共振	9	8	5
视觉的神经生理学	7	14	29

4）绘制学科聚类图

根据聚类分析所得出的科学的基本单元，就可绘制学科聚类图。科学家斯莫尔根据加菲尔德的数据绘制了同引聚类图（图 7-28），详尽地表示出了学科、专业间的复杂关系。

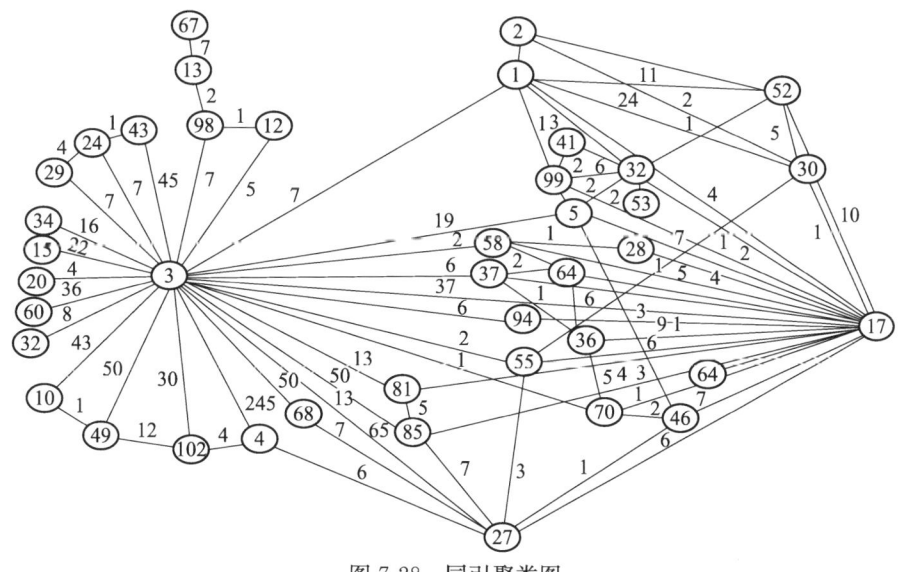

图 7-28　同引聚类图

(1) 物理学（由簇 1，2 构成，拥有 73 篇文献）、化学（簇 17，拥有 92 篇文献）和生物医学（簇 3，拥有 801 篇文献）关系最为密切，构成学科聚类图的主要部分，是当时自然科学科研工作的重点。

(2) 在这几门学科中，化学的地位最为突出，它几乎与所有的学科联系紧密，说明化学是自然科学中各学科的结合点。

(3) 生物医学具有比较封闭的学科体系，与自然科学中的其他学科、专业联系较少。

除了网络图形以外，在阈值确定以后，还可以得到树状图（图 7-29）。在绘制树状图时，需要将同引强度换算为相似系数（换算有多种选择，可参阅有关专著）。这时将横坐标表示相似系数，作为文献相似性标度，而纵坐标则表示聚类文献的编号。图的右面为树状图的根端，表示全部上述文献的集合，由右向左，徐徐展开，至左端则达到树梢部分，它们表示参加聚类的每一篇文献。树状图中每一节点表示两个下级文献组合为一个上级组，节点的横坐标表示相应的相似系数，它们代表类的水平（-1～1）。

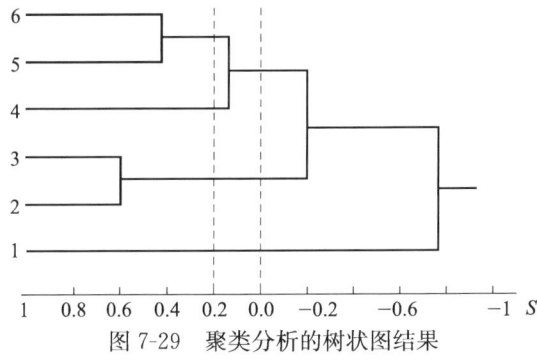

图 7-29 聚类分析的树状图结果

从图 7-29 中可看出，对于不同的等级标准差 S 可以得道各种聚类结果。若令 $S=0$，可得到 A（1），B（2，3）和 C（4，5，6）三个文献簇。而令 $S=0.2$，则得到 A（1），B（2，3），D（4），E（5，6）四个文献簇。

7.5 引文分析法的应用

撰写相关的科学文献是任何一项科学研究和技术创造向社会展示其成果的重要手段之一，同时，科学技术也要借助科学文献来继承和发展，这种继承和发展通常以后人引用前人的有用文献来实现。应用引文分析方法研究科学产品可以将分散的文献和著者彼此联系起来；通过对引文时间分布和引文网状关系的分析和研究，还能揭示出某一科学领域或某一研究方向的产生背景、发展过程、标志性成果、突破性成就以及未来的发展趋势等；根据科学文献之间的引用和被引用关系，也可以对科学技术的历史和现状、结构以及发展趋势做出预测。

7.5.1 科学结构和科技史研究中的应用

1. 利用引文聚类分析研究学科结构及其发展方向

科学引文与被引文之间有着一定的内在联系，通常在科学内容上是相关的。通过引文聚类分析，特别是从引文间的网状关系进行研究，能够探明有关学科之间的亲缘关系和结构、划定某学科的作者集体；分析推测学科间的交叉、渗透和衍生趋势；还能对某一学科的产生背景、发展概貌、突破性成就、相互渗透和今后发展方向进行分析，从而揭示科学的动态结构和某些发展规律。早在1974年，加菲尔德运用计算机系统，通过引文分析，描绘出1972年和1973年生物医学领域各主要课题、各课题相互间的关系以及新课题产生的示意图，从而反映出生物医学研究的内部结构。

文献耦合和文献同被引都是依靠文献之间引证的数量关系分析来判定文献主题内容的相似性，这不仅是内容分析的补充，还在一定程度上反映了学科内部、学科之间的文献交流，探究这种关系必然能够使人们认识学科的结构、学科发展的走向和趋势，以及当前学科的研究热点。耦合分析和共被引分析已成为当前绘制科学共同体结构、识别研究前沿最常用的方法，并广泛应用于很多学科领域。论文耦合现象在客观上把社会上已出版发行的众多无外部联系的论文连接成一个个带有某种属性的相关论文网络，而且各个学科文献在数量等方面的现状和变化趋势在一定程度上能反映各学科的变迁情况。通过著者耦合分析，可以了解特定学科领域论文著者群体的网络结构形式、著者队伍的现状及其发展变化、学科发展过程及其趋势；依据期刊之间的耦合关系，可为研究文献情报流的结构和规律以及学科之间的联系提供客观的基础和条件；利用学科耦合可以回顾学科发展的历史背景和沿革，在不同时期，不断跟踪并分析学科或专业耦合结构的变迁，则能了解学科（或专业）发展或变迁的来龙去脉及其错综复杂的变化关系。基于同被引与耦合关系的异同点，同被引关系作为耦合分析研究的一项重要补充，还可以使我们对学科结构、学科之间联系，以及文献之间联系进行历史的动态研究。通过文献同被引分析，可以了解同被引文献群的特征结构和概念关系，有利于发现学科内的知识结构及其变化趋势；著者同被引分析可以映射图的方式探究科学和学术内部的组织结构、探讨学科范式、推断学科发展动态等；利用期刊同被引可以判断某些期刊的专业性质，确定核心期刊，以期刊所代表的学科专业描述大的科学结构；学科同被引可以使外部无联系的学科专业客观地联系起来，揭示学科之间的相互交叉和渗透的错综复杂的结构关系。

2. 利用引文时序分析研究科技发展史

引文关系既是一种网状关系，同时又具有时序性。对这种具有时序性的引文关系网进行分析研究，可以展示某个研究主题的论文源流、最初著者以及该研究主题发展的来龙去脉，从而揭示出科学研究发展的足迹和脉络，发现科学理论和方法的历史演变过程。这也就为科学史的研究提供了一种量化的方法。

文献和作者是科学的两个重要参数，通过研究文献结构和作者结构也可以研究科学结构。参考文献可以反映出学科的特征和背景，通过文献之间的相互引证关系，分析某一个或若干个学科（或专业）文献的参考文献来源和学科特性，不仅可以了解该学科与哪些学科有联系，而且还能探明其情报的来源及分布特征，从而得到相关科学结构的描述并为制定本学科的发展规划提供依据。通过引文聚类分析，如研究引文按年代分布所构成的历史图和引文间的网状关系，能够探明有关学科之间的亲缘关系和结构，划定某学科领域的著者群体，分析学科间的交叉、渗透和衍生趋势，还能对某一学科的产生背景、发展概貌、突破性成就、相互渗透和未来发展方向进行分析，从而揭示科学的动态结构和某些发展规律。科学作为一种系统具有明显的层次性和动态性。利用引文分析法对科学系统进行"共时性"（synchrony）和"历时性"（diachrony）分析，能够研究科学发展的层次结构性和动态性，探究其发展的趋势。通过共引聚类分析和多维标度分析相结合的方法，绘制"科学图"，能够研究学科专业子结构之间的"超微观结构"关系，可以帮助我们识别活跃的研究前沿，区分过分被重视或被忽视的科学领域，从而适时地调整研究的方向和力度。

引文时序研究可以用来展示某个研究主题的论文源流、最初著者以及该研究主题发展的来龙去脉，并从中探讨科学技术的发展规律。最早开展这方面研究的就是 SCI 的创始人——加菲尔德。加菲尔德认为，科学历史的发展可以被看作是在不同的时间点上发生的一系列的历史事件，而科研论文是科学发展过程中特定事件的记录，科学文献的引用体现了这些事件的由来和发展，一般情形下，在一定的学科范围内被引证次数多的论文其影响和重要性更大，在一定程度上标志着某一重要的科学事件，这些被多次引用、代表重要科学事件的文献被称为节点文献，加菲尔德早年通过手工绘制引文时序网络图展示遗传学阶段性发展历史的研究就是基于这种原理来进行的：对引文网络按照时序进行追踪并进行识别,进而把代表重要科学事件的文献和它们之间的引用关系展示出来。利用手工的方式费时、费力,特别是在年代跨度较大、学科范围较广的情形下几乎难以实现。这也是多年以来引文网络时序研究未能得以普及应用的重要原因之一。加菲尔德也意识到了这一点,因此,他和他的同事于2001年推出了一套比较完整的引文编年可视化软件——HistCite。该软件可被用来以可视化的方式分析某一专题学科范围内的引文时序网络,从而对该专题学科的发展规律进行揭示。加菲尔德利用该软件相继对知识管理、科学计量学等学科的发展规律进行了研究。目前,国内外已有大量运用这一软件的研究成果出现,在生命科学、管理科学等领域都有广泛引用。

作为一款系统完整的引文编年软件系统,HistCite 的主要作用是对文献搜索的结果进行分析和组构,从而了解各个学科发展的峰谷趋势、历史重大事件,以及各大学、研究所及作者的科研文章的产出数量等,并根据结果进一步做出其所需的拓扑图表等。HistCite 的主要工作流程是对由 SCI、SSCI 或 A&HCI 计算机检索中得到的含有全部的引文信息的检索结果所储存成的文件进行处理,得到一系列表格来直观反映某一专题方面的文献之间的引用关系并突出显现被引用频次较多的文献,最后把用户设定的被引用频次作为一个阈值,截取被引用频次在该阈值以上的文献按年代顺序生成引文编年图,从引文编年图中可以直观地看到那些重要的文献及它们之间的引用关系[1]。但是 HistCite 也有不足之处,比如,它提供的引文编年图只能反映出按年代排列的重要文献之间的引用或被引用关系,而对于文献之间引用关系的密切程度则无法反映出来,也就无法从中看出该专题研究内部的变化;同时对于通过著者或文献之间的同被引分析可视化来展示科学结构这一功能,还不能胜任;另外,在阈值设定、运行速度和可视化效果方面也存在不同程度的缺陷,这都对其应用造成了阻碍。有许多学者也在不断寻求 HistCite 改进的方法,如哈蒙(Norman P. Hummon)及其同事提出的基于时间维度的关键路径搜索算法便可弥补 HistCite 在定量模型上的缺陷。

除了引文编年史以外,科学知识体系也是引文时序分析应用于科学史研究的重要部分。科学知识图谱作为显示科学知识的发展进程与结构关系的一种图形,便是科学知识体系研究的有效工具。它一方面是揭示科学知识及其活动规律的科学计量学从数学表达转向图形表达的产物;另一方面又是显示科学知识地理分布的知识地图转向以图像展现知识结构关系与演进规律的结果。它把现代科学技术知识的复杂领域通过数据挖掘、信息处理、知识计量和图形绘制而显示出来,使研究人员得以在世界知识版图中了解自己研究领域的所在位置,

---

[1] Garfield E. Citation analysis as a tool in journal evaluation. Science,1972,178:471-479.

对于如何选择感兴趣的新领域也不再感到困难[1]。这个以科学学为基础,涉及应用数学、信息科学及计算机科学诸学科交叉领域,是科学计量学和信息计量学的新发展。可视化同被引分析和耦合分析作为构建学科知识图的一个重要的方法,既可以用著者同被引分析可视化展示一段时间内的科学家群体及其他们之间的关系,也可以用论文同被引可视化分析揭示学科内知识的交叉和融合。在比较长的某一段时间内对某一学科进行连续的同被引可视化分析,对分析结果进行对比还可以观测出这一段时间内该学科知识体系的动态变化情况,再配合区域化的比较,更可以提取出学科发展的区域比较。目前,在科学知识图谱方面应用最广泛的可视化工具当属国际著名信息可视化专家陈超美博士等研制的用于文献引文网络分析的 CiteSpace 可视化软件。陈超美创造性地把信息可视化技术和科学计量学结合起来,开创了以知识领域为分析单元的可视化综合性学术与应用领域,把对科学前沿的知识计量和知识管理研究推进到以知识图谱与知识可视化为辅助决策重要手段的新阶段。

现在 CiteSpace 软件已升级到可自动聚类与术语标识的 CiteSpace Ⅱ 最新版本。它属于多元、分时、动态的第二代信息可视化技术。其独到的创新之处在于在绘制的一幅科学知识图谱上,能够显示一个学科或知识域在一定时期的发展趋势与动向,形成若干研究前沿领域的演进历程。具体来讲,即用"研究前沿"和"知识基础"随着时间相对应的变化情况来表示一个研究领域的状况。在 CiteSpace 中,采用一种"突发词检测"算法来确定研究前沿中的概念,基本原理就是统计相关领域论文的标题和摘要中词汇频率,根据这些词汇的增长率来确定哪些是研究前沿的热点词汇。根据这些术语在同一篇文章中共同出现的情况进行聚类分析后,可以得到"研究前沿术语的共现网络"。因此,研究前沿系指临时形成的某个研究课题及其基础研究问题的概念组合,也是正在兴起或突然涌现的理论趋势和新主题,代表一个研究领域的思想现状。研究前沿的知识基础也就是含有研究前沿的术语词汇的文章的引文,实际上它们反映的是研究前沿中的概念在科学文献中的吸收利用知识的情况。对这些引文也可以通过它们同时被其他论文引用的情况进行聚类分析,这就是同被引聚类分析(co-citation cluster analysis),最后形成了一组被研究前沿所引用的科学出版物的演进网络,即"知识基础文章的同被引网络"[2]。因此,CiteSpace 就是利用三个网络("研究前沿术语的共现""知识基础文章的同被引"和"研究前沿术语引用知识基础文章")在随着时间演变的情况来寻找研究热点及趋势,并以可视化的

---

[1] Garfield E. Citation Indexing: Its Theory and Application in Science, Technology, and Humanities [M]. New York: John Wiley Sons ins, 1979.

[2] Kessler M M. Bibliographic coupling between scientific papers. Amer. DOC., 1963, 14 (1): 10 - 25.

方式展示出来。CiteSpaceⅡ系统适用的用户群广泛，特别是科学家、科技政策研究者和搞科研的学生都可以用它来进行科学学科的发展趋势和发展过程中的重要变化的探测和可视化研究。它可以通过从研究前沿到知识基础间的时间映射来探讨学科发展的动力学机制，即探测科学发展的趋势与突变，识别科学结构态势以及关键点和主要贡献者，这也充分发挥了引文分析作为关键事件识别的方法作用。CiteSpaceⅡ将学科演化建立在研究前沿和知识基础间的时间变量双重性基础上，作为一个为方便学科演化研究而设计的系统，作为一个便于研究学科演化研究而设计的系统，还有许多可能拓展的方向。目前，计算机和信息科学领域的广大学者也在不断致力于这方面的研究，期待更大的突破。

7.5.2 科研管理中的应用

科学研究一直是科学技术发展的原动力，对科学发展的未来进行预测，以期把握未来科技发展趋势及其对经济和社会发展的影响，从而确定重点研发领域，构建符合未来发展的国家创新体系是非常重要的。科学研究是以拟定和发表报道它的论文来表述的，而科学研究中分散的各个部分之间的关系则通过论文中的参考文献来表述，每篇学术论文就是科学发展进程中某一特定事件的记录。人们可以利用引文分析，从科学文献的引文入手，利用被引频次来加以考察，从而对科研前沿的形势给出一个客观定量的反映与描述，根据引文分析的结果不仅能够揭示各国科技、人才政策和战略的现状，还能探索科学研究与科技政策、文化背景之间的关系；通过对某学科文献引用情况的分析研究可以测定该学科的影响力和某国某些学科研究的重要性，从而为研究和制定科技政策提供参考。例如，20世纪70年代末，科瓦奇（Kovach）利用引文分析法测定了各国的生产率，并分析了各国科学活动的趋势。1988年，匈牙利的Braun等[①]使用引文分析法对全世界51个国家的人均科学论文发表数目和被引情况、人均国民生产总值、人均能耗量、万人电话拥有量等指标进行了研究，并以此为基础，探求了每个国家后三项经济指标与第一项科学计量指标之间的联系，获得了很多有价值的启示。

普赖斯曾积极倡导将引文分析引入科研管理，他认为，在国家政策的级别上运用引文分析，可以帮助有效地分配研究资金。以往，科研管理中的资金分配通常是根据批准机构的主观分析和判断。人们对这种判断是否正确和公正提出怀疑。例如，在美国，就经常有人指责美国国家科学基金会（NSF）在拨款上偏向于伙伴系统。甚至连美国国会也向它施加压力，要求对它的计划做更多

---

① Braun T. 科学计量学指标［M］. 赵红州等译. 北京：科学出版社，1989.

的评价。为此,NSF 委托 ISI 对它在化学研究方面支持的效果进行检验。ISI 还运用引文分析的方法,根据美国空军研究局的委托,对其科研课题的申请合同户进行审查,根据国家健康研究所的委托,研究了它的下属各研究机构的相互关系,为合理地分配资金寻找依据[1]。

7.5.3 科学评价中的应用

评价国家、地区、机构和个人的科学水平和情报能力的途径是多方面的,引文分析可以通过评价对象的引用与被引用文献的能力来进行这种评价[2]。引文分析作为科学评价中的定量方法,在国内外都颇受重视,被政府机构和科研管理部门广泛应用于科学成果及人员评价。依据发表论文数量及引用率,在宏观层面上,可以反映国家的论文产出力;在中观层面上,可以反映地区的学术影响力;在微观层面,可以对科研机构乃至个人的科研绩效进行评价。SCI 作为目前世界上最权威的引文数据库,常被作为科研评价的首选工具。

一篇科学论文得到了引用,表明其情报内容在整个科学交流过程的末端被人利用了,它的价值得到了人们的认可[3]。文献的被引次数多,在一定程度上说明了该论文著者在学术界的影响力和地位高以及对社会所做出的贡献大。通过分析科学文献的被引率和持续时间等指标,可以对有关国家或学术机构的科研能力和学术水平进行比较和评估。

1. 国家、地区及科研机构的科研水平评价

通过对科学文献的被引率和持续时间等指标,可以对有关国家或学术机构的科学能力和学术水平进行比较和评估。在科研评价工作相对成熟的发达国家,由政府组织的评价工作绝大多数都是以科研管理部门和科研机构为主体,对国家的整体科研实力、宏观科技政策、大型研究计划等进行评价,以改善投资水平,优化科研资源的有效配置,提高工作效率。以 SCI 数据为基础的引文分析作为一种实用的定量指标和评价手段,在评价中发挥了重要作用。例如,澳大利亚工业与科学技术部的工业经济局(BIE),曾于 1995 年对该国的科技体制和

---

[1] 梁立明. 科学计量学与信息计量学:从世界看中国——第 7 届 ISSI 大会后的思考 [J]. 科研管理,2000,21(3):95-101.
[2] 李运景. 可视化引文分析在科技史中的应用研究——以杂交水稻育种研究为例 [D]. 南京:南京农业大学博士学位论文,2007:16-18.
[3] 马楠,官建成. 利用引文分析方法识别研究前沿的进展与展望 [J]. 中国科技论坛,2006,(4):110-113,128.

科学研究水平进行了评价[①]。对其科研活动的绩效评价主要根据 1981~1994 年 SCI 数据库中的指标,通过对科学论文与引文进行国际比较以及对合作论文的考察,分析该国在若干学科领域中的优势与劣势,以及国际合作状况(包括与不同地域、在不同研究领域的合作),进而对国家基础研究的整体水平进行评估。此外,这项工作还研究了澳大利亚在一些主要学科领域基础研究的实力在时间序列上的变化趋势,并分析造成这一变化的可能原因[②]。另外,英国作为开展定量科学评价最早的国家之一,在 20 世纪 80 年代,英国苏赛克斯大学科学政策所就开展了一系列评价研究,他们以 SCI 为基础建立了自己的应用于科学评价的数据库[③]。比利时林堡大学也曾用 SCI 数据评估科学系科,用 SSCI 评估社会科学系科,将结果与世界平均水平进行分析比较,交由科研人员讨论,将科学计量学的分析结果与科研人员自身对其所在学院和研究组的印象进行相互验证[④]。韩国也在 1999 年制订"21 世纪脑业韩国计划"。这项计划为期 7 年,拟花费 11.7 亿美元。韩国的目标是,从 1999 年至 2005 年,理科博士培养人数要从 2500 人增加到 4500 人;SCI 论文数从 1 万篇增加到 2 万篇,位次从世界第 17 位提升到第 10 位。为了提升自己在世界科学界的影响,中国台湾在 20 世纪 80 年代中期制定实施一些针对研究人员个人的奖励措施,分为乙等优良奖、甲等优良奖、优秀奖三类,SCI 论文数是评奖的重要指标。中国香港对高校教师的评价方法借鉴了英国的做法,即要求每位教师自己提交最能反映自己学术水准的 5 篇论文(必须是 SCI 论文),由 8 个委员会来评议这些论文,最后要看每所高校有多大比例的教师达标,中国香港所有 8 所大学的平均达标率是 47%。从 20 世纪 80 年代起,我国开始注意并重视研究论文被 SCI 收录杂志的情况。同时,EI、ISTP、SSCI 等一批索引数据库已经在众多学科领域被广泛接受,并且在各领域的科学评价中起到举足轻重的地位。在 SCI、SSCI 的推动下,我国也建立了各种引文数据库,在一定程度上提供了科学评价所必需的大量数据。当前,引文分析广泛应用于我国的科研项目的结题验收、科技奖评选、职称晋升、国家自然科学基金申请、申报院士等涉及科研成果评价的活动中。

---

① 袁培国,吴向东,马晓军. 论引文索引数据用作评价工具的科学性和局限性 [J]. 学术界,2009,(3):47-56.

② 李运景,任银玲,何琳,杜慧平. 利用引文时序可视化挖掘专业学科发展规律 [J]. 情报学报,2010,29 (5):880-888.

③ Garfield E, Sher I H, Torpie K J, et al. The use of citation data in writing the history of science [R]. Philadelphia: The Institute for Scientific Information, Report of research for Air Force Office of Scientific Research under contract, 1964, F49 (638): 1256.

④ Garfield E, Pudovkin A I, Istomin V I. Mapping the output of topical searches in the Web of Knowledge and the case of Watson-Crick [J]. Information Technology and Library, 2003, 22 (4): 183-187.

2. 人才评价

在人才评价方面，引文分析方法也被广泛采用。这是因为某著者的论文被别人引证的程度可以是衡量该论文的学术价值和影响的一种测度。同时，也从科研成果被利用的角度反映了该著者在本学科领域内的影响和地位。因此，引文数据为人才评价提供了定量依据。应用引文分析方法评价科研人员及其成果，一般可采用论文总数、总被引次数、平均被引次数、高被引论文数、h 指数等指标[1]。利用 SCI 这样的大型数据库所提供的范围广泛、学科齐全的数据评选杰出科学家、预测获奖者、优秀人才选拔或推荐等，是引文分析方法在人才评价方面的重要应用[2]。加菲尔德就曾经利用 SCI 的引文数据库，评选出了世界范围的杰出科学家，并成功预测了诺贝尔获奖者人选[3]。在美国的一些大学里，也常将引文统计作为提职晋级的依据。

3. 期刊评价与核心期刊的确定

学术期刊是学术信息的重要载体，其评价问题历来受到学术界、出版界、图书馆界的普遍关注。核心期刊的概念源于图书文献领域，用于馆藏遴选期刊，指导读者阅读。某一领域的核心期刊是指刊载该领域学术论文较多、论文被引用较多、受读者重视、利用率比较高、能反映该领域当前研究状态、最为活跃的那些期刊[4]。通过核心期刊遴选结果，学术界可以了解学科、专业的历史和发展，研究前沿和热点论题、论著，新的学科专业的生长点及其发展情况；科研管理部门可以了解到作者、单位、机构、地区、国家的学术生产力（发表论文情况），课题研究进展和成果情况；期刊管理部门可以了解学术著作、学术刊物的学术影响和作用，以及各学术交流媒体的作用及变化等。

使用引文分析法来确定核心期刊，是从文献被利用的角度来评价和选择期刊的，比较客观，因为期刊的被引用要受到许多因素的影响[5]。将引文分析作为

---

[1] Garfield E, Pudovkin A I, Istomin V S. Why do we need algorithmic historiography [J]. Journal of the American Society for Information Science and Technology, 2003, 54 (5): 400 - 412.

[2] Garfield E. Historiographic mapping of knowledge domains literature [J]. Journal of Information Science, 2004, 30 (2): 119 - 145.

[3] Garfield E. From the science of science to scientometrics: visualizing the history of science with HistCite software [C]. Proceedings of ISSI, 2007, (1): 21 - 26.

[4] 邱均平，李爱群. 我国期刊评价的理论、实践与发展趋势 [J]. 数字图书馆论坛, 2007, (3): 1 - 12.

[5] 李昌佳，陈卫萍. 引文分析：一种重要的期刊评价方法 [J]. 出版发行研究, 2000, (3): 63 - 65.

期刊价值的客观测量指标是格鲁斯在 1927 年首先提出的。1977 年，ISI 对所有科学技术领域期刊的引用模式做了系统研究。加菲尔德使用引文分析法研究了文献的聚类规律，他将期刊按照被引用率的次序排列，发现每门学科的文献都包含有其他学科的核心文献。这样，所有学科的核心文献加在一起就可构成一个科学整体的、多学科的核心文献，而刊载这些核心文献的期刊只有 1000 种左右。

目前，国际上最常用的期刊评价指标是影响因子，这是一种期刊中论文的平均被引率，某年度、某期刊的影响因子等于该年引用该刊前两年论文的总次数与前两年该刊所发表的论文总数之商。某一期刊的影响因子越大，相对来说其影响力也就越大；也可以认为，在某种意义上，期刊的影响因子越大，其质量和水平也就越高。然而，影响因子的计算依赖于引文数据库，对于不同的数据库，某一期刊将有不同的影响因子。另外，影响因子大小与期刊所属学科、论文涉及的研究内容、期刊历史长短、研究热点、出版延时等因素有关[1]。总之，由于统计源的学科结构差别，以及各个学科自身发展的特点和特有引文行为的不同，如科学家研究行为的社会性、学科间交叉渗透的程度、学科发展所处的阶段等，引用率在各个学科之间具有较大的差异性，产生了不同学科论文之间影响因子的不可比性。即使在一种影响因子高的期刊上发表的文章，其被引用次数事实上并不一定比一个影响因子较低的期刊的论文平均引用频率高。因此，影响因子在实践中作为期刊评价的测度指标是可行的，但如果用来评价科学家个人的成果就不甚合理。

7.5.4 在信息资源管理中的应用

1. 研究文献老化和情报利用规律

目前，文献老化的研究一般都是从文献被利用的角度出发的。利用科学文献的"引文链"和"引文网络"研究情报流的方向、过程、特点和规律，从而分析科学发展的历史和规律。普赖斯曾利用引文分析探讨文献的老化规律。通过对"当年被引指数"和"期刊平均引用率"分析，他认为期刊论文由半衰期决然不同的两大类文献构成，即档案性文献和有现时作用的文献。科学文献之间引文关系的一种基本形式是引文的时间序列[2]。对引文的年代分布曲线进行分

---

[1] 夏旭，张春晖. 高校图书馆工作近期载文、引文分析及影响因子研究 [J]. 高校图书馆工作，2001，21 (84)：14-28.

[2] 宋丽萍. 关于网络引文分析研究的几个问题 [J]. 图书情报知识，2004，(6)：13-16.

析，可以测定各学科期刊的"半衰期"和"最大引文年限"，从而为制定文献的最佳收藏年限等管理方案、对文献利用进行定量分析提供依据。研究表明，一个学科的引文年代分布曲线与其老化曲线极为相似。这有力地说明文献引用分布反映了文献老化的规律性。因此，从文献引用的角度来研究文献老化和情报利用规律是一种有效的途径和方法。

2. 研究情报用户的需求特点，为情报用户服务

情报用户的情报行为与习惯宏观上相同，但微观上各有差异。研究他们的情报要求和习惯，可以对其实行更为可靠的情报保障。引文分析法是进行情报用户研究的一种重要途径。根据科学文献的引文研究情报用户情报需求的特点，附在论文末尾的参考文献是用户（作者）所需要和利用的最具代表性的文献[1]。因此，引文的特点可以基本上反映出用户利用正式渠道获得情报的主要特点。尤其是某特定的情报中心对其所服务的用户所发表的论文的引文分析，更具有直接的指导意义[2]。通过对同一专业的用户所发表的论文的大量引文的统计，可以获得与情报需求有关的许多指标，如引文的数量、引文的类型、引文的语种分布、引文的时间分布、引文出处等。这些指标在一定程度上能说明用户情报需求的主要特点，从而能够使得情报服务部门比较清楚地了解和掌握科学家们的情报行为与习惯，更好地疏通、管理和拓展情报供需的渠道，为情报用户创建更加方便、高效、舒适的情报利用环境。

3. 应用于馆藏资源建设，引导文献利用

引文分析可以帮助图书馆发展核心馆藏，将期刊被引用的排名作为图书馆订购或删除期刊的参考。

（1）引用文献类型分布与馆藏文献评价。科技信息一般来源于期刊、图书、会议资料等。研究引用文献类型的分布，可帮助我们确定各类型文献的情报价值。据不完全统计，期刊论文被引用的数量最大。文献情报部门要研究探讨文献搜集的整体性、系统性，要注意各类型文献搜集的比例，充分开发利用各类型文献资源，发挥文献情报的整体优势。

（2）引文时间分布与馆藏文献评价。对参考文献的年代进行研究分析，可以帮助用户了解学科的发展动态、文献利用的最佳期。文献情报部门据此可以

---

[1] 胡德华，孙振球，方平，等．网络参考文献的可接受性、选择性和可获取性研究［J］．情报学报，2006，25（2）：179-183.

[2] 杨思洛．国外网络引文研究的现状及展望［J］．中国图书馆学报，2010，（7）：72-82.

掌握文献的半衰期，研究探讨馆藏文献的最佳年龄结构，从而保持文献的最佳动态馆藏。而且，掌握引文的时间分布有助于了解和利用期刊的时间效应，为情报人员和科技人员提供宝贵的情报动态，也便于对图书情报进行科学的管理和优化馆藏资源。

（3）引文语种分布与馆藏文献评价。对引文语种的分析，可了解文献作者除利用本国语言外，对外文文献的控制和吸收能力。大量引用国外文献是目前科技人员进行研究的特点之一。积极引用外文文献，说明文献作者吸收国外先进科技研究成果和国外文献情报的能力比较强。统计和分析科研论文所引文献的语种分布，可以帮助我们了解科研人员的外语水平，从而确定最佳语种比例的藏书体系。

第八章

科学计量学中的内容分析法

8.1 内容分析法概述

8.1.1 内容分析法的发展历程

内容分析法是一种以研究人类传播的信息内容为主的社会科学研究方法[①],诞生于美国,最早起源于新闻传播领域,其发展历程与大众传媒及其研究的发展密不可分。

尽管内容分析法作为专门的科研方法的历史还不长,但是对传播内容的研究却古已有之,可以说是源远流长。例如,中国古代统治者采用了很多了解社情民意的方法,如古代君臣的"微服私访"、设置"谏鼓谤木"、重视"乡议"、奖励"进谏"、派人巡视采风等。

而在国外,对媒体传播的信息内容进行定量分析则可追溯到17世纪后期,当时教会十分关心非宗教思想在报纸上的传播,于是由神学家进行了相关的研究。18世纪中叶,瑞典宗教界与学术界也曾以词语类目的定量分析方法对当时引起争议的宗教赞美诗集《锡安哥集》进行剖析。这是历史上记载最早的内容分析个案。20世纪初,有人采用一些半定量的统计方法对文献的内容进行分析和解释。这些研究主要是通过统计报纸上某类新闻报道篇数,计算考察报道的重点与社会舆论状况,以及对艺术、音乐、文学和哲学等方面文献的主题内容进行分析,以期发现社会和文化变化的历史趋势。

随着大众传媒的不断发展,内容分析法已成为传播学研究的主流方法之一,列入几乎所有的传播学教科书中。从20世纪90年代起,几乎所有的媒介内容都成为内容分析对象。内容分析法逐渐扩大到各类语言传播(verbal communication)中,如报纸、广播、电影、电视、杂志、信件、演讲、传单、日记、谈话等的分析,以及各类非语言传播(non-verbel communication),如音乐、手势、姿态、地图、艺术作品等的分析。在这期间,内容分析法在传播领域主要应用于描述传播内容、检验讯源与由其产生的讯息特征之间的关联性、将媒介内容与"现实世界"相比较、评价特殊社会群体的形象、建立媒体效果研究的起点等领域[②]。

可以说,内容分析法作为一种科学调查方式已经存在了几个世纪,长久以

---

① 邱均平,王曰芬. 文献计量内容分析法[M]. 北京:北京图书馆出版社,2008.
② 王曰芬. 文献计量法与内容分析法的综合研究[D]. 南京:南京理工大学博士学位论文,2007.

来，不断有人尝试运用定量分析方法考察传播信息的内容。但是在古人所进行的大量内容分析实践活动中，理论的研究都是点滴的、零散的，远远没能形成系统的专著。直到第二次世界大战以前，这种方式的研究也仅处于零散的实验阶段。直到进入20世纪以后，内容分析法的研究才取得了飞跃式的进步。其发展和推广主要是由19世纪的大众传播媒介和20世纪的电子传播媒介激发和推动的。

内容分析法作为一种正式研究方法诞生于第二次世界大战期间，至今已经历了以下几个发展阶段：

(1) 实践探索期：第二次世界大战期间，盟军为了获取有关德国社会、经济、政治等方面的动态情报，曾动用了庞大的间谍网，但严密的消息封锁和帝国的反间谍活动使得这一工作很难开展。在著名传播学家保罗·拉扎斯菲尔德和哈罗德·拉斯韦尔的倡导下，美国情报部门决定从公开的文献情报中发掘所要的信息。他们选择了德国公开发行的报纸为目标，通过对其内容的分析和研究，出乎意料地摸清了德国社会的基本情况，很快，这一新的方法又运用于太平洋战区，在对日情报战中立下了汗马功劳。

(2) 理论研究期：第二次世界大战后，美国政府组织传播学、政治学、图书馆学、社会学等领域的专家学者与军事情报机构一道对内容分析法进行多学科的研究。到1955年，有关这一方法的内容与步骤，如分析单元、定性与定量的比较、频度的测定与用法、相关性和强度的衡量及信息量的测度等问题都得到了不同程度的研究，并提出了初步的模式和理论。

(3) 基本成形期：20世纪60年代初，内容分析法开始在美国情报部门推广，特别是用于对社会主义国家的情报分析中，美国在香港就派驻了近300名中国观察员收集我国的各种报刊，进行内容分析。此后不久，内容分析法进入美国大学的传播学、政治学和社会学课堂。60年代末，西方图书馆学情报学将内容分析法引入自己的方法论体系。70年代，这一方法在北美、西欧的社会科学各学科中开始应用，而且在社会学和比较政治学中成效显著。1971年，哈佛大学的卡尔·多伊奇等将"内容分析法"列为1900～1965年62项"社会科学的重大进展"之一。

(4) 发展完善期：20世纪80年代以来，内容分析法不断吸收当代科学发展的养料，用系统论、信息论、符号学、语义学、统计学等新兴学科的成果充实自己，在社会发展和国际政治等领域中业绩显赫。美国未来学家约翰·奈斯比特依据这一方法创办了著名的《趋势报告》季刊，并推出了被誉为"能够准确地把握时代发展脉搏"的论著——《大趋势》，成功地预见了网络和全球经济一体化等概念，全球畅销1400万册，从而使这一方法受到世人瞩目。

8.1.2 内容分析法的概念

内容分析法（content analysis）也称为资讯分析（informational analysis）或文

献分析（documentary analysis），是一种具有半定量化色彩的研究方法。更具体地说，内容分析法是针对文章或媒体的特殊属性，如思想、主题、片语、人物角色或词语等，做系统化和客观化的分析，以探寻文件内容背后的真正意图[①]。

内容分析法是一种常用的社会科学研究方法，目前主要在新闻传播学、教育科学、社会学、人类学等学科领域有着较为广泛的应用。新闻传播中的五个"W"，即 who（谁），say what（说了什么），in which channel（通过什么渠道），to whom（对谁），with what effect（取得什么效果）。

从这五个方面出发，分别就形成了控制研究、内容分析、受众研究、媒介研究、效果研究。内容分析法最初是在新闻传播领域得到广泛应用和充分发展，但后来被广泛移植应用到其他学科领域，难以划定它到底属于哪一个学科的专有方法。

在内容分析法的形成发展过程中，众多研究者从各自不同的角度进入内容分析研究领域，做出了杰出的贡献。20世纪50年代以来，产生了许多关于内容分析法的定义。

1952年，美国传播学家伯纳德·贝雷尔森（Bernard Berelson）首先给出了内容分析法的定义："一种对具有明确特性的传播内容进行的客观、系统和定量的描述的研究技术。"

霍尔斯蒂（Holsti）在对包括书面和口头的所有交流方式进行深入研究后，对内容分析法做出一个广泛的定义："内容分析法是系统的、客观的指出讯息的特征。"同时为内容分析法确定了三个主要目标：描述传播特征、推导传播者意图以及推断传播效果。

另一位内容分析研究者克里本道夫（Krippendorf）将内容分析法定义为：系统、客观和定量地研究传播讯息并对讯息及其环境之间的关系做出推断的方法。

此外，华里泽（Waliger）和韦尼（Wienir）把内容分析法定义为用来检查资料内容的系统程序。柯林杰（Kerliger）的定义也很具有代表性：内容分析是以测量变量为目的的，对传播进行系统、客观和定量分析研究的一种方法。

本书采用被学界广泛引用的贝雷尔森的经典定义，因为它简明扼要地揭示了内容分析的研究对象、研究方法及其特征。

正确理解内容分析法应把握以下几个方面：

（1）内容分析法的研究对象是"具有明确特性的传播内容"。"明确"（manifest）意味所要计量的传播内容必须是明白、显而易见的，而不能是隐晦的、含糊不清或没有明确表达出来的意思[②]。如果对传播内容的理解在研究者之

---

① 邱均平，邹菲. 关于内容分析法的研究［J］. 中国图书馆学报，2004，（2）：102-109.
② 王曰芬，吴小雷，邱均平. 基于 Ontology 的内容分析法的理论基础研究［J］. 情报科学，2006，(5)：67-71.

间、研究者与受众之间很难达成共识，则不宜作为内容分析法的研究对象，因为对这类内容进行计量非常困难。

（2）内容分析法的特征是"客观"（objective）、"系统"（systematic）和"定量"（quantitative），大多数定义都表达出这三项特征。

（3）结果表述的特征是"描述性的"（descriptive）。内容分析法的结果常常表现为大量的数据表格、数字及其分析。这是"客观""系统"和"定量"研究的必然结果。例如，与"大多数电视节目里有暴力行为"的主观认定不同，内容分析的标准的结果表述是"在某年的某个电视节目的某个时间段，60%的节目里至少展示了一个暴力行为"，即是一种客观、系统和定量的描述。

近年来，有研究者对贝雷尔森的定义提出异议，认为其"定义过窄""有局限性"。其实，定义的好坏关键在于如何对定义解释。如果我们认为"客观""定量""显而易见"等具有相对的意义，那么，"定义过窄"的问题就不那么严重了。这就是说，任何一项研究，不可能绝对的是"纯客观""纯系统"和"纯定量"的，或其被分析的内容是"显而易见"的。一项研究必然包含着许多复杂的成分，在研究的不同阶段，"客观"是相对重要的。如前期评价标准制定和论证阶段、后期的数据解释阶段等，研究者的主观认识必然在起着重要作用；在传播内容范围内，"系统"也是相对的。一项研究不可能涵盖所有媒介所有时段的所有问题，它只是样本范围内的"系统"，在一个样本范围内，才需要采用同一的标准。对制定评价标准和数据解释来说，不可能缺少在一定理论指导下的分析。只有定量数据而没有理论解释，不能很好地揭示出传播内容与社会现实的联系。"客观""系统"和"定量"仅仅标示了内容分析法的外部特征，其本质是对传播内容的准确描述，以发现所分析的内容对社会现实的意义。因此，一项研究是否准确、系统地描述了传播内容，以及被描述的传播内容对社会现实是否有意义，是构成内容分析的最基本要素，而不取决于这项研究的定量化程度。在这个意义上，贝雷尔森的定义基本上是适用的。

8.1.3 内容分析法的特征

内容分析法作为一种全新的研究方法，在很多方面都不同于传统方法，例如，在方法属性上，它虽然被列为社会科学研究方法，却明显受到自然科学研究方法的渗透影响；在方法特点上，它既有独特的个性，又显示出交叉性、边缘性、多样性……根据众学者对内容分析法的定义，可以归纳出内容分析法具有以下三个关键特性。

1. 系统性

系统性是指内容或类目的取舍应依据一致的标准，以避免只有支持研究者假设前提的资料才被纳入研究对象的情况。因此，在研究过程中应注意：第一，被分析的内容必须按照明确无误、前后一致的规则来选择。选择样本必须按照一定的程序，每个项目接受分析的机会必须相同。第二，评价过程也必须是系统的，所有的研究内容应以完全相同的方法被处理。编码和分析过程必须一致。各个编码员接触研究材料的时长应相同。总之，系统评价意味着研究自始至终使用的评价规则应当只有一套，在研究中交替使用不同规则会导致结论混淆不清。

2. 客观性

客观性是指分析必须基于明确制定的规则执行，从而确保不同的人可以从相同的文献中得出同样的结果。这包括两层含义：第一，研究者的个人性格和偏见不能影响结论。如果换一个研究者，得出的结论也应该是相同的。第二，对变量分类的操作性定义和规则应该十分明确且全面，重复这个过程的研究者也能得到同样的结论。这就需要建立一套明确的标准和程序，充分解释抽样和分类方法，否则，研究者就不能达到客观的要求，结论也会令人置疑。

应该强调的是，在内容分析的前期阶段，研究者选择分析题目、制定评价标准、定义分析类别和单元等过程基本上仍是主观的。内容分析法需要研究者首先将文字的（或图画的）非定量的内容转化为定量的数据，这一转化过程是根据理论引导观点来进行的。一旦评价标准、分析类别和单位被确定，转化过程完成，其后续的研究过程就被认为是客观的了。这时，研究者的个人意志不再能左右分析的数量结果，研究者必须按照确定的评价标准、分析类别和单位进行计量，计量出什么结果，就只能表述什么结果。任何研究者，都应该得出同样的结论。由此，内容分析法的客观性被确立。

3. 定量性

定量性是指研究中运用统计学方法对类目和分析单元出现的频数进行计量，用数字或图表的方式表述内容分析的结果。首先，内容分析的目的是对讯息实体做精确的描述，量化描述直接明确。其次，数据能使研究者用最简洁的方式报告研究结果，简明扼要。最后，统计数字更有助于结论的解释和分析。定量性是内容分析法最为显著的特征，是达到"精确"和"客观"的一种必要手段。它通过频数、百分比、卡方分析、相关分析以及 T-TEST 等统计技术揭示传播内容的特征。"定量"并不排斥解释，当研究者得出一组说明传播内容特征的数据后，需要对这组数据进行解释，即说明数据的意义。

系统性、客观性和定量性相互关联，共同构成内容分析法的主要特征。但应该指出的是，内容分析法的客观、系统和定量的特征都是相对的。譬如，研究者在选题、定义分析单元、制定分析框架等过程基本上是主观的，而且内容分析是基于定性研究的量化分析方法，这表明定量并不排斥定性分析。

8.2 内容分析法的主要流程

来自不同学科的研究者带着各自的知识背景和实用目的开展了多种多样的关于内容分析法的研究。随着计算机技术的应用，各种研究方法开始逐渐融合、相互补充，在遵循内容分析法基本原理的基础上，研究程序基本一致。

综合看来，要实现内容分析法的目标，必须在掌握大量事实资料的基础上，仔细研读，分门别类，推理比较，由表及里，由特殊到一般，从而归纳总结出一定的规律或预测未来发展趋势，最后还要对分析结果的有效性和可信度进行验证。

一般而言，内容分析可分为几个独立的阶段进行，以下加以一一介绍。

8.2.1 研究目标的确定

1. 提出研究问题或假设

由于具体问题要具体分析，所以构建一个研究大纲对于指导方法的实施是十分重要的。在研究大纲中需要确定研究目的、划定研究范围并提出假设，主要注意以下两点：

（1）将研究目标加以清楚明白地陈述。内容分析要避免为研究而研究的缺点，不能因资料现成、便于列表显示等缘由就进行所谓的研究。为此，确定研究的最终目标并加以清晰地表述是十分必要的。这将有助于使资料收集围绕确定主题而进行，尽量减少收集那些对研究无助的资料。

（2）研究工作要以研究主题为指导。研究主题可由现存理论、以前的研究或实际的问题中提炼出来，或是从对社会变化的反应中提出研究主题。设计得较好的研究主题或假设，能提高内容分析类目的的准确性和灵敏性，也有助于产生更具有价值的资料。

2. 确定研究范围

确定研究范围就是要详细说明所分析内容的界限，对研究对象下明确的操作性定义。操作性定义必须包括两个方面：指定主题领域、确定时间段。指定主题领域应与研究的问题保持逻辑上的一致，并与研究的目的相连贯。确定时间段应该足够长，以保证研究现象有充分的发生机会。

指定主题领域和确定时间段后，研究者要对研究中的有关参数进行清楚的叙述。例如，这是关于 1998 年 9 月 1 日至 1998 年 10 月 1 日全国省级电视台黄金时段电视广告播出情况的研究。

8.2.2 分析单元

1. 选择分析单元

分析单元是指实际计算的对象，是内容分析中最重要、同时也是最小的元素。在文字内容中，分析单元可以是独立的字、词、符号、主题（对某个客观事物独立的观点）、整篇文章或新闻报道。在电视或电影分析中，分析单元可能是一个动作或整个节目。

分析单元的选定主要取决于为了实现研究目标需要哪些信息。如果研究目的是考察报纸上国外新闻占据多大篇幅，那么用单词作为分析单元来计算每个被提到的国外的词数就不太明智了，计算文章数量则可以了解到充分的信息而且也更容易实现。相反，如果我们关心的是布什和克林顿在任期间谁更受欢迎，这就可能要用单词进行计量。因此，分析单元的选择必须与研究目的联系起来。

分析单元的操作性定义应该明确具体，其标准应该便于操作。例如，在对音乐录影带中的种族和性别问题的研究中，可以用每一段影片的主要表演者和影片的主旋律为分析单元。

2. 分析数据资料

内容分析中常使用描述性统计方法，如百分比、平均值、众数和中位数；也使用推理的统计方法，如方差分析、卡方分析、相关和回归分析。如果分析的是等距尺度和等比尺度类型的数据，则需用 t 检验、ANOVA 或皮尔逊 r 检验。此外，有些研究者还应用其他一些统计分析方法，如判别分析、聚类分析和结构分析。

这一阶段的工作包括三个部分：①描述统计结果，一般采用图表描述，以平均值和百分比表达；②推断统计分析，即根据样本所得数据推断出总体的状况，对总体做出准确的评估；③相关分析和因果分析，即根据所得数据探讨两个现象之间是否有某种必然的联系。

8.2.3 维度体系

1. 建立分析类目

内容分析法的核心问题在于建立媒体内容的类目体系。这种体系的构成随着研究主题的不同而变化。就像贝雷尔森所指出的:"特定的研究必须建立起明确的类目并使之适用于问题和内容。"因此,在构建类目体系时,要注意以下三个问题:

(1) 设立的类目必须与研究目标紧密相关。这可以通过检查类目信息是否回答了研究问题或检验了研究假设的正确性来判断。例如,如果研究的是国内报纸上国外新闻的篇幅,可以考察国外新闻报道在报纸上的版面位置,因此可以设置"头版"和"副刊"等类目,这些可以反映报道的重要性,但如果设置"奇数版""偶数版"类目就没多大意义了。多数情况下,要知道某个特定类目是否与研究目的相关,只要仔细考虑一下研究假设就可以判断了。例如,如果假设问题是国内报纸上国外新闻的报道量少于国内新闻,那么就不需要考虑报道的主题是关于政治的还是经济的,但如果假设问题是国外报道的篇幅中是否政治新闻多于灾难报道,那么报道主题就至关重要了。

(2) 设立的类目应具有相应的功能,即内容分析研究应能说明信息传播过程中的一些问题。这里,我们假设可以通过内容分析法来推测记者、摄影师、编辑等媒体工作者的主观态度。例如,在对美国总统竞选的报道中,如果候选人甲的每幅照片表情都很丑恶,而候选人乙的每幅照片上都面带笑容,那么我们要考虑这反映的是摄影师的意图还是编辑的选择。但是如果研究的是民众对总统候选人的态度,那么更应关注竞选活动本身而不是媒体工作者在报道中的描述。因此,在设置类目时应充分考虑其功能性。

(3) 类目体系应方便管理,主要是指类目数量应有一定的限制。在建立类目的过程中,可能涉及应分多少个类目的问题,这时应防止两个极端的做法:类目过少和类目过多。因为类目太少,基本的差异容易被忽略;类目太多,每一个类目中仅有少量的内容,从而大大限制了研究的推理性。一般的原则是,类目多比类目少要好,因为把几个小类目合并成一个大类目要比把一个大类目再分开容易许多。但是一定要保持类目设立与研究目标的一致性。

一个有效的类目体系中,所有的类目都应具有互斥性、完备性和信度。

(1) 互斥性。如果一个分析单位可以且只可放在一个类目中,那么这个类目系统就具有互斥性。否则,类目的定义就需要进行修改。

(2) 完备性。内容分析类目还必须具有完备性。类目中必须有适合于每一个分析单位的位置，如果发现一个或几个不正常的例子，可以用"其他"或"混合"的类目来解决问题。但有10%或更多的内容属于"其他"或"混合"类目时，就需要重新检查当初的类目。还有一种确保完备性的方法，就是把内容分成两部分或三部分，例如，解决问题的态度可以分为积极性和消极性；陈述可以分为正面的、中性的和负面的三种类目。

（3）信度。类目系统应具有可信度。也就是说，不同的编码者对分析单元所属类目的意见应有一致性。这种一致性在内容分析中以数量表示，称为"编码者间信度"。信度在内容分析中是关键性因素，这在下文会有讨论。

2. 建立量化系统

内容分析中的量化方法一般用于类目、等距和等比三种尺度。

（1）在类目尺度中，研究者只需简单地分析单元在每个类目中出现的频率。例如，报纸社论的标题、电视节目播出的情况等问题，都可以通过类目测量的方法来完成。

（2）等距尺度可以构造量表供研究者探讨人物和现象的特性。这种量表能增进内容分析的深度和结构优化，比类目测量获得的表面资料更有意义。

（3）等比尺度适应于一些空间和时间的问题。例如，在印刷媒介研究中，通过计算栏数来分析涉及一些特定事件或现象的社论、广告和新闻报道的特征；在广播电视研究中，等比尺度通常测量与时间有关的问题，如广告时间、播出的节目类型及一天中各类节目的总量等。

3. 进行内容编码

将分析单元置于内容类目称作编码。这是内容分析中最费时，同时也是最有意义的部分。进行内容编码时应做好如下几点：

（1）训练编码员，改进编码计划。实施编码的人称为编码员。在研究中，研究者需安排一定的时间训练编码员，这一方面有助于编码员准确了解类目的界限，另一方面可以改进不合理的编码计划，直至编码计划合理，编码员能熟练掌握类目界限和编码程序。

（2）进行实验性研究，检查编码员间的信度。实验性研究应在新进的编码员间进行，以确保他们准确掌握编码的技巧和方法，从而提高编码员间的信度。

（3）使用标准化表格，简化编码工作。为了简化编码工作，一般需要使用标准化表格。编码员在进行编码工作中，可以将资料记录在标准化表格的空格中，既可简化编码工作，又便于以后统计。此外，利用电脑进行编码和统计工作，也是一种非常理想的方法。

8.2.4 抽样和量化分析

1. 抽样

在不可能研究整个文献信息的总体时,就需要采用抽样方法。样本选择的标准是符合研究目的、信息含量大、具有连续性、内容体例基本一致。简言之,就是应能从选择的样本的性质中推断与总体性质有关的结论,这个过程主要包括以下三个阶段:

第一阶段,一般是对内容的原始资料进行抽样。如果分析样本的任务太重,也可以进行随机抽样,或分层抽样。例如,要研究电视广告中对女性形象的表现,研究者可以仅选择一定数量的收视率较高的电视台,也可以从全国所有电视台中随机抽取一定数量的电视台,还可以把样本按收视率分层,并从高、中、低各层中进行抽样。

第二阶段,选择分析样本的迄止时间。当原始研究材料确定后,就可以选择分析样本的迄止时间。确定迄止时间应根据研究的最终目的来确定。如果研究的最终目的是想获得关于9·11事件的新闻报道的特点,那么,抽样的时间阶段应是这次事件新闻报道所持续的时间。但是,要分析在迄止时间范围内的所有内容,仍是一项工作量很大的工作。因此,在这段时间内进行抽样以取得分析样本就显得尤为必要。一种简单的随机抽样方式是:从一个任意的时间点以后,每隔 n 次选择一个样本,但 n 不能呈现出周期性,否则就不具有代表性。例如,如果抽取的目标是50期报纸,用7作为间隔数,那么样本就有可能全是周末报纸。由于周末报纸有一定的特性,这种抽样就不具有代表性。

时间抽样的另一种方法是把月按周分段,把周按天分段。从一周中抽取不超过两天的样本,可代表整月的总体分布。

还有一种方法是从每个月的日期中抽样,组成一种"混合周"。例如,从一个月的所有星期一中随机抽取一个星期一,再从星期二中随机抽取一个星期二,依次类推,直至一周的所有天数都抽齐。

一般来说。样本数在合理的情况下,越大越好。如果选择样本数太少,研究结果就可能不具有代表性。如果随机选择的样本数较大,尽管一般很少出现不具有代表性的结果,但也会造成任务太重。那么,究竟选择多少样本数为宜?一般而言,它依研究的目的和研究对象而定,没有一个统一的标准。例如,研究对象发生的频率越低,则选取的样本数就应越多;反之,选取的样本数就可相对较少。

第三阶段,选择内容。当确定了原始资料和日期以后,便进入抽样的下一个阶段。研究者限定在已抽取的样本中选择分析的内容。例如，一项关于1997~1999年全国省级党报广告类型变化的研究，在确定了原始资料和日期以后，用如下方法选择内容：每隔一个广告统计一次，不考虑广告的大小。

2. 进行量化分析

内容分析法中常使用描述性统计方法，如百分比、平均值、众数和中位数；也使用推理的统计方法，如方差分析、卡方分析、相关和回归分析。如果分析的是等距尺度和等比尺度类型的数据，则需用 t 检验、ANOVA 或皮尔逊 r 检验。此外，有些研究者还应用其他一些统计分析方法，如判别分析、聚类分析和结构分析。

这一阶段的工作包括三个部分：①描述统计结果，一般采用图表描述，以平均值和百分比表达；②推断统计分析，即根据样本所得数据推断出总体的状况，并对总体做出准确的评估；③相关分析和因果分析，即根据所得数据探讨两个现象之间是否有某种必然的联系。

8.2.5 评判与分析推论

1. 解释结论

如果研究者要检验变量之间关系的假设，其解释将很明确。但是，如果研究是描述性的，就需要对研究结果的含义及重要性进行解释。

2. 信度和效度检验

在内容分析的实施中，由于研究者的主观偏见影响着从方案确定、数据收集到结果基本解释的所有流程或技术的运用，所以需要通过信度和效度的检验，鉴别内容分析机制、编码计划和分类类目，以保证分析的流程和结果。作为一种通过所掌握的信息资料推断社会、历史、文化等方面实际情况的研究工具，内容分析法的信度和效度问题十分关键。为保证研究结果的客观性和真实性，对信度和效度进行分析验证是必不可少的。信度是对文献编码一致性、分类准确性和方法稳定性的检验；效度是指结论与事实的相符程度，以及理论研究结果的适用性，包括概念效度，即类目的定义是否准确反映实际情况；实验效度，即是否有更多的外部依据来证实内容分析的结论；以及现象效度，即研究人员是否真正理解了研究内容所表达的意思及方式。

信度直接影响内容分析的结果，内容分析必须经过信度检验分析，才能使内容分析的结果可靠，可信度得到提高。内容分析的信度分析是指两个以上参与内容分析的研究者对相同类目判断的一致性。一致性愈高，内容分析的可信度也愈高；一致性愈低，则内容分析的可信度愈低。信度的统计检验是信度分析研究的主要方法，一般的统计检验方法是检测评价者之间对同一类目等判断的系数，如计算出同意的类目数量与决定编码类目数量相比的系数；编码员之间的信度可以根据 Holsti 公式和 Scott 的 Pi 指数或 Craig 指数来测量；Spearman Rank Order Correlation 也被作为一个公认的检测标准，它主要被用于评估评价者培训期间的准确性，基本思想是排列编码者的行为习惯，将不同的排列作为计算的标准来评估整体的一致性；肯德尔（Kendall）的 T 统计方法被作为一个联合方法用于当被出现不协调情况时评价原来被计算的变量，也就是用于检测相似评价者与不相似评价者对类目判断概率的差异，可用在大量多样化评价者之间的一致性评定，而且可借助于 SPSS 进行实际操作。

关于信度的计算，Holsti 的一致性百分比公式为

$$K = \frac{2M}{N_1 + N_2}$$

其中，M 为两者都完全同意的栏目，N_1 为第一评判员所分析的栏目数，N_2 为第二评判员所分析的栏目数。这种方法简单易行，但没有考虑到编码员之间意见一致的随机概率。

Scott 的 π 指数计算公式为

$$\pi = \frac{实际一致性\% - 预期一致性\%}{1 - 预期一致性\%}$$

内容分析研究的效度分析没有类似信度的评估公式，在实际操作中主要针对内部效度和外部效度两个方面进行，内容效度是指分类计划或分类范围对研究假设的代表程度；外部效度是指研究结果的范围符合以前和未来发现的程度，外部效度包括许多方面，主要有：建构效度（关系被测量数据的理论基础）、假设效度（关系到预测与理论观点之间数据的一致性）、语义效度（关系到评价的可靠性，尤其是关系到相同人员分析上下文时对分析单元内涵判断的一致性）。

8.3 内容分析法与科学计量学的融合

内容分析法与科学计量学都是源于社会科学借用自然科学研究的方法，先后始于 20 世纪初叶，经过数十年的发展，各自形成了独特的研究方法体系，应

用在科学研究的诸多领域，解决了实践中的许多研究问题，得到了社会的普遍认可。科学计量学以定量分析为出发点，以信息的外部特征为研究对象，形成了包括文献增长与文献老化规律、布-齐-洛三定律以及引文分析研究三大部分的内容体系，在文献信息计量、情报检索、科学评价、词表控制等方面有着广泛的应用。内容分析法以定性分析为出发点，以信息的内部特征为研究对象，形成了以推理方法和比较方法为基础、以概念分析和关联分析为主要内容的方法体系，在传播学、心理学、人种学、认知科学等领域得到应用与发展。

研究文献信息本身达到一定量时所反映出的规律及变化，透过信息来考察所表征事物的状态及变化，以及通过对信息量和内容的统计分析做出正确判断与决策，是文献计量分析法与内容分析法产生与应用的共同出发点。毫无疑问，这些也是文献计量分析法与内容分析法研究的共同目的。

但是，由于内容分析法与科学计量学在被单一地用于解决实际问题的过程中，存在着各自的优点和局限性，导致应用的对象、范围和分析结果受到了一定的限制和带有一定的偏颇性，使它们的优势遭受埋没，从而影响了内容分析法与科学计量学在研究中的深度与广度的应用，阻碍了两种方法的继承与发展。对内容分析法与科学计量学进行变革与创新，使其焕发出新的生机与活力，探索两种方法有效综合的基础与方案，是图书馆学情报学理论与方法研究及发展的必需，是实践活动深入而广泛发展的需求，也是新技术推动的使然。

内容分析法与科学计量学经过无数专家学者探索和实践应用验证已经形成了各自特定的方法体系，将两者综合研究，必须彰显两者的优势并弥补各自的缺陷。

8.3.1 方法融合的可行性

内容分析法与科学计量学具有趋同的相似性和互补的差异性，已有的实践研究经验，使两种方法的综合研究与应用具有了可行性。

将内容分析法与科学计量学进行综合研究，在理论上考察是否具有可行性，应该取决于作为综合方法来源的这两个各自独立的方法整合在一起时，是否具有趋同的相似性和互补的差异性。下面从方法的来源、特征、构成、应用与趋向五个方面加以综合考察[①]，结果见表8-1所示。

---

① 王曰芬. 文献计量法与内容分析法综合研究的方法论来源与依据[J]. 情报理论与实践，2009，(2)：82-87.

表 8-1　基于理论的内容分析法与科学计量学研究的可行性分析要点

		相似性		差异性	
		内容分析法	科学计量学	内容分析法	科学计量学
来源	产生的目的	整体上：探究客观事物的发展规律、变化、预测重点，研究事物间的联系，分析各种倾向与意图		研究信息发送者，分析信息内容侧重点与联系	研究文献本身的分布、变化、预测
	理论原理	基本点：通过信息的标准了解事物及变化			
	方法的基础	方法的基础来源：哲学、数学		定性方法为主	定量方法为主
特征	方法论品质	科学方法论基本特点：经验方法、直接可用、主体创造性			
	自身特点	方法论的层次：专门化方法		从内部具体研究信息所隐含的东西	从外部整体把握信息所揭示的东西
构成	研究对象	选择基点：各种信息载体		文本/印刷、视频、图像等	文本/印刷载体为主
	计量单元	计量准则：各种可计量的特征单元		内部特征单元	外部特征单元
	基本流程	主要环节：围绕为什么做（why）、做什么（what）、如何做（how）、效果（effect）几个基本步骤		侧重分析单元归类后分析方法的选择与检验	侧重数据统计后的模型的建立与检验
	实施机制	总的出发点：通过规范或研制相关操作的技术方法		通过研究与制定一系列的准则与规范	通过收集数据、加工数据、建模方法与技术的研究及应用
	结果检验	采用的方法：数学的检验方法		以定性检验方法为主	以定量检验方法为主
应用	适用对象范围			相对宽泛	相对狭窄
	局限性	操作烦琐、易用性差、结论有时差强人意		推出的揭露解释性有时较差	建模的应用效果有时较低
趋向	与网络结合	研究对象：拓展应用范围与提高适用性		以内容分析法为基础	以文献计量分析法为基础
	软件开发	借助于工具的支持		开发点较宽泛	几个开发重点
	新技术结合	与新技术的融合与应用		逐渐深入	逐渐引入
结论		从宏观来看，两种方法的相似性是趋同的，两者综合将使相似性增强		从微观来看，两种方法的差异性是互补的，两者综合将使互补性实现	

从表 8-1 对比的结果可以得出：依据方法论的基本理论，内容分析法与科学计量在方法的来源、特征、构成、应用与发展趋向上，具有宏观的、整体上的趋同的相似性，具有微观的、部分的、互补的差异性。如果综合研究与应用，在总体上，相似性增强可使这两种方法的基础加深，在具体上，差异性互补可使这两种方法互相弥补各自的不足，方法的基础加宽，适用更广泛的研究对象与范围。所以，从理论上看，内容分析法与科学计量学的综合研究具有可行性。

1. 技术与数据资源支撑上的可行性

（1）技术支撑上的可行性。对信息分析与情报研究提供支持的主要技术是信息表征技术、数据采集技术、信息检索技术、聚类技术、数据/信息挖掘技术、数据/信息可视化技术、信息推送技术等，这些技术从支持文本信息到 Web 信息、从平面到空间的研发上都取得了长足的进步。从文献计量分析法与内容分析法综合研究的需要来看，聚类技术、数据挖掘技术和信息可视化技术是关键技术，而这些技术的研究与开发正是计算机、图书情报等领域倾力关注的热点，并取得了显著的成果。随着数据挖掘技术的发展，将采集技术、聚类技术、可视化、检索技术及推送技术等融合正在成为发展的趋势。这些技术的融合研发与应用程度对文献计量分析法与内容分析法等的应用起着重要的支撑和推动作用。

（2）数据资源支撑上的可行性。大量数据的收集与处理一直是影响文献计量分析法与内容分析法应用的瓶颈。随着信息资源数字化与网络化建设，这方面的障碍正在逐渐消除。在我国，数字图书馆的建设和大型文献数据库及多媒体数据库的建设，为文献计量分析法与内容分析法的综合研究与应用提供了资源上的支持。目前，这些数字化资源不仅有了量的规模，而且有了标引的层次。随着各类信息服务机构对信息内容服务（ICS）的深层认识，对数据的规范化加工处理重视程度的提高，相信，信息资源提供商的产品将越来越满足文献计量与内容分析综合研究的需求。

2. 实践应用上的可行性

由于内容分析法与科学计量学在实际应用上的局限性，所以将两者结合共同解决实际问题的案例不断出现。巴西学者 Naomar Almeida-Filho 等在对拉丁美洲和加勒比地区的医疗不平等问题研究时采用了文献计量分析法和描述性内容分析法。周旖在进行我国图书馆精神领域文献研究时，在对论文数量进行研究时采用了文献计量分析法，在对文献主题进行分析时采用了内容分析归类与文献计量相结合的方法。孙毅等在进行 1994~2004 年梨专业研究文献计量分析时，将获得的文献按照栽培技术、病虫害防治、基础研究、种质资源、储藏加工和综合评述等主题类别进行归类统计后，利用内容分析法对每个主题类别下的文献进行了分析。国内外的研究实践表明：文献计量分析法与内容分析法的结合是可以解决现实问题的，尽管已有的研究尚处于粗浅的层次，但是将两者结合起来应用的趋势越来越显著。所以，两者的综合研究在实践上是可行的。

8.3.2　方法来源与方法构成

方法论在知识体系中的作用，就好像自我意识对人、对于人格的作用、对于一个独立的行为主体一样。就特定的知识和学科来说，如果没有成熟而系统的方法论作为预设和前提，就表明这一学科和这一类知识对于自己的逻辑依据和研究程序、自己的视野和边界以及自身的社会功能和社会作为，尚缺乏系统而清晰的认识。以两种方法综合应用为目标导向，审视原有方法的来源与构成，从新的角度揭示综合研究的方法来源和方法构成的要素，是构建综合方法体系必需的理论基础。

研究文献信息本身达到一定量时所反映出的规律及变化，透过信息来考察所表征事物的状态及变化，以及通过对信息量和内容的统计分析做出正确判断与决策，是文献计量分析法与内容分析法产生与应用的出发点。毫无疑问，这些也是文献计量分析法与内容分析法综合研究的目的。但是寻根溯源，这两种方法综合研究的出发点是支撑"数据—信息—知识—智慧"转换的实现。因为一定量的信息所反映出的规律及变化，透过信息考察事物，这些都是将信息转换为知识所得到的；而通过信息的计量与内容的分析做出判断与决策，是将知识转换为智慧的结果。

文献计量分析法与内容分析法综合研究的方法论依据包括以下两个方面：

1. 信息哲学与信息、知识的转化

1）信息哲学的起源与理论体系

信息哲学的创始人、牛津大学哲学家弗洛里迪（F. Floridi）认为，信息哲学涉及两个方面的研究：一方面是信息的本质的研究及其基本原理，包括它的动力学、利用和科学的批判性研究；另一方面是信息理论和计算方法论对哲学问题的详细阐述和应用。信息哲学提供了不同于数据通信的定量理论——信息论的研究，从整体上看，它是一个整合的理论体系，目的是分析、评价和解释信息的各种原理和概念、信息的动力学和利用。信息哲学不仅是一个新的领域，而且还提供了一种创新的方法论。信息哲学的兴起意味着一系列的转换，引领人们将探讨的兴趣从"认知性哲学"关注"是什么"，转向"引导性哲学"关心"如何"上，更加关注如何利用信息改变这个世界。

2）信息哲学中的信息类型与信息的质

在信息哲学的理论中，信息是标志间接存在的哲学范畴，它是物质（直接存在）存在方式和状态的自身显示。信息是由自在信息（客观间接存在）、自为信息（信息的主体直观把握）、再生信息（信息的主体创造）构成的。自在信息的基本形式是信息场中信息的同化与异化，自为信息的基本形式是信息直观识辨和有感记忆储存，再生信息的基本形式是概象信息和符号信息。信息的质具有三个层次性质：第一是直接存在的一级客观显示，就是人们直接感知到的信息的内容；第二是直接存在的多级客观显示，这是人们不能直接感知和简单把握的，需要类似翻译和挖掘的工作来支持；第三是由主观赋予目的性而产生的新内容。

3）基于信息哲学的数据、信息与知识的转化

从信息哲学的理论来看数据、信息向知识、智慧的转化，知识是由再生信息与人的主观意识结合的产物，知识和智慧是信息第三性质的质所揭示的结果。

D-I-K-W（data-information-knowledge-wisdom）的流动只有经过自在信息—自为信息—再生信息环节，才能在本质上实现信息的迁移。信息哲学中人的信息活动的层次递进关系清楚地表明：信息主体创造的基本形式，即概象信息和符号信息，必须经历主体约定信息关系的建立、判断、推理和逻辑推演等认识阶段。

4）分析综合是内容分析法与科学计量学综合研究的核心方法之一

在传统的哲学观点上，人类认识信息的感知、判断、推理过程，认识信息的比较、分类、抽象、概括、归纳、演绎、类比、分析、综合的方法，都是相互独立且分别给予定义和分析的。但是从信息哲学的角度来看，在认识信息的活动中，分析综合贯穿于信息认识过程的始终，分析综合是认识过程的统一、是认识方法的统一。信息哲学将分析与综合统一，重新阐释并赋予分析综合新的意义，认为分析综合是人类精神活动统一的过程，是分解和组合、比较和分类、抽象和概括、归纳和演绎、类比等具体方法的统一，是求同判断、别异判断、归纳推理、演绎推理等逻辑规律的统一。

2. 认知心理学与信息、知识的转化

1）认知心理学中的知识建构模型

认知心理学是20世纪50年代中期在西方兴起的一种心理学思潮，20世纪70年代成为西方心理学的一个主要研究方向。它研究人的高级心理过程，主要是认识过程，如注意、知觉、表象、记忆、思维和语言等。根据认知心理学，知识表征和思维的关系就像数学、文字和语文之间的关系。知识是以符号的形式进行描述的，人的认知系统具有识别、编码、存储、检索和提取这些符号的功能，并以此来反映心理的运作过程。

科林斯（Collins）和奎廉（Quillian）于1969年提出"语义记忆的层次网络模型"[1]，以解释知识在人脑中存储的主要结构。科林斯和洛夫特斯（Loftus）于1975年[2]在考虑语义相似性后提出了"激活扩散模型"，该模型假定：当一个概念被加工或受到刺激，该概念结点就产生激活，然后激活沿该结点的各个连线，同时向四周扩散，先扩散到与之直接相连的结点，再扩散到其他结点。在综合激活扩散模型和领域知识分类的基础上，Chan等于1993年提出了可操纵的OCTR学习模型，并构建了与OCTR对应的知识结构模型。[3]

---

[1] Collins A M, Quillian M R. Retrieval time from semantic memory [J]. Journal of Verbal Learning and Verbal Behavior, 1969, (8): 240-247.

[2] Collins A M, Loftus E F. A spreading-activation theory of semantic processing [J]. Psychological Review, 1975, 82 (6): 407-428.

[3] Chan T, Lin S, Juo H. OCTR: A Model of Learning Stages [R] // Proccedings of AI-ED 93, Scotland: AACE publication: 1-10.

2）知识的关联及获取途径

从上述可知，人的知识结构是通过寻找知识之间的关联建立起来的。当知识关联置于领域知识中寻找的话，可从领域知识的构成中获取，如根据乔纳森划分的领域知识类型分辨陈述性知识、结构化知识和程序性知识，或者根据领域知识域来分辨，通常一个领域知识由核心域（core domain）、内在域（internal-context-domain）和外在域（external-context-domain）三个方面构成。例如，医学的知识核心域包括病症、迹象、病诉和实验结果，内在域包括医疗的目标、假设、期望，外在域包括关系到可能的条件和环境的概念。当知识关联无法完全置于领域知识中，或者不考虑领域知识构成，仅仅考察概念所表达的知识之间的关系，如等价关系、类属关系、结构关系、先后关系、因果关系、条件关系时，知识的关联获得的途径有特征提取、从属关系、因果关系、共现关系等。

3）在知识关联建立中信息向知识转化

根据 OCTR 认知模型，知识在建构过程中，经历了连接—扩散—调整与整合过程，使知识之间的关联程度不断得到确认。知识关联的建立是通过考察概念之间的关系实现的，在语义网络中，当两个结点之间通过其共有特征有越多的连线，则两个概念的联系越紧密，通过这两个概念建立起知识关联的程度就越大。而概念的特征是由信息来表达的，也就是当概念之间有越多的共同信息时，由概念所表示的知识的关联就越多，关于事物整体情景的描述就越清晰。所以，从大量信息中抽取表示零散知识的概念或词汇，通过关联建立，就可以实现信息到知识的转化。

4）聚类与解释是内容分析法与科学计量学综合研究的核心方法

根据认知心理学理论，整合使单元和链接得到加强，概念之间联系越紧密，知识之间的关联就越强，知识结构就越能建立起来。知识关联的建立是体现思维活动的重要方面，支持事物关联建立的方法有归类、演绎、理解、推理、解释，以及多元统计学的聚类、映射、回归等。从知识关联获取的途径可知，共现是获得知识之间关联的重要途径。由知识建构模型可知，共现的连线越多，共现的概念之间的关系越紧密。而在支持事物关联建立的方法中，聚类与解释是共现实现必需的工具。聚类是把一组个体按照相似性归成若干类别，即"物以类聚"。它的目的是使属于同一类别的个体之间的距离尽可能的小，而不同类别上的个体间的距离尽可能的大。解释是分析阐明，如经过无数次的研究和实验，某种自然现象得到科学的解释。解释是说明含义、原因、理由等。共现的概念通过聚类技术使概念之间的连线得以建立，解释给聚类后的概念关系以合适的阐明。而经过聚类技术支持的共现的结果，恰好显示出与知识建构模型相似的网络图形。

总之，在宏观上，以信息哲学为依据，为综合研究的核心方法选择确定方向和思路,分析综合方法将贯穿于内容分析法与科学计量学综合研究的始终;在微观上,以认知心理学为依据,为综合研究选择可操作的核心方法提供理论支持,聚类分析技术是内容分析法与科学计量学综合研究的有力工具。

8.3.3 综合研究方法体系

根据内容分析法和科学计量的异同,以及网络环境下的需求与趋势,以内容分析法和科学计量学的趋同的相似性与互补的差异性为基础,以已有的实践研究为参考,以集成功能、彰显应用效果为原则,设计综合研究的方法体系的维度,是构建综合研究方法体系的思路。

1. 从内容分析出发的综合方法设计

内容分析法在应用上的显著之处是:以内部信息特征为分析单元,以确定的研究类目组织信息,借助于分析综合方法,按照频率统计结果给予解释或者建立简单的分析模型。在进行内容分析时,除了利用比较、推理等方法进行所选数据信息归类处理外,聚类、共现是常用的分析方法。从内容分析法出发的综合研究的基本思路是:先进行内容分析的归类、聚类、共现,然后对结果进行文献计量的空间分布或时间分布或者关联映射,若数据有一定的规模或者显示出一定的规律,可按照文献计量分析法的思想进行数学建模或者用几个计量定律进行检验。根据对内容揭示的程度,从内容分析法出发的综合研究有基于共词分析、基于Ontology分析、基于主题聚类三种方案。

1) 基于共词分析的综合研究方法

共现分析是将各种信息载体中的共现信息定量化的分析方法,以心理学的邻近联系法则和知识结构及映射原则为方法论基础,以揭示信息的内容关联和特征项所隐含的寓意。通过共现分析,人们可以发现研究对象之间的亲疏关系,挖掘隐含的或潜在的有用的知识,并发现研究对象所代表的学科或主体的结构与变化。共现分析法的研究对象较广,包括对文本中词汇、标引词、分类号和其他编入文献和文献著录的有意义的字段的共现研究,根据针对的对象不同,可分为三种类型:共词分析、同引分析、主题词链聚类分析——共篇分析。

基于共词分析的综合方法实现的途径:按照内容分析法选择代表某个学科的单词、关键词或主题词进行排序,经过检验判断后选择频率在一定阈值上的单词、关键词或主题词进行共词聚类,然后按照文献计量分析法的思路从四个方面进行深入分析,其一,对聚在一类关键词(或主题词)对应的作者、机构、来源、分类号(分类类目)进行统计排序。其二,计算某一类中某作者发文量占该类全部发文量的百分比或者某个作者发文量占该作者全部发文的比例（称作作者论文的集中度），或者计算某一类中某期刊（或机构）发文量占其全部发文量的百分比或者某期刊发文量占该刊全部发文的比例[称作期刊（或机构）论文的集中度]。其三，对各类的单词、关键词或主题词对应的作者、机构或者期刊进行可视化映射。当数据量足够大时可以用文献计量分析法的几个定律进行分析。其四，对聚出的含有较多关键词（或主题词）的类对应的作者、机构进行聚类分析。

2）基于 Ontology 分析的综合研究方法

"ontology"意为"本体"，最初是一个哲学术语，与逻辑相对应，表示事物存在的本质，20 世纪 90 年代初其被人工智能领域赋予了新的含义，自此对 ontology 及应用研究在世界各地引出了诸多的学术热点。在计算机领域，ontology 有多种定义，其中第一个被广泛接受的定义是由学者格鲁伯在 1993 年提出的，即 ontology 是概念化的显式的表示；1998 年斯图德在格鲁伯定义的基础上扩展了 ontology 的概念，将 ontology 定义为共享（share）概念模型（conceptualization）的明确（explicit）形式化（formal）规范说明。ontology 的作用是通过提供一系列的概念和术语来描述领域知识，在语义检索、知识管理、知识工程、信息集成等方面获得许多新的应用。ontology 导入到综合研究中的目的，是支持从内容分析法出发的综合研究实现在概念及其语义层次上内容分析，在此基础上进行主题词/关键词、作者、机构、来源等的计量分析。

基于 ontology 的设计思想是：在领域专家的帮助下，以计算机形式建立相关研究领域的 ontology；收集内容样本中的数据，并参照已经建立的 ontology，把收集来的数据按规定格式存储在元数据库（RDB、KDB 等）中；对内容分析所涉及的概念的语义查询利用查询转换器，按照 ontology 把查询请求转换成规定的格式，在 ontology 的帮助下，从元数据库中匹配出符合条件的数据集合；对语义查询结果进行相关的主题词或关键词的内容分析；在此基础上，进行作者/机构/来源统计排序，根据需要进行年代变化的统计，计算某作者/机构/来源的论文集中度等。

3）基于主题聚类的综合研究方法

词、概念、主题、主题词、关键词一直是人们常用的，它们之间相互关联。词（word）是语言中的最小的、可以自由运用的单位；概念（concept）是思维的基本形式之一，反映客观事物一般的、本质的共同特征，概念有内涵和外延之分，概念之间又相互关系；主题（subject/theme/topic）是指文献资料等作品中所表现的中心思想，是作品思想内容的核心，是作者对现实的观察、体验、分析、研究以及对材料的处理、提炼而得出的思想结晶，一篇文章可以是单一主题的，也可以是多个主题的；主题词（subject）是用来标明图书、期刊论文、学位论文等文献资料主题的词或词组，在信息组织中，主题词可以是标题词、叙词和关键词；关键词（keyword）是从文献资料的正文、摘要、书名中抽出的并在表达文献内容主题方面具有实在意义起关键作用的词或词汇，也包括词组和短语。所以，用来描述文献资料主题的有主题词或者关键词，一篇文献可以用多个主题词或关键词来描述。通常人们所做的分析是在某个学科或某子学科中基于词汇、关键词或者主题词进行的。

主题聚类是从某个（或几个）学科出发对包含的子学科或几个大的主题范畴进行内容分析，任何一个子学科或大的主题范畴都是由若干关键词、主题词组成的集合，主题聚类是将文本信息中包含的关键词或主题词放在若干个大的主题范围中，通过对某个关键词或主题词出现在不同的主题中进行考察，以发现不同主题间的关系，若两个主题中所包含的相同关键词或主题词越多，说明这两个主题之间的关系越密切。基于主题聚类的综合研究方法的思想是在某个学科的子类或某几个学科的关键词或者主题词聚类后，再进行对应的作者、机构和来源排序分析或者建模，以及作者、机构的聚类或者与主题的映射。

4）从内容分析法出发的综合研究方法应用的目的

先内容分析后计量分析，是从部分的基础上对部分的整体进行研究，其目的是分析某学科或者某领域基于内容的分布与侧重范围后，再对选定的分布或侧重范围进行基于作者、机构、来源、引文等的分布规律与变化趋势的研究。

5）从内容分析法出发的综合研究方法的总体架构

从内容分析法出发的综合研究方法的总体架构如图 8-1 所示。

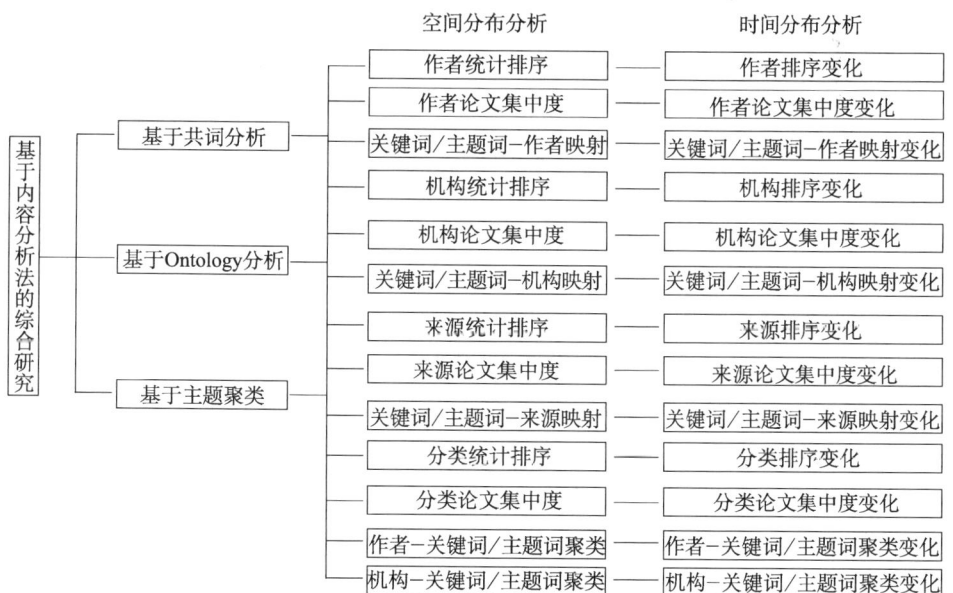

图 8-1　基于内容分析法的综合研究方法

2. 从科学计量学出发的综合方法设计

科学计量学在应用上的显著之处是：以外部信息特征为分析单元，以秩-频率加工组织信息，借助于等级分布统计技术，按照空间分布和时间分布构建数学模型或者借助几个计量规律进行检验。从科学计量学出发设计综合方法，也是以外部特征数量统计为切入点。基本的设计方案是：分别从空间分布和时间分布两个方面入手进行分析，根据研究的目的需要，选择不同的研究对象，分别依据科学计量学的不同方法，先计量分析后内容分析。

1) 基于空间分布上的综合研究方法

基于空间分布上的综合研究方法可以选择科学计量学中的布拉德福定律、齐普夫定律、洛特卡定律、引证定律等应用定律。其中，布拉德福定律可用于测算核心期刊；洛特卡定律可用于测算核心作者；齐普夫定律可用于测算关键词或主题词的分布，选择高频或者中频词；引证定律可用于测算核心被引文来源或者核心被引文作者。

在进行计量分析时，可以按照几个分布定律的思想或者模型选择分析单元，依据秩-频率技术和等级分布统计技术加工处理数据，分别测算出核心期刊（出版物、网站）、核心作者、词汇分布、核心被引证来源、核心被引证作者，然后以这些核心为研究对象的基点进行关键词、主题词、主题范畴、作者、机构的交叉特征的内容分析。

以布拉德福定律的应用为例，测算出核心期刊后，以核心期刊为统计其他特征信息的标准，根据需求再分别选择对主题、作者、机构、分类的空间分布或者时间分布的分析。主要的方法途径有：①主题聚类分析，包括关键词和主题词的聚类分析；②作者聚类分析；③机构聚类分析、同作者聚类分析；④主题-作者映射分析，包括关键词-作者映射分析和主题词-作者映射；⑤主题-机构映射分析，包括关键词-机构映射分析和主题词-机构映射分析、同主题-作者映射分析；⑥作者-主题聚类分析，包括作者-关键词聚类分析和作者-主题词聚类分析；⑦机构-主题聚类分析，包括关键词聚类分析和机构-主题词聚类分析、同作者-主题聚类分析；⑧主题范畴排序分布分析。

2) 基于时间分布上的综合研究方法

根据需求选择研究对象，分别按照文献增长率、文献老化率的思想或者模型，对统计的数据进行分析，然后以增长量突出的或者增长持续的年份为内容分析统计的时间域进行主题、作者、机构等的分析；或者按照文献老化率测出的半衰期、普赖斯指数对应的时间域为范围，然后进行内容分析。

3) 从科学计量学出发的综合研究方法应用的目的

先科学计量后内容分析，是从整体到部分，其目的是在宏观上把握整体分布后，再针对微观的内容进行分析研究，以探求核心范畴中具体内容的侧重点及变化等。例如，经过文献计量分析法统计分析出某个学科的核心期刊后，将核心期刊群作为内容分析的研究对象，然后采用聚类分析技术，在一定时间范围内，对核心期刊群中包含的作者、机构、主题词、关键词、主题范畴进行可组配的聚类分析，找出核心期刊群中涉及的主题、关键词或主题范畴所表征的知识分布状态、知识间的关联及变化趋势，或者找出核心期刊群中作者、机构与研究主题（关键词、主题范畴）关联映射的程度等；或者在一定空间范围内，对上述信息特征进行迁移变化。

4）从科学计量学出发的综合研究方法的总体架构

从科学计量学出发的综合研究方法的总体架构如图 8-2 所示。

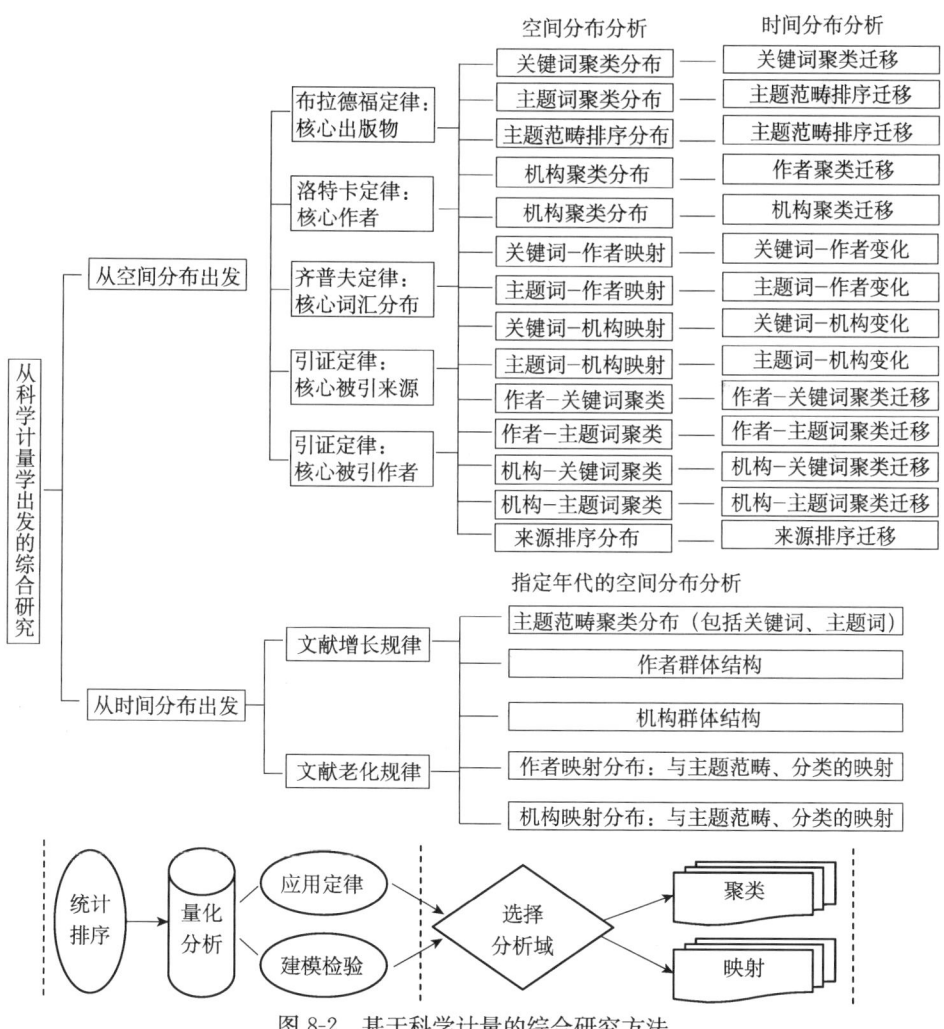

图 8-2　基于科学计量的综合研究方法

3. 三维综合方法设计

上述从文献计量分析法和内容分析法出发的两种研究方法，虽然研究思路不同，但其共同的分析单元是文本信息中的可统计的特征信息：关键词、主题词、作者、机构、来源、被引文量（率）、被引作者、被引来源、分类，以及根据需要确定的主题范畴。这些分析单元既是文献计量分析法与内容分析法的统计要素，也是影响综合方法的因变量；分析的角度是基于空间的和基于时间的，文献计量分析法本身的应用就是基于空间的和基于时间的，内容分析法结合文献计量分析时也可以按照空间和时间两个角度展开；关键词、作者、来源等一方面可以是文本信息的特征，也可以是信息内容层次的揭示。我们将分析单元、分析角度、分析层次作为不同的三个维度，按照特征单元、时空分布、内容层次三个坐标，架构了总体的综合研究方法的三维体系，如图8-3所示。

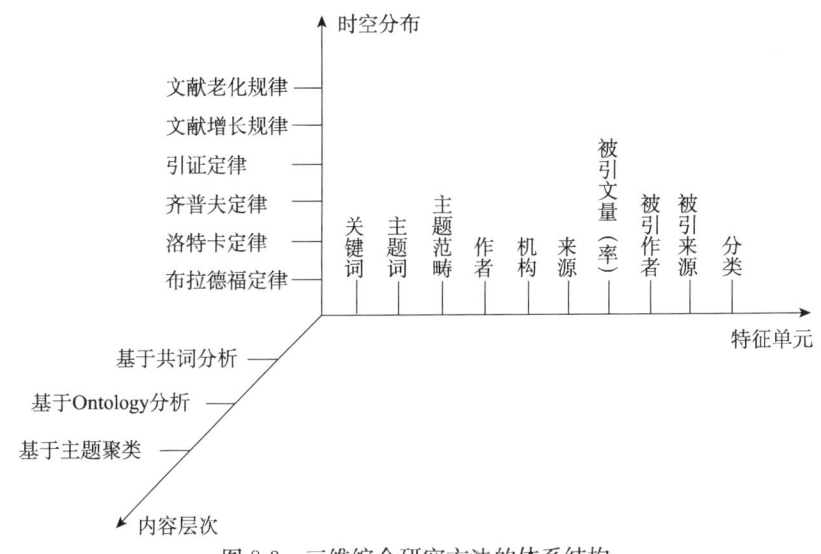

图 8-3　三维综合研究方法的体系结构

三维综合研究方法的基本流程可分为五个阶段：规划—选择—统计分析—检验与解释—反馈。各阶段的具体任务与目标如下：

（1）规划：确定研究的目标和分析研究的问题。这是综合研究方法应用最关键的第一步，是解决"why""what"问题的。综合研究方法应用的目标是提供一种整合的工具，以帮助用户从各种途径通过文本信息了解所代表的事物的状态、发展与变化。与原有的文献计量分析法与内容分析法的应用不同的是，从不同角度对文本信息进行分析得出的结论是有差异的。所以，在应用研究时，除了与文献计量分析法或者内容分析法单独使用时根据目标确定分析的问题外，还要明确分析的切入点，即要解决是先从整体上了解研究对象的信息分布，然后再分析侧重点及变化，还是先从具体上研究其侧重点而后再了解分布与变化。

（2）选择：研究的路径、分析的单元、研究的角度、信息搜集的范围与来源。这是解决"how"的问题。综合研究方法提供的研究路径很多，不同路径对应的分析单元、信息搜集的范围和来源也有差异，这些都是需要进行筛选的。根据规划阶段确定的研究切入点，选择研究的路径，如对某学科领域的核心期刊进行测算后研究所包含的内容侧重点及变化，以及与作者的映射，选择的路径是：核心期刊（布拉德福定律应用）—关键词（或主题词）聚类—关键词（主题词）作者映射。对应的分析单元：来源（期刊刊名）、关键词、作者及它们对应的期刊论文的数量。对应的研究角度可以是一段时间（如 5 年、10 年）的空间分布或者每一年的时间分布。收集的信息范围要能够代表学科领域，信息来源可以是二次文献或者是全文，在国内可以选择 CNKI 期刊全文数据库、万方数据的数字化期刊数据库、重庆维普期刊数据库等。如果需要比较系统地进行研究，可以选择多种路径、多种分析单元和从不同角度进行信息的收集。

（3）统计分析：收集数据—处理数据—统计—建模分析。这是解决"how"的操作问题，是研究分析的主要内容。主要包括：数据结构表（编码表）的制定，收集信息（需要时建立分析数据库），按照秩-频率技术进行数据的统计排序，应用聚类方法对统计后的数据进行处理，或者利用构建 Ontology 的方法建立分析的任务 Ontology，建模或者应用已有的模型。

（4）检验与解释：检验分析结果，对分析得出的结论对比研究目标给予合理的解释和说明。可以采用统计检验的方法进行数据的检验，当数据量较小时也可以直接在操作过程中边分析边检验。解释是信息分析中必需的环节，无论分析得出的结论是否经过检验，得出的各种结论只有和研究对象的背景与需要结合，通过研究人员主观判断与分析，才能上升为有参考意义的知识。

（5）反馈：分析与解释的结论反馈到现实中，指导实践并接受验证，从中提炼出新的研究课题。

8.4 内容分析法工具与实例

8.4.1 内容分析法的常用软件

由于内容分析法主要是对文献资料进行分析来发现事物本质的，所以内容分析法对文献的数量、来源要求都很高，这无形中增加了科学工作者的负担；

同时随着网络时代及信息时代的到来,"信息爆炸"更增加了内容分析的难度,因此,只有不断将新技术应用于内容分析领域[①],才能提高工作效率和分析结论的可信度。基于这一点,国外开发了数十种内容分析软件,并且这一数量仍在不断增长。计算机在内容分析中的应用使得计算机辅助内容分析成为研究热点。

1. 内容分析软件工具的基本功能

内容分析软件工具的基本功能主要有以下六项。

(1) 文本输入和管理:相关操作包括输入文本、打开文本和保存文本,文本分组和不同文本组的管理,检索单个文本或文本组,合并已编码文本、项目及文本结构类型。

(2) 分析:不仅指文本分析,即关于词语或文本的字串的信息,还有编码分析,即关于使用的类目或已编码文本段的查询和检索信息。文本分析涉及的操作包括生成和维护文本语料库中所有词的词表并计算其出现频率,创建词索引,统计词语类型、标记、句子长度等一般项目,检索特定项、词和字串,模糊检索、基于布尔逻辑的检索等,提供上下文关键词(keywords in context, KWIC)对照。而编码分析指生成和维护所有已编码文本段,基于布尔和语义操作的检索列表,根据特定目录体系展示一个或更多已编码文本段、已分组文本段或已筛选文本段,也可将已编码文本段和已分类的关系链接起来。

(3) 词典、类目体系和编码:建立词典、类目定义计划,并据其编码的功能在被检索内容上建立超链接,使其与书写形式上有相似之处的内容联系起来,便于研究者检索出较全面的信息。在现有的内容分析软件中,建立词典、类目定义计划并据其编码的功能主要体现在:具有自行建立编码时所需的字典、类目定义计划的能力,或是具有导入外界已经建立好的字典或类目定义计划并将其保存下来加以维护的功能;定义各类目间的关系;根据已经建立的词典、类目定义计划以及类目间的关系定义,对文本信息进行全自动地或是交互式地或是手工方式地编码的功能;给文本信息建立注释的功能;合并编码的功能。

(4) 文本信息处理功能:目前为止,研究较多的是词频统计、词语类别频率统计和可视化处理。①词频统计就是提供一幅文章中出现的所有词语的列表,并将各个词语的出现次数统计出来列于表中,如现在比较成熟的是建立每个子单元的频率统计表,并利用统计检验方法,如 χ^2 检验法进行比较。②词语类别频率统计,内容分析程序基本上都允许用户自己设定词典(这里所说的词典是指包含有某一词语含义的词语或短语集合的索引列表,被解释的词语就可作为

---

① 张蕊,邱均平,周黎明. 计算机辅助内容分析软件进展研究[J]. 图书情报工作,2005,(6):35-40.

这一独立类目的标签,而其对应的集合列出了文章中可能出现的描述集合标签词语的所有词语或短语)。当一篇文章依据某些词典被转化为若干类目标签的集合时,就可对其做类似词频统计的类目统计工作。在许多自动内容分析的应用程序中,每个单词都被转化成所代表类目的统计向量。不同的文本可以通过比较每个所包含的类目来进行比较,也可通过计算所有与每篇文章相关的类目向量的高维距离来进行比较。③可视化,无论是通过词语计数还是通过类目计数,文本一旦转化成向量形式便可进行可视化处理。大多数内容分析软件中应用的标准可视化方法有两种:聚类法和多维排列法。研究表明,可视化功能对初步的数据查找工作很有帮助,是内容分析软件的一大优点。由于许多的现代统计软件包都具有很成熟的可视化功能,相信可视化方法在未来将得到广泛的应用。④其他基本的信息处理功能,有些程序能够生成词语注释索引表(有时被称为上下文关键词分析法)。建立词语索引表的一大好处是减轻了研究者的阅读负担,使研究者可以对大篇幅的文本进行处理。

（5）信息检索功能：文本经过软件处理后会产生各种各样的记录中间结果或最终结果的文件,软件应提供相应功能像管理文本信息那样合理地管理这些文件。在内容分析中的信息检索功能主要包括:对文本信息本身的检索;对已有的编码信息的检索(例如,对曾用过的分类类目、编码后形成的文本段等进行检索);对某文本集中使用的词语列表及词频的检索;对特定词干、词语、字符串的检索。在检索方法上能提供模糊检索、布尔检索,并提供 KWIC 词表形式展示被检索的内容在文本或文本编码段中的位置。

（6）结果输出：只保存文本原始信息或只保存文本的编码信息或两者都保存;保存以不同方式使用过的类目计划信息或词典,如用纯 ASCII/ANSI 文件或 HTML 文件或使用标准通用标注语言（SGML）/可扩展标记语言（XML）编码的文件将文本编码信息输出到其他的软件包中,比如说,为了进一步统计分析将文本信息导入到数据库软件中。

显然,不是所有的文本分析程序都支持以上全部功能,各软件的功能强项不尽相同,因此可以通过看该程序是否支持文本分析或其他某项功能来进行区分。但更重要的是,程序支持某项功能的方式才是其最重要的特征,比如说,这里列出的程序都支持编码,但实现方式或对编码单元的定义却各不一样。

以上六类功能并不是全部,还有很多操作考虑到不具备普遍性而没有列入其中,例如,某些内容分析项目的研究对象和目标较为特殊,包括多媒体资料的管理和编码、对录音稿的处理及音像资料的分析。显然,对于具体分析项目来说,并不是说以上列出的六类功能中的每一种操作都同样重要。而且,在文本分析项目的整个过程中,属于编码功能的操作和其余三类功能中的至少两类的结合是非常必要的,这是从以下四点观察得出的结论:首先是一个计算机辅助内容分析程序 TEXTPACK 的用户中进行的一项调查结果中收集到的用户需求信息；其次是每天与研究人员的交流和咨询以及在 ZUMA 上执行的文本分析结果；再次是迄今报道的计算机辅助文本分析方法理论中的主要趋势和实践；最后也很重要的是从文本分析方法目前的技术水平来看也有相同的结论。

2. 内容分析软件的分类

目前，各式各样的内容分析软件数量相当丰富，它们在不同实际情况中以迥然不同的方式完成内容分析任务。在已开发出来的数十种内容分析软件中，格式与功能各异，在软件名称上也各有不同的描述，如文本分析（text analysis）、文本挖掘（text mining）、内容分析（content analysis）、文本管理（text management）、数据分析（data analysis）等。这些内容分析软件可以根据很多标准来分类，例如，根据运行的操作系统或使用的编程语言划分，根据开发目的是商业用途还是学术研究划分，或根据特定适用领域划分。从现有相关文献来判断，内容分析软件的分类主要有两个标准：一是把软件根据主要功能来划分，如数据库管理程序、归档程序、文本搜索程序、文本检索员、标记程序、编码检索程序等；二是根据研究的性质类型划分，如定量分析软件、定性分析软件等。不论是定性分析软件还是定量分析软件，其功能主要是提供分析文本数据的方法，包括管理文本和编码、考察词频等。

这里基于简明的原则，我们主要根据定量和定性的标准对内容分析软件进行分类，并分别简要介绍其中较为典型的几个软件的主要功能和特点。

3. 定量内容分析软件

定量内容分析软件的主要特点是：通过构建词典型类目体系对文本资料进行量化处理，对统计数据进行分析，并以相应的数字、图形或图表的方式直观展现研究结论。定量分析软件的统计项目主要有词频、词类、上下文关键词（按字母顺序显示文中每个词及其上下文）、簇分析（cluster analysis，将类似上下文中使用的词聚成组）和耦合词（co-word citation，词语成对出现的情况）。关键要求内容单元简练明确，无须编码、判断，人为工作仅仅是解释结果。

以下列举几个典型例子：

1) CATPAC（http://www.galileoco.com/N-products.asp）

CATPAC 是由伽利略公司开发的内容分析软件，它的开发者声称"CATPAC 是一种智能软件，它能够阅读任何文本并且归纳出其主要内容，它不需要预先编码和不需要任何语言学假设"。该软件可阅读文件并输出各类结果，包括简单地分析（如词频）以及对文本主旨的概括。它可揭示单词使用模式并输出词总数、串分析点阵图以及交互分析。附加程序 Thought View 可以生成二维和三维的基于 CATPAC 分析结果的概念图。但是 CATPAC 只有一些基本的功能，只包括对聚类分析和多维标度的可视化。

2) Diction 7 (http://www.dictionsoftware.com)

Diction 7 包含一系列内置的词典，它在文件中搜寻 5 个主要语义特征（活动、态度、确定性、现实性和共性）以及 35 个子特征（包括韧度、批判、矛盾、提议和交流等）。在正文被分析之后，Diction 7 将与 40 个词典类目相对照的分析结果与由该程序运行了 5 万多个文本后得出的一个"正常的得分范围"进行比较。另外，Diction 7 可输出生词频率（按字母顺序排列）、百分比和标准分数，还可专门创建惯用词词典。

3) DIMAP (http://www.clres.com)

DIMAP 是一种为文本分析开发词典而提供的开发环境。DIMAP 提供了在自然语言和语言技术应用过程中用来开发和维护词典的功能。它的基本功能包括提供管理多种词典，搜索和分析词典数据（例如，分解定义来创造语义网以及在词典之间制作语义地图），输入和输出数据（XML），使用整合资源（如 WordNet）自动创建词典，各种各样的文本解析（包括消除词的歧义，对问答帮助创建文本库）。所有的解析定义都使用近义解析器，辅助以综合的辅助词典，这些词典主要是 WordNet、Macquarie 词典或《牛津新英语词典》。

4) SPSS 公司的 TextSmart (http://www.spss.com/spssbi/textsmart)

该软件主要针对调查问卷的分析而设计，使用群分析和多维排列技术自动分析关键字并将文本按种类分组。因此，用户无须自建词典就能"编码"。TextSmart 有一个赏心悦目、易于使用的 Windows 界面，可以将单词按照频率和字顺表分类。它也能输出色彩丰富、视觉效果好的图形，如条形图和二维的 MDS 点阵图。

5) VBPro (http://mmmiller.com/vbpro/vbpro.htm)

该软件能输出词频和按字母排序的词汇表、上下文关键词和用户自定义词典里的单词。另外，它包括一个多维度概念图子程序——VBMap，可衡量单词在一个文本或一系列文本中耦合的程度。程序在 DOS 下运行，可在网上免费获取。

6) WordStat v3.01 (http://www.simstat.com/wordstat.htm)

该程序是 Simstat 统计分析软件的附属产品，包括几件探索工具，如群分析和多维排列工具，可用于分析调查问卷结果和其他文本。它还可在用户提供的词典基础上编码并产生词频和字母表、上下文关键词、多元数据文件输出结果及各分组之间的双变量比较。分组或者数值变量（如年龄、出版日期）之间的差别可用高分辨率线和条形图展示，也可通过2D和3D相关分析双点阵图展示。特别值得一提的是，该程序是一个由词典创建的工具，它使用WordNet词汇数据库和其他词典（用英语和5种其他语言）帮助用户建造一个综合的归类系统。

4. 定性内容分析软件

定性内容分析软件的主要特征是：强调研究对象类型的多样性，主要功能在于概念抽取及概念间关系的构建，以反映文本内容的内在特征为目标。这类软件一般较为复杂，使用较不便宜，学习掌握其使用方法也需要一定的时间。以下列举几个典型例子：

1) ATLAS/ti

ATLAS/ti是一种具有有限的自动内容分析的注释和说明帮助的软件，是Windows下运行的一个内容分析程序，它支持文本解释处理，尤其是在管理、编码、备忘、抽取、分析和比较文本及编码方面独具特色。该软件支持文本理解、文本管理和文件中概念知识抽取（理论构建）。ATLAS/ti可以输出HTML，具有各种类型的注释，包括用户定义的地图结构。ATLAS/ti能提供强大的带有布尔逻辑、语义和模糊性操作选项的代码检索功能，还能生成SPSS可读文件以便做进一步统计分析。ATLAS/ti中可分析的文本类型包括观察记录、演讲及各类调查得来的数据。一般来说，ATLAS/ti也可处理各类非文本资料，如图形或声音文件。

2) The Ethnograph v 7.0

这是一个可使对谈话记录、日记、会议记录和其他资料的数据的管理和分析变得更容易的定性研究和数据分析软件。从Ethnograph的主页上来看，从1985年起它就是使用最为广泛的定性数据分析软件，其第三版有超过5000个副本在世界范围内被使用。

3) Kwalitan 7.0

Kwalitan 7.0是定性数据的分析程序，分析对象包括面谈、报告的记录以及现有的书面资料，如报纸、企业的年度报告及古老的手稿等。实际上，Kwalitan 7.0是一个专用数据库程序，研究人员努力通过对定性资料的解释分析生成一个理论框架。

4) NUD*IST（Nonnumerical Unstructured Data by Indexing, Searching and Theorizing）

该程序帮助研究人员通过标引、搜寻和理论化来处理非数值非结构化数据。

在其他案例中，它通过对文本自动编码和导入列表数据使乏味的工作自动化。

8.4.2 内容分析法应用的优点及注意事项

用计算机分析网络信息文本为管理者和决策者提供了一个监测社会环境的新方法。在评价公众的态度、信念、价值观和社会环境等作用方面，它并不是要取代传统社会科学研究方法，如问卷调查、讨论、访问等，而是这些方法的有益补充，有助于综合各类研究成果，从而加强分析的有效性。但利用计算机内容分析法来评价和监测社会环境确实较传统研究方法更有优势。

（1）该方法的研究可以追溯到从前的某段时间，从而为决策者提供关于变革的信息，但不能揭示公众对某个问题讨论的过程或社会环境某方面变化的趋势。

（2）运用该方法可观察到社会上发生的重要事件对研究者感兴趣的某方面问题的影响。例如，可观察到内部事件如某组织采用了一项新政策对所能观察到的该组织的态度变化的影响，或可观察到外部事件如经济衰退对所能观察到的公众关注的焦点变化的影响。

（3）与传统研究方法产生的结果不同，内容分析法产生的趋势分析结果能更容易地进行迅速而有效的更新，这使其具备了构建一个理想的监测系统的条件。更新一次内容分析只需要下载最近一段时期内的信息文本并用原来开发的编码程序执行分析。趋势分析可以每年、每季甚至每周更新，或在决策者觉得必要的任意时间段内更新。即使发生突发状况，决策者也可使用该方法及时得到关于公众意见和观点的信息。

（4）基于该方法构建的社会监测系统也可扩展至研究更多其他感兴趣的问题。每当加入一个新的研究问题，内容分析都能延伸到之前研究开展的时期再次分析，不受时间限制，这也是随机调查访问办不到的。而且，在第一次研究的基础上，可以根据需要从更深入、更细致的层面上进行扩展分析，从而对问题的关键得出更丰富的认识。

（5）利用内容分析法可以发现并长期跟踪社会上层出不穷的现象和问题，这对于决策者特别有帮助。约翰·奈斯比特的畅销书——《大趋势》（*Megatrends*）中讨论的"十个改变我们生活的新方向"就是通过劳动量繁重的人工编码对新闻报道进行分析而得出的，还有其他研究者也采用了类似的人工编码方法来寻找和跟踪可能出现的趋势。因此，我们有理由相信利用计算机编码的内容分析法能更快而高效地反映社会现实和发展趋势。

需要注意的是，内容分析法及其应用有其局限性，具体体现在以下几个方面：内容分析法应用操作过程单调乏味、耗时多、花费高，是一项艰苦的工作；

分析结果直接受到误差增大的影响，受到分类编码和定义框架的局限，应用关联分析时需要更高水平的解释；研究的结论经常缺乏理论基础，或者试图不受限制地对研究的关联和隐含的效果牵引出意味深长的推论；是一个简化的方法，尤其是对无法处理的复杂的文本；对于趋势的推导太简单，如经常有由一些词的统计计算组成的趋势图；忽视产生自文本中的上下文脉，特别是忽略研究在上下文脉中阐述的某种事物的状态；计算机完全自动化处理是困难的；需要效度检验，包括建构效度、假设效度、预测效度和语义效度。

8.4.3 应用 ROST CM 进行内容分析

内容分析系统（ROST CM）是武汉大学沈阳教授研发编码的国内目前唯一的以辅助人文社会科学研究的大型免费社会计算平台。ROST CM 可分析论文、微博、博客、论坛、网页、书籍、聊天记录、电子邮件、本地文本类格式文件、数据库中各类文本字段；分析方法目前支持：分词、字频统计、词频统计、聚类、分类、情感分析（含简单和复杂）、共现分析、同被引分析、依存分析、语义网络、社会网络、共现矩阵等。

ROST CM 是一组功能联系紧密、可相互智能协作、无缝互操作的软件及插件包，依据一定范式进行人文社科智能化学术研究的数字化研究平台。人文社会科学数字化研究平台的构建和升级能够为研究者提供一个高效、有针对性的人文知识的获取、分析、集成和展示的数字化研究平台；能够对目前海量的数字化人文资料进行组织、标引、检索和利用，以保证人文研究的海量性、智能性和客观性，可节省大量的人力、物力，提高研究效率，并可通过定量分析和定性分析的结合，从中归纳出具有说服力的普遍性结论[①]。

软件的构造为插件型整合体系，即整个软件由多个小软件构成，它们各自实现不同的功能，相互联系又相互独立。通过这些软件根据用户输入关键词对该类数据进行采集，采集对象包括特定主题网页、特定主题网站、某些网站的特定网页和特定内容、微博客、博客圈、论坛、社会网络、语料库、带有公开密码的数据库内容、搜索引擎内容解析、公开的 QQ 群记录、学生上网上机数据、个人上网信息、邮箱数据、各类人员名单以及机构名单等。

目前，ROST CM 的下载量超过 7000 次，使用者遍布国内外 100 多所高校。ROST CM 6 官网下载入口地址：http://hi.baidu.com/rostcm/blog/item/6dea9f0d7a13 068fd058 1bf6.html。

---

① 微博分析——内容分析系统 ROST CM 6 使用手记 [EB/OL]. http://wenku.baidu.com/view/e88ac68da0 116c175f0e4 855.html [2012-06-14].

应用 ROST CM 6 进行内容分析的方法和步骤如下:

1. 功能性分析

1) 分词

点击功能性分析下拉列表框中的分词选项,打开分词窗口,在待处理文本框中载入待处理文件,如"虚拟学习团队 2010-8-7.txt",则系统按照程序目录下的 user 目录下的 user.txt 文档,自动在输出文件框中生成"虚拟学习团队 2010-8-7_分词后.txt"文件,获得以空格分离的分词后文档,原来文档中有空格的位置保留空格。点击确定按钮,即可打开该文档。

如果需要自己增加一些词,则点击工具下拉列表框中的自定义文件→分词自定义词表,系统将自动在记事本中打开 user 目录下的 user.txt 文件,编辑后点击保存存盘,再次重新启动本软件或点击重载自定义词表菜单,方可生效。

2) 字频分析

点击功能性分析下拉列表框中的字频分析选项,打开字频分析窗口,在待处理文件框中载入待处理文件,如"虚拟学习团队 2010-8-7.txt",则系统自动在输出文件框中生成"虚拟学习团队 2010-8-7_字频.txt"文件,点击确定按钮,即可打开该文档。

3) 英文词频分析

(1) 文件词频统计。点击功能性分析下拉列表框中的英文词频分析选项,打开 ROST 英文词频统计和超纲单词分析窗口。点击文件菜单下的打开菜单项或点击工具栏上的打开按钮,打开要统计的英文文档,然后选择统计菜单下的统计文件词频菜单项或工具栏上的统计按钮,即可统计出文档的所有单词。点击单选按钮"纲内",可统计该文档的纲内词;点击单选按钮"超纲",可统计该文档中的超纲词。选择复选框全选,可全选表格所有单词;选择复选框归并单词变形,可将变形单词进行归并。

对统计出的单词,在表格上点击右键,弹出快捷菜单,可以将选择的词汇添加到常用词语表,或者将选择的词汇从常用词语表中删除。

要在文本框中高亮显示某单词,可以勾选该单词的检查框;如果取消勾选,则文本框中该单词恢复普通显示状态。

(2) 剪切板词频统计。如果要统计剪切板词频,则选择统计菜单下的统计剪切板词频菜单项,则剪切板上的单词会在打开文件框中显示,再点击工具栏上的统计按钮即可。

(3) 查看统计表格。点击查看菜单下的统计表格菜单项,即可查看空的统计表格。

（4）查看大纲列表。点击查看菜单下的大纲列表菜单项，打开大纲列表窗口，即可查看大纲列表。如果要查看某大纲，双击该行即可。在大纲列表窗口，还可以自定义某个词汇表，方法是在大纲名称文本框中输入大纲名称，然后在大纲文件文本框中载入大纲文件，再点击添加按钮即可。若要删除某词汇表，则选中该词汇表后，点击删除按钮即可。

（5）描红超纲词。如果要查看所有勾选的超纲词汇在文章中的位置，则首先点击统计，然后选择超纲，再勾选全选，然后点击查看菜单中的描红选定的超纲的词汇即可。

（6）查看非词表。非词表是指不想统计的单词或者字符的列表，该文件位于程序目录下的 dict 子目录下的 notwords.txt。要查看非词表，点击工具菜单下的查看非词表即可；如果要启动非词表，则点击工具菜单下的"启动非词表"。

（7）加密词表。如果要对词表进行加密，则点击工具菜单下的加密词表；如果要解密词表，则点击工具菜单下的解密词表即可；如果要打开词典目录，点击工具菜单下的打开词典目录即可。

4）汉语频度分析

点击功能性分析下拉列表框中的汉语词频分析选项，打开汉语词频统计窗口，在分词后待统计词频文件文本框中载入分词后的文件，如"虚拟学习团队 2010-8-7_分词后.txt"则系统自动载入过滤词表，并在输出文件文本框中生成词频统计文件"虚拟学习团队 2010-8-7_分词后_词频.txt"。在归并词群表文本框中载入归并词群表，还可以对文档中的词进行归并。在保留词表文本框中载入保留词表，则可以将文档中在保留词表中的词保留下来。

5）社会网络分析

点击功能性分析下拉列表框中的社会网络分析选项，打开 ROST CM 语义网络和社会网络生成工具，在待处理文本框中载入待处理文件（待处理文件可以是聊天内容文件、全网分析中的摘要文件，文件格式为一行就是一句话或者一段话），然后点击高频词按钮，可以生成高频词表；点击过滤无意义词按钮，可以生成过滤后的高频词和共现矩阵词表；点击提取行特征按钮，可以生成行特征词；点击构建网络按钮可以生成语义网络的.vna 文件和.txt 文件，如果进一步点击启动 NetDraw 按钮，则可以打开 NetDraw 工具，查看图形结果；点击构建矩阵按钮则可以生成共现矩阵文件。双击文件框可查看相应结果。

如果想进行快速分析，则载入待处理文件后，点击快速分析按钮，即可一次生成上述文件。

6）情感分析

点击功能性分析下拉列表框中的情感分析选项，在待分析文件路径文本框中载入待分析的文件，点击分析，然后双击各文本框，即可查看情感分析详细结果、情感分段统计结果、中性情绪结果文件和情感分布统计视图结果。

7）流量分析

点击功能性分析下拉列表框中的流量分析选项，打开 RostAlexa 网络流量分析工具，在输入网址文本框中输入要进行流量分析的网址，点击数据分析按钮即可。

还可以在该工具中进行批量分析，这时只需要点击批量分析按钮，导入需要进行批量分析的网页链接表，即可得到批量分析结果。以下是批量分析的一个例子。

2. QQ 聊天记录分析

要分析聊天记录，首先必须从 QQ 消息管理器的导入导出菜单下的导出消息记录导出消息的文本文件（.txt 文件）然后点击在待处理文件的文本框后，载入要处理的消息文本文件，然后点击导入按钮，使之格式化，即完成用户数据的整理。然后再点击分析按钮，进行分析。分析完成后，可点击分析框中的发言频度文件、口头禅文件、总词频文件和聊天内容文件超链接，查看相应结果。

启动情感分析模块，载入格式化后的聊天记录文件（不是刚刚导出的聊天记录原始文件），点击分析按钮，还可得到情感分析详细结果、情感分段统计结果、中性情绪结果文件和情感分布统计视图等情感分析结果。

3. 全网分析

在输入搜索词文本框中输入要搜索的关键词，点击搜索按钮，则搜索引擎根据该关键词搜索并返回的所有网页结果默认存放在程序目录下的 data 目录下的 fullweb 目录中，类似这样命名：虚拟学习团队 2010-8-7.txt。双击输出文件文本框，即可查看结果。也可以进一步点击分析按钮，待分析完毕，即可分别点击相关词频表、网页链接表、域名表和摘要超链接，查看相应结果。该结果也默认存放在上述目录中。

通过搜索引擎得到的全网数据还可做以下分析：

（1）全网数据中的摘要或标题数据中的词语、机构的共现关系。方法是在社会网络分析工具中载入全网分析结果的摘要文件，点击快速分析按钮，即可双击文件框查看结果，或启动 NetDraw 查看图形结果。

（2）情感分析。只需要将全网数据中的摘要数据载入情感分析工具，点击分析按钮即可。

（3）域名的批量流量分析。只需将网页链接表载入到流量分析模块中，即可进行该网页链接表对应的域名批量流量分析。

（4）将网址列表载入到迅雷中进行下载。

4. 网站分析

1）获得网站数据

获得网站数据的方式有两种：一是直接启动网站抓取，抓取下来的网页保存在程序目录的 data \ website \ 网站名 \ webPage 目录下；二是启动高级网站抓取功能，即启动 RostWebSpider 抓取工具。

具体方法是在文件菜单下点击新建任务菜单项，打开新建任务窗口，该窗口包含地址设置、连接设置、文件类型和内容设置 4 个选项卡。如果进行地址设置，则点击地址设置选项卡，输入任务名称，如果是整站下载，则点击整站下载选项卡，输入网站入口 URL；如果是指定 URL 下载，则点击指定 URL 下载选项卡，并将要下载的 URL 添加到 URL 列表中；如果是指定目录下载，则点击指定目录下载选项卡，输入入口 URL；最后点击网站下载选项卡，并添加 URL 入口或从文件导入 URL 到 URL 入口列表中即可。

需要注意的是，为了将下载的网站数据放到指定的位置，可以点击设置菜单项的设置任务文件夹菜单项，设置存放网站数据的位置。

如果进行连接设置，则点击连接设置选项卡，即可对下载的线程数、连接超时时间、抓取网页最大深度、URL 队列为空时线程等待时间、两个连接之间的停顿时间，以及超链接的最大长度进行设置。此外，还可以选择是否同一 TCP 连接要抓取多个网页。

如果要对下载的文件类型进行设置，则点击文件类型选项卡，对允许下载的文件类型进行设置。

还可以对下载的内容进行限制。点击内容限制选项卡，可以限制下载包含某些域名的网页、包含某些文件扩展名的网页或指定链接需要包含的字符串。

此外，在任务查看器中可以进行下载监控，查看更新报告，查看文件、任务和事件。

2）分析

点击分析按钮对抓取的网页文件即可做进一步的分析，生成网页的文本文件和全站合并文件。点击分析框中的网页的文本文件和全站合并文件超链接，即可查看结果。这些结果分别默认存放在 data \ website \ 网站名 \ webPage \

analysis 目录下。

5. 浏览分析

首先点击获得历史浏览数据按钮，然后点击分析按钮，即可得到分析结果。点击标题文件、URL 文件和标题词频文件超链接，即可查看结果。打开 ROST CM 实时浏览数据抓取工具，点击获得实时阅读数据按钮，即可获得实时阅读数据。

第九章

科学计量学中的社会网络分析法

9.1 社会网络分析法概述

9.1.1 社会网络分析法的发展

现在一般将社会网络定义为：一组行动者及连接它们的各种关系（如友谊，沟通和建议等关系）的集合[1]，最早起源于西方社会学与人类学的相关研究，其目的在于探讨人际互动关系的社会结构对特定个体所产生的影响[2]。社会学领域的视角中，约翰·斯科特（John Scott）的观点具有代表性，他认为社会网络分析中主要有三个主流学派[3]。20世纪30年代，莫雷诺系统地分析小团体内的社会交往，特别是学生团体和工人团体内部的交往[4]。哈佛大学沃纳和梅奥则带领一个研究小组探索了工作中的人际关系[5]。在40年代，英国社会人类学家拉德克利夫·布朗呼吁人类学家开展关于社交网络的系统研究[6]。从40年代开始，研究者开始用矩阵代数和图论来研究社交网络中的基本概念，如群体和社交圈。从20世纪60年代到70年代，哈佛社会学系的研究者们对社交网络进行了深入研究，这些传统的研究在哈佛大学汇聚成了当代的社会网络分析。

事实上，由于社会网络分析的方法性特征十分明显，可以认为斯科特的观点侧重于社会网络分析理论，网络分析法的研究则可以追溯到更早的时期。如果将图论看做网络分析方法的起源，那么社会网络分析的历史可以追溯到1736年欧拉对哥尼斯堡七桥问题的处理，但直至20世纪60年代末，仍没有形成明确的网络分析方法体系。1967年，斯坦利·米尔格莱姆进行了著名的"六度分隔理论"实验，从而推动了网络科学从纯粹的图论扩散到科学研究中。米尔格莱姆得出结论，人类社会比"真实世界"要小很多，因为仅用6步就能将完全不

---

[1] Kiduff M，Tsai W. 社会网络与组织［M］. 王凤彬等译. 北京：中国人民大学出版社，2006：176.

[2] 任庆宗. 集团企业子公司之综效利益与弹性限制——网络观点［D］. 台北：政治大学企业管理研究所博士学位论文，2003.

[3] 约翰·斯科特. 社会网络分析法［M］. 刘军译. 重庆：重庆大学出版社，2007：6.

[4] Moreno J L. Who shall survive? a new approach to the problem of human interrelations［J］. Journal of Americon Medicol Association，1935，80（6）：231-234.

[5] Warner W L，Lunt P S. The Social Life of a Modern Community［M］. New Haven：Yale University Press，1941.

[6] Radcliffe-Brown A R. On social structure［J］. The Journal of the Royal Anthropological Institute of Great Britain and Ireland，1940，70（1）：1-12.

认识的人连接起来,而且与他们居住在哪里无关,他将此称为"小世界网络问题"①。1973 年,格兰诺维特发表了著名的论文——《弱连接的力量》②,推测社会网络既包含将社会捆绑在一起的强联系,也包含远距离的弱联系,这就可以解释为什么少数几步就能跨越一个很大的稀疏网络。从 1998 年开始,瓦茨和斯特罗伽茨通过说明小世界模型的通用性以及实用性重新激发了人们对小世界网络的兴趣,他们提出了一个简单的、用于构造小世界网络涌现过程③;巴拉巴斯和亚伯特则总结了带有 hub(枢纽点)的非随机网络,并且描述了无标度网络的生成过程④。在认识到小世界和无标度网络的重要性之后,数学家、物理学家和社会学家之间不断进行互动,从而引发了一个新的研究高潮。这个部分的研究市场被人们称之为复杂网络分析,其更倾向于解释大规模网络的整体特征⑤。事实上,从更宏观的角度来看,在很多具体特性的测量上,社会网络与复杂网络都是殊途同归的,如社会网络的传递性和复杂网络的集聚性⑥。网络分析方法作为强有力的分析手段,其崛起速度是难以想象的,*Science* 于 2009 年专门刊登了一个复杂网络分析方法的专辑⑦。

9.1.2 社会网络分析法的特征

社会网络分析法的一个重要特点是,它具有能够用不断丰富和发展的运算法则、方案及程序等分析网络关系的潜力,翔实地描绘出重要的、导向性的网络概念和结构特征。可多夫和蔡⑧认为,社会网络分析法的特征大致可以归纳为如下几个方面:网络研究的聚焦点是关系和关系模式,而不是行动者的属性;网络研究中可以进行多层次的分析,从而可以在微观、宏观之间建立连接;网络研究可以将定量资料、定性资料和图表数据整合起来,使分析更加透彻和深入。以上这些特征是社会科学领域的传统研究方法所不具备的。

---

① Milgram S. The small world problem [J]. Psychol Today, 1967, (2): 60-67.
② Granovetter M S. The strength of weak ties [J]. Am. J. Social, 1973, 78 (6): 1360-1380.
③ Watts D J, Strogatz S H. Collective dynamics of "small-world" networks [J]. Nature, 1998, 393: 440-442.
④ Barabasi AL, Albert R. Emergence of scaling in random networks [J]. Science, 1999, 286: 509-512.
⑤ Watts D J. Networks, dynamics, and the small-world phenomenon [J]. Am. J. Sociol, 1999, 105: 493-527.
⑥ Newman M E J. The structure of scientific collaboration networks [J]. PNAS, 2001, 98 (2): 404-409.
⑦ Science, 2009, 325 (5939). Special Issue: Complex Systems and Networks.
⑧ Kilduff M, Tsai W B. 社会网络与组织 [M]. 王凤彬等译. 北京:中国人民大学出版社, 2006.

其中，社会网络分析法研究的聚焦点是关系和关系模式，而非行动者的属性，这个特点一直以来都是一个争论的焦点，本书中我们比较倾向于相较于传统的聚焦于行动者属性，社会网络分析应该是增加了关系维度的分析，而非纯粹地聚焦于关系维度。

关系和关系模式。网络方法可以检验在一个特定社会背景下的网络联结模式是否与其他重要的模式，如决策制定模式相关联。例如，个体在做决定时是否会受到朋友们的影响？团队中的个体关系是如何影响科学研究工作的？许多网络研究都侧重于探讨社会结构，即社会系统内联结与分裂的模式。社会结构是对行动者之间关系模式的抽象表达，研究社会结构可以帮助我们理解一组行动者在社会空间里聚集在一起的方式。行动者互动中形成的特定的结构，可以与同一群行动者的其他可能的结构类型进行比较，以确定诸如所观察到的实际的结构与理论上推演出来的结构之间的一致程度等。使用社会网络分析法，可以同时对整个关系系统和该系统中的构成部分进行分析。

连接宏观和微观的分析。社会网络分析法中所发现的社会结构构成了社会现实。由于社会结构是各种不同类型的网络联结以错综复杂的方式相互交织的结果，所以常常不是直观而易见的。而且，各种网络联结可能跨越不同的分析层次，并且常常经由多年时间的积累才逐渐形成。社会网络分析法可以促使行动者看清在特定社会联结模式中所隐含的各种不明朗的约束和机会。

定性研究和定量研究的结合，展示效果的直观化。传统的社会科学研究倾向于把焦点放在群体之间的均值差异上，因此，其数据分析往往是在一种高度的抽象中进行的。而社会网络分析法使研究者得以更加贴近数据。其研究效果经常以图的方式直观地展现来，这就增加了研究问题的现实感，而这恰恰是画满了各种回归表的典型的学术论文中常常欠缺的。

此外，韦尔曼（Wellman）总结出社会网络分析法的方法论特征包括以下五个方面：

（1）它是根据结构对行动的制约来解释人们的行为，而不是通过其内在因素（如对规范的社会化）进行解释的，后者把行为者看做是以自愿的、有时是目的论的形式去追求所期望的目标。

（2）它关注对不同单位之间的关系分析，而不是根据这些单位的内在属性（或本质）对其进行归类。

（3）它集中考虑的问题是由多维因素构成的关系形式如何共同影响网络成员的行为，故它并不假定网络成员间只有二维关系。

（4）它把结构看做是网络间的网络，这些网络可以归属于具体的群体，也可不属于具体群体。它并不假定有严格界限的群体一定是形成结构的阻碍。

（5）其分析方法直接涉及的是一定的社会结构的关系性质，目的在于补充甚至是取代主流的统计方法，这类方法要求的是独立的分析单位。

9.1.3 社会网络分析法的形式化表达

要进行社会网络分析，首先必须明确网络到底是指什么。一般而言，最常用的社会网络形式化表达方式包括图和矩阵两种。瑟曼将利用图论应用于社会网络的原因归结为四点[①]：①图论提供了可以用于标记和表示社会结构属性的词汇表，使用者可以利用这些词汇精确地了解属性；②可以利用图论提供的数学运算和观念对许多属性进行量化和测量；③图论还提供了关于图的定理证明；④此外，图论还提供了一种以包含一组行动者及其联系的社会系统模型的方式来表示社会网络的方法。

利用图所表示的网络结构，包含一系列的节点和把各个节点联系起来的连线，如图 9-1 所示。节点是网络中最小的单位，在社会网络分析中，一个点表示一个行动者，如一个人、一个组织或者一个国家；连线是网络中两点之间的联系，社会网络分析中连线可以代表任何社会关系，如婚姻、借贷、合作、引用关系等。连线可以有方向，也可以没有方向，所形成的图就分别代表了有向网络和无向网络。除此之外，还有一些特殊的连线，如两端连接同一个节点的环（如作者自引）；此外，节点之间由于存在多种关系，在图中节点之间就会存在多重连线。

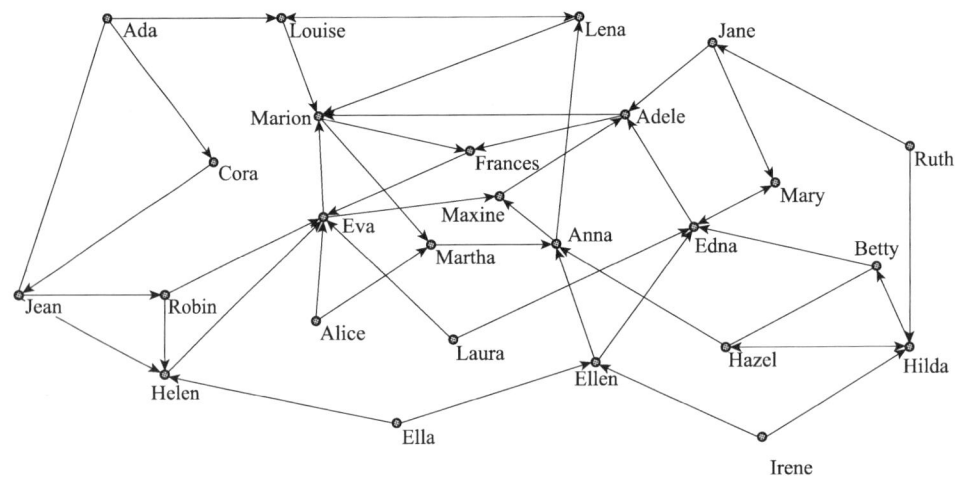

图 9-1 一个简单的社会网络图

---

① 斯坦利·沃瑟曼，凯瑟琳·福斯特. 社会网络分析：方法与应用 [M]. 陈禹，孙彩虹译. 北京：中国人民大学出版社，2012.

图可以用矩阵表示，图中节点与节点之间的关系、节点与边之间的关系、边与边之间的关系都可以用矩阵来表示。社会网络分析中的矩阵主要包括两种类型：一种是社会关系矩阵，另一种是关联矩阵。社会关系矩阵又叫做邻接矩阵，是社会网络分析中的主要矩阵，之所以也将其称为邻接矩阵，是由于矩阵中的值可以表示两个节点是否相邻。对于邻接矩阵，每个节点都对应着一行和一列，也就是说矩阵的规模为 $n \times n$，行列以相同的顺序标识出图中的节点。对于一个二值的邻接矩阵，如果节点 n_i 和 n_j 之间有边相连，那么在单元（i 行 j 列）中值为 1，否则为 0，如表 9-1 所示。表 9-1 中对角线上的值都未做定义，这是因为没有考虑环的因素；同时，由于 n_i 和 n_j 之间的边同样也是 n_j 和 n_i 之间的边，所以这个矩阵是对称的。

表 9-1 邻接矩阵的一个例子

	n_1	n_2	n_3	n_4	n_5	n_6
n_1	—	0	0	0	1	1
n_2	0	—	1	0	0	0
n_3	0	1	—	0	0	0
n_4	0	0	0	—	1	1
n_5	1	0	0	1	—	1
n_6	1	0	0	1	1	—

表 9-2 给出了一个关联矩阵的例子。关联矩阵用点来标记行，用边来标记列。因为点的数量和边的数量不一定相等，所以关联矩阵行列规模不一定相同；对于每个点都存在一行，对于每条边都存在一列。如果点 n_i 和边 l_j 有关联，那么矩阵中 i 行 j 列的值就等于 1，否则为 0。与邻接矩阵的一个重要的不同点在于，关联矩阵一般情况下都是二值的，因为一条边和一个点要么关联，要么不关联。

表 9-2 关联矩阵的一个例子

	g_1	g_2	g_3	g_4	g_5
n_1	1	1	0	0	1
n_2	0	0	1	0	0
n_3	0	1	1	0	0
n_4	0	0	0	1	1
n_5	1	0	0	1	0
n_6	1	0	0	0	1

9.2 社会网络分析法的维度及相关概念

9.2.1 社会网络分析法的维度

作为一种实用性极强的方法，社会网络分析法在应用过程中必然涉及分析维度的问题。汪丹[1]认为，根据社会网络分析的切入点不同，可以将社会网络分析分为狭义社会网络分析与广义社会网络分析，狭义社会网络分析主要分为个体网络分析（ego-centric network）和整体网络分析（complete network），所涉及的指标如网络规模、网络密度、成分分析、派系、可达性、区块模型。广义社会网络分析包括中心度、弱连接、桥等研究。博嘉蒂认为，仅用个体网分析和整体网分析两种分类就可以包括上述所有的指标[2]。这两种分类无法涵盖其他一些内容，如作为网络基本单位的二方关系（dyads）、三方关系（triads）的研究，诺克与库克林斯基对社会网络分析层次的分为以下四类[3]：

(1) 个体分析：所考察的重点基于行动者之间的连接关系的数量、内容等。

(2) 二方关系对：以关系的最小单位——两个行动者间的联结关系为研究主体，除了分析行动者的各自属性与联结关系外，行动者之间关系的内容也是分析重点。

(3) 三方关系组：以三个行动者间的可能发生的各种联结关系为基本单位，侧重于三者间是否存在着传递效果，进一步探讨两两间关系如何受第三者的影响。

(4) 整体网络分析：级别最高、最复杂的分析层次，包含研究对象内所有行动者间的关系。也就是在某特定的范围内，研究该范围内所有行动者的关系状态，如团队、组织、公司、产业、区域等。

瑟曼和浮士德[4]对社会网络分析的层次采用了五分法：个体层次分析、二方层次分析、三方层次分析、子图层次分析和总体层次分析。事实上，可以将着眼于个体的分析层次认为是微观层次，二方关系对、三方关系组和子图分析属于中观层次，总体层次分析认为是宏观层次。

---

[1] 汪丹. 科学合作中的媒介角色 [D]. 北京：中国科学院文献情报中心博士学位论文，2009：11-13.

[2] Borgatti S P, Jones C, Everett M G. Network measures of social capital. CONNECTIONS, 1998, 21 (2): 30-36.

[3] Knoke D, Kuklinski J H. Network analysis. Sage: Newbury park, 1982: 16-17.

[4] Wasserman S, Faust K. Social Network Analysis: Methods and Application [M]. Cambridge: Cambridge University Press, 1994: 25-26.

9.2.2 微观、中观、宏观层次的概念

1. 微观层次的概念

网络中的节点是构成整个网络的基础,社会网络中的节点层次的分析和传统的社会学不同,除了考虑节点本身的属性外,更多地集中于在节点之间产生联系的基础上考虑节点的特征。微观层面被讨论最多的概念即节点的中心度,大多数网络都会存在一些占据中心位置的节点,这些节点在网络中传递信息、获取信息的几率比一般的节点更大,如何找到这些节点,或者说如何衡量网络中所有节点的这种特性将依赖于节点的中心度分析。一般有四种类型的节点中心度:度数中心度、中间中心度、接近中心度和特征向量中心度。

度数中心度是一个较为简单的概念,一个节点的中心度等于与该节点相连的其他点的个数,一般而言,这种计算的结果被称为绝对中心度。由于不同规模网络中节点的绝对中心度不具可比性,弗里曼提出了相对中心度,即绝对中心度与网络中最大可能的度数的比值。

中间中心度主要衡量节点在网络中对资源的控制程度。如果一个点处于许多连接其他节点的最短路径上,那么我们就可以说这个点具有较高的中间中心度,其运算公式为

$$C_B(v) = \sum_{s \neq v \neq t \in V} \frac{\sigma_{st}(v)}{\sigma_{st}}$$

其中,σ_{st}代表节点s和t之间的最短路径数量,$\sigma_{st}(v)$表示经过节点v的最短路径数。

节点的接近中心度是一种针对不受其他节点控制的测度。如果一个点与网络中的其他点距离都很短,那么该点就具有较高的接近中心度。一个点的绝对接近中心度等于与图中其他点捷径距离之和,其表达式为

$$C_{APi}^{-1} = \sum_{j=1}^{n} d_{ij}$$

其中,d_{ij}是点i和j之间的捷径距离。此外,刘军还给出了相对接待中心度的计算公式为

$$C_{RPi}^{-1} = \frac{C_{APi}^{-1}}{n-1}$$

除了上述三种中心度之外,还有第四种中心度指标,其基本假设是,如果与一个节点相连的其他节点数量越多,那么这个节点就越处于中心位置,尤其是这些与它相连的节点本身也处于中心位置的时候。也就是说,与某个节点相连的节点数量很重要,但是这些节点在网络中的重要程度更有意义。克莱因伯

格于 1999 年提出的 HITS 算法（Hyperlink-Induced Topic Search，也称 Hubs and Authorities）[①] 可以很好地计算节点的特征向量中心性。

2. 中观层次的概念

中观层次的概念主要是指对二方对、三方组合子图进行的分析。这些内容在节点的层次上进一步增加了更多的内容，可分析的维度也得到增强。

二方对相对简单，主要包括四种类型，如表 9-3 所示。二方对分析可以揭示网络中的互惠程度[②]，还可测度整个网络中两点之间的连接率和吸引率[③]，虽然这是中观层次的概念，但总体上已经反映了网络的整体性质。

表 9-3 二方关系

图形式	数学形式	英文名	中文名
$i \quad j$	(0, 0)	null dyad	无关系
$i \longrightarrow j$	(1, 0)	asymmetric dyad	不对称关系
$i \longleftarrow j$	(0, 1)	asymmetric dyad	不对称关系
$i \longleftrightarrow j$	(1, 1)	mutual dyad	对称关系对

在社会网络分析研究的问题中，关系的传递性是一个非常重要的概念，如果某两个成员均与第三者有联结，那么这两个成员之间也往往有一个直接的联结，从而构成一个具有传递性的三方组[④]。三方关系组可以有 16 种表现形式，如图 9-2 所示。图形下方 1~16 表示的是序号，其排序是按照 M-A-N（对称关系、不对称关系、无关系）模型来列出的，例如，021 指对称关系对数量为 0，不对称关系对数量为 2，无关系对数量为 1。最后的字母 D（down）表示关系方向向下，U 表示关系方向向上（up），C 表示为循环（cycle），T 表示传递（transitive）。分析不同类型的三方关系组在不同类型网络中的具体含义，通过统计三方关系组的分布，能够从中观层面揭示网络的整体特性。

凝聚子群是网络中满足如下条件的一个节点的子集合，即在此集合中的节点之间具有相对较强、直接、紧密、经常或者积极的关系，从网络的角度理解，子群就是一个子网。通过凝聚子群分析，可以得到整体网络中规模略小的子网

[①] Kleinberg J. Authoritative sources in a hyperlinked environment [J]. Journal of the ACM, 1999, 46 (5): 604-632.

[②] Monge P R, Contractor N S. 传播网络理论 [M]. 陈禹等译. 北京: 中国人民大学出版社, 2009: 34.

[③] 王林, 戴冠中. Internet 拓扑结构的静态概率模型研究 [J]. 西北工业大学学报, 2005, 23 (3): 341-345.

[④] Kiduff M, Tsai W. 社会网络与组织 [M]. 王凤彬等译. 北京: 中国人民大学出版社, 2006: 172.

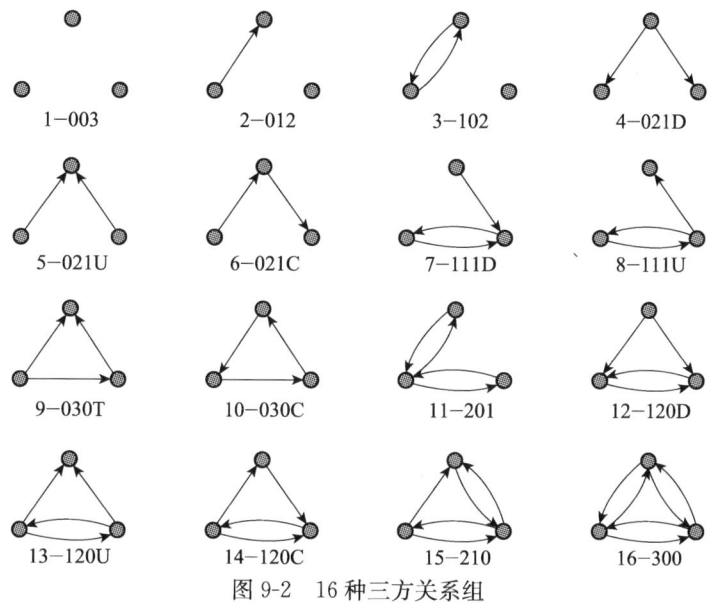

图 9-2 16 种三方关系组

络分析结果。一般而言，对于凝聚子群的分析主要建立在考察网络中节点的连接方式的基础上。如果一个图可以分成几个部分，每个部分的内部成员之间存在关联，而各个部分之间没有关联，那么这些部分可以称为网络的组元（component）或者成分，一般而言，组元是最容易区分出的子群。如果整个网络都是联通的，那么整个网络就是一个组元，此时就需要通过其他方法来获取子群，例如，建立在可达性和直径基础上的派系分析，建立在点度数基础上的丛分析和核分析等[①]，这些内容在刘军工具书中有更为明确的说明，这里就不再赘述了。

3. 宏观层次的概念

体现网络宏观特性的概念包括密度、中心性、可达性等。这些术语可以帮助我们鉴别出在同一群体中的不同特征的网络，或者对不同群体的网络特征进行对比。

网络密度是指网络中节点之间连接的紧密程度，主要测量实际网络中连线的分布与完全图之间的差距。对于同一个网络，节点之间的连线越多，网络密度就越大。一般情况下，只有在网络的规模大致相同的前提下，才可能对不同网络的密度进行比较。对于无向图来说，网络密度可以用网络 G 中实际拥有的连线数与理论最大值之比来表示，即

---

① 刘军. 整体网分析讲义 [M]. 上海：格致出版社，2009.

$$d(G) = \frac{2M}{N(N-1)}$$

其中，M 为网络中实际有的连接数，N 为网络中的节点数，网络密度的取值范围为 [0，1]。对于有向图，上述公式中分子则应当为 M。

网络中心势衡量的是某一网络围绕一个或少数几个行动者发生联结的程度。研究者们可以进一步探寻这些居于中心位置的行动者本身是否集结在一个结构中心内，或者该网络中是否存在多个结构中心等。研究表明，具有高集中度的非正式网络在其运行中往往是更为机械的，而具有多个结构中心的网络则可能是更有机的[1]。与节点的中心度对应，网络的中心势一般包括三种类型：度数中心势、中间中心势和接近中心势。

可达性主要用来衡量网络中传递的效率。高可达性的网络比低可达性的网络更有效率，因为在前一种网络中，通过同样数量的中间人，信息可以传达给更多的人。举例来说，假如在 A 网络中，每个节点都与其他的节点相连，那么网络中所有的节点只要通过一步的路程就可以相互联结，而在 B 网络中，同样通过一步的路程却只能接触到 50% 的节点，那么就可以认为 A 网络比 B 网络具有更高的可达性。

9.3 常用社会网络分析软件

9.3.1 Pajek[2]

豪氏威马等[3]在 2005 年对比分析了当时主流的 23 种社会网络分析软件，其中包括著名的通用社会分析软件 Ucinet、Pajek 和 NetMiner 等，也包括了一些具有独特分析功能的软件，如 MultiNet、STRUCTURE 和 StOCNET。2011 年，豪氏威马等再次撰文描述社会网络分析软件的总体情况[4]，并且将软件分成

---

[1] Sharader C B, Lincoln J R, Hoffman A N. The network structures of organizations: Effects of task contingencies and distributional form [J]. Human Relations, 1989, 42: 43-66.

[2] Batagelj V, Mrvar A. Pajek-program for large network analysis [J]. Connections, 1998, 21 (2): 47-57.

[3] Huisman M, van Duijn M A J. Software for social network analysis [A] //Carringtons P J, Scott J, Wasserman S. Models and Methods in Social Network Analysis [C]. New York: Cambridge University Press, 2005: 270-316.

[4] Huisman M, van Duijn Marijtje A J. A reader's guide to SNA software [A] //Carrington P J, Scott J. The SAGE Handbook of Social Network Analysis [C]. London: SAGE, 2011: 578-600.

通用软件包、专用软件包、可视化软件及其他软件四类。Pajek 因其免费、持续更新和强大的运算功能受到了大力推荐。

Pajek 是由卢布尔雅那大学的弗拉迪米尔·巴塔盖尔吉和安德瑞·马禄发开发的一个专门用来分析大型网络的软件。Pajek 用于科学研究是完全免费的，并且有相关的使用手册[1]和专门教材[2]。

Pajek 在斯洛文尼亚语里面是"蜘蛛"的意思，它是用 Delphi（Pascal）语言开发的。Pajek 为如下这些网络提供分析和可视化工具：合著网、化学有机分子构成的网络、蛋白质受体交互网、家谱网络、引文网、传播网（AIDS、新闻、创新）等。通过 Pajek，可以在网络中寻找特定的类别（成分、重要结点的邻接点、核等）；反映出结点的连接关系（具体的局部视角）；显示类之间的关系（全局视角）。

一个算法的复杂度主要表现时间复杂度和存储空间复杂度两个方面。当复杂网络的节点数目非常庞大时，计算机运算速度的快慢对于解决问题的时间来说已经无足轻重。此时，算法的时间复杂度就起着至关重要的作用。在 Pajek 中，所有的算法时间复杂度都低于 $O(n^2)$，举例来说，即使是在英特尔奔腾芯片 90MHz，64M 内存的低配置下，1 000 000 节点规模的网络运算时间也只需要 14 秒左右的运算时间，这是绝大多数社会网络分析软件都无法达到的。

在数据格式方面，Pajek 无法直接分析矩阵数据，必须将矩阵数据转化成节点与节点之间的关系对数据，图 9-3 给出了 Pajek 可读的网络数据格式，一般保存为 .net 后缀的文件。图 9-3 中，Vertices 26 表示分析的数据中有节点 26 个，"Ada""Cora"等是对应节点的具体名称，节点后的三个数据即节点在三维空间结构中的 X，Y，Z 轴坐标。Arcs 指有

```
*Vertices 26
1 "Ada"      0.1646  0.1077  0.5000
2 "Cora"     0.0481  0.3446  0.5000
3 "Louise"   0.3472  0.0759  0.5000
4 "Jean"     0.1063  0.6284  0.5000
[...]
25 "Laura"   0.5101  0.6557  0.5000
26 "Irene"   0.7478  0.9241  0.5000
*Arcs
 1  3  2
 1  2  1
 2  1  1
 2  4  2
 3  9  1
 3 11  2
[...]
25 15  1
25 17  2
26 13  1
26 24  2
*Edges
```

图 9-3　Pajek 数据样例

---

① Batagelj L, Mrvar A. Pajek manual [EB/OL]. http://pajek.imfm.si/lib/exe/fetch.php?media=dl:pajekman.pdf [2013-4-5].

② Nooy W D, Marver A, Batagelj V. Exploratory Network Analysis with Pajek [M]. Cambridge: Cambridge University Press, 2005.

向关系，数字 1，3，2 为有向关系具体表示方式，在图中的意思即 Ada 到 Louise 有强度为 2 的关系，Edges 为无向关系，本例中不存在无向关系，故其下没有相关的数据表示。

  Pajke 的菜单中集成了目前几乎所有的社会网络分析算法，如图 9-4 所示，相对应的数据格式除 .net 外，Pajek 还分别利用 5 种格式的文件存储在网络运算过程中形成的数据，其中 .clu 文件存储节点分类数据，.per 文件存储排序数据，.cls 文件存储类数据，.hie 文件存储层次数据，.ver 文件存储节点的向量数据。

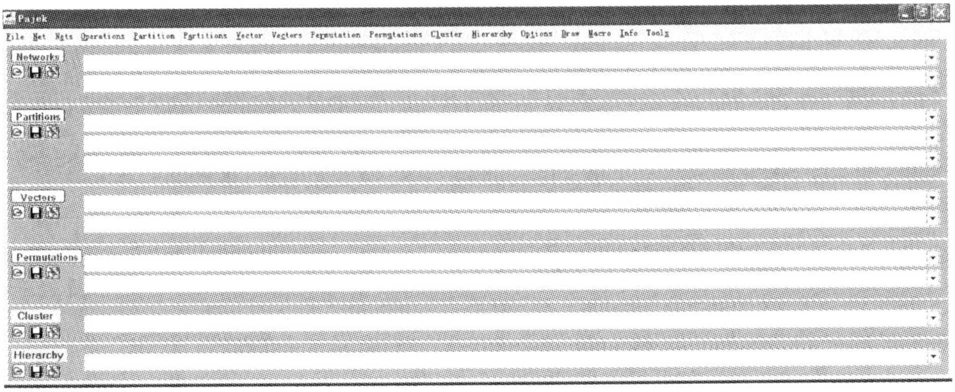

图 9-4   Pajek 主界面

9.3.2   Ucinet

  Ucinet（University of California at Irvine NETwork）[1] 是一种功能强大的社会网络分析软件，它最初由加利福尼亚大学尔湾分校（University of California at Irvine）的林顿·弗里曼编写，后来主要由美国波士顿大学的史蒂夫·博嘉蒂和英国威斯敏斯特大学（Westminister University）的马丁·埃弗雷特维护更新。

  Ucinet 最初发端于 20 世纪 80 年代，弗里曼将当时由众多学者编写的网络分析程序用文件的方式综合起来，形成了 Ucinet1.0 版本；80 年代末期史蒂夫·博嘉蒂开始加入 Ucinet 的开发团队，Ucinent 的运算速度和功能得到了大幅度提高；从 2002 年开始，Ucinet 开始支持 Windows 系统下的操作。2013 年 8 月最新的版本为 6.488[2]，该版本支持 windows 95 之后所用版本的操作系统，并

---

[1] Borgatti S P, Everett M G, Freeman L C. Ucinet for Windows: Software for Social Network Analysis. Harvard: Analytic Technologies, 2002.

[2] https://sites.google.com/site/ucinetsoftware/versions.

且在 32 位版本之外也提供了 64 位的版本。理论上讲，目前的 Ucinet 版本支持最多 200 万节点规模的网络，但超过 5000 个节点就会导致运算速度十分缓慢。作为一款收费软件，Ucinet 同时也提供了试用版本，用户可以在网页上下载最新版本，试用期为 90 天，其主界面如图 9-5 所示。

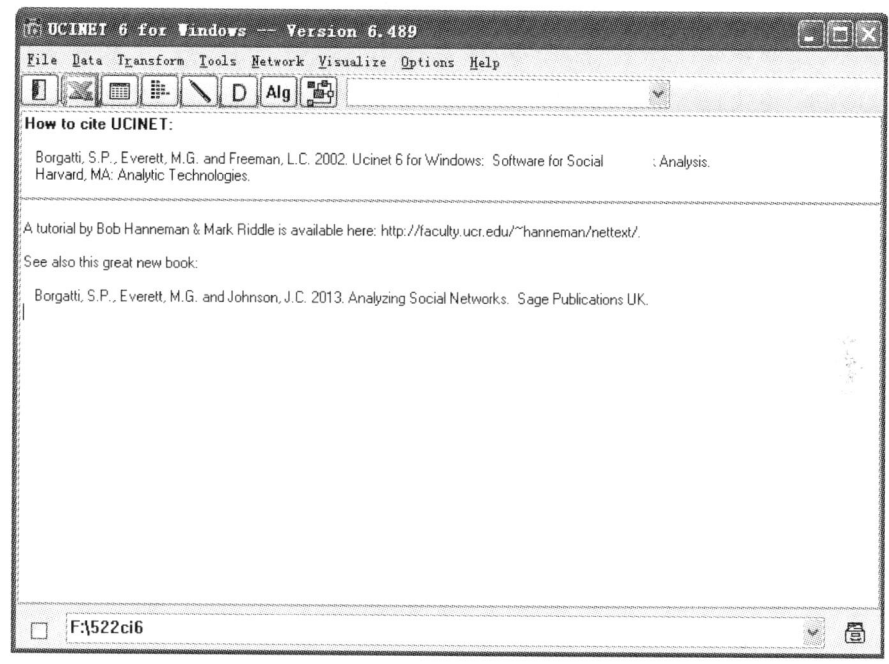

图 9-5　Ucinet 主界面

Ucinet 集成了大量的网络分析指标（如中心度、二方关系凝聚力测度、位置分析算法、派系的探查等）、随机二方关系模型（stochastic dyad models）p1、对网络假设进行检验的程序（包括 QAP 矩阵相关和回归、定类数据和连续数据的自相关检验等），同时还包括一般的统计和多元统计分析工具，如多维量表（multi dimensional scaling）、对应分析（correspondence analysis）、因子分析（factor analysis）、聚类分析（cluster analysis）、多元回归（multiple regression）等。除此之外，Ucinet 还提供人量数据管理和转换的工具，可以从图论程序转换为矩阵代数语言。

Ucinet 的主要功能是面向网络分析，因此除了自身特定格式的数据外，同时支持用内置的表格编辑器直接对网络数据进行操作，如图 9-6 所示，目前的最新版本还嵌入了 Excel，可以直接在 Ucinet 环境下打开 Excel 进行数据编辑。可视化功能是 Ucinet 的短板之一，为了弥补这方面的不足，Ucinet 中还嵌入了 Netdraw、Mage 和 Pajek，以实现分析结果的可视化。Ucinet 在帮助中直接提供了相关的教程，主要是由海曼撰写的在线社会网络教程①和由博嘉蒂等撰写的专著——《分析社会网络》②。国内哈尔滨工程大学社会学系教授刘军也出版了《整体网分析讲义：Ucinet 软件实用指南》③，同样不失为一本好的使用指南。

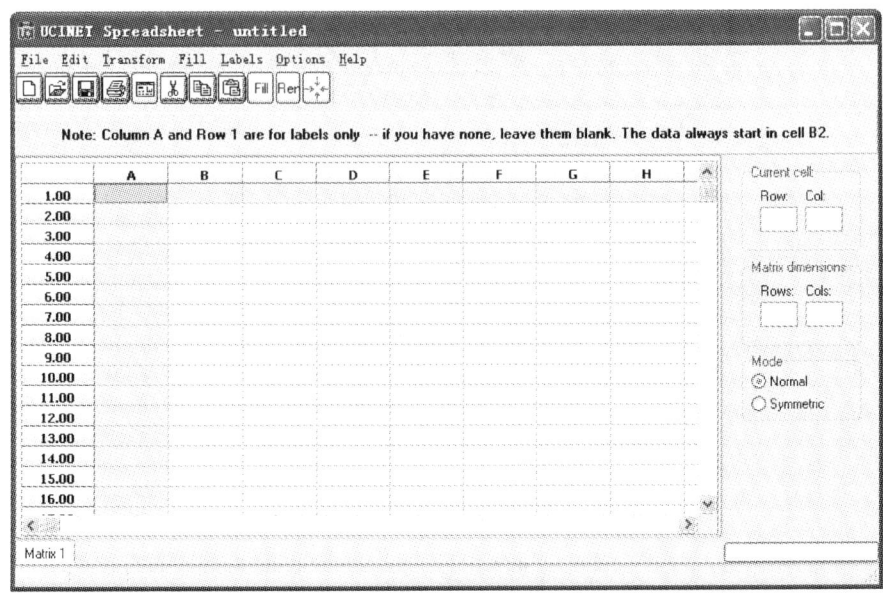

图 9-6　Ucinet 内置表格编辑器

9.3.3　Gephi

Gephi 是由 Bastian 等开发的一款开源免费跨平台的复杂网络分析软件④，其主要用于各种网络和复杂系统，动态和分层图的交互可视化与探测开源工具，Gephi 最大可以分析节点规模 5 万、边规模 100 万的网络，其可视化功能十分强大，Gephi 的宣传口号是"数据可视化领域的 Photoshop"，由此可见一斑。Gephi 是在 Netbeans 平台上开发，语言是 JAVA，并且使用 OpenGL 作为它的可视化引擎。依赖它的 APIs，开发者可以编写自己感兴趣的插件，创建新的

---

①　Hanneman R A, Riddle M. Introduction to social network methods [EB/OL]. http://faculty.ucr.edu/~hanneman/ [2015-10-10].

②　Borgatti S P, Everett M G, Johnson J C. Analyzing Social Networks. London：Sage Publications, 2013.

③　刘军. 整体网分析讲义：Ucinet 软件实用指南 [M]. 上海：格致出版社, 2009.

④　Bastian M, Heymann S, Jacomy M. Gephi：an open source software for exploring and manipulating networks. International AAAI Conference on Weblogs and Social Media, 2009.

功能。

相对于 Pajek 和 Ucinet，Gephi 的菜单设置十分直观。Gephi 主要有 3 个视图，即概览视图、数据资料视图和预览视图。概览视图下，主要对网络进行分析和布局调整，预览视图则主要是对可视化结果进行进一步的优化。

数据资料视图主要支持直接以表格方式对网络数据进行操作，如图 9-7 所示。其结构布局和 Excel 格式很类似，可以分别对点和边进行操作，包括增加、删减节点和边，对列进行添加、合并、删除、清除等操作，还可以通过正则表达式新建列。同时还支持直接将网络以表格的方式进行输出。

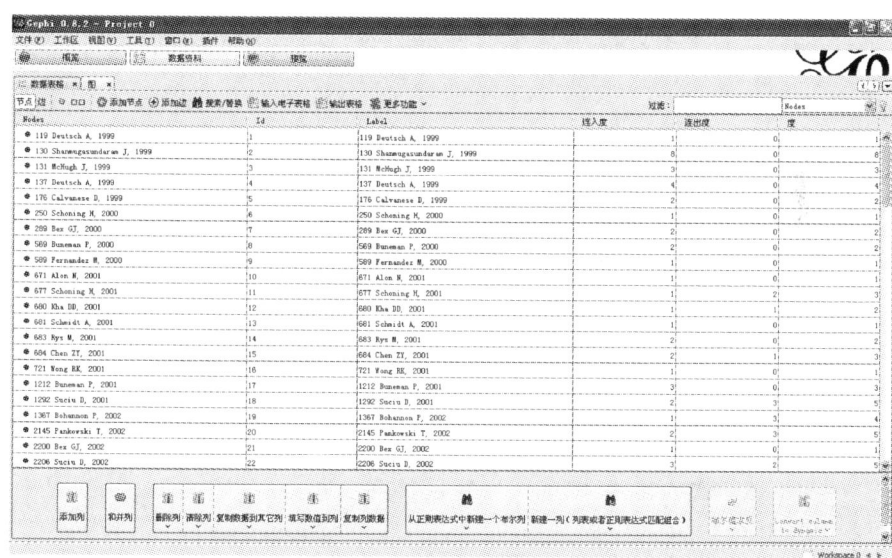

图 9-7　Gephi 数据资料视图

概览视图主要对网络进行分析和布局调整，如图 9-8 所示。在概览视图下，Gephi 直接提供的网络结构分析指标均直接在页面最右方罗列出，主要包括计算网络的平均度、网络直径、密度、模块化、社团划分等；对节点的整体统计则包括加权和不加权的平均聚类系数、特征向量中心度；对边的统计则主要是平均路径长度。利用 Gephi 进行网络分析的一个特点是，每项统计操作完成后，Gephi 不仅给出运算结果，还给出运算结果的描述性统计，并且提供将统计结果直接输出的选项，相比较而言，在 Pajek 和 Ucinet 中，这类输出结果需要利用其他的统计软件如 Excel 或 SPSS 来实现。在可视化分析效果方面，Gephi 提供了非常多的网络结构布局算法，包括力导引布局、地图布局等多层次图布局算法，其中比较有特点的是 Hu Yifan 系列算法，对于规模较大的网络实现最优布局有良好的效率。Gephi 还支持网络的动态结构演化结构分析，在可视化效果上，可以根据时间序列演示整个网络生成的过程。

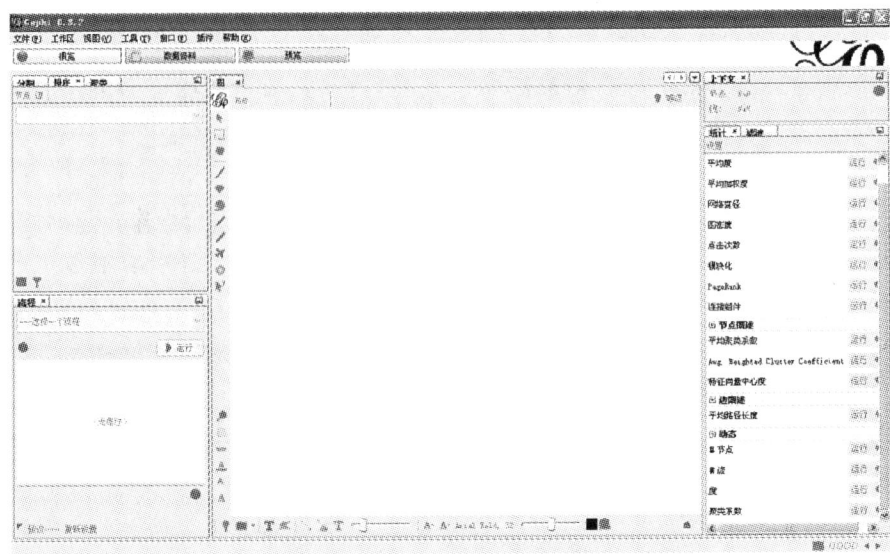

图 9-8 Gephi 概览视图界面

在进行可视化分析时，首先在概览界面对网络进行操作，包括相关的运算，对网络布局进行调整，准备就绪后在预览界面对可视化效果进行最后的编辑和调整，如选择连线的类型、调整标签的大小等，最终可视化结果支持以 SVG、PDF 或 PNG 格式输出，如图 9-9 所示。

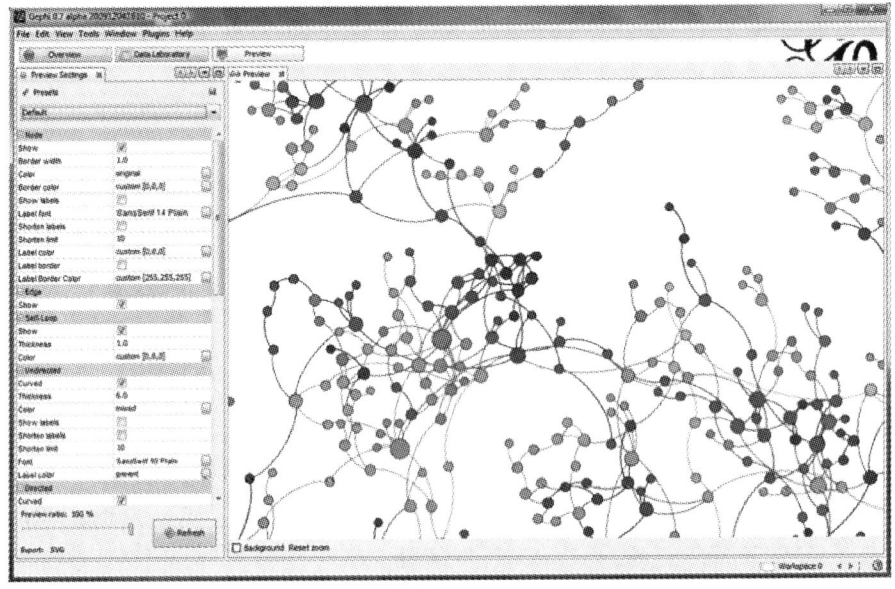

图 9-9 Gephi 预览视图界面

9.4 社会网络分析法的应用举例

9.4.1 作者引用网络结构分析[①]

在引用关系网络中,多个科学家之间的引用关系可以分解为若干个三人引用关系,通过三方关系组,可以对科学家的引用网络进行拆解,进一步分析网络的结构。举例来说,用箭头表示作者之间的引用关系(假定 A 指向 B 表示 B 引用 A),在作者引用网络可能出现图 9-2 中的全部 16 种三方关系。其中 003 表示三人之间完全无关系,012 和 102 实质上是两人之间的关系,这三种都是特殊的三方关系。剩下 13 种三方关系所代表的三人之间产生的关系,从结构上可将之分为非封闭三方关系和封闭三方关系两组 5 个类型,如表 9-4 所示。

表 9-4 13 种三方关系的不同类型

组系	类型	序号
非封闭三方关系组	基础型	021D
		021U
		021C
	发展型	111D
		111U
		201
封闭三方关系组	传递型	030T
		120D
		120U
	循环型	030C
	综合型	120C
		210
		300

非封闭三方关系表示彼此之间的交流存在一定的缺失,其中的基础型是所有三方关系中最简单的形态。021D,021U 与 021C 表示两两之间不存在相互引用关系,互相交流程度较低,中间点在关系中处于核心地位,其他两个点处于从属地位。021D 构成了最简单的文献耦合关系,而 021U 则代表了共被引的最简单形态,021C 是一个单向的信息流动过程。发展型是基础形态最简单的扩充,111D,111U 和 201 这三种发展型三方关系与基础型相比均有一个相互引用的关系对,表明作者之间的关系相对紧密,但仍然存在彼此间无交流情况,不

[①] 董克,刘德洪,江洪. 基于三方关系组的引用网络结构分析[J]. 情报理论与实践,2010,(11): 50-53.

能构成一个完整的引用关系环。

随着交流程度的进一步提高，在非封闭三方关系基础上逐步出现了三人之间均存在直接交流的情况，封闭三方关系由此产生。030T，120D 和 120U 三种类型体现了一种引用关系的传递。援引社会网络理论"禁现三方组"假设，三人中如果 A 引用了 B，B 引用了 C，则就会出现 A 引用 C 的情况，这个假设在引用网络中并不一定成立，但特定的形态构成了一个类型，即引用关系的传递性类型。030C 体现了引用关系之间的循环，在这类结构中，每个人既充当了信息的产生者，同时也充当了信息的传递者，是比较典型的知识交流团体。120C，210 和 300 三种三方关系既包含了关系的传递，也包含了关系的循环，属于具有综合特征的三方关系类型。210 和 300 所包含的关系数量是 13 种三方关系中最多的，是理想的知识交流模型；300 形态表示三人之间的关系最为紧密，是"无形学院"产生的重要基础。

以 1999～2008 年均被 SSCI 收录排名前 18 种图书情报学期刊所载 1999～2008 年的三种主要文献类型（article，proceedings paper，review）为例，选取其中发文量最高的 105 位作者构建互引关系矩阵进行分析，三方关系组分析的结果如表 9-5 所示。

表 9-5　引用网络三方关系组程序分析结果

类型	实际数量	随机模型参照值
4-021D	2401	4247.01
5-021U	2457	4247.01
6-021C	4014	8494.02
7-111D	2411	1045.7
8-111U	1513	1045.7
9-030T	1171	1045.7
10-030C	133	348.57
11-201	465	64.37
12-120D	382	64.37
13-120U	333	64.37
14-120C	331	128.74
15-210	499	15.85
16-300	151	0.33

在 13 种三方关系组结构中，021D，021U 与 021C 三种基础型三方关系实际数值均低于随机产生值，而在此基础上发展型三方关系 111D，111U，201 的实际数值均高于随即产生值。这说明图书情报领域的高产作者相互引用的情况明

显，高产作者之间的学术交流和信息交流较为充分。

如果两个人同时引用第三人，或者两个人同时被第三人所引用，则这两人之间存在一定的科学关系，这是耦合和共被引研究的基本理论假设，有学者认为这是在用结果的有效性说明方法的有效性[1]。030T，120D 和 120U 三种传递型三方关系类型在网络中的实际数量均超过了随机模型产生数量；120C，210 和 300 三种兼具传递型特征综合型三方关系在网络中的实际数量也高于随机模型产生数量。这表明在图书情报领域的高产作者中，如果两人之间存在耦合关系或者共被引关系，两者之间存在联系的可能性大大增加。这个结果在一定程度上证明了耦合和共被引方法理论假设的合理性。

循环型三方关系 030C 在网络中的实际数量小于随机模型产生数量，但由于 120C，210 和 300 三种综合型三方关系同时也具备了循环型的特点，且在社会学假设中，120C 与 030C 属性更接近，这个统计结果表明在图书情报领域高产作者引用网络中，由于间接引用催生出直接引用情况是比较常见的现象。

9.4.2 寻找学科主干[2]

主路径分析法是社会网络分析中的一种重要算法，它将最早发表的文献视作起点，最新发表的文章视作终点，以引用关系为基础筛选出主题发展的主要过程。其分析过程包括多个步骤：首先，从起点（最早发表的文献，未引用文献集中任何其他文献）出发，以引用为依据计算到终点（最近发表的文献，未被文献集中任何其他文献引用）所有的路径；其次，计算出每一条引用关系在所有路径中的比例值，该比例值反映了每一个引用在构成整个文献链（即整体发展过程）中的重要程度，其值可以称为边的遍历权重；最后，选择其中遍历权重最高的文献和引用关系，串联而成主路径，位于主路径上的各篇文献就是关键文献。主路径不仅反映了信息和知识的传递过程，也体现了该学科主题历史发展过程的主要脉络[3]。

以 "small world*" 在 Web of Science 平台 SCI-E 与 SSCI 数据库中进行检索，截止到 2010 年 6 月，共有小世界研究相关文献 2805 篇。根据 MPA 算法计算，2805 篇文献彼此之间引用关系遍历权重结果如表 9-6 所示，其中遍历系数

---

[1] Barabasi A, Albert R, Jeong H. Emergence of scaling in random networks [J]. Science, 1999, 286: 509-512.

[2] 董克，刘德洪. 基于 HITS 与 MPA 算法结合的关键文献确定方法研究 [J]. 图书情报知识, 2011, (3): 77-82.

[3] Hummon N, Carley K. Social networks as normal science [J]. Social Networks, 1993, 15: 71-106.

值在 0.0952 以上的引用关系对仅占 0.126 7%，为 29 对引用。利用可视化的方法可以获取更加清晰的分析结果。

表 9-6 引用关系的遍历权重分布表

遍历权重	频数	占比/%	累计频数	累计占比/%
(0.333 3…0.381 0]	2	0.0087	2	0.0087
(0.2381…0.2857]	3	0.0131	5	0.0218
(0.1905…0.2381]	1	0.0044	6	0.0262
(0.1429…0.1905]	4	0.0175	10	0.0437
(0.0952…0.1429]	19	0.083	29	0.1267
(0.0476…0.0952]	37	0.1616	66	0.2883
(0.0000…0.0476]	22 827	99.7117	22 893	100

为了使可视化结果更加条理化，我们以 0.952 为阈值，选取关键文献和关键引用关系进行可视化，所得结果如图 9-10 所示。图中每个节点文献用三个部分进行标注，如"67 Watts DJ，1998"，"67"为按照时间进行排序该篇文献的序号，"Watts DJ"为该篇文献的第一作者，"1998"为该篇文献发表的具体年份。从可视化分析结果来看，处于小世界研究的主路径关键文献仅有 26 篇关键文献。图中从左至右按时间顺序进行排列，大致可以分为四个部分。

第一部分的关键文献数量较多，起点为米尔格莱姆于 1967 年发表的文献，其他还包含了沃兹、纽曼等的 9 篇关键文献。从内容上来看，除米尔格莱姆的文章主要是提出小世界的概念外，后面的 8 篇关键文献以揭示网络的一般属性为主要内容。1998 年的三篇文章均发表于 *Nature* 杂志上，66 号文献为编辑致辞"It's a small world"，67 号文献提出了小世界网络的集体动力学问题，并且描述了网络的无标度性、自组织性等小世界网络动力学的一些基本内容；在 73 号文献中，赫兹尔等基于 67 号文献提出的模型探讨了小世界网络的形成过程和量化测度问题。其后的几篇文章主要分析小世界现象在网络发展过程中的地位、小世界网络模型的标度和渗透问题、规则网络到随机网格过渡过程、网络中节点之间的分离度等内容。

第二部分的主要内容则较第一部分更加细化，讨论了小世界网络的各种属性。161 号文献中，斯特罗伽茨在与沃兹合作的基础上进行进一步的研究，探讨了整个网络研究的结构性基础问题，包括如何刻画一个网络的形成过程，不同网络拓扑结构是否存在统一的原则，从非线性动力学角度探索巨大的相互作用的网络动力系统。纽曼发表的多篇文献构成了第二部分的主体，其内容主要是利用物理学、生物医学、计算机等领域的文献，研究科学家之间在各自领域的合作网络结构，分析了合作网络的多种统计属性，揭示了不同学科的作者之间合作结构的差异性，进一步提出了基于作者对测度合作强度的方法。252 号和 313 号文献则着重讨论了网络增长过程中的聚类和偏好连接，任意度分布的随

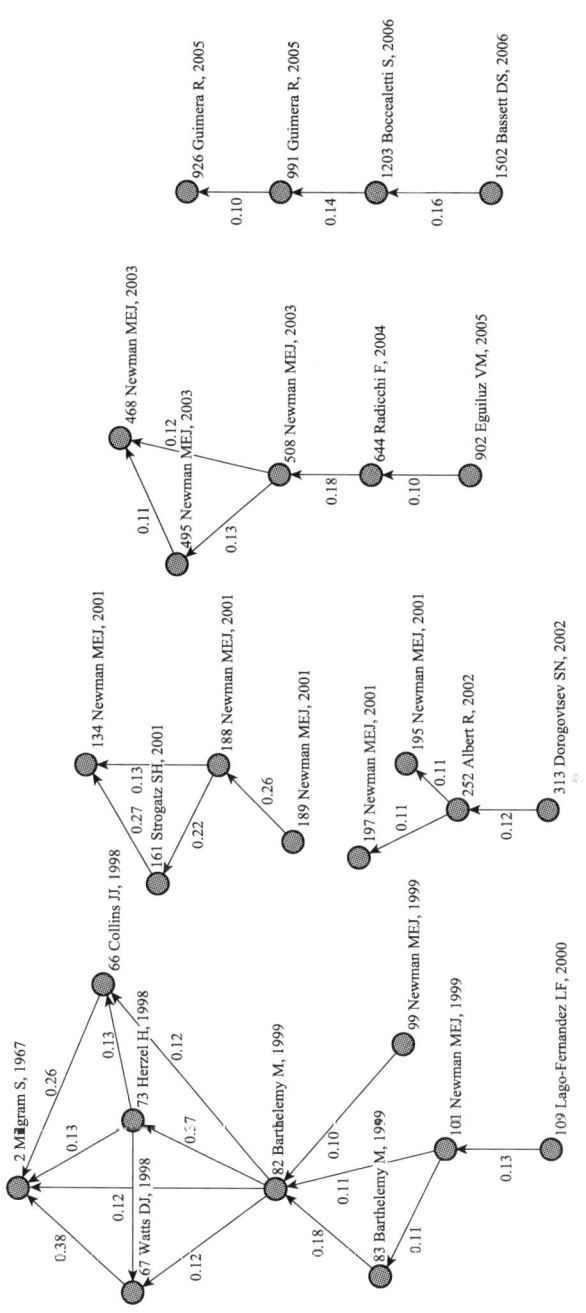

图9-10　边遍历权重≥0.952的文献网络

机图及其应用,以及小世界网络的统计力学分析等内容。

第三部分和第四部分的文献内容主要集中于网络之间的区别以及各种应用性领域中表现出的小世界特性。例如,纽曼与帕克针对以往研究中提到的不同网络类型,从社会网络具有的特有属性,论述了社会网络为何区别于其他类型的网络。Eguiluz、巴塞特和吉梅拉等生物学家对人类大脑功能网络、新陈代谢功能的无标度性和小世界特性做了论述,吉梅拉等利用小世界网络分析了全球航运网络的结构特征,解释了其中的异常中心、社区结构和城市的角色。

从 MPA 算法的分析结果来看,小世界研究的发展过程非常清晰。小世界网络研究的主要内容经历了从对网络基本模型以及特点的提出,到研究小世界网络所具有的各种属性,进一步开始研究不同的网络。

9.4.3 定位核心文献[①]

在文献的引用关系中,在计算被引次数时,某篇文献被其他文献引用,则引用次数记做"1",以此累计获得文献的总被引次数,但在实际的研究中,被一篇普通文章和一篇重要文章引用的权值应该是存在差别的。利用 HITS 算法则可以找到网络中的权威论文和中心论文。所谓权威论文(authorities),是指被许多文献引用的论文,具有很高的被引数;中心论文(hubs),即指向权威论文的文献。同样以 9.4.2 小节中的数据为例,通过 HITS 算法计算得到的文献中心度和权威度排名如表 9-7 所示。

表 9-7 文献中心度和权威度得分(前 15 名)

排序	中心度	hub ID	权威度	authority ID
1	0.097 315	1 203 Boccaletti S,2006	0.633 029	67 Watts DJ,1998
2	0.081 361	468 Newman MEJ,2003	0.420 492	252 Albert R,2002
3	0.060 52	957 Zhou T,2005	0.245 581	468 Newman MEJ,2003
4	0.055 814	627 Amaral LAN,2004	0.207 006	131 Amaral LAN,2000
5	0.055 778	2 247 Arenas A,2008	0.205 40	161 Strogatz SH,2001
6	0.050 594	560 Watts DJ,2004	0.180 339	313 Dorogovtsev SN,2002
7	0.050 309	2 189 Dorogovtsev SN,2008	0.138 529	130 Jeong H,2000
8	0.050 049	1 604 Mason O,2007	0.127 464	121 Albert R,2000
9	0.048 868	313 Dorogovtsev SN,2002	0.113 717	170 Pastor-Satorras R,2001

---

① 董克,刘德洪. 基于 HITS 与 MPA 算法结合的关键文献确定方法研究[J]. 图书情报知识,2011,(3):77-82.

续表

排序	中心度	hub ID	权威度	authority ID
10	0.048 442	<u>252 Albert R,2002</u>	0.107 987	151 Newman MEJ,2001
11	0.047 591	894 Motter AE,2005	0.103 542	<u>1 203 Boccaletti S,2006</u>
12	0.045 684	1 267 Xu XJ,2006	0.099 132	99 Newman MEJ,1999
13	0.045 416	298 Wang XF,2002	0.088 471	109 Lago-Fernandez LF,2000
14	0.044 818	654 Amaral LAN,2004	0.083 128	185 Liljeros F,2001
15	0.044 451	2 086 Hu HB,2008	0.082 747	105 Barrat A,2000

注：画线部分表示文献同时出现在 hub ID 列表和 authority ID 列表中

ID 的第一个数字是其在 2 805 篇文献中按时间排序的序号。通过对 hub ID 和 authority ID 两列进行比较，我们发现有 4 篇文章在中心度和权威度上的得分都比较高，可以认为这 4 篇文献为小世界研究现状概况的关键文献。其中，Albert R，Barabasi A L 的 *Statistical Mechanics of Complex Networks* 从统计力学的角度对复杂网络的小世界特性、拓扑结构进行了研究[①]；Dorogovtsev S N，Mendes J F F 的 *Evolution of Networks* 回顾了在统计物理学领域网络研究的不断发展，以研究中网络体现出的小世界特性为出发点，探讨了网络的多种特征表现[②]；Newman M E J 的 "*The Structure and Function of Complex Networks*" 则具体地从网络结构表现出来的小世界效应度分布和聚类性特征等对之前的研究进行了回顾[③]；Boccaletti S 等的 "*Complex Networks：Structure and Dynamics*" 回顾了多个学科中的小世界研究和复杂网络研究，并总结了这些研究中的相关想法[④]。这 4 篇文献所论述的内容基本上包括了现有的小世界问题研究的绝大多数内容。

经过分析，发现这 4 篇文献类型均是综述，2805 篇文献中共有综述 127 篇，HITS 算法的分析结果说明这 4 篇综述性文章不仅在归纳之前的研究成果上非常全面，且在其后的研究中被相当多的学者关注，在整个学科的发展过程中起到了很好的承前启后的作用。如果要对小世界研究现状的基本情况进行了解，可以以这 4 篇文献为起点。

---

① Radcliffe-Brown A R. On social structure [J]. The Journal of the Royal Anthropological Institute of Great Britain and Ireland，1940，70 (1)：1-12.
② Milgram S. The small world problem [J]. Psychol Today，1967，(2)：60-67.
③ Granovetter M S. The strength of weak ties [J]. Am. J. Social，1973，78 (6)：1360-1380.
④ Watts D J，Strogatz S H. Collective dynamics of "small-world" networks [J]. Nature，1998，393：440-442.

第十章

科学计量学中的可视化分析法

10.1 可视化分析法概述

10.1.1 可视化分析法概念

随着信息社会悄然兴起，人类所掌握的信息量正以一种前所未有的速度迅速膨胀，与此同时人类也发现了隐藏在数据中无穷的价值，随着大数据时代的到来，人们意识到数据的价值不会随着它的使用而减少，反而会随着它的积累而增多。这些价值正是知识创新与知识发现的来源。为了获取知识，人们开始不断探索与使用各种各样的数据分析模型与方法，为了提高数据分析精准度，结合人脑将人类知识和个性化经验融入到数据的分析与决策中，可视化分析法应运而生。

早在20世纪50年代左右，科研工作者就已经开始使用绘图仪、图形交互设备和动画胶片制作设备等可视化设备来处理和分析数据，但是可视化技术的真正提出是在20世纪80年代。随着计算机技术的快速发展以及各类复杂仪器的广泛使用，如何分析及解释这些复杂设备所产生的大规模数据逐渐成为科研工作者们所面临的艰巨任务。为解决这一问题，NSF于1986年召开研讨会，并提出"科学计算可视化"（visualization in scientific computing, ViSC）这一概念，即把先进的计算机技术、图像处理、计算机视觉以及交互技术结合起来，通过算法将庞大复杂的数据转换成图像信号，使得科研工作者可以对其进行观察并处理。由此，可视化作为一个新兴研究领域诞生了。

可视化技术最早应用于医学、地球物理学、计算机流体力学、气象学和分子结构学等诸多领域，多用于绘制三维立体图像数据，也称数据可视化阶段。但是随着信息资源日益丰富，信息的规模和种类都在不断突破人们的处理技术，科学计算可视化也随之不断扩展。1989年，Card和Machinlay首次提出了"信息可视化"这一概念，指出信息可视化所针对的数据对象为非空间的、非数值的以及高维信息。

2004年，Eppler与Burkard提出"知识可视化"，知识可视化是在科学计算可视化、数据可视化和信息可视化基础上发展起来的可视化研究新阶段，该方法应用视觉表征手段，促进群体知识的传播和创新[①]。概念图（concept）、思维

---

① 周宁，陈勇跃等. 知识可视化与信息可视化比较研究［J］. 情报理论与实践，2007，（2）：178-181.

导图（mind map）、认知地图（cognitive map）、语义网络（semantic network）等一些新兴研究方法和手段都是知识可视化的有效工具。2005年，可视化分析学（visual analytics）作为一个新的研究领域，进入人们的视野，它被定义为一门以可视化交互界面为基础的分析推理科学[①]。

科学计量学的可视化分析是近年来科学计量学领域研究的热点问题，这一方法的兴起与应用离不开两个条件：一方面，随着互联网技术的深入普及，移动网络和数字出版的流行，大数据和云计算等技术的兴起，科学数据尤其是科学文献数据的海量增加，为有效利用科研数据带来了前所未有的困难与挑战。另一方面，网络时代可视化技术的长足发展，为解决上述挑战提供了良好的解决方案，特别是人机交互和知识可视化展示的发展为科技文献的深入发掘、个性化呈现、关联展示提供了极大便利。将知识可视化应用到图书馆，能提供强有力的人工视野和空间感知，来帮助用户观念上组织、数字形式获取和管理大型复杂的知识空间，将用户缓慢阅读的精神压力转移到如可视化模式识别等快速的感知过程，为科技文献的检索、浏览和导航带来积极影响，为实现科研数据深入挖掘和知识服务提供条件。

在科学计量学领域，可视化方法的应用也基本遵循了数据可视化、信息可视化和知识可视化的发展阶段。早期的发文量和引文量年代分布、机构分布、作者分布、国家分布和期刊分布，关键词词频分布等分布统计数据比较简单，主要表现方式为二维图表，属于数据可视化阶段。引文分析和共词分析的可视化研究则是信息可视化的重要标志，这些分析方法涉及海量数据、矩阵处理及知识图谱等方法和技术。随之而来的大数据时代，备受瞩目的语义网和本体技术冉冉升起，这些标志着科学计量学领域的知识可视化阶段已经到来。

尽管数据可视化、信息可视化以及知识可视化在处理的数据对象上有所不同，但都可以描述为这样一个过程：将数据、信息和知识转化为一种视觉表达形式。可视化充分利用人们对可视模式快速识别的自然能力，将人脑和现代计算机这两个最强大的信息处理系统联系在一起。有效的可视界面使得我们能够浏览、研究大规模数据，并与之进行方便的交互，从而降低信息搜寻成本并有效地发现隐藏在信息内部的特征和规律。可视化分析法则是为了实现分析推理和决策的目标而将数据分析、人机交互和可视化涉及的所有技术集成在一起的方法。

---

① 林夏. 知识结构的映射和显示［EB/OL］. http://meeting.lib.szu.edu.cn/conference/sites/default/files/swf/06000002.swf［2014-3-18］.

10.1.2 可视化分析法类型

按不同的标准,信息资源的可视化展示有多种不同类型。

(1) 依据信息资源维度的分类。可以将馆藏知识可视化分析主要分为零维型、一维型、二维型、三维型、多维型五种类型。其中,多维数据是当前研究的主要热点。一维数据指由字母或文字组成的有序的线性数据,如文本文件、程序代码、按字顺排列的名单等,可视化设计较简单,常用于搜寻数据项;二维数据主要指平面数据或者地图数据,每个数据项拥有多种属性,多用平面图表来表示;三维数据指现实世界的实物,如建筑物、交通工具等,这些数据多通过立体展示来表达;多维数据指拥有多个属性的数据可以表示为高维空间的点,多维数据通常要进行降维处理才能表示为可视图表,可用于聚类或寻找变量之间的相关性、差距以及离群值等。

(2) 按信息资源结构特征的分类。信息资源按照结构特征来进行分类可以分为时序型、层次型和网络型。时序数据是针对时间序列而生成的数据,多转换成具有时间特点的图表数据,如线形图、时间线、动画等。层次型数据指具有等级关系或者层次关系的数据,多表示成树状图。网络型数据指具有网状结构的数据,常见的有节点-关系链接及正方形矩阵图。

(3) 依据信息资源层次的分类。根据信息资源层次将信息资源可视化分析分为宏观、中观和微观三个层次。宏观层次指整体分析,着眼于整体,用以观察宏观规律和数据集状态;中观层次指群体分析,通常将宏观整体拆分成若干组成部分,针对单一部分或部分与部分之间的关系进行分析;微观层次指个体分析,研究数据量少,多针对某个具体问题而对数据进行细粒度分析。

(4) 按照可视化的表现形式分类。依据可视化的表现形式,可以将可视化分析分为三种类型:一是静态可视化,指包括统计图表、主体图表在内的各种静态图表;二是动态可视化,指动态变化的图表或者视频;三是交互可视化,指可实时收集外部信息,并生成图表的可视化方式。

(5) 按可视化展示的对象分类,可分为以下类型:实体可视化、关联可视化、过程可视化和结果可视化。

10.1.3 可视化分析法特点

世界顶级信息可视化布道者曼纽尔·利马(Manuel Lima)认为,人类在探索自然、获取新知的过程中,使用了很多系统的方法,包括实验法、数学建模、仿真等,可视化则是一种新方法。这种新方法的最大特点是,它既涉及科学也有关设计:人们用一种更易理解的方式呈现数据,探索数据背后的规律和模式。它的特点具体体现在以下几个方面。

1. 直观高效

可视化的主要目的是通过视觉表达形式向人们传递有效信息或知识,使其更清晰明了地了解特定对象事物或者事件的本质与规律。因此,直观明晰是可视化分析的首要特点。这与制图学中可视化的基本原则——简单(simplicity)和明晰(clarity)是一致的。直观明晰的含义就是一目了然,不需要花费太多的精力和时间便能理解可视化图表所要表达的意思。漂亮的可视化展示具备一个清晰的目标、传递一种信息或者提供一个特别的角度来表达信息或知识。可视化不允许包括太多和主题无关的内容或信息。过多的信息可能会给读者传递更多的信息。然而,展现的信息越多,往往意味着读者需要花费更长的时间来查找需要的那部分信息。不相关的数据如同噪声,如果无意,则可能有害。总之,可视化展示是要达到一种"视物致知"的层次。

2. 内容充实

对于任何可视化而言,不论美丽与否,其成功的关键是提供了获取信息的途径,人们可以借以增长知识。不能达到这个目的的可视化是失败的。信息传递能力是判断整体成功与否的最重要的因素,因此它是可视化设计的主要驱动力。这里的内容充实包含两层含义:"充"是指信息量丰富,"实"是真实准确地反映了数据的本质。可视化分析过程中,需要将大量的信息资源以直观、可靠、简洁的方式呈现给读者,否则就失去了可视化的意义,因为随着互联网技术的深入发展,广大网民往往倾向于使用方便快捷的网络资源,如对商业搜索引擎的利用。

3. 形象美观

形象美观是可视化方法区别于其他数据表示方法最明显的特点。图形化构建——包括坐标轴、布局、形状、色彩、线条和排版——是实现可视化之美的"必要"因素而不是"充分"因素。合理地利用这些因素来引导用户、传播信息、揭示关系、突出结论以及提高视觉魅力是必要的。图形方面的设计必须主要服务于可视化分析的主要目的。在图形处理中,任何无助于可视化最终目的的微小方面都可能成为表现信息的潜在障碍:这些方面可能会降低效率,妨碍可视化的成功。在图形设计部分,通常是展现的资源越少,表示的信息越丰富;同样道理,展现的资源如果无益,则很可能有害。

4. 视角新颖

可视化效果要真正做到"美",它必然不仅仅是作为信息渠道,还必须具备某些新颖性:一种崭新的视角观察数据,或者一种风格可以激发读者的激情从而达到新的理解高度。众所周知,可视化展现方式(如散点图)可能易于理解且有效,但是在绝大多数情况下,它们无法使我们感觉充满惊奇和乐趣。通常情况下,让人赏心悦目的设计并非是为了新颖,而是为了更加有效;新颖性只是为了有效地展示对世界的一些新的洞察所衍生的一个副产品。通常,新颖的视觉处理方式是创新性的解决方案。然而,如果一个独特的设计是为了与众不同,而且其新颖性与使数据更易于访问并没有必然联系,那么几乎可以确定该可视化结果是更难以使用的。在最坏情况下,新颖的设计只不过是自负的产物,或者是希望创造一些视觉上令人印象深刻的欲望的产物,完全没有考虑到目标受众、使用方式或功能,这种设计对任何人都没有使用价值。因为,需要对信息或知识进行全方位的把握,从不同层面、不同角度考虑,寻求最新颖、独特和可行的可视化展示。

10.2 科学计量学中的可视化分析法与工具

10.2.1 可视化分析法

科学计量学领域的可视化分析是一门跨学科的研究领域,其借鉴的不同学科领域的研究方法必须在科学计量学可视化分析这一大背景下互相融合,才能达到研究目标。目前,科学计量学领域的可视化分析法主要来源于科学学、网络科学、可视化分析学和数据科学等领域,具体包括词频分析法、共现分析、引文分析、多元统计分析、交互展示法、社会网络分析、数据挖掘和知识发现,以及可视化分析法等。

1. 引文分析

引文分析是科学计量学领域可视化分析的起源,同时也是其最具特色、最重要的理论与方法。引文分析利用各种数学及统计学的方法和比较、归纳、抽象、概括等逻辑方法,对科学期刊、论文、著者等各种分析对象的引证与被引证现象进行分析,以便揭示其数量特征和内在规律的一种文献计量分析方法。科学文献的引证和被引证是科学发展规律的表现,体现了科学知识和情报内容的积累性、连续性和继承性,也体现了科学的统一性原则以及多个学科之间广泛的交叉、渗透。因此,通过引文分析能够揭示科学的发展演进、评价科学家和期刊等以及识别科学的结构等。目前,最常用的引文分析是文献耦合和引文同被引,它们是文献引证关系中比较复杂的两种形式,它们之间的复杂关系构成了文献聚类、学科聚类分析的理论基础。后来文献耦合和引文同被引又拓展至作者耦合、作者同被引、期刊耦合和期刊同被引等多种相似关系的研究。随着计算机技术、网络技术及可视化技术的发展,引文分析又吸收了统计分析、矩阵分析等数学方法,以及海量数据的获取、处理和可视化技术,以可视化的方式展示引文分析的结果,使得这一经典方法被科学计量学、科学学、教育学以及其他学科的人所认识和接受。

2. 共词分析

共词分析最早的使用可以追溯到20世纪40年代,最早应用于计算语言学领域,直到20世纪70年代才由学者麦金农正式提出。共词分析利用文献集中词汇对或名词短语共同出现的情况,来确定该文集所代表学科中各主题之间的关系[1]。一般认为,词汇对在同一篇文献中出现的次数越多,则代表这两个主题的关系越紧密。由此,统计一组文献的主题词两两之间在同一篇文献出现的频率,便可形成一个由这些词汇对关联所组成的共词网络,网络内节点之间的远近便可以反映主题内容的亲疏关系。显而易见,共词分析与引文同被引的思路和基本原理是相同的。在科学计量学领域,共词分析主要用于识别某一研究领域的研究主题和研究热点等[2]。传统的共词分析通常使用多维尺度分析、因子分析和聚类分析三种方法相结合的方式去分析研究领域[3],主要是通过 SPSS 软件实现的。后来随着计算机技术、网络技术和可视化技术的发展,共词分析又引入了社会网络分析的理论和方法、Pathfinder 算法、VxOrd Mapping 技术以及 VOS-Mapping 技术等理论和方法,使得其研究更加得心应手。

3. 多元统计分析

多元统计分析(multivariate statistical analysis)是从统计学中发展起来的

---

[1] Small H. Co-citation in the scientific literature: A new measure of the relationship between two documents [J]. Journal of the American Society for Information Science, 1973, 24 (4): 265-269.

[2] McCain K W. Mapping economics through the journal literature: An experiment in journal co-citation analysis [J]. Journal of the American Society for Information Science, 1991, (42): 290-296.

[3] Boyack K W, Small H, Klavans R. Improving the accuracy of co-citation clustering using full text [J]. Journal of American Society for Information Science and Technology, 2013, 64 (9): 1759-1767.

一个分支,是一种综合分析方法,研究客观事物中多个变量(或多个因素)之间相互依赖的统计规律性。如果每个个体有多个观测数据,或者从数学上说,个体的观测数据能表示为 P 维空间的点,那么这样的数据叫做多元数据(multivariate data),而分析多元数据的统计方法叫做多元统计分析。它是统计学的一个重要的分支学科。重要的多元统计分析方法有多元方差分析、多元回归分析(简称回归分析)、判别分析、聚类分析、主成分分析、对应分析、因子分析、典型相关分析等。

聚类分析(cluster analysis)是根据"物以类聚"的道理,在相似的基础上对样品或指标进行分类的一种多元统计分析法。聚类不同于分类,聚类所要求划分的类通常是未知的。聚类是将数据分到不同的类的一个过程,要求同一个类中的对象有很大的相似性,而不同类间的对象有很大的相异性。从统计学的观点看,聚类分析是通过数据建模简化数据的一种方法。从实际应用的角度看,聚类分析是数据挖掘的主要任务之一。而且聚类能够作为一个独立的工具获得数据的分布状况,观察每一簇数据的特征,集中对特定的聚簇集合做进一步分析。

主成分分析[1](principal component analysis,PCA)采取一种降维的方法,将多个变量通过线性变换以选出较少个数的综合因子来代表原来众多的变量,使这些综合因子尽可能地反映原来变量的信息量,而且彼此之间互不相关,从而达到简化的目的。

因子分析[2](factor analysis)也是一种降维、简化数据的技术。它通过研究众多原始变量之间的内部依赖关系,探求观测数据中的基本结构,并用少数几个抽象的变量来表示其基本的数据结构。这几个抽象的变量被称作因子,能反映原来众多变量的主要信息。原始变量是可观测的显在变量,而因子一般是不可观测的潜在变量。因子分析在某种程度上可以被看成是主成分分析的推广和扩展。

多维尺度分析[3](multidimensional scaling,MDS),是基于研究对象之间的相似性或距离,将研究对象在一个多维(二维或三维)的空间形象地表示出来,进行聚类或维度分析的一种图示法。通过多维尺度分析所呈现的空间定位图,能简单明了地说明各研究对象之间的相对关系。人们应用 MDS 可以解决因子分析不能对样品进行分类,也可以聚类分析无法找出分类结果背后潜在结构的问题。因此,MDS 是多元统计中分类和功能分析的方法。

---

[1] 袁军鹏.科学计量学高级教程[M].北京:科学技术文献出版社,2010:9.
[2] 朱星宇,陈勇强.SPSS 多元统计分析方法及应用[M].北京:清华大学出版社,2011:241.
[3] Tijssen R J W, van Raan A F J. Mapping co-word structures: a comparison of multidimensional-scaling and leximappe [J]. Scientometrics, 1989, 15 (3): 283-295.

4. 交互展示方法

交互技术的核心是建立人与系统之间的一种交流方式，以帮助人能更好地理解和揭示数据信息。在图书情报研究领域，交互技术的重要性和研究价值也是毋庸置疑的，曾经有学者呼吁对交互方式的研究予以更多的重视："成立一门交互科学去帮助文献信息情报分析，对此的最大困难是如何在交互式的设计内建立一种分类去帮助情报分析，因此，研究开发人员应该多做些工作在设计科学中的交互技术中。"这个建议是针对馆藏资源分析中的交互技术提出的。就目前而言，常用的交互技术主要有以下几种：①选择式交互：标记用户感兴趣的数据；②探索式交互：给用户显示数据集不同的子集；③重组式交互：通过改变显示数据的空间排列从而对用户提供数据集的不同理解；④编码式交互：允许用户改变显示方式的基本属性（如颜色、大小、形状）；⑤摘要/细节式交互：允许用户改变数据显示的抽象层次；⑥过滤式交互：选择特定的数据进行显示；⑦连接式交互：高度显示与特定数据相关的关系以及隐藏的数据；⑧焦点上下文交互：突出显示焦点，保持背景数据信息。

5. 社会网络分析展示方法

社会网络分析是在人类学、心理学、社会学、经验研究、数学以及统计学领域中发展起来的，已经经历了70多年的历史。社会网络分析已经形成了一系列专有术语和概念，正式进入社会学量化研究的行列，成为社会科学研究的一种新的范式。刘军在约翰·斯科特的《社会网络分析法》（*Social Network Analysis*）一书的译者前言中提到："我们不应该仅仅把社会网络分析看成是一种工具或者一套工具，而应该看成是一种方法论，即方法论的关系论。"社会网络分析庞大的学术积累已制造了一个较高的入门门槛。社会网络分析新增的三块砖头，即小世界网络、无标度网络与随机网络，更使得它渐渐与物理科学的复杂性研究、计算机科学的网络科学交错在一起，走向"可计算的社会科学"（computational social science）[①]。

信息资源中包括大量的各种社会关系，特别是网络环境下的数字资源，更加充满复杂性和多样性，需要通过社会网络分析方法来进行可视化展示。根据"网络的类型"进行分类，通过社会网络分析展示信息资源主要分为个体网（ego-network）、局域网（partial network）和整体网（whole network）三个层次：①个

---

① Wasserman S, Faust K. Social Network Analysis: Methods and Application [M]. New York: Cambridge University Press, 1994: 59.

体网指一个个体及与之直接相连的个体构成的网络。个体网研究的测度包括相似性（similarity）、规模（size）、关系的类型、密度（density）、关系的模式（pattern of ties）、同质性（homogeneity）、异质性（heterogeneity）等。②局域网，指个体网加上与个体网络成员有关联的其他点构成局域网①。这种网络中的关系要比一个整体中的全部关系少，但比个体网络中的关系多。可以将局域网分为2-步局域网、3-步局域网等。2-步局域网指的是由与"自我点"的距离不超过2的点构成的网络，3-步局域网的概念依此类推。③整体网，指由一个群体内部所有成员之间的关系构成的网络。整体网需要研究的测度包括：各种图论性质（graph properties）、密度、子图（sub-groups）、角色和位置（positions）等。

10.2.2 可视化工具

科学计量学中的常用工具依据专业性不断提升，大致可以分为以下四种类型。

（1）第一种类型是数据存储和简单的表格工具，如 Microsoft Excel、Access 和 SQL 等，由于具备一定的编程功能，通过这些工具能够实现统计分析结果的可视化展示。

（2）第二种是在科学计量学过程中需要对数据进行进一步的统计分析所采用的工具，最常见的如 SPSS、SAS、R 和 Matlab 等。

（3）第三类工具本身是交叉学科领域的专用软件，如社会网络分析工具 Pajek、Gephi 等。这类工具最初主要应用于人际网络分析，由于科学知识交流中的大量网络和社交网络采取同样的数学表达形式，所以这类软件也在科学计量学研究中被广泛使用，这些软件基本上也都有网络结构的展示功能。

（4）第四类软件主要包括了一些专门为进行科学计量学研究目的所设计的软件，这些软件往往由专业的科学计量学研究人员开发，并集成了相关的分析结果可视化展示功能。例如，Thomson Reuters 公司开发的文本挖掘软件 Thomson Data Analyzer，可以对共词、合作等分析结果进行可视化展示；此外，还有美国印第安纳大学 Katy Börner 教授及其团队所开发的 Science of Science（Sci^2）等，荷兰莱顿大学的 van Eck 和 Waltman 等开发的 VOSviewer。

1. CiteSpace

CiteSpace[②] 是由美国德雷克塞尔大学的陈超美开发的用于社会网络分析的

---

① 董克，刘德洪，江洪．基于三方关系组的引用网络结构分析［J］．情报理论与实践，2010，33(11)：50-53.

② Citespace. Introduction [EB/OL]．http：//cluster.cis.drexel.edu/~cchen/citespace [2015-3-19].

免费软件。该软件操作简便，对原始数据要求较严格，支持中文数据，更新比较快。该软件具有三种可视化方式，即聚类视图（cluster view）、时间线视图（timeline view）和时间区间视图（timezone view），是目前为数不多支持时间分析（temporal analysis）的专门软件。CiteSpace 的可视化展示结果多种多样，图 10-1 是 CiteSpace 主页上对于其可视化结果的一个展示。

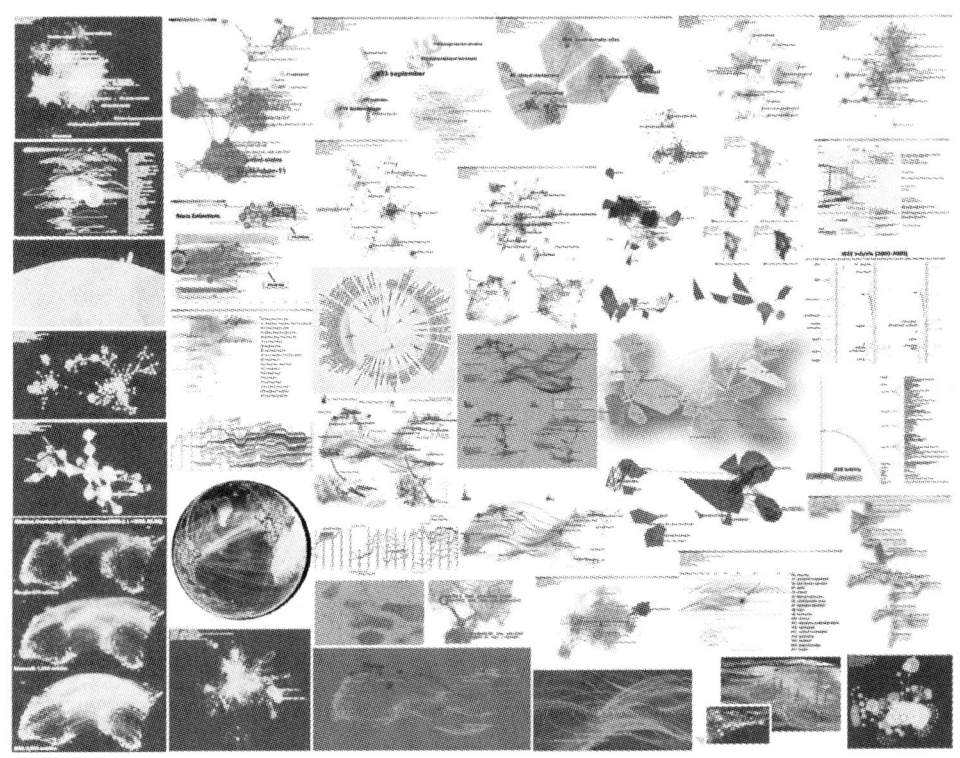

图 10-1　CiteSpace 的各类可视化结果

2. Gephi

Gephi[①] 是一款开源免费跨平台基于 JVM 的复杂网络分析软件，主要用于各种网络和复杂系统，动态和分层图的交互可视化与探测的开源工具，可用作探索性数据分析、链接分析、社交网络分析、生物网络分析等。Gephi 的可视化效果十分精美，性能较好，常被研究者们用于图谱优化和展示。图 10-2 展示了 Gephi 的可视化图形界面。

---

① Gephi [S/OL]. http://gephi.org [2015-3-19].

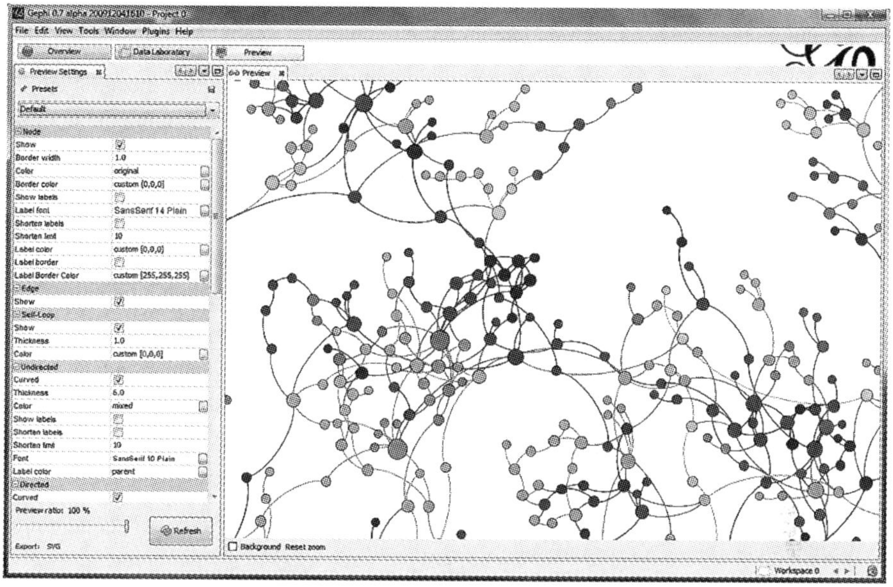

图 10-2 Gephi 的可视化图形界面

3. VOSviewer

VOSviewer[①] 是荷兰莱顿大学的凡埃克和孙异等开发的免费软件,其核心是 VOSMapping 技术。该软件具有以下典型特征:一是能够实现一站式聚类和可视化功能,也可以根据需要单独进行聚类或可视化;二是可视化功能强大,解决了节点之间重叠显示问题,适合大规模数据的整体分析,并且提供标签视图、密度视图、聚类视图和分散视图四种各具特色的可视化方式,用户可以通过不同方式捕捉所需信息;三是支持主流的科学计量学可视化分析,如共被引分析、耦合分析和共词分析;四是集成了 VOSviewer 插件,使得两种软件能够进行组合分析。

4. SciMAT[②]

SciMAT 是由西班牙格林纳达大学科博等开发的免费软件。作为一个开源软件,SciMAT 能够用于科技文献数据可视化分析的全流程分析:①数据导入(loaders):可导入 WoS 格式和 RIS 格式的文件;②不同类型文献网络的抽取

---

① VOSviewer. Introduction [EB/OL]. http://www.vosviewer.com [2015-4-15].
② Cobo M J, López-Herrera A G, Herrera-Viedma E, et al. SciMAT: A new science mapping analysis software tool [J]. Journal of the American Society for Information Science and Technology, 2012, 63 (8): 1609-1630.

(bibliometric networks)：共词网络、共被引网络和耦合网络；③预处理（pre-processing）：去重、时间段切分、数据简化和网络简化；④标准化（normalization）：如包容系数、Jaccard 系数和 Salton 系数；⑤聚类和绘图（clustering & mapping）：Simple Centers 算法、Single-linkage 算法、Complete-linkage 算法、Average-linkage 和 Sum-linkage 聚类算法等；⑥分析（analysis）：网络分析（密度和中心性）、表现力与影响力分析（总被引次数、平均被引次数、h 指数、g 指数、hg 指数和 Q2 指数）以及时间演化分析；⑦可视化（visualization）：战略坐标图、聚类网络、重叠图以及演化图；⑧结果导出（report）：导出 HTML 和 LaTeX 格式文件。图 10-3 是 SciMAT 的可视化展示操作界面。

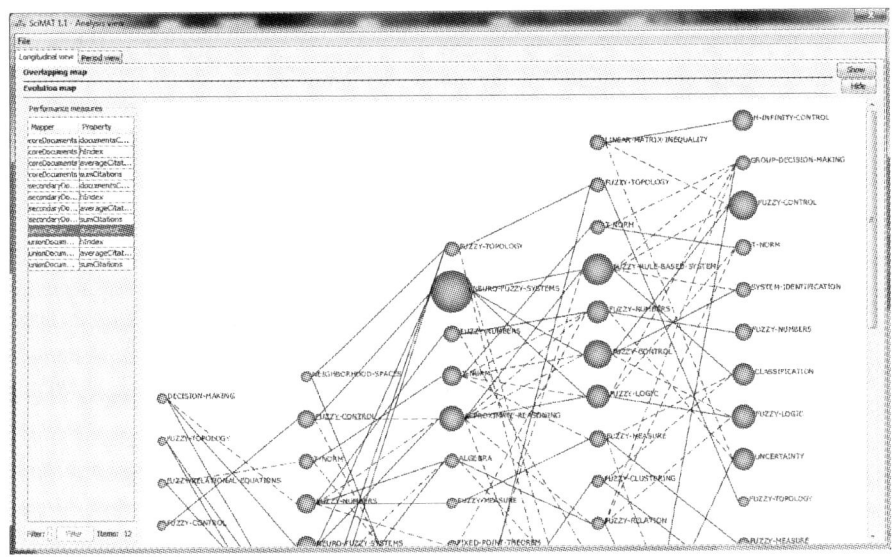

图 10-3　SciMAT 的可视化展示操作界面

5. R 软件[①]

R 是一种自由软件编程语言与操作环境，主要用于统计分析、绘图、数据挖掘。R 本来是由来自新西兰奥克兰大学的 Ross Ihaka 和 Robert Gentleman 开发，现在由 "R 开发核心团队" 负责开发。R 是基于 S 语言的一个 GNU 计划项目，所以也可以当作 S 语言的一种实现，通常用 S 语言编写的代码都可以不

---

① R Core Team. R：A language and environment for statistical computing. R Foundation for Statistical Computing [S/OL]. http：//www.R-project.org [2015-5-10].

做修改地在 R 环境下运行。R 的语法是来自 Scheme。R 的源代码可自由下载使用，亦有已编译的可执行文件版本可以下载，可在多种平台下运行，包括 UNIX（也包括 FreeBSD 和 Linux）、Windows 和 Mac OS。R 主要是以命令行操作，同时有人开发了几种图形用户界面。R 语言具有多个功能各异的软件包，并且能够处理较大规模的数据样本，不同研究者能够根据研究需要进行方便灵活的软件包配置和操作，目前较为流行的可视化工具包有 ggplot 等，图 10-4 是利用 ggplot 对作者合作网络分析的可视化展示结果。

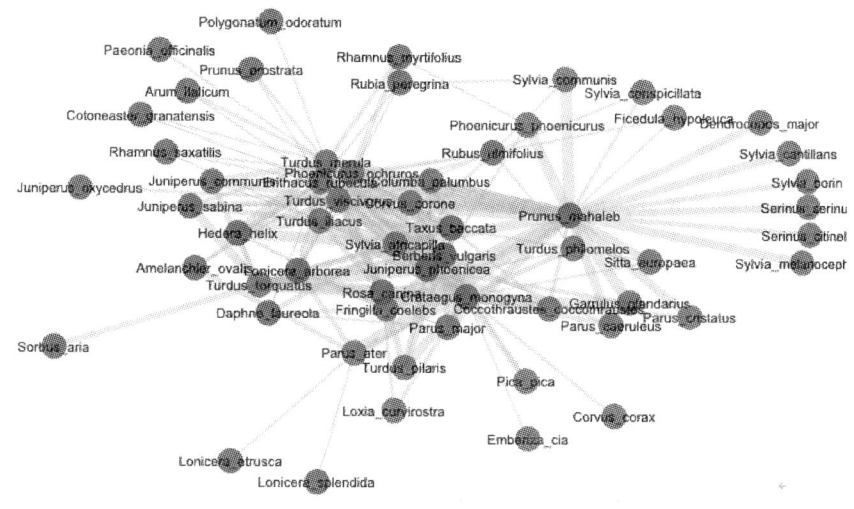

图 10-4　ggplot 的作者合作网络分析结果

10.3　科学计量学中的可视化流程

科学计量学中的可视化流程包括七个步骤：确定研究对象、数据获取、数据预处理、构建数据模型、标准化、可视化以及结果解读。

1. 确定研究对象

研究对象的确定是可视化分析的起始，与研究目的及研究意义紧密相关。提出问题是任何科研工作的开端，研究对象不仅是问题的核心，也是解决问题的入手点。在科学计量学中，常见的研究对象有学科、文献、期刊、引文、关键词、作者、主题词、地区、机构、语种及性别等。科研工作者在选择和确定研究对象时需要注意以下两个方面：一是研究对象一定要具有代表性，能够引起人们的重视，可以同时选择多个对象来揭示对象间的关系；二是一定要重视数据的可获得性和准确性，全面准确的数据才能够反映和揭示问题本质。

2. 数据获取

科学计量学领域常用的数据类型主要有以下几种：一是题目数据；二是全文数据；三是社交媒体数据；四是用户使用记录。题目数据主要来源于大型商业文献数据库、开放的网络数据库、专利和基金数据等。全文数据的可获取性得益于近些年信息技术的发展，文献全文信息主要以 XML 和 HTML 格式存储。世界著名的期刊论文数据库 Springer、Elsevier 和 Wiley 也都开始提供全部或部分 XML 和 HTML 格式的全文下载。进入 21 世纪以来，社交媒体风靡全球，如 Blog、Facebook 和 Twitter 等，很多研究人员使用它们来预先传播自己的研究论文，因此，社交媒体也成了一种越来越重要的学术交流途径。此外，许多大型商业文献数据库提供用户的使用记录，也给学科知识可视化分析带来了新的视角，比如，CNKI 的论文下载频次数据以及 Springer 的用户实时下载可视化系统 Springer Realtime。样本数据是可视化分析的基础。当前，常用的数据来源主要有大型商业文献数据库（Web of Science、Scopus、Science Direct、Derwent、CNKI、CSSCI 等）、开放的网络数据库（Google Scholar、arXiv、CiteSeerX、Medline 等）、专利和基金数据［United States Patent and Trademark Office（USTPO）、European Patent and Trademark Office、National Science Foundation 等］以及开放出版物等。然而，随着社交媒体在信息交流和学术共享方面的贡献日益重要，Blog、Facebook、Twitter 和微博等在线社交平台也逐渐成为科学研究的重要数据来源。

3. 数据预处理

几乎所有文献数据库的题录数据都存在数据著录格式问题（如人名和地名的缺失和不统一）。因此，为了保证数据的精确性和结果的可靠性，需要对原始数据进行一系列的预处理才能进行接下来的分析工作。常用的数据预处理方法如下：①去重。题录数据中会出现相同的两条或几条文献记录，应将多余的记录删除，只保留一条。②合并。题录数据中会出现人名、地名和期刊名的拼写不统一，以及使用不同的关键词来表示同一概念等情况，应予以合并为唯一一条。③纠正拼写错误。由于人为或机器的原因，可能会出现作者名、机构名、期刊名以及文献名的拼写错误，应予以更正。④添加缺失字段。题录数据中会出现通信地址不明确、网址不完整以及关键词缺失等情况，需要额外添加相应字段予以补充，比如，JASIST 的期刊论文没有关键词，可以通过题名分词的方法予以补充。⑤时间段切割。时间维度是科学研究的重点，那么，在研究的历时或分时段的对比分析中需要对数据进行时间段切割处理。

4. 构建数据模型

数据预处理也可以称为数据清洗，清洗后的数据是干净的、准确的、全面的。首先，研究者需要根据自己的研究目的选取不同的分析要素。常见的研究目的如下：①合作网络。一般选取论文作者、作者所在机构、城市和国家字段进行分析。②学科智力结构。一般选取参考文献作者作为分析要素。③学科研究主题。一般选取关键词作为分析要素。④跨学科分析。一般选择论文所在期刊的学科分类号进行分析。⑤引证行为分析。一般选取参考文献在全文中的位置信息以及上下文语境信息进行分析。⑥单篇文献的影响力分析。一般选取其被引频次、下载频次以及在社交媒体中的传播范围等进行分析。然后再根据自己的研究目的，对清洗后的数据进行模型构建。目前，常见的数据模型有发文量、h 指数、g 指数、合作关系、共现关系、共被引关系、耦合关系、引证关系等，这些数据模型通常是通过对原始数据的计算以标准化的表格或者矩阵的形式表达。矩阵的生成方法主要有两种：①专门软件直接生成。直接将题录数据输入到软件中，选取要分析的知识单元，直接生成矩阵，如 Bibexcel、TDA 和 SATI 软件。②通过编程语言生成。将下载的题录数据输入到数据库中，抽取相应的知识单元，然后对其进行简单编程即可实现，如 Excel VBA、C++和 Java 等。

5. 标准化

为了统一数据单位、更好地体现数据关系、满足一些可视化需要，需要对构建的数据模型进行标准化处理，标准化往往通过数据间的相似度测量来进行，数据间的相似度测量主要分为两大类：一是集合论方法（set-theoretic measures），包括 Cosine、Pearson、Spearman、Ochiai 指数和 Jaccard 指数；二是概率论方法（probabilistic measures），主要有合力指数（association strength）和概率亲和力指数（probabilistic affinity）。van Eck 和 Waltman 从理论和实证分析都得出第二类方法更适合于共现的知识单元分析。

6. 可视化

经过以上步骤生成的标准化数据表格或者矩阵已经具备了可视化条件，研究者可以根据数据的特点和图像的要求选择折线图、散点图、曲线图、饼状图、网状图、树状图等二维或者三维图像的表达方式对标准化数据进行转换，通过软件生成可视化设计。

7. 结果解读

以上步骤所做的各种努力，都是为最终的结果解读而服务的，结果的正确解读也是研究的最终目的。不过，结果解读的质量是与解读者的研究目的与设计框架、对软件的熟练程度、实际经验以及知识与学科背景息息相关的。

10.4 科学知识静态结构的可视化展示

利用科学计量来进行科学知识结构的研究，是科学计量学中可视化的一类典型应用。科学文献是科学发展的客观记录，科学文献的作者、关键词等特征项实体从更加精确的角度为科学知识的结构研究提供了途径。作为科学知识产生的主体，作者之间的知识关联网络类型包括合作、引用、共被引、耦合等多种类型，这些网络类型基本上涵盖了其他特征项实体如机构、期刊、国家等其他特征项的可能构建的网络类型；关键词以及在关键词基础上进一步提炼出来的主题则直观地反映了科学知识。本节主要从这两种特征项来讨论利用科学计量进行科学知识结构的分析。

10.4.1 作者共现网络的可视化展示

作者是科学研究的主体，也是科学知识的创造者。作者之间因交流所产生的网络是科学计量学中可视化分析的主要对象之一。如果将特征项之间的关联网络按照其是否加权和是否有方向对所有的网络进行分类，作者之间的关联网络基本上涵盖了可能出现的所有类型。作者之间的网络主要包括合作、引用、共被引和耦合等四种类型。

科学合作是大科学时代科学研究的一项重要特征，科学家的研究工作并不孤立的，每个研究人员都是整个科学研究团体的成员，他们或许处于不同的地区，或隶属于不同的机构，但都在共同探索科学[①]。进入 21 世纪以后，复杂网络的研究进一步推动了对作者基于大范围合作网络的研究，合作网络被

---

① Cronin B. Invisible colleges and information transfer: A review and commentary with particular reference to the social sciences [J]. Journal of Documentation, 1982, 38 (3): 212-236.

广泛地用于挖掘科学的智力结构,许多新技术也被引用于研究合作网络的结构动力学[1],这些成果极大地推动了对于科研创作规律以及学术交流模式的认知[2]。美国情报学家怀特和加拿大贝尔实验室的社会学家娜莎对作者之间的社会网络和知识网络之间的相关性进行了研究[3],他们采集了一个名为"Globalnet"的科学家团体的社会交往数据[4],结合他们之间的合作、引用、共被引(统称为知识关联)数据发现,研究人员之间知识关联的产生主要依赖于知识内容的共享和交流,而非社会关联。Ding 以作者合作和引用网络行为载体,深入探讨了科学合作和科学支持的问题[5]。其研究结果表明,高产作者的确偏好直接与具有相同研究兴趣点的人进行合作,但是在引用上面却没有对这个群体具有明显的偏好;高被引作者间和彼此合作的兴趣较低,但是在引用上却更加具有倾向。

作者之间的互引关联是在科学文献之间引用关联基础上的一种重要变形,作者之间的引用关联和文献之间的引用关联所形成的网络间最大的不同点在于,科学文献之间的引文网络是二值的,而作者之间的引用网络则是累计的。作者之间的引用关联网络是作者知识关联中唯一的有向关系网络,其中更包含了计量研究中另外两种重要的关联类型:共被引关联和耦合关联[6]。作者之间的共被引关联是指两个作者同时出现于某篇文献的参考文献集合中,而作者之间的文献耦合关系是指两个作者同时参考了某一篇文献。这两种关联被从单元结构拓展到更大范围的群体结构时,就形成作者之间共被引网络和作者文献耦合网络。

在基于引用所产生的三类网络中,作者之间的互引网络被关注得较少,邱均平、王菲菲[7]等曾利用作者之间的互引网络对 *Scientometrics* 杂志 1978~2011 年的数据进行分析,通过网络结构挖掘发现,作者的互引关系能够有效地对作者

---

[1] Yan E, Ding Y. Applying centrality measures to impact analysis: A coauthorship network analysis. Journal of the American Society for Information Science and Technology, 2009, 60 (10), 2107-2118.

[2] 董克. 数字文献资源多元深度聚合研究 [D]. 武汉:武汉大学博士学位论文, 2014:42-43.

[3] White H D, Wellman B, Nazer N. Does citation reflect social structure?: Longitudinal evidence from the "Globenet" interdisciplinary research group [J]. Journal of the American Society for information Science and Technology, 2004, 55 (2): 111-126.

[4] Nazer N. Operating virtually within a hierarchical framework: How a virtual organization really works [D]. Toronto: University of Toronto, 2001.

[5] Ding Y. Scientific collaboration and endorsement: Network analysis of coauthorship and citation networks [J]. Journal of informetrics, 2011, 5 (1): 187-203.

[6] White H D, Griffith B C. Author cocitation: A literature measure of intellectual structure [J]. Journal of the American Society for Information Science, 1981, 32 (3): 163-171.

[7] 邱均平, 王菲菲. 基于作者互引分析的科学结构研究探析——以科学计量学为例 [J]. 科学学研究, 2012, 06: 829-840.

进行分类，总结研究规律，寻找研究同行，发现研究热点。作者共被引自产生以来就被广泛用于科学知识结构的探测，例如，怀特和麦凯恩的图情领域知识结构分析，Chen 和 Lien 进行的 E-Learning 领域的知识结构分析等。

作者之间的耦合网络是基于引用的另一种重要网络，赵党志等[①]和马瑞敏分别同时提出了利用作者之间的文献耦合网络进行科学结构分析的设想，并分别进行了实证研究。从网络形成的角度来看，耦合关系是最具拓展性的一类关系，构成两个作者之间耦合的衔接要素可以是多种资源实体属性。传统的作者文献耦合是作者双方基于利用同一个文献，那么作者之间使用同一个词汇也可以产生耦合关联，作者同在某些出版物上发表自己创作成果也能够产生作者彼此之间的耦合关联；前者可以称为作者关键词耦合或基于关键词的作者耦合，后者则可以称为作者出版物耦合或基于出版物的作者耦合，不同类型的耦合关联研究是未来作者网络关联研究的重要发展方向[②]。

许多新的分析技术也在作者网络分析中被广泛使用，例如，有学者利用 Google Maps 等技术将作者标注于全球地图上[③]。网络结构分析法也常被用于科学合作的结构研究，常用的指标或分析包括合作网络的密度、可达性、中心性、小团体、核心-边缘结构等[④]。这些指标在网络结构分析上的功能无可置疑，但是对于分析对象所处的环境和结果的解释，一些原理性的问题容易被忽视，例如，距离作为一类重要的测度依据，在社会网络分析中最初主要针对社会关系的远近，作者之间的知识关联与社会关系存在明显区别，距离作为一类指标，其有效性就需要甄别[⑤]。

10.4.2　共词网络的可视化展示

词的研究一直都是科学计量学研究的重要内容，其中既包含了词频分布的研究，也包含了由词网络所反映的科学知识结构的研究。作为科学计量学三大

---

① Zhao D, Strotmann A. Evolution of research activities and intellectual influences in information science 1996—2005: Introducing author bibliographic-coupling analysis [J]. Journal of the American Society for Information Science and Technology, 2008, 59 (13): 2070-2086.

② 董克. 数字文献资源多元深度聚合研究 [D]. 武汉：武汉大学博士学位论文, 2014: 140-141.

③ Leydesdorff L, Persson O. Mapping the geography of science: Distribution patterns and networks of relations among cities and institutes [J]. Journal of the American Society for Information Science and Technology, 2010, 61 (8): 1622-1634.

④ Nooy W, Mrvar A, Batagelj V. Exploratory Social Network Analysis with Pajek [M]. New York: Cambridge University Press, 2005.

⑤ 邱均平, 董克. 作者共现网络的科学研究结构揭示能力比较研究 [J]. 中国图书馆学报, 2014, 01: 15-24.

基础理论之一的齐普夫定律深入揭示了科学文献词频的分布规律①，纽曼曾将齐普夫定律纳入幂率分布的框架下进行进一步的解释②。通过统计分析表达科学知识和核心内容的专业术语在某一研究领域的频次，能够有效反映该领域研究的主题和重点。

单纯的词频统计能够反映的内容相对有限，因此通过词与词之间因共同出现产生的共词网络进行的科学知识结构研究受到学者们的关注。目前，对共词网络的研究主要采用多元统计分析、网络结构分析和战略坐标图三种方法③，例如，图10-5是中国图情领域博士论文关键词的共词网络，其中节点大小代表中心度的大小，连线的粗细代表共现强度，词之间的距离则代表了其关系的亲疏④。

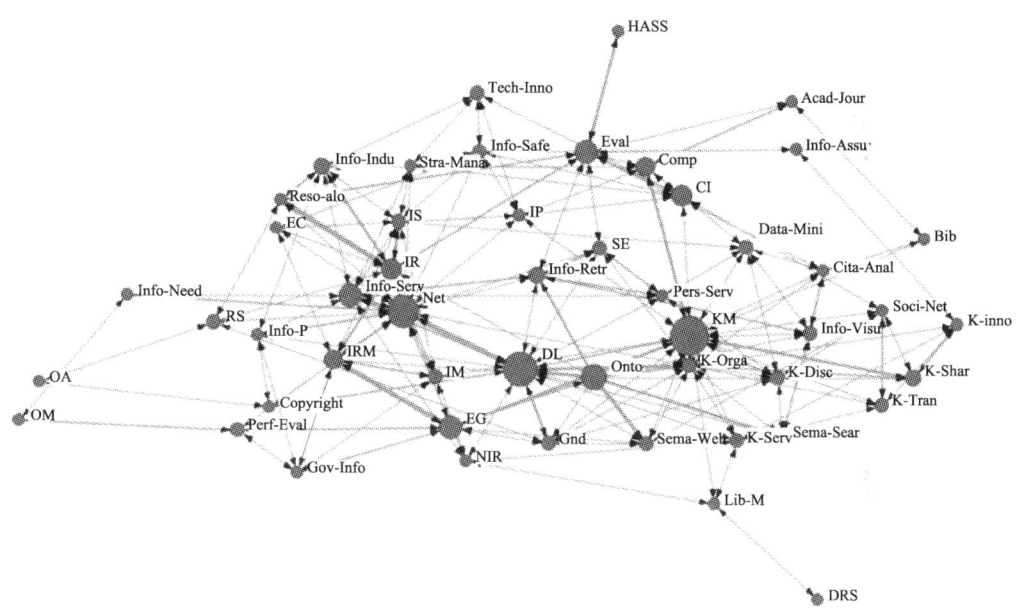

图10-5　图书情报领域博士论文关键词共词网络

单独从词出发的分析无法判断其包含的具体语义，共词分析可以从一定程度上解决这个问题，通过将词以及与它共现的词归结为一类，分析这个类反映

---

① 袁军鹏. 科学计量学高级教程［M］. 北京：科学技术文献出版社，2010：97-106.
② Newman M E J. Power laws, Pareto distributions and Zipf's law［J］. Contemporary Physics, 2005, 46 (5): 323-351.
③ Hu C P, Hu J M, Deng S L, et al. A co-word analysis of library and information science in China［J］. Scientometrics, 2013, 97 (2): 369-382.
④ Zong Q J, Shen H Z, Yuan Q J, et al. Doctoral dissertations of library and information science in China: A co-word analysis［J］. Scientometrics, 2013, 94 (2): 781-799.

的整体内容，可以确定词在分析对象集合中的具体含义。然而，词与词共现只是一种简单的表现形式，可以集合其他方法进行更多的语义分析，例如，采用因子分析方法将词进行聚类后进行因子解释，用因子来描述词集所包含的语义。目前，应用于科学知识结构分析的共词分析主要存在如下问题：

首先，分析基本单元的选择问题。共词分析对语义的揭示是通过和其他词之间的关系来进行判断的，因此词最终会划分到一个类中或者极为少量的主维度上解释，容易造成反映某些主题的语义无法识别和非重要的主题语义被识别的情况。

其次，词孤立的问题。对于某些概念含义较泛的词来说，比较容易出现的情况是这个词与许多出现频次较少，语义内涵较弱的词共现，就会造成该词所处的语义环境相对薄弱，将词进行分门别类的时候，很容易由于其语义环境的薄弱性而归入不是很相关的类别中。

最后，词和词之间的距离问题。共现是以共同出现为基本分析假设，并没有考虑词和词之间是如何共现的，在同一个文档或资源集中，某些词之间是直接共现的，如两个词直接在一起；某些则是间接共现的，如出现在不同段落中，单纯的共现频率统计容易造成频次相同而实际的语义关联强度不同的问题，因此无法反映词所包含的真实语义内涵。

采用主题图等方式加强共词分析的语义能力已经被提出[1]，其基本思想是在抽取高频关键词对的基础上，对词对所包含的主题内涵进行分析，进一步将关键词集成为主题词，利用主题词表达语义。主题图提供了一种良好的思想，即在词的维度基础上加入主题的维度，用主题来表达词的语义，这也是未来利用共词网络进行科学知识结构分析的一个重要方向。

10.5 科学发展动态过程的可视化展示

通过科学文献的数量增长和变化能够认识科学发展的过程，尤其是一些数量上的突变更反映了科学发展过程中的重要事件。无论是从文献所构成的引文网络，还是作者、机构、关键词等角度，在科学知识结构分析基础上，都可以进一步进行科学知识的演化分析[2]。科学作为一种系统，其结构具有层次特征和动态特征，科学研究发展的每一步都在不断继承和发展知识。科学知识的演化

---

[1] 李纲，王忠义. 基于语义的共词分析方法研究 [J]. 情报杂志，2011, 30 (12): 145-149.
[2] 陈必坤. 学科知识可视化分析研究 [D]. 武汉：武汉大学博士学位论文，2014: 125.

以时间为轴分为三个部分：对过去发展变化的梳理、对当前最新发展的监测、对未来发展趋势的预测[1]。在利用科学计量学进行科学知识演化的分析中，大致上有两种类型的研究：一种是依据引文网络所进行的分析，另一种则是将时间维度加到作者、词等其他特征项的网络分析中。引文关系所具有的时序特征在揭示科学知识的演化进程上具有十分突出的效果；而后一种分析方法有时采取对整个时间段的作者、词进行网络分析，然后进行分时间段分析，有时则预先进行时间段的切分，然后进一步分析每个时间段的内容，进一步得到科学知识演化的整体结果。虽然可以从数据分析科学发展的过程，但是相对而言，可视化分析的结果更加直观、明确。

10.5.1 引文网络演化的可视化展示

引文关系具有明显的时序性，通过对这种文献引文网络的时序关系进行分析，可以展示科学发展的来龙去脉，为厘清知识传承的过程和描述科学发展历史提供定量依据。早在1960年，美国学者亚伦就利用引文时间分布网络结构图给出了核酸染色方法在20世纪40～60年代的发展过程[2]。SCI的创始人加菲尔德从1964年开始相关的研究，他在最初的研究中以著作《遗传密码》为基本出发点，绘制了生物学家艾西莫夫（Asimov）描述的关键事件图，进一步从艾西莫夫提及的描述事件的文献开始，依据文献的参考关系编制了一个引文编年图，通过引文编年图和节点事件的对比发现两者具有很高的一致性[3]。加菲尔德认为，引文编年图对科学发展过程具有良好的揭示作用，并在此基础上开发了HistCite软件[4]。在HistCite软件中，被引次数被用来衡量文献重要性的程度，即在编年图中利用被引次数的大小标识文献节点的大小，使引文编年图的可视化效果更为合理，其可视化效果如图10-6所示。

然而，引文时序分析存在的局限也比较明显。传统引用次数在作为衡量文献重要性时的另一个问题是无法区分施引文献的重要性，在实际的科学研究过程中，某一篇文献被不同的文献引用都会计一次，但被一篇重要性很低的文献和一篇重要性程度很高的文献引用对整个知识系统而言重要性是不一样的。解决上述缺陷的一个重要途径是利用新的方法通过整体网络进行重要性评价，主路径分析法是

---

[1] 化柏林，武夷山. 动态环境需要演化分析 [J]. 情报学报，2013，32（9）：1.
[2] 庞景安. 科学计量研究方法论 [M]. 北京：科学技术文献出版社，2002：264.
[3] 李运景，侯汉清，裴新涌. 引文编年可视化软件 HistCite 介绍与评价 [J]. 图书情报工作，2006，50（12）：135.
[4] Garfield E. Historiographic mapping of knowledge domains literature [J]. Journal of Information Science，2004，30（2）：119-145.

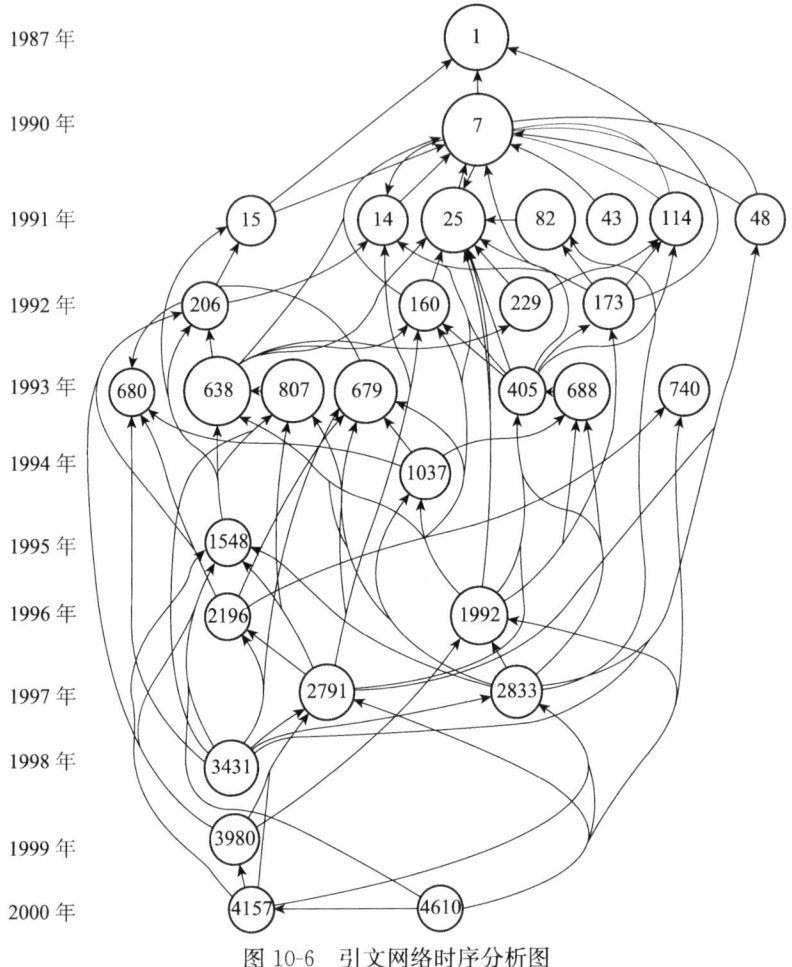

图 10-6 引文网络时序分析图

其中的一个典型代表①。主路径分析的基本思想是假设整个科学知识发展的过程存在路径,这个路径中的"驿站"即科学知识最初发展开始到当前发表的所有相关文献,其中的通道即按照时间顺序在这些"驿站"间通过引文关系所产生的文献链。从所有的原点出发,以引文为通道可以得到从知识的最初产生到发展现状的全部过程,在此基础上选择最重要的文献节点,连接而成的链将能够反映整个知识发展过程中最为重要的通道②。结合主路径的引文时序分析能够有效地刻画出科

---

① Hummon N P, Dereian P. Connectivity in a citation network: The development of DNA theory [J]. Social Networks, 1989, 11 (1): 39-63.

② Hummon N P, Carley K. Social networks as normal science [J]. Social Networks, 1993, 15 (1): 71-106.

学知识演化的主要过程，其可视化结果如图 10-7 所示。

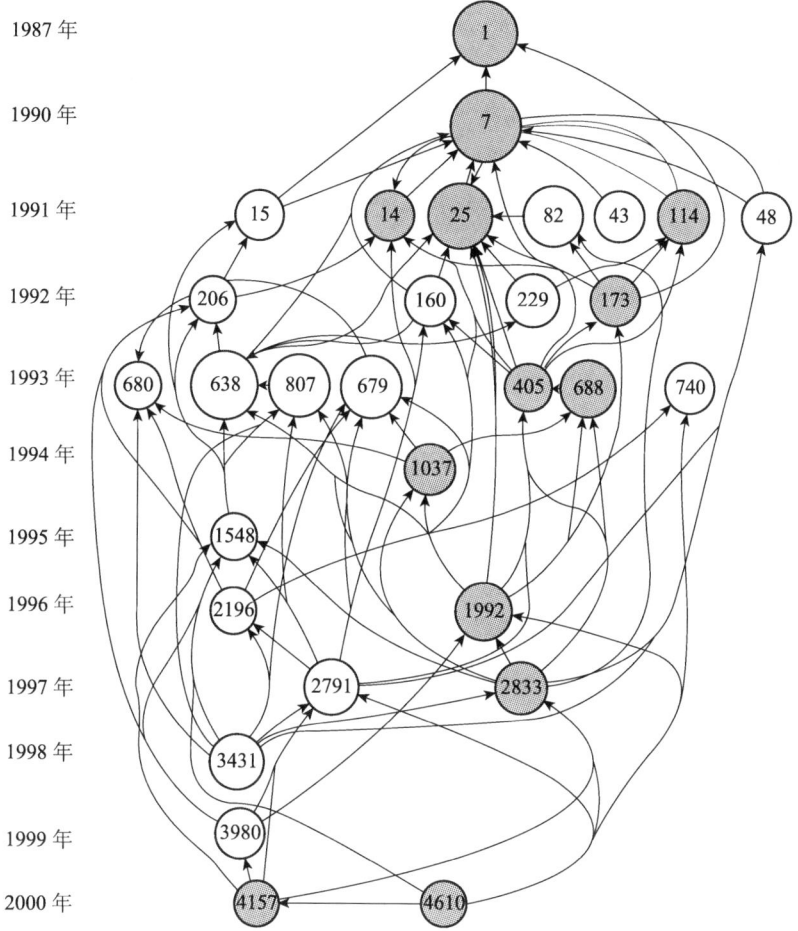

图 10-7 结合主路径的引文网络时序图

引文网络具有复杂网络的一般特性，因此对引文网络的研究也可以分成宏观的统计特征揭示、中观的结构分析和微观的局部动机研究，但从科学知识的管理角度而言，宏观的统计特征揭示所得到的结果更倾向于表现为一种现象，微观的局部动机研究则视野过于狭窄，不具备普遍的意义。对表现科学知识演化过程的网络进行结构分析和主路径抽取是一类典型的中观层次的研究，其结果能够有效地对科学知识的演化过程进行有效的描述，明确在整个科学知识体系发展过程中哪些研究更加处于核心位置，进一步地，可以依据这些核心研究定位到相应的科学家，从而为科学知识的管理和决策提供支持。

10.5.2 基于其他特征项网络的知识演化分析

由于不同类型的特征项网络分析能够揭示一定时间段内的科学知识结构，那么对比不同时间段科学知识结构并揭示其中的变化过程，就可以实现科学知识的演化分析。帕拉等基于 t 和 $t+1$ 两个时段社区的变化将演化归纳为六种模式：产生、消亡、分化、融合、扩散、收缩[1]。科学知识的产生是一种 t 到 $t+1$ 时段从无到有的过程，消亡是 t 到 $t+1$ 时段从有到无的过程，分化是 t 到 $t+1$ 时段由一变多的过程，融合则是 t 到 $t+1$ 时段由多变一的过程，扩散 t 到 $t+1$ 时段规模变大的过程，收缩则是 t 到 $t+1$ 时段规模变小的过程。这六种类型基本上涵盖了科学知识演化的全部过程。在进行两个不同时段的比较时，则可以从节点重合度、关系重合度、核心节点重合度三个方面进行综合判断[2]。

基于分时段数据进行科学知识演化分析的典型案例是美国情报学家怀特和麦肯恩的一项研究。怀特和麦肯恩利用作者共被引网络对 1972～1995 年国际图书情报领域科学知识演化的分析，通过对比 1972～1979 年、1980～1987 年、1988～1995 年三个时间段高被引学者所组成的共被引聚类发现，1972～1995 年的关于文献与科学交流的研究越来越多地被关注，逐渐与情报检索研究趋于平衡状态[3]。图 10-8 是西班牙学者冈萨雷斯·阿凯德等从作者网络角度进行黑热病领域科学知识演化研究的一个例子[4]。在这个图中以 10 年为界，分别构建 1981～1990 年、1991～2000 年、2001～2010 年这三个时间段的合作网路，然后将之置于同一个时间轴上，进一步分析每个时间段内最主要的作者合作网络关注的核心主题，然后通过这种主题的变化来说明科学知识的演化过程。冈萨雷斯·阿凯德等研究基本上采用了与怀特和麦肯恩相同的思路，两者之间最大的区别在于怀特等对于核心群体的区分依赖于聚类分析，而冈萨雷斯·阿凯德等则依赖于网络中社区发现的结果。

---

[1] Palla G, Barabási A L, Vicsek T. Quantifying social group evolution [J]. Nature, 2007, 446 (7 136): 664 - 667.

[2] 王晓光, 程齐凯. 基于 NEViewer 的学科主题演化可视化分析 [J]. 情报学报, 2013, 32 (9): 900 - 911.

[3] White H D, McCain K W. Visualizing a discipline: An author co‐citation analysis of information science, 1972—1995 [J]. Journal of the American Society for information science, 1998, 49 (4): 327 - 355.

[4] Gonzalez-Alcaide G, Huamani C, Park J, et al. Evolution of coauthorship networks: worldwide scientific production on leishmaniasis [J]. Revista da Sociedade Brasileira de Medicina Tropical, 2013, 46 (6): 719 - 727.

第十章 科学计量学中的可视化分析法

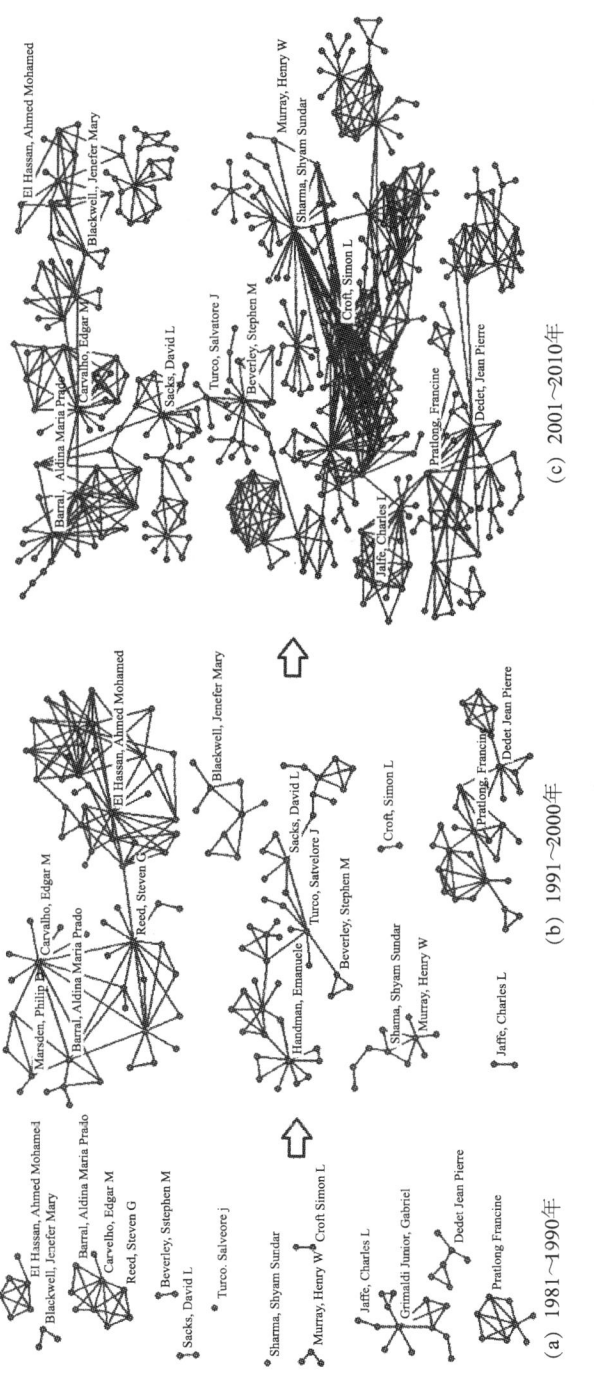

图10-8 基于合作的黑热病研究领域的科学知识演化分析结果

依据作者等特征项知识关联网络分析的结果解读主要依赖于分析者对于特征项所代表内容的认知，直接对反映内容的词进行分析来描述科学知识的演化具有一定的优势。词直观地反映了科学知识内容，利用词进行的知识演化分析一般而言主要包括词频的时序分布和共词网络的时序分布两个方面。

研究人员通过关键词在不同时间段的出现频次能够监测科学研究主题随时间的变化，这种变化利用可视化手段表现出来较为直观，例如，美国马萨诸塞大学斯旺和詹森开发的 TimeMines 系统[1]，该系统可以从数据样本中抽取有意义的关键词，进一步通过 Timeline 视图去展示关键词的演化情况。随着技术的不断发展，许多新的可视化效果被进一步开发，例如，阿弗尔等学者利用 ThemeRiver 的方式监测关键词在时间维度上的演化，不同颜色的"河流"代表不同意义的关键词，图 10-9 展示了 ThemeRiver 的可视化效果[2]。

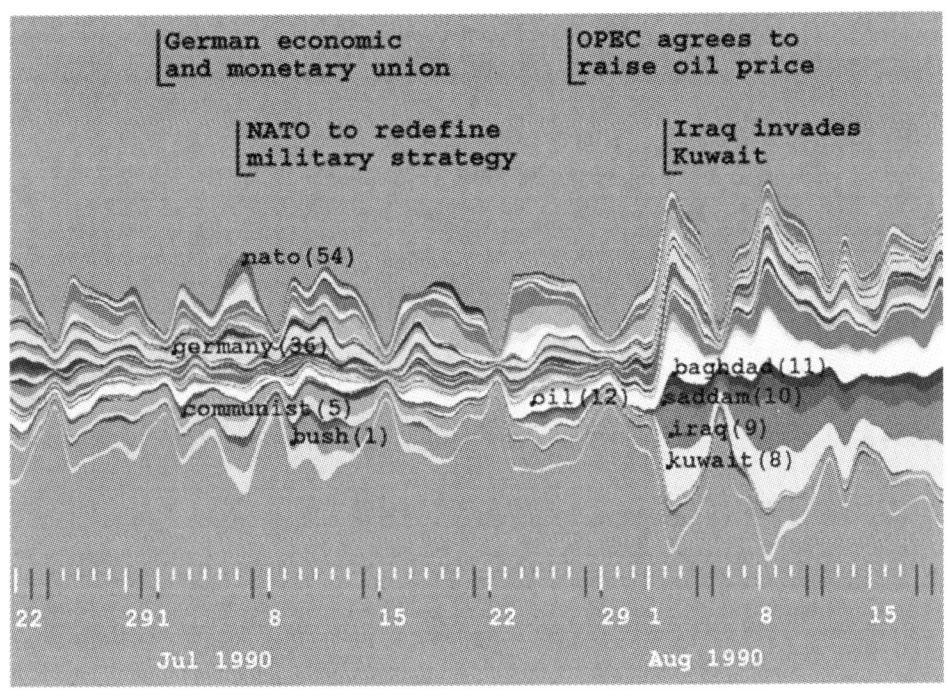

图 10-9 基于词频的科学知识演化 ThemeRiver 图

---

[1] Swan R, Jensen D. TimeMines: Constructing Timelines with Statistical Models of Word Usage [C] //KDD-2000 Workshop on Text Mining, 2000: 73-80.

[2] Havre S, Hetzler E, Whitney P, et al. Themeriver: Visualizing thematic changes in large document collections [J]. Visualization & Computer Graphics IEEE Transactionson, 2002, 8 (1): 9-20.

基于共词网络的演化分析往往和主题演化结合在一起,共词能够在一定层面上解决歧义问题,因此利用共词网络来分析主题语义可以取得较好的效果,进一步得到的科学知识演化分析结果也更为准确。西班牙学者科博等将基于共词网络的演化分析步骤概括为数据抽取、网络表示、时序数据生成、社区发现、主题标识、演化分析和可视化结果等多个内容[①]。

从分析步骤上来看,利用共词网络进行的科学知识演化分析中最核心的内容包括社区发现、主题标识和社团演化的可视化。对于社区发现而言,目前的研究中主要与社会网络和复杂网络分析方法相结合,如 Newman & Girvan 算法[②]、布隆德尔等提出的算法[③]、凡埃克的 VOS 算法[④]等。共词网络主题的标识是社区发现后需要开展的一项重要工作,由于共词网络中的节点是关键词,所以确定社区所反映主题的过程就是定位和标识社区中核心节点的过程,利用少数的核心节点所组成的集合能够代表社区所对应的科学知识主题。相对而言,目前大量的指标在衡量节点在特定社区内的重要性时精确度不高,针对这种缺陷,吉梅拉等学者提出利用 Z-Value 来衡量节点之间的紧密性,在局部层面衡量节点的重要性[⑤]。在演化结果的可视化方面,典型的方法包括聚类链[⑥]、冲积图[⑦]、Timeline 和 Timezone[⑧] 等。图 10-10 是 2001～2007 年分三个时间段的信息检索领域知识演化二分图可视化结果,从中可以很容易地发现每个时期不同的研究内容和热点,并且明确地刻画了科学知识的演化过程。

---

① Cobo M J, López-Herrera A G, Herrera-Viedma E, et al. An approach for detecting, quantifying, and visualizing the evolution of a research field: A practical application to the fuzzy sets theory field [J]. Journal of Informetrics, 2011, 5 (1): 146-166.

② Newman M E J, Girvan M. Finding and evaluating community structure in networks [J]. Physical Review E Statistical Nonlinear & Soft Matter Physics, 2004, 69 (2): 026113.

③ Blondel V D, Gajardo A, Heymans M, et al. A measure of similarity between graph vertices: Applications to synonym extraction and web searching [J]. SIAM Review, 2004, 46 (4): 647-666.

④ Van Eck N J, Waltman L. Software survey: VOSviewer, a computer program for bibliometric mapping [J]. Scientometrics, 2010, 84 (2): 523-538.

⑤ Milo R, Shen-Orr S, Itzkovitz S, et al. Network motifs: simple building blocks of complex networks [J]. Science, 2002, 298 (5 594): 824-827.

⑥ Small H. Tracking and predicting growth areas in science [J]. Scientometrics, 2006, 68 (3): 595-610.

⑦ Rosvall M, Bergstrom C T. Mapping change in large networks [J]. PloS One, 2010, 5 (1): e8 694.

⑧ Chen C. CiteSpace II: Detecting and visualizing emerging trends and transient patterns in scientific literature [J]. Journal of the American Society for information Science and Technology, 2006, 57 (3): 359-377.

■ 科学计量学

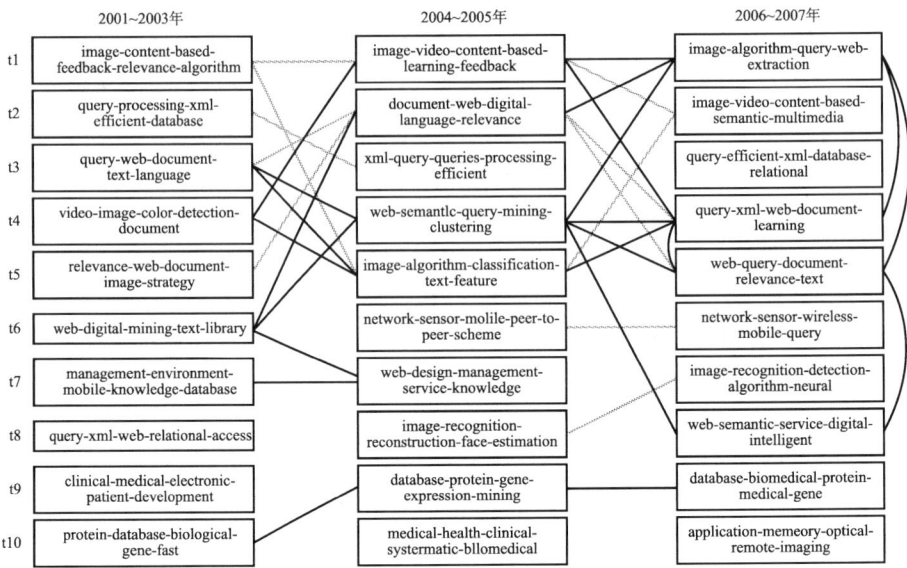

图 10-10　2001~2007 年信息检索领域的知识演化

第十一章

专利计量与标准计量

11.1 专利信息概述

"专利"是专利权的简称,它是国家按专利授予申请人在一定时间内对其发明创造成果所享有的独占、使用和处分的权利。它是一种财产权,是运用法律保护手段"跑马圈地",独占现有市场,抢占潜在市场的有力武器[1]。在我国,专利包括发明专利、实用新型专利和外观设计专利[2]。专利信息和专利文献是围绕"专利"这一术语的两个重要概念。专利信息指专利信息内容本身,专利文献是专利信息及其所依附的载体的统称。

11.1.1 专利信息与专利文献

世界知识产权组织于1988年编写的《知识产权教程》阐述了现代专利文献的概念:"专利文献是包含已经申请或被确认为发现、发明、实用新型和工业品外观设计的研究、设计、开发和试验成果的有关资料,以及保护发明人、专利所有人及工业品外观设计和实用新型注册证书持有人权利的有关资料的已出版或未出版的文件或其摘要的总称。"该教程还进一步指出:"专利文献按一般的理解主要是指各国专利局的正式出版物。"

按照载体的不同,专利文献可以分为以下三种类型:一是纸质专利文献,包括中国三种专利公报、各种年度索引的检索工具书、按顺序号出版的各类专利说明书和按特定领域加工的分类文档。纸质专利文献是手工检索的基础。目前,使用较多的是外观设计的纸质文献检索。二是电子专利文献,是指记录在可被计算机读取的磁带、磁盘、光盘等介质上的具有独特检索软件的专利文献和数据库的集合。例如,欧洲专利局的ESPACE系列、美国专利局的CASSIS系列、中国国家知识产权局专利局的CNPAT、中国专利数据库的CPRS、中外专利检索系统的CFPASS等。三是因特网专利文献,是指各国专利局和国际性专利组织利用因特网传播专利信息,并提供网上专利信息检索的数据库及数据库集合。例如,中国国家知识产权局网址http://www.sipo.gov.cn、美国专

---

[1] 中华人民共和国国家知识产权局. 专利[EB/OL]. http://www.sipo.gov.cn/zsjz/zhzs/200804/t20 080 418_383 770.html [2011-8-27].

[2] 中华人民共和国国家知识产权局. 我国专利的类型[EB/OL]. http://www.sipo.gov.cn/zsjz/zhzs/200804/t20 080 418_383 771.html [2011-8-27].

利商标局网站网址 http：//www.uspto.gov、欧洲专利局网络数据库网址 http：//ep.espacenet.com。

专利信息和专利文献是密不可分的，专利信息是指以专利文献作为主要内容或以专利文献为依据，经分解、加工、标引、统计、分析、整合和转化等信息化手段处理，并通过各种信息化方式传播而形成的与专利有关的各种信息的总和。

一般来讲，专利信息包括技术信息、法律信息、经济信息等。技术信息是指专利的技术内容，即专利说明书、权利要求书、附图、摘要等专利文献中披露的与该发明创造有关的技术信息。法律信息是指在权利要求书、专利公报及专利登记簿等专利文献中记载的与权利保护范围和权利有效性相关的信息。经济信息是指与国家、行业或企业经济活动密切关系的信息，这些信息反映出专利申请人或专利权人的经济利益趋向和市场占有欲，例如，有关专利的申请国别范围和国际专利申请指定国范围的信息与专利许可、专利权转让或受让等有关的技术贸易信息与专利权质押、评估等经营活动有关的信息[1]。

11.1.2 专利信息源及其检索

专利信息源，顾名思义就是指专利信息的来源。一般认为，信息的来源可分为语言型和文献型两种。语言型主要包括电视、广播和电影等大众媒体。文献型主要包括图书、报刊等各种载体形式的文献。专利信息源是一种特殊的信息源，它分为文献型和非文献型，而且它的很大一部分以文献信息的形式存在[2]。因此，获取专利信息主要途径是检索专利文献，具体检索途径如下：

一是手工检索。手工检索方式曾是尚未进入电子时代的专利检索的主要方式，同时也是一种最经济的检索方式。它是利用各国专利机构出版的书本、卡片或缩微品形式的检索工具，查找专利信息的方式。由于各国出版的检索工具主要是专利分类年度索引、专利权人年度索引、申请号年度索引和专利公报（包括分类索引、专利权人索引和号码索引）等，所以手工检索主要包括分类检索、名字检索和号码检索三种形式[2]。

二是计算机检索。随着科学技术的迅猛发展，通过计算机检索采集专利信息已经成为专利信息采集最主要的手段之一。所谓专利信息计算机检索，就是将专利信息的检索需求按一定的查询语言和检索命令输入计算机系统，系统将用户的提问与专利数据库中存储的专利数据进行匹配运算，查找出与用户所需

---

[1] 徐芳. 企业如何掌握和运用专利信息 [J]. 电子知识产权, 2004, 04：49-50.
[2] 陈燕, 黄迎燕, 方建国, 等. 专利信息采集与分析 [M]. 北京：清华大学出版社, 2006：100-101.

信息一致的内容，并把检索结果由数据库中调取出来反馈给用户[①]。检索方法主要有按照专利信息基本字段检索和综合检索方法（如使用布尔逻辑符检索）等。

三是网络检索。随着电子化和网络化的发展，网络信息源已经成为当今最重要的专利信息源，熟悉网络信息源及其检索方法，已经成为专利信息采集的基本途径和主要途径。目前，公众在因特网上获取专利信息源主要有两个渠道：一是通过各国知识产权局网站免费获取；二是通过商业数据库网站获取。这两种渠道在专利信息的收录范围、加工深度、检索手段、检索成本等方面存在不同，可以说各具特色、各有优势，并相互补充[②]。

11.2 专利分析的主要指标

11.2.1 专利指标简述

专利文献是一种法律文件和技术资料，其作用已经为人们所熟知。从专利文献中提取专利信息，综合成专利情报，为企业乃至国家的技术战略服务，这一个过程就是专利文献研究与利用的过程。在这一个过程中，需要利用专利数据建立一种科学技术指标，这种指标就是专利指标。专利指标可以在宏观或微观的不同层面反映国家或企业的发明活动以及产出、知识产权的拥有量、技术发展水平及其在国际技术与经济竞争中的地位。因此，专利指标是一种重要的科技指标，这与专利制度成立之初"保护发明创造、激励研究创新"的基本宗旨是完全吻合的[③]。

11.2.2 专利指标类型

关于专利指标种类的研究，不同的学者有不同的观点。有些学者将专利指标分为数量、质量和价值等几类，有些学者认为应将专利指标分为技术层面和经济层面指标等。由于专利数量指标是专利信息分析中最基础的指标，而在专利数量统计的基础上研究数量的变化以及不同范围内各种量的比值（如百分比、增长率等）构成专利信息分析指标体系的本质，所以人们可以根据分析目的不同，设立不同的评价指标。几种有代表意义的专利数量指标，如原产国专利数

---

① 陈燕，黄迎燕，方建国，等. 专利信息采集与分析[M]. 北京：清华大学出版社，2006：116-117.
② 陈燕，黄迎燕，方建国，等. 专利信息采集与分析[M]. 北京：清华大学出版社，2006：142-143.
③ 岳宗全，黄迎燕. 专利指标——重要的科技指标[J]. 电子知识产权，2003，09：24.

量指标、技术框架数量指标、公司联盟数量指标,以及专利数量指标等;进而由各种数量相互关系引申出一组指标,如关联度指标、创新活动指标、企业专利质量指标、企业强势专业技术指标、国家竞争力指标、专利实施率指标和产业标准指标等[1]。

11.2.3 专利指标的优点及其注意事项

了解专利指标的优点和使用中应该注意的问题,有利于更好地掌握和应用专利指标[2]。

专利制度的广泛实施、专利文献的统一规范,以及网络专利信息源易于获得、更新及时等特点,使得专利指标具有以下优点。

(1) 专利指标能有效反映创新活动。之所以要用专利指标分析创新过程是因为与工业研发和其他指标相比,专利指标与发明创新活动有更密切的相关度。也就是说,没有其他的指标可以比专利指标能更好地反映创新活动全过程。

(2) 专利指标所依赖的专利数据几乎覆盖了每一个技术领域。在分析某一领域的关键技术,或者是分析国家或企业特定的专利组合时,专利数据如此广泛的技术覆盖保证了专利分析的可行性。

(3) 专利制度覆盖了全世界许多国家。据统计,世界范围内实行专利制度的国家在 1873 年只有 22 个,1890 年有 45 个,1925 年有 73 个,1958 年有 99 个,1973 年有 120 个,1984 年有 158 个。2002 年,世界上建立起专利制度的国家和地区已经超过 175 个[3]。这些国家和地区有的出版全部专利文献,有的出版部分专利文献,有的只出版题录式专利公报,也有些国家不出版专利文献,或者与其他国家共同出版专利文献。

(4) 各国专利文献有统一的编排体例,并采用国际统一的专利文献著录项目识别代码 (INID)。这些规范的数据,方便信息分析人员整理不同国家的专利文献,有利于进行国家层面上的技术活动的比较研究和各国专利数据的统计分析。

(5) 专利文献是法律文件,包含多种法律信息。例如,在权利要求书、专利公报及专利登记簿等专利文献中记载的与权利保护范围和有效性相关的信息。其中,权利要求书用于说明发明创造的技术特征,清楚、简要地表述请求保护的范围是专利的核心法律信息,也是对专利实施法律保护的依据。其他法律信

---

[1] 陈燕,黄迎燕,方建国,等. 专利信息采集与分析 [M]. 北京:清华大学出版社,2006:229.
[2] 陈燕,黄迎燕,方建国,等. 专利信息采集与分析 [M]. 北京:清华大学出版社,2006:242-243.
[3] 李建容. 专利文献与信息 [M]. 北京:知识产权出版社,2002:5.

息包括与专利的审查、复审、异议和无效等审批确权程序有关的信息；与专利权的授予、转让、许可、继承、变更、放弃、终止和恢复等法律状态有关的信息等。如前所述，各国专利文献统一规范，所以专利数据的统计过程误差很小。

（6）专利文献有很详细的多级技术分类。从技术领域到单一的产品都被包含在专利分类体系中，国际专利分类体系为世界各国所通用。当然，有些国家会在本国专利文献上给出自己国家的专利分类号（如美国的专利分类——UPC等）。共同的分类标准使得专利指标具有离散度小的特点。

（7）专利信息是公开的信息源，与其他信息源相比更容易获取。目前，世界上主要国家的专利机构都将本国的专利信息整理成专利数据库放在因特网的网站上，供读者免费查询。信息获取方便、数据更新快速使得专利指标在信息分析工作中被广泛应用。

各国专利制度的差异、专利数据加工过程中的误差，以及专利指标的行业依赖性等特点，需要分析人员在工作中注意以下几个问题。

（1）各国专利制度的影响。世界上大多数国家都有自己的专利制度，但各国的专利制度不尽相同。有些国家（如美国）只有发明专利和外观专利，有些国家对于实用新型以及外观设计专利不予承认。我国专利类型有发明专利、实用新型和外观专利。为消除这种局限性，在利用专利数据建立科技指标时，国际上通行的做法是采用发明专利数据。

（2）不同国家专利申请的倾向不同。国家大小以及它们所处的地理位置使得人们对专利保护期望得到的回报有所不同。由于各国专利制度的差异，不同国家国内专利申请总数之间不具有可比性。此外，一些科学、技术发达的国家都存在统计学上的"国家优势"。这里所谓的国家优势是指在通常情况下，企业或个人专利申请人会更多地选择在本国国内申请专利。这样，在研究其他国家在国外寻求专利保护时的经济利益就会存在不一致性。

（3）不同的技术领域不具有可比性。有些技术领域容易获得专利，而有些则不然。例如，在电子学方面，专利批准过程可能赶不上迅速发展的技术革新步伐。因而一个企业可能维持它的发明秘密而并非寻求专利保护。而在其他的领域，如化学药品和工程学等领域中，申请专利是一个企业在市场对它自身予以保护的常用手段。在不同技术领域，企业所采取的专利策略有所不同，是专利指标体系中的重要偏差来源。这个问题能通过"企业的研发经费与它的专利数"之间的关联来解决。此外，专利指标使用中应注意专利技术领域变化的倾向，这种变化的倾向会导致专利保护效力和技术内在特征的不同。例如，专利技术内容在化工领域和一些机械工程领域变化倾向大，而在航空技术领域就小。

（4）与其他指标综合使用。专利技术活动贯穿了技术创新活动的全过程，使得专利指标成为反映创新过程的重要指标，但在专利信息分析中应当注意不应该被孤立地使用它们。应当尽可能与其他科学技术指标组合使用。

（5）注意数据清洗。在进行专利数据统计时应注意对数据项的清洗处理。例如，专利权人为公司时，公司名称的统一规范很重要，同时应关注公司名称的更名、专利权人的变更等信息。对信息变化的敏感关注，才能有效地保证统计数据的准确和专利数量指标的意义。

（6）关注专利分类与工业分类对比研究。为了加强专利信息分析在经济活动领域的应用，应关注专利分类与工业生产和贸易分类方法的对比研究。但目前在中国专利数据库中尚没有工业技术分类数据，因而无法使用专业技术指标。

11.3 专利分析的方法及工具

专利分析方法是以文献计量学为基础，借助其他学科的知识和有关工具而进行的。从研究人员的角度来看，专利分析方法分为定性分析与定量分析两种；从专利分析工具实现的角度来看，大致可分为基本统计分析、引证分析和聚类分析。这些方法互相交叉融合，统计分析与聚类分析对应了定量分析，而引证分析则既有定性也有定量的成分[1]。以下将介绍几种常见的专利分析方法。

11.3.1 统计频次-排序法

对专利数据进行统计和频次-排序分析是定量分析专利信息中的一项最为基础的和最为重要的工作。专利国际分类号、申请人、发明人、申请人所在国家或专利申请的国别、专利申请或授权的地区分布、专利种类比率，以及专利引文等特征数据是进行统计和频次-排序的对象。

1. 统计和频次-排序的基本做法[2]

在对专利信息进行分析时，首先要对专利分类号、专利申请人等特征数据进行统计分析，在完成数据统计的基础工作后，要对统计数据进行频次-排序分析。频次-排序分布模型是科学计量学中的重要模型，主要用来探讨不同计量元素频度值随其排序位次而变化的规律。这一模型用于专利文献的计量分析是非

---

[1] 张静，刘细文，柯贤能，黎江. 国内外专利分析工具功能比较研究[J]. 情报理论与实践，2008，01：141.
[2] 陈燕，黄迎燕，方建国，等. 专利信息采集与分析[M]. 北京：清华大学出版社，2006：248-255.

常合适的。因为不同专利分类所包含的专利数量的变化,以及不同专利权人所申请的专利数量的变化等,是科学地评价和预测专利技术,发现专利权人动态的极具价值的信息。它们能够从不同角度体现专利包含的技术、经济和法律信息。专利信息定量分析的统计对象一般是以专利件数为单位。频次-排序分布模型对于展示这些专利信息是非常直观和有效的[①]。

根据专利信息分析的目的,首先进行相关的专利检索,并对检索结果中国际专利分类号、申请人、发明人、申请人所在国家或专利申请的国别、专利申请或授权的地区分布,以及专利种类比率等特征数据项进行升序、降序排列。排序表中通常包括表格名称、序号、专利统计项的名称和频度值(专利申请数量或专利授权数量等)。然后在图中建立频次-排序分布模型,利用 x-y 坐标系中排列的点阵,进行回归分析。也可以利用 x-y-z 三维坐标系中排列的点阵进行相关分析,有时也可以将普通的坐标系转换成对数 $\lg x$-$\lg y$ 坐标系或 $\lg x$-$\lg y$-$\lg z$ 三维对数坐标系,或半对数 x-$\lg y$ 或 x-$\lg y$-$\lg z$ 坐标系等。目的是将坐标系中分布成曲线的点阵转换为排列成直线的点阵,从而使点阵的排列特征更直观,也便于做回归分析。

2. 数量统计

专利信息分析中专利申请或授权量统计是最为基础的工作,统计方法因分析目的而异,如逐年统计某一技术领域的专利申请量,以便进行时序分析;或统计某一技术领域的专利类型,以便研判该技术领域的特征等。

3. 分类号统计排序

由于各国的专利分类法指导思想的差异,不同国家的专利局有自己的专利分类法,任何国家在利用其他国家的专利文献时都会因分类体系的不同而带来困难。因此,在这种情况下,国际专利分类法应运而生。在专利信息分析中比较常见的是利用国际专利分类号(IPC)进行统计和频次-排序分析(简称 IPC 分析)。此外,美国专利分类体系因其类目详细、主题功能强劲等特点被专利信息分析人员广泛使用。本章主要介绍国际专利分类的统计研究。

统计时,根据各个 IPC 对应技术领域内专利数量的多少,进行统计和频次-排序分析,研究发明创造活动最为活跃的技术领域,某一技术领域可能出现的新技术,以及某一技术领域中的重点技术。利用 IPC 与时间序列的组合研究,还可以探讨技术的发展趋势,利用某一技术领域内对应 IPC 最近几年

---

① 李建蓉. 专利文献与信息 [M]. 北京:知识产权出版社,2002:542.

的专利授权量与过去 10 年的授权量之比,统计专利技术增长率,分析"热门"技术。

4. 国别统计排序

国别统计分析是按专利申请人或专利优先权国别统计其专利申请量或授权量,研究相关国家的科技发展战略及其在各个技术领域所处的地位。应该注意的是,国别统计分析方法也可以用于地区间的对比研究。

5. 申请人统计排序

申请人统计排序是指按申请人或权利人的专利申请量或专利授权量进行统计和排序,研究相关技术领域的主要竞争对手。

11.3.2 技术生命周期分析

技术生命周期分析是专利定量分析中最常用的方法之一。通过分析专利技术所处的发展阶段,推测未来技术发展方向。它针对的研究对象可以是某件专利文献所代表技术的生命周期,也可以是某一技术领域整体技术生命周期。人们通过对专利申请数量或获得专利权的数量与时间序列关系、专利申请企业数与时间序列关系等分析研究,发现专利技术在理论上遵循技术引入期、技术发展期、技术成熟期和技术淘汰期四个阶段的周期性变化。

(1)技术引入期。在技术引入阶段,专利数量较少,这些专利大多数是原理性的基础专利,由于技术市场还不明确,只有少数几个企业参与技术研究与市场开发,表现为重大的基本专利的出现。此时,专利数量和申请专利的企业数都较少(集中度较高)。

(2)技术发展期。随着技术的不断发展,市场扩大,介入的企业增多,技术分布的范围扩大,表现为大量的相关专利申请和专利申请人的激增。

(3)技术成熟期。当技术处于成熟期时,由于市场有限,进入的企业开始趋缓,专利增长的速度变慢。由于技术的成熟,只有少数的企业继续从事相关领域的技术研究。

(4)技术淘汰期。当技术老化后,企业也因收益递减而纷纷退出市场,此时有关领域的专利技术几乎不再增加,每年申请的专利数和企业数都呈负增长[1]。

---

[1] 陈燕,黄迎燕,方建国,等. 专利信息采集与分析[M]. 北京:清华大学出版社,2006:244-248.

基于专利技术生命周期理论上存在四个阶段，人们利用多种方法来测算专利的技术生命周期。例如，利用数理统计中的生长模型（珀尔曲线、冈柏兹曲线、饱和指数曲线等）来推算技术生命周期；也可以利用相关专利要素的变化来测量技术的生命周期，如专利数量测算法、图示法和技术生命周期（technology cycle time，TCT）计算方法。专利数量测算法和图示法主要用于研究某个技术领域的技术生命周期，而 TCT 计算方法主要用来计算单件专利的技术生命周期[①]。

11.3.3　专利时间序列分析

所谓时间序列分析，就是在均匀时间间隔中对研究对象的同一变量进行统计分析的方法。该分析目的在于掌握这些统计数据依时间变化的规律。它是进行定量分析时经常选择的数学模型之一。

在专利信息分析中，时间序列法也是经常被选择的一种方法。其变量可以是专利分类、申请人、专利被引用次数和申请人所在的国家等。例如，通过对专利申请量或授权量随时间变化的分析、研究技术领域的现状；通过专利申请人、专利申请数量与时间的对应关系研究揭示某技术领域在一定时间跨度内参与技术竞争的竞争者数量，从而揭示相关技术领域的技术生命周期。在时间序列分析的基础上，进一步展开线性回归趋势分析，预测该技术领域未来的发展趋势。

应用时间序列法在进行技术趋势的分析和预测时，需要具备一个最基本的条件：要有足够的历史统计数据，构成一个合理长度的时间序列。专利文献是一个数量庞大、年代跨度长的信息集合，它恰好能满足时间序列法所要求的条件。因此，在利用专利信息进行技术预测时，选择时间序列法是比较适合且实用的[②]。

11.3.4　专利引证分析

引证分析是指对目标专利的引用专利情况和目标专利被引用的情况进行分析，以揭示相关专利之间的关系，反映特定技术领域的生命周期，以及竞争对手之间技术相互依赖关系。引证分析工具的好坏在于引证数据的来源和引证结果的呈现。目前，引证数据的来源主要有美国、德国、欧洲、英国和世界知识

---

① 李建蓉. 专利信息与利用 [M]. 知识产权出版社，2006：365.
② 陈燕，黄迎燕，方建国，等. 专利信息采集与分析 [M]. 北京：清华大学出版社，2006：257-259.

产权组织的专利。引证结果的呈现主要有引证表、引证树和引证地图①。

11.3.5 专利分析常用软件

1. 国内分析工具

（1）PIAS 专利信息分析系统。PIAS 专利信息分析系统是由国家知识产权局、知识产权出版社开发的专利分析系统。该系统利用数理统计原理和软件技术设计，能够对专利信息进行二次加工，便于对技术发展趋势、申请人状况、专利保护地域等专利战略要素进行定性、定量分析。该系统既适合于政府的科技政策管理、技术管理规划部门，现代制造企业的研发、知识产权管理、市场管理及企划部门，又适合于专利法律事务所、大专院校和相关科研院所等使用。

（2）中国专利技术开发公司专利信息分析系统。中国专利技术开发公司开发的"专利信息分析系统"将专利信息进行数据规范化处理后，可对专利数据的原始著录项、自定义标引项及分析要素进行任意组合的统计分析，整理出直观易懂的结果，并以图表的形式展现出来。该系统具有数据导入、数据库扩充、检索和分析等功能，尤其在数据标引方面，该系统预留了多个自定义分析字段，可根据需求对数据进行多角度分析。该系统明显区别于以往系统的特点是：标引自定义项时，系统会提供已经标引过的内容，只需双击即可把内容标引到新的文献数据中，无需手工填写，并且支持批量标引，使分析人员摆脱大量重复的工作，提高分析效率。

（3）Mcam。由东方灵盾科技有限公司开发的 Mcam 采用了 M.CAM 公司的语言分析系统。利用该系统，用户除了利用传统的关键词和分类检索方法外，还可利用其独特的语言分析系统查询、分析相关信息。该系统分析模块的特点在于：它强调分析不同时期专利之间的相关性，从而全面展示专利所在领域综合发展态势及各项专利的重要性、独立性和相互依赖性。其分析结果经整合，以图形、数据等方式进行二维展现，清楚而直观。

（4）PatentEX。由大为软件公司开发的 PatentEX 专利信息创新平台，其数据来源于中国、美国、欧洲官方免费专利数据库，也可扩展到日本、WIPO 官方免费专利数据库。该软件的分析功能主要有：技术生命周期分析，如根据逐年专利申请量和专利申请人/发明人数量、生成技术生命周期分析图，直观揭示出技术发展的萌芽期、成长期、成熟期、衰退期；自定义矩阵分析，如选择专

---

① 张静，刘细文，柯贤能，黎江．国内外专利分析工具功能比较研究［J］．情报理论与实践，2008，01：141.

利的技术要素进行标引，生成功效矩阵图，了解矩阵中的空白区、疏松区、密集区，以便于进行创新研发、规避风险、架构专利网或衍生新的专利；增长率分析如对申请人、发明人、技术分类等年度申请量增减幅度分析，了解技术创新能力变化趋势；存活期分析，如对行业、申请人、区域等专利法律状态、存活期进行分析，找出核心专利；引证分析，如按专利的引证数量和相互引证关系生成引证图，分析技术演变过程等。

（5）PatentGuider。由台湾连颖科技股份有限公司开发的 PatentGuider 专利分析软件将世界主要专利数据库整合至同一接口，方便用户获取世界各国的专利数据，而无需一一联机至各个数据库。该软件的分析功能主要包括：专利量分析、雷达图分析、国别分析、引证率分析、发明人分析、IPC 分析、公司分析、UC 分析。该软件可以针对分析的主题给出清晰的分析地图，有效帮助企业掌握技术发展方向，透析竞争者动向，以提升自身研发能力。

（6）HIT_恒库。该系统是由恒和顿创新科技有限公司开发的专利检索和数据统计平台，其数据包括美国、中国、日本、欧洲、英国、德国、法国、瑞士、欧洲和世界知识产权组织的专利文献，专利文献量近 1500 万件。该系统的分析功能包括：授权信息统计，包括发明人、申请人、代理机构和审查人员统计，竞争对手当前的技术拥有情况；技术信息统计包括 IPC、欧洲专利分类（EC）、美国专利分类（UC）、扩展信息统计，了解某领域技术重点、发展方向以及发展潜力；引证分析，通过专利之间的引证与被引证关系分析了解某项成果的核心技术以及专利的重要性；专利价值分析，通过评估积分，可以对库中选定专利进行重点性评估，在对可获得性、成本代价、对公司影响性以及侵权风险的评估系数进行设定后，对选定专利进行相关评估，结果以数字形式直观反映，帮助分析最有价值的专利信息等。该系统可以对专利著录项制作多种统计图表，还可以在图像中进行图像控制和其他操作，如颜色、数据、二维/三维、标题注释以及图例控制等。此外，该系统使用自动报告功能直接创建专利的相关情况、分析结果和图表的文档，其中包括主窗口报告、完整统计报告，以及发明人、申请人、技术分类和分组的相关列表，并以 word 文档形式直观体现，节省用户制作分析报告文件的时间。

2. 国外分析工具

（1）Aureka。Aureka 是 Thomson Reuters 科技信息集团的全球在线知识产权管理和分析平台，该系统提供专利检索、管理、专利分析（包括统计报告、文本聚类分析、专利引证分析、专利地图分析等）、预警等功能。Aureka 具有较强的专利检索功能，包含 25 个检索字段。其中，还提供了专利或科技文献被引证检索，检索范围包括美国、欧洲、德国、英国、法国、日本和国际专利申请（PCT）。Aureka 提供了专利目录树以帮助用户进行专利管理，用户可以将检索式、检索结果、分析结果等保存在目录树中，并可随时调阅相关的检索和分析结果。Aureka 报告可自动生成七大报告，分别是专利权人、发明人、主 IPC 分类、IPC 分类、专利被引证分析、专利引证分析、通用分析报告。Aureka 专利引证树，包含了全面的专利引证信息，除美国外，还整合了来自欧洲、英国、德国等国家和地区的专利引证信息。Aureka 专利地图，统称为 Themescape，它将大量专利和非专利信息文献自动归类成不同的主题，并以二维的地形图直观显示。Aureka 文本聚类分析，以树状形式展示，通过它用户可以了解这些专利的总体情况及其技术分类。Aureka 预警服务，采用发送邮件的形式提供了专利的跟踪服务，用户可以对所关心的技术、竞争对手、引用情况等进行动态的跟踪和分析。

（2）STNAnaVist。STN 是由美国化学文摘社（CAS）、德国卡尔斯鲁厄专业信息中心（FIZ-Karlsruhe）和日本科技情报中心（JICST）共同合作经营的国际联机检索系统。STNAnaVist 是 STN 系统中的分析模块，它提供了较强的交互分析和形象化功能，支持各种科学文献和专利检索结果的分析。STNAnaVist 能分析从 CAplusSM 多学科数据库、专利数据库 USPATFULL 及 PCTFULL 中检索出来的结果。

（3）Vantage-Point。Vantage-Point 是 Search Technology 公司的一种数据挖掘工具产品，它能够深层次挖掘专利信息。该软件主要是对数据库内的各种项目进行统计分析。如果该数据域里含有书面文本的话，那该软件也能运用某些自然语言运算法则进行主题解析。该软件采用多种算法如通过模型匹配、基础规则和自然语言加工技术等进行文本挖掘。

（4）Focust。Focust 是 Wisdomain 公司开发的高级分析软件。它包含检索模块、引文模块和分析模块。其分析模块提供诸如文本挖掘分析、高级可视化技术分析以及专利文件管理功能。其中，文本挖掘分析是利用关键词建立专利文献聚类图形，用树状图形的形式展示相关的专业术语。高级可视化技术分析功能允许用户定制二维或三维图表以进行分析。专利文件管理功能提供几种灵活的方式管理专利文献。

（5）Patentlab-II。Patentlab-II 是 Wisdomain 公司的专利图表分析软件，主要针对 Delphion 的专利进行分析。其功能较单一，主要是根据用户选定的指标生成二维、三维的直观图表。Patentlab-II 的主要功能有：提供几种类型的 HTML 报告格式、Analysis Wizard 为用户提供简便的专利数据分析、Patent Viewer 为查看专利全文、Charts & Graphs 提供可视化的图表分析能力，此外还提供了在线国际专利分类/美国专利分类的对照显示功能。

（6）BizInt Smart Chart for Patents。BizInt Smart Charts for Patents 是 BizInt

公司开发的专利图表分析软件。该软件允许用户使用来自 STN、Derwent、IFI 以及 Dialog 上的化学文摘库的专利数据,并生成由其得到的信息图表(包括多种内置图像形式)。该系统可以简便地定制各种图形,并有多种存储和输出选择[1]。

11.4 标准信息的体系结构

11.4.1 标准信息概述

在 2000 年发布的 GB/T1.1—2000 中将标准定义为:"为在一定的范围内获得最佳秩序,对活动或共结果规定共同的和重复使用的规则、导则或特性文件。该文件经协商一致制定并经一个公认机构的批准。标准应以科学、技术和经验的综合成果为基础,以促进最佳社会效益为目的。"根据世界贸易组贸(WTO)的有关规定和国际惯例,标准是自愿性的,而法规或合同是强制性的,标准的内容只有通过法规或合同的引用才能强制执行[2]。

11.4.2 标准的类型和层次

按照标准化对象,通常把标准分为技术标准、管理标准和工作标准三大类。技术标准是指对标准化领域中需要协调统一的技术事项所制定的标准。技术标准包括基础技术标准、产品标准、工艺标准、检测试验方法标准,以及安全、卫生、环保标准等。管理标准是指对标准化领域中需要协调统一的管理事项所制定的标准。管理标准包括管理基础标准、技术管理标准、经济管理标准、行政管理标准、生产经营管理标准等。工作标准是指对工作的责任、权利、范围、质量要求、程序、效果、检查方法、考核办法所制定的标准。工作标准一般包括部门工作标准和岗位(个人)工作标准。

国际标准化组织(ISO)和国际电工委员会(IEC)又将标准分为两种:可公开获得的标准(指国际标准、国家标准和地方标准等)、其他标准(指企业标

---

[1] 毛金生,冯小兵,陈燕等.专利分析和预警操作实务[M].北京:清华大学出版社,2009:31-34.

[2] 国家标准化管理委员会.标准[EB/OL].http://www.sac.gov.cn/bzhzs/201106/t20110623_94487.htm[2012-7-26].

准、公司标准)①。

中国国家标准按标准性质，可以分为强制性标准和推荐性标准两类性质的标准。保障人体健康，人身、财产安全的标准和法律、行政法规规定强制执行的标准是强制性标准，其他标准是推荐性标准②。

与专利信息的界定原理相似，标准信息指标准信息内容本身，标准文献指标准信息及其所依附的载体的统称。

11.4.3 标准信息的获取

与专利信息相似，标准信息分为文献型和非文献型，而且它的很大一部分以文献信息的形式存在。其主要获取途径如下③④：

一是手工检索。主要是依据由标准出版社出版的各种国家标准目录和部标准目录。

二是网络检索。公众在因特网上获取标准信息主要有两个渠道：①通过各国标准化机构网站免费获取，如国际标准化组织（ISO）、国际电工委员会（IEC）、国际电信联盟（ITU）、世界标准服务网（WSSN）、中国标准服务网；②通过商业数据库网站获取，如万方数据、CNKI等。

11.4.4 主要标准审批机构

GB/T 20 000.1—2002给出了许多"标准化通用词汇"，现摘录几个"机构"方面的词汇。

(1) 机构：指有特定任务和组成的法定或行政的实体。
(2) 标准化机构：公认的从事标准化活动的机构。
(3) 标准机构：在国家、区域或国际的层次上承认的，根据其章程的规定以制定、批准或通过公开发布的标准为主要职能的标准化机构。
(4) 权力机构：具有法律上的权力和权利的机构。
(5) 组织：由具备成员资格的其他机构或个人组成的，具有既定的章程和自己的行政管理的机构，如"国际标准化组织"⑤。

---

① 李学京. 标准化综论 [M]. 北京：中国标准出版社，2008：11.
② 国家标准化管理委员会. 标准的类型 [EB/OL]. http://www.sac.gov.cn/bzhzs/201012/t20101209_56036.htm [2012-7-26].
③ 张辉. 信息检索与利用 [M]. 济南：山东人民出版社，2006：179-184.
④ 刘廷元. 数字信息检索教程 [M]. 上海：华东理工大学出版社，2006：201-212.
⑤ 李学京. 标准化综论 [M]. 北京：中国标准出版社，2008：36.

11.4.5 标准分析的内容与应用

1. 标准数量对比分析

标准数量对比分析即对不同国家、不同行业、不同产品等方面的标准数目进行比较,通过其数量的多少去衡量其空间分布情况或者时间变化情况。

2. 标准的国别分布分析

标准的国别分布分析指不同行业、不同产品等方面的标准的国家分布情况,通过该统计可以明确不同国家地区的标准发展情况。

3. 标准的更新发展分析（应该为时序分析）

标准的更新发展分析通常指某一国家、某一行业的标准随着时间的推移的补充、修订或作废等演化情况。借此可以厘清产品标准化、行业标准化或国家标准化的发展历程,明确其详细的发展史。具体来讲,较为普遍的标准更新发展分析包括以下三种：标准查新、定题服务和专题服务。

(1) 标准查新（简称查新）,是指根据查新委托人提供的需要查证其标准的新颖性并做出结论（查新报告）。

(2) 定题服务是根据用户需求,对某类标准信息进行长期跟踪并提供服务的形式,它可以满足用户对某个专业领域标准信息的长期需求。

(3) 专题服务是对用户所委托的课题进行检索、分析、研究,以综述、述评或参考资料等形式向用户提供研究报告的服务。研究可以根据用户的特定产品入手,提供与其相关的技术法规、标准、市场准入等方面的研究报告[①]。

4. 标准的经济效益

增进效益是标准化的根本目的。国际三大标准化组织,即国际标准化组织、国际电工委员会和国际电信联盟提出 2012 年世界标准日的主题为"标准提高效率",并指出"提高效率能够帮助各类机构实现效益最大化"。标准增进效益毋庸置疑,而如何准确地评价标准的效益却是一个难题。传统的标准更新发展分析只能揭示标准的发展历程并为用户提供最基本的文献搜集和整理服务,并不能为用户提供深层次的服务,使得标准计量的研究一直处于初步的统计分析阶

---

① 中国标准服务网. 标准分析 [EB/OL]. http://www.cssn.net.cn/t_xsyj/yjly [2012-7-26].

段。要使标准计量真正为人们接受和认可,就必须将其研究根植于相应的社会实践中,如企业的生产流程。国际标准化组织在该方面做出了表率,它于 2010 年 3 月正式发布了"ISO 标准经济效益评估方法论",旨在对标准的经济效益进行精确的评估和量化,并选取了 19 个国家不同行业的 21 家企业作为试点,对标准给企业收入和利润带来的贡献进行量化评估。以下是 ISO 标准经济效益评估方法论的主要内容,详见表 11-1。

表 11-1　ISO 标准经济效益评估方法论[①]

A.1	ISO 方法论		为各个组织评价标准的经济效益提供了统一的准则、指导原则和工具框架
A.2	ISO 方法论的目标群体		ISO 及其成员机构、国家标准机构、其他标准制定组织(SDOs)、公司和学术机构
A.3	ISO 方法论解决的核心问题		标准对公司价值创造有何贡献?
A.4	方法论的基本分析方法——价值链	A.4.1　公司价值链	某一公司内部进行的一连串与生产某些输出、产品或服务相关的活动
		A.4.2　产业价值链	将公司价值链扩展到整个产业甚至产业外部
A.5	评价标准影响的关键步骤	了解产业和公司的价值链	确定评价范围,如关键信息的可获取性等
		识别标准的影响	识别标准在价值链的哪些区域可能发挥非常重要的作用,以及确定标准所产生的影响
		分析价值驱动因素	价值驱动因素是组织至关重要的能力,它将赋予公司更多的竞争优势
		评价和整合结果	本评价以财务方式量化标准的影响
A.6	通过访谈和研讨会获取数据		步骤 1:开展案头研究和收集有用的行业数据;步骤 2、3:对公司代表进行访谈和召开座谈会,访谈时应优先选择业务部门的负责人或者类似级别的经理,访谈中应注意获取所属行业或者类似公司的信息;步骤 4:综合计算出所选公司使用标准创造的总价值
A.7	方法论的延伸		可用于评价单个公司或者某个行业

由表 11-1 可知,该方法论将标准融入到企业的经济效益评价中,具体是融入到公司价值链和产业价值链的一连串活动,使得标准具有了生命力,进而去量化标准给公司和产业带来的影响。

---

① 深圳市市场监督管理局,深圳市标准技术研究院. 标准的经济效益——全球案例研究(二)[M]. 北京:中国标准出版社,2012.

第十二章

科学计量学在科学评价中的应用

12.1 科学计量学与科学发展研究

科学学是一门研究科学本身发展规律和组织结构的学科。科学学的发展规律,在很大程度上是由人才、经费与成果的消长演变、增长速度、学科构成及其比例关系来体现的。科学计量学正是通过对人才、经费和成果等的计量分析去客观地衡量和评价科学[1]。河南师范大学梁立明教授和中国科学技术信息研究所武夷山研究员认为:科学计量学是用定量方法处理科学活动的投入(如科研人员、研究经费)、产出(如论文数量、被引数量)和过程(如信息传播、交流网络的形成)的研究领域[2]。因此,可以从以上三个方面出发进行科学计量学与科学发展研究。从本质上来讲,要进行科学计量,必须有客观存在可被计量的对象,如期刊论文、著作等。而目前最主要的可被计量的对象就是科学文献,除此之外还有科学家之间的各种信息交流痕迹,如电子邮件以及新兴的Web2.0工具交流记录。

12.1.1 科学发展研究的基本原理

科学学的发展变化集中反映在科学文献的各种变化上,这是因为科学文献是科技知识和成果的客观记录,是科学存在的表现形式。任何一项科学研究和技术创造,都要以拟写必要的科学文献为其最后阶段。同时,科学技术也是借助科学文献来继承和发展的。因此,科学文献的数量和质量无疑是对科学技术水平的一种量度。根据科学文献的内容构成和数量的变化规律,可以归纳总结、分析或评价科学技术的历史和现状,以及预测整个科学系统的发展趋势和发展规律。具体地说有以下几个方面:科学文献量可以反映科学或技术发展的程度和阶段;科学文献量的国家分布或语种分布,反映不同国家某项科学技术的研究力量和技术优势;科学文献量的增减变化速度反映科学发展的速度,文献量的翻倍周期一般可作为衡量科技发展的尺度;文献量的突变反映了科技发展的转折性变化,由增长趋势向平缓趋势、衰落的趋势转变,科研机构发表的文献量可以反映该机构的技术实力和研究成果,等等。

同时,科学计量学对科学文献规律的揭示和描述,也充分反映了科学发展

---

[1] 邱均平. 信息计量学 [M]. 武汉:武汉大学出版社,2007:502.
[2] 梁立明,武夷山等. 科学计量学:理论探索与案例研究 [M]. 北京:科学出版社,2006.

的一定面貌、特点和规律。因此，利用科学计量方法，可以研究科学的结构和发展规律，进行科技成果、人才、地区和机构的评价，开展科学技术预测等。总之，科学计量学不仅能够应用于科学学领域，而且为科学学研究提供了崭新的途径和有效的方法。

12.1.2 科学发展特点研究

现代科学的发展具有许多突出的特点，这充分表现在科学文献的数量及其变化上。因此，可以利用科学文献信息的数量及其变化从计量的角度进行科学发展特点的研究。科学计量学研究表明，科学发展具有以下特点：

1. 科学发展速度加快

科学计量学的研究表明，现代科学文献的数量是指按指数规律增长的。美国《化学文摘》从 1907 年创刊以来，发表第一个 100 万条文摘用了 32 年，第二个 100 万条用了 18 年……，第五个 100 万条只用了 3 年 4 个月，而最近的 100 万条仅用了 2 年多一点的时间。这种科学文献的迅速增长是科学发展速度加快的具体体现。

2. 科学发展具有继承性

科学发展的继承性从文献的内容联系和利用上都可以充分反映出来。从科学引文来看，其内容是前后连贯的。科技人员不仅要利用最新的文献，而且还要查阅过去的文献。也就是说，科学的发展具有明显的继承性特点，而科学技术的集成和发展正是借助于科学文献来实现的。

3. 科学发展具有阶段性

文献的数量、主题词的数量和学科的发展阶段有着密切的联系。在科学的萌芽阶段，相关文献很少；随着学科的逐步发展，相关文献数量迅速增加；当学科发展到比较成熟的阶段时，文献数量有一个稳定时期，甚至略有下降，一直到该学科发生衍生综合趋势的时候，文献数量才又有所上升，开始一个新的循环。主题词的数量与学科发展阶段的关系也与此类似。史列捷尔（A. Siligil）曾尝试用"词库"体积的变化来定义情报量。按照他的理论，情报能使学科结构发生变化，因而使反映学科新分支新课题的主题词数量也会减少或增加，这说明主题词数量与学科发展有着一定的联系。

4. 学科间具有交叉渗透性

在科学研究中，各学科之间交叉渗透日益严重，边缘学科不断出现，使得许多科研课题单靠某一学科的知识是难以完成的。事实上，单一学科的期刊也是很少见的。据对1129种常见的西文期刊的调查，涉及4个以上学科的几乎占60%以上。学科文献在内容上的交叉渗透正是学科之间交叉渗透特点的反映。

5. 科学发展重点的转移

对各学科文献数量、文摘条数以及词频的统计，往往能反映各学科的比重和发展速度，从而说明科学发展重点的转移情况。例如，最近一些年来，美国《化学文摘》中生物化学文摘条数所占比重愈来愈大，从1967年的28%增加到1979年的41%，远远高于有机化学等化学分支的文摘比重。这主要是由于近些年来生物化学已上升为一门重要的热门学科。

6. 科学劳动的集体性

同一篇文献的著者数量的增加反映了科学劳动集体化趋势的加强。欧美工业革命前后，一个人往往可以单独胜任一个课题的研究，这时绝大多数文献是以个人名义发表的；随着科学不断向深度和广度发展、科研难度的加大，一个人已难以单独胜任一个课题的研究了。许多研究项目都必须依靠集体的力量才能完成，其成果则是集体智慧的结晶。因此，表现为合著的文献愈来愈多。普赖斯对美国《化学文摘》的统计分析表明：1910年，一个著者的化学文献占80%以上；而1963年，一个著者的化学文献只占32%，两个著者的占43%，三个著者的占15.5%，三个以上著者的占9.5%。在数学文献方面也出现类似的趋势。科学文献的合著性体现了科学劳动的集体化特点。

12.1.3 科学结构研究

科学作为一种系统，其结构具有层次性和动态性。著名科学学家贝尔纳指出：科学研究每前进一步，都要重新建立科学结构的模式。从科学计量的角度，利用书目（篇目）分析法、引文分析法、词频法、社会网络分析法和可视化分析法都可以阐明科学发展的某些规律和科学的结构，从而为科研管理和科技决策提供依据。

1. 利用书目分析法研究科学结构

书目（篇目）分析法是一种以书目（篇目）信息的统计数据为基础的分析研究方法。广义地说，书目信息是指书目中的所有著录项目和符号，但一般主要是指分类号、书名（篇名）、著者、出版项、主题词、语种、稽核项等。由于书目信息对文献内容的说明作用和对检索文献的指示标记作用，以及与书目外部的包括情报现象在内的社会现象之间存在着的天然联系作用都表明：书目信息之间实际上存在着环环相扣的网络链接关系。因此，书目信息与学科之间在数量上和内容上都有着一定的联系，这种联系就是我们利用书目分析法进行情报分析、研究科学结构的依据。可从以下两个方面来理解该研究原理。

书目结构往往反映出学科结构。科学知识的各个领域、各个课题之间，存在着一定的联系，而知识的载体和文字表现形式如图书、期刊、主题词、关键词、分类号等在一定程度上反映了这种有机联系。人类知识的语义性质使得书目信息在一定程度上反映了知识本身，因为书目信息是知识的一些概念的语言和符号表达形式。书目信息的结构（参见、属分、并列、组配、等同……）反映了这些概念之间的关系，也更形象更简练地反映了知识（或学科）的结构。例如，各门学科领域内的期刊名称、主题词的数量之比，在一定程度上能反映各门学科知识增量（情报量）的比例或者人们对各门学科知识的需求程度；同时，主题词表达的各类知识之间的亲疏程度是不同的，因而同一学科的专有主题词常常在同一篇文献中出现，而不同学科的专有主题词则不轻易在一篇文献中同时出现，正如常言道："不是一家人，不进一家门。"同样，在一部综合性大型文摘中，同一学科的期刊、著者、出版者等在正文和分类索引中总喜欢聚类在一起。因此，按分类号统计文摘刊物中的文摘条数，往往能反映各学科或分支的比重和发展速度。

书目的数量变化往往反映学科发展的动态特征。由于"人类社会具有对科学情报进行评价的某种机制"，而这种评价的结果使迫切为人们所需要的学科应运而生，迅速发展。这种现象反映在书目中就是新的主题词和新的关键词的产生，新的分类号的出现，以及热门学科的文献、关键词和主题词数量迅速增加等。同时，文献的数量、关键词的数量、主题词的数量变化往往反映着科学发展的兴衰起伏；文献的数量与学科发展阶段也有着密切的联系；文献数量与科学家数量和科技成果的数量同样是密切相关的。此外，文章的惯用句式、常用词句及其搭配方式与作者的研究课题、习惯嗜好有关。因为对于常用词汇及其之间的搭配，不同作者由于课题不同、经历不同、习惯不同而有着不同的使用频率，从而产生其特有的"词频科学指南"。因此，从上述这些方面出发，对众多书目信息、篇目信息进行统计，并从整体上进行分析，就可以推断出一些科学学研究的很有意义的结论。

2. 利用引文分析法研究科学结构

首先，科学引文与被引文之间有着一定的内在联系。众所周知，科学论文在科学系统的大环境中并不是孤立的，而是通过引证关系相互联系，构成科学文献间的网状结构。因此，引文与被引文之间必定在科学内容上存在联系和相关性，使得科学论文以学科构成脉络。那么，可以通过文献间的这种相互引证关系求本溯源，按学科划分，从而找到科学论文的学科联系，进行科学文献结构和科学结构的研究。

其次，论文被利用的频次是其学术水平和价值的一种客观测度。科学论文被引证，说明其情报内容在整个科学交流过程的末端被人利用了，而论文被利用的多寡是学术水平和价值的一种测度。

因此，可以从引文的数量和结构来分析研究科学的结构，将引文分析用于研究科学结构和科学史，改善科学管理和制定科学政策，可以避免依靠主观判断和人为控制的传统评价方法所带来的不准确性，真实反映客观实际规律。目前，引文分析方法，如同被引分析、耦合分析、聚类分析等，已成为研究科学结构的一种有效的重要方法。

引文分析在科学结构研究上的应用，主要包括科学结构的静态研究、动态研究（时序研究）以及超结构研究等。

科学结构的静态研究：引文聚类中形成的网络图可用于微观科学结构的静态研究。当一个专业的文献处于同被引聚类，并通过同被引聚类又得到若干聚类，它们分别代表某个专业。若用一结点（圆圈）代表一个聚类，结点中的数字为聚类号，结点间连线表示聚类间的关联，线弯上的数字为二聚类同被引强度。这样就可得到聚类之间的关联网络图。利用这种网络图便可分析有关学科或专业之间的联系及其程度。

科学结构的动态比较研究：这种研究是在静态研究基础上进行比较的。一般通过对几年的比较，找出其变化趋势。其使用的方法有以下几方面：

（1）等高线图法：若用点代表文献，点旁的文字为著者及发表年代；各点之间的距离取决于同被引强度，同被引强度越大，点间距离越近，等高线的高度正比于每篇文献的被引次数。那么，利用这种等高线图可以剖析几年间某项研究进展的动态结构。

（2）框图法：其原理是将聚类分析中的网络图法和动态分析中的等高线图法的结合。首先从某一聚类出发，得到若干小聚类，然后取出同被引强度为某一阈值的聚类，绘成框图，以方框代表小聚类，并用数字标出方框内所含文献数。框间连线即为同被引关联，在线旁标出二聚类同被引强度。这样形成的框图能反映出学科（或专业）的聚类结构及其学科之间的紧密程度。

（3）超结构的微观研究：这是利用所谓二维空间图来描述跨学科的宏观聚类。在聚类研究中发现，总会出现跨几个学科的宏观聚类，这种情况常见于大专业中的子结构形成的超结构，以及方法论一类的文献，常常涉及各学科。若用点表示方法性论文，点间距离与它们的同被引强度成反比，距离越近，联系越紧密。这样便可得到某学科的方法论文献的二维空间图。

3. 利用词频分析法研究学科发展结构

词频分析法实际上是篇目分析法的一种特例。该分析法通常是通过对某学科或某领域的关键词在篇名、摘要、关键词以及全文中出现的频次，分析、研究和评价该学科、领域动态发展的趋势和特征。

4. 利用社会网络分析法研究科学结构

社会网络分析是以关系和结构为基本的分析单位，是对个体、群体或组织等不同社会单位所构成的关系和结构以及属性，进行分析的一套规范和方法。科学文献的作者合作网络、作者共被引网络和作者耦合网络都可以看做是社会网络的一种形式。应用社会网分析的相关理论和技术可以对某一学科领域的科学结构进行揭示。具体是借助网络规模、网络密度、中心性、K-core 和结构洞等社会网络指标对特定领域内作者的影响情况进行探索，发现特定领域最具影响的学者。这一过程主要通过社会网络分析软件（如 Ucinet 和 Pajek）实现，同时采用网络绘制软件（如 Netdraw）来实现各种网络结构的可视化显示。

5. 利用可视化分析法研究科学结构

随着技术的飞速发展，研究者应用新兴的网络技术和可视化技术对科学文献网络进行更加深入的研究，将原先的文献数据研究数量扩展至百万计甚至千万计的规模，并以多种可视化算法对科学文献网络进行展示，使得研究人员能够快速地识别和把握科学结构。目前，国内外最流行的文献可视化软件有 Citespace、Science of Science、VosViewer、Network Workbench 和 SciMAT 等。

图 12-1 是应用 Citespace 生成的知识管理研究领域的共词网络知识图谱，通过图谱可以比较清晰地确定知识管理研究领域的主要研究领域和研究热点。

最近，又有研究者对引文分析法进行了扩展，不仅仅研究被引文献，而且将施引文献和被引文献通过特定的可视化技术组合在一起并进行展示，从而把握文献的来源、引用轨迹等，进而为学科结构研究提供参考。

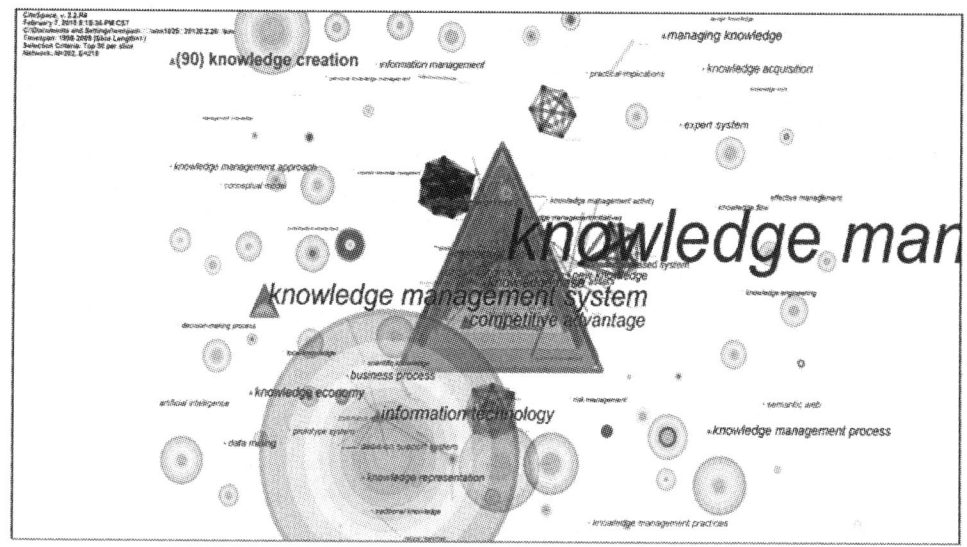

图 12-1　共词网络知识图谱①

12.1.4　科学技术史研究

对于科技发展史的研究来说，科学计量学已经成为一门重要的研究技术。这是因为不仅书目资料而且引文数据都能提供历史情报资料，同时，每一篇论文都是科学发展过程中特定事件的记录，而每个历史事件都是在不同的时间点上发生的。科学文献的引证更能体现这些事件的由来和发展，揭示某些科学思想或实验技术的发展进程。特别是从引文按年代分布所构成的历史图和引文间的网状关系进行研究，能够探明某一学科的产生背景、发展概貌、突破性成就，以及今后的发展方向等。

科学进展的时序研究是科技史研究的重要内容和途径。历史图形象地描述了科学进展的概貌。它是建立在不同时间的引文关系上的。论文之间引文关系的一种基本形式是引文的时间序列，也就是引文的时间分布。若每篇论文都是科学发展过程中的一个重要问题，而被引次数多者为关键问题，按照时间序列进行的文献引证关系就描述了这个关键问题的由来与发展。那么，如用小圆圈代表这些关键问题，并按时间先后标序，用连线代表关键问题之间的引文关联，用箭头表示引证关系，则可绘出其历史图。为了检验这种历史图的准确性，加

---

① 赵蓉英，徐丽敏．从知识管理走向知识管理学［A］//李纲．情报学研究进展［C］．武汉：武汉大学出版社，2010：307-343．

菲尔德曾从《基因代码》一书出发，编制了两个历史图：第一个图按书中所提到的观点找出重要历史论文和这些论文间的关联；第二个图则是以该书提供的研究者姓名和主题查《化学文摘》《医学文摘》等，再编制引文索引及其引证关系。将两个图进行比较发现，引证网络与《基因代码》一书所描写的关系相同者占65%。当将引证网络中的问题按引文关联的量和方式权衡时发现，被引次数最高者与书中的判断完全一致。这说明，这种图对某一时期科学发展的具体环节能够定量地描绘一种科学进展轮廓，而且还可实现计算机化编图，从而更加系统、可视化地再现科学历史的发展进程。因此，可以说引文网络图开创了进行科技史研究的一种新形式。

1960年，艾伦根据上述构想，利用有关核酸染色的论文及其相互引证关系按时间顺序给出了20世纪40～60年代核酸染色方法的发展过程，同时也清楚地勾勒出文献的相对重要性和相互作用影响。例如，从图12-2中可看出文献2（Michaelis，1947）明显是该领域中最重要的一篇文献，因为它曾多次被不同时期的文献所引证。

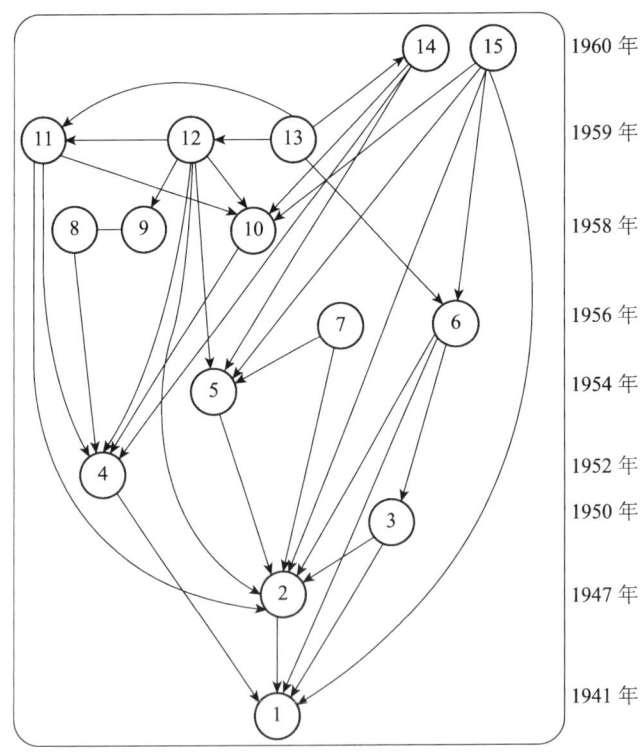

图12-2　15篇有关核酸论文的引文网络

此外，通过引文网络图还能纠正科学史中疏漏的一些问题。例如，在科学史研究中，人们曾认为孟德尔（G. Michaelis）于1865年发表的那篇有关遗传学的重要论文长期没有引起重视，直到1900年才被学术界发现。但通过遗传学的引文网络图（图12-3）可清楚地看出，在1900年之前，该论文至少被4位科学家所引证。孟德尔的这项成果甚至还被第九版的《不列颠百科全书》的一篇题名为"杂交"的论文引证过，表明科学界对该论文的认识和重视。又如，通过上述引文网络图还能发现，在科学发展过程中的一些反常现象。由图12-3可知，达尔文（Darwin）在其1876年发表的一篇文章中引证了霍夫曼（Hoffman）于1869年发表的一篇文章，但为什么不引证孟德尔的那篇文章呢？要知道在霍夫曼的那篇文章中曾引证了孟德尔文章达5次之多。这显然是科学史学家感兴趣的问题。以上例子充分说明了引文分析法在研究科学发展过程中的有效性和普及性[①]。

图12-4是应用Citespace生成的文献计量学领域的文献共被引网络图谱，通过图谱，可以清晰地看到文献计量学的研究源于何时、何人，并可以确认学者的研究成果在文献计量学发展中的地位。

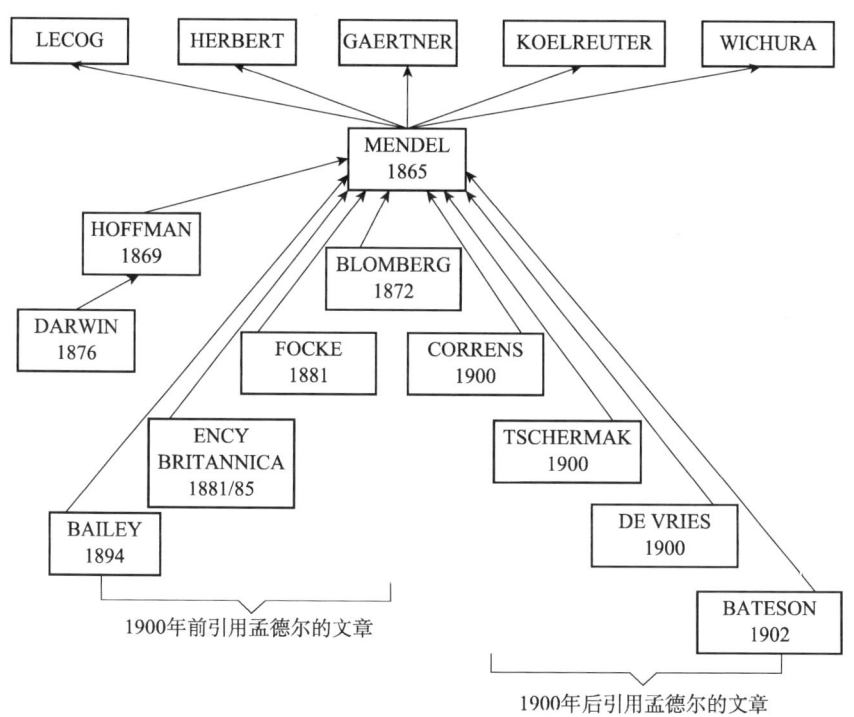

图12-3 孟德尔于1865年发表的论文构成的引文网络

---

① 邱均平. 信息计量学[M]. 武汉：武汉大学出版社，2007：502-512.

■ 科学计量学

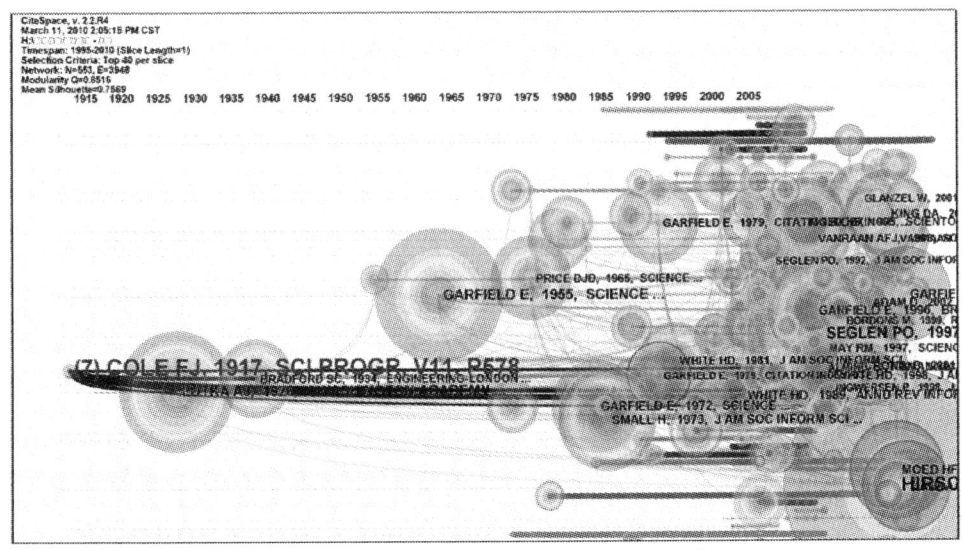

图 12-4　文献计量学领域文献共被引图谱①

12.2　科学计量学与期刊评价

12.2.1　期刊评价概述

　　期刊评价是科学计量学的重要组成部分，它通过对学术期刊的发展规律和增长趋势进行的量化分析，揭示学科文献数量在期刊中的分布规律，为优化学术期刊的配置和使用提供重要依据。从期刊评价的理论基础来看，文献计量学的三大经典理论，即布拉德福的文献信息集中与离散分布定律、加菲尔德的引文集中定律、普赖斯的文献老化指数和引文峰值理论，共同构成了期刊评价的理论基础。

　　国内外期刊评价的理论和实践研究都经历了较长的不断探索与实践的过程，目前逐渐形成了一套比较成熟的理论方法体系和评价体系。在国外的期刊评价中，ISI 开发的 SCI、SSCI、A&HCI 及 JCR 对来源期刊的选择和评价受到了国

---

　　① 赵蓉英，许丽敏. 从文献计量学到网络计量学嬗变的可视化分析［J］. 情报科学，2011，29（7）：975-983.

内外的广泛关注和认可。ISI每年发布的JCR中有关期刊评价的指标体系主要有总被引次数、影响因子、当年被引次数、发文数、被引半衰期。反映科研产出率的载文量指标可以体现出期刊能够容纳的论文数，而影响因子、总被引次数等反映学术影响力的指标则体现期刊刊载论文受关注的程度。

我国科技界从20世纪60~70年代开始引进核心期刊的理论和方法，到90年代，推广到人文社会科学界。较为全面的研究成果当属1992年北京大学图书馆编制的《中文核心期刊要目总览》（以下简称《总览》），后来相继出版了1996年版、2000年版、2004年版、2008年版，它为方便读者查找专业论文和优化馆藏提供了较好的参考依据。中国社会科学院文献信息中心的有关研究开始于1996年，2000年曾根据工作需要编制过内部交流参考用的"核心期刊要览"，2004年正式出版《中国人文社会科学核心期刊要览》（以下简称《要览》）。这两家期刊评价机构在检索工具、评价指标和评价方法上具有相同的共性，评价结果也大致相同，虽然在数量上有一定的差异，但结果交叉比例较大。同时，不同的评价机构具有不同的特点。例如，《总览》的特点是评定学科范围大，既涵盖自然科学又涵盖社会科学，评定指标较多，核心期刊的数量也相对多一些；而《要览》仅限于人文社会科学领域的核心期刊。中国科学技术信息研究所的相关研究也开始于1996年并于当年在国内第一次大规模公布了中国科技期刊的各项科学计量指标，1999年正式向社会公布了中国科技期刊综合评价指标体系[①]。此外，武汉大学中国科学评价研究中心（RCCSE）也进行了全面的学术期刊评价工作，于2009年3月正式出版《中国学术期刊评价研究报告》，并于2011年8月出版《中国学术期刊评价研究报告2011~2012》，是国内外最重要的中国学术期刊分类分级排行榜和权威期刊、核心期刊指南[②]。

12.2.2 期刊评价的JCR模式

《期刊引证报告》（*Journal Citation Reports*）是一个独特的多学科期刊评价工具，网络版JCR是唯一提供基于引文数据的统计信息的期刊评价资源。通过对参考文献的统计汇编，JCR可以在期刊层面上衡量某项研究的影响力，显示引用和被引期刊之间的相互关系。JCR可计量的统计数据提供了一种系统客观测定某个主题类目中大量期刊相对重要性的方法。《期刊引证报告》有自然科学

---

① 袁军鹏. 科学计量学高级教程[M]. 北京：科学技术文献出版社，2010：255-256.
② 邱均平，燕今伟，刘霞. 中国学术期刊评价研究报告2011~2012[M]. 北京：科学出版社，2011.

(即 JCR-SCI 版）和社会科学版（JCR-SSCI 版）两个版本，自然科学版包括 6400 多种期刊，社会科学版包括 1800 多种期刊。通过 JCR，图书管理员能够提高、评估并衡量其图书馆研究投资的价值；出版商能够确定期刊在市场上的影响力，审核编辑策略和战略方向，长期跟踪自己以及竞争对手的期刊评价情况，以及发现新的机会；作者和编辑能够挑选出最适当、最有影响力的期刊来发表论文；研究人员可以发现在哪里能够找到与其各自研究领域相关的最新阅读刊物；信息分析人员和文献计量学家能够跟踪文献计量学和引文的发展趋势。

JCR 的使用比较便捷，它与 Web of Knowledge 整合在一起，可以从 Web of Science 链接至 JCR Web，从 JCR 期刊记录链接至 ulrichsweb.com 和最新的 Current Contents Connect，并可与图书馆的 OPAC 进行相互链接。其具体功能如下：

（1）按照定义明确的字段对期刊数据进行排序：影响因子、立即指数、总引用次数、文章总数、被引半衰期或期刊名称。

（2）按照定义明确的字段对主题类目数据进行排序：总引用次数、中值影响因子、学科集合影响因子、学科集合立即指数、学科集合被引半衰期、同类目的期刊总数、同类目的文章总数。

（3）通过五年影响因子趋势图了解期刊的影响力。用户可以查看更长时间跨度内的数据，因此可以了解更广泛的引文活动，并可以迅速获得更丰富的信息。

（4）Eigenfactor 也是一个五年指标，此指标使用完整 JCR 文件的引文期刊数据，通过把学术文献看成期刊与期刊之间关系的网络，来反映期刊的权威性和引文影响力。

（5）通过影响因子箱线图按期刊所属学科领域以可视化方式直观呈现影响因子。

（6）通过分类排名表评估跨学科期刊在各个类别中的影响力。

（7）了解期刊自引如何对影响因子产生影响[①]。

12.2.3 RCCSE 期刊评价体系

RCCSE 的评价对象为"中国内地出版的中文学术期刊"，根据学术性与半学术性期刊的判断标准，选择 2009 年之后的《万方学术期刊引证报告》《中国学术期刊综合引证报告》《万方学术期刊引证报告》和《中国学术期刊综合引证报告》为来源途径，并通过万方数据库、中国知网数据库以及期刊编辑部等方

---

① JCR. http：//www.thomsonscientific.com.cn/productsservices/jcr [2012-7-27].

式来筛选期刊。RCCSE期刊评价的学科划分采用了中国学科分类国家标准2009年版《学科分类与代码》(GB/T 13745—2009)中的62个一级学科作为学术期刊学科分类的依据,同时,考虑到期刊的特殊性,在此基础上,增加以下三个综合类目:自然科学综合、医学综合和社会科学综合。

RCCSE期刊评价采用"多元指标"和"分类评价"的评价原则,采用定量和定性评价相结合的评价方法,从期刊发文、期刊被引用、第三方评价三个维度构建期刊评价指标体系。RCCSE期刊评价指标体系力求从期刊发文和被引用两个方面定量反映期刊的学术质量和影响力,选取的指标主要有基金论文比、总被引频次、影响因子、Web即年下载率、二次文献转载或收录(社会科学期刊被二次文献及SSCI&AHCI转载或收录,自然科学期刊被国外重要数据库收录)。这些指标都从定量角度反映了期刊的学术质量和影响力。而在定性方面,以专家评审意见作为期刊排名微调的依据。基金论文比、总被引频次、影响因子、Web即年下载率这四个评价指标的数据主要来自中国学术期刊(光盘版)电子杂志社、中国科学文献计量评价研究中心共同出版的《中国学术期刊综合引证报告》以及中国科学技术信息研究所、万方数据股份有限公司共同出版的《中国期刊引证报告》。

在获取各定量指标的原始数据后,将其导入到中国学术期刊评价管理信息系统中,并按照一定程序进行自动统计、计算和排序。之后取30%的期刊分别送给有关专家进行定性评审并打分。最后,将定量指标得分与专家得分集成,得出各期刊的综合得分,分一级学科进行排序。

12.2.4 期刊国际竞争力分析

第二次世界大战结束后,世界科技发展格局发生了一系列变化,科学研究中心向英语国家转移,英语成为国际科技界的通用语言。所以,学术期刊的国际影响力主要通过各国的英文期刊出版情况来反映。进一步来讲,国外重要数据库,如SCIE、INSPECT(科学文摘)、Ei Compendex Web(工程索引)、CA(化学文摘)和MEDLINE(生物医学文献数据库)等已对国际英文期刊进行了整合,因此,通过以上数据库的期刊收录情况可以衡量某一国家或某一期刊的国际竞争力和影响力。其中,美国科技信息研究所的《期刊引证报告》是一个独特的多学科期刊评价工具,网络版JCR是唯一提供基于引文数据的统计信息的期刊评价资源。通过对参考文献的统计汇编,JCR可以在期刊层面上衡量某项研究的影响力,显示引用和被引期刊之间的相互关系。目前,通过JCR进行期刊国际竞争力分析是国内外通用的做法。进入JCR数据库页面,选择JCR的版本和出版年,并分别以Country/Territory、Publisher和Subject Category作为检索选项，便可查看各个国家、各出版商以及学科的来源期刊情况。

12.3 科学计量学与大学评价

12.3.1 大学评价概述

国内外大学评价的目的是相同的，都是为了实现国家和社会对高等教育的监督和宏观控制，使其符合社会发展、科技进步的需要。但由于历史、政治、经济和文化背景的不同，各国的高等教育制度也不尽相同，所以各国的大学评价也是有区别的[①]。下文将论述国内外大学评价的现状。

西方发达国家较早开展大学评价实践，不同的研究者和实际评价者给予不同的认识和出于不同的目的，对大学开展了各种类型的评价活动。其中，社会机构作为第三方开展的大学评价活动成为社会各界了解大学办学情况的重要渠道，评价结果为政府决策提供了重要依据，同时也成为大学自身诊断问题、提高办学质量、办学水平和办学效益的一个有力手段。例如，《美国新闻与世界报道》(US News & World Report)杂志推出的"全美大学排名"；《泰晤士高等教育》(Times Higher Education，Times Higher/THE)推出的"世界大学排名"和"英国高校排名"；德国的《明镜》周刊以各个专业为基础形成了德国大学排名；加拿大的《麦克琳》杂志根据授予学位的差异而推出了博士级大学、综合大学、学士级大学三类排名等。

中国的大学评价始于20世纪80年代，我国大学评价的组织者涉及面较为广泛，包括国家科研院所（如中国管理科学研究院科学学研究所、中国科技信息研究所中国科技论文统计与分析课题组、广东管理科学研究院大学评价课题组等）、大学（如武汉大学、上海交通大学、湖南大学和中南大学等）、政府（国家科学技术委员会）以及网站（网大和中国校友会网）。其中，主要以科研院所为主，这与其评价的规范性、科学性、专业性及数据来源的可靠性是密切相关的。此外，近几年以期刊、网站为代表的媒体的参与，也从一个侧面反映了社会对于大学评价的关注，这也为大众了解大学评价提供了有效的渠道和途径。

以上的大学评价活动发生在不同的国家，服务于不同的读者对象，采用不同的方法和指标，但是它们有三点共通之处：其一，以上的大学评价活动都属

---

① 赵春晖，安应民. 国外大学评价的现状分析与研究［J］. 科学学与科学技术管理，2004，(2)：114.

于"确定指标体系—加权计算各高校得分—按分排序"这一基本模式,也就是说这些大学评价活动都基于一个"共同的基础"。评价过程实际上就是按照某种方法预设一个"质量标准"并据此评定评价对象位次。上述国外的大学评价以及我国多数的大学评价都属于这种类型。这类评价也可归类为对高校现状的评价。但评价活动不仅仅是判断价值的过程,还兼有发现价值的功用,因此,根据预设指标进行加权排名的做法并不能代表所有的大学评价活动。其二,大学评价前的预先分类行为加入了评价者的主观判断。《美国新闻与世界报道》《麦克琳》等杂志为了更有针对性地评价大学,提高大学评价的科学性,都在大学评价之初对评价对象进行了分类,分类的依据多为大学所能提供的最高学位授予情况或者每年获得的经费资助。大学分类的预先引入有利于针对不同的评价对象设置不同的评价体系,但与此同时,也体现了评价者的主观行为。其三,各种评价活动都受到不同程度的质疑。从目前西方大学评价的实践与研究现状来看,不论是哪一家研究机构推出的大学排行榜,不论大学评价的服务对象是谁,它们都遭受到不同程度的质疑与批评。这些质疑包括:评价机构按照预设的"质量标准"对所评价的大学确定位次,是否科学?按照大学当前所能达到的水平进行排名,能否真正地衡量出大学的发展差异?各个大学的发展历史不同,所能使用的资源差异甚大,这些评价能否反映大学的投入产出效益?此外,在我国的大学评价实践中还存在数据动态变化引起的评价误差、大学的办学特色难以衡量、不同类型大学难以比较以及评价结果的微小差异不能反映大学之间的真正差异等问题。国内外大学评价面临的这些问题,要求评价实践者和研究者不断拓展思路,探索多元化的研究方法[①]。

12.3.2 大学评价的主要方法

总体来说,国内外的大学评价活动都属于"确定指标体系—加权计算各高校得分—按分排序"这一基本模式,也就是说这些大学评价活动都基于一个"共同的基础"。评价过程实际上就是按照某种方法预设一个"质量标准"并据此评定评价对象位次。有的评价机构为了更有针对性地评价大学,提高大学评价的科学性,都在大学评价之初对评价对象进行了分类,分类的依据多为大学所能提供的最高学位授予情况或者每年获得的经费资助等。大学分类的预先引入有利于针对不同的评价对象设置不同的评价体系。

任何评价都需要做到科学、客观、公正。这除了从评价指标体系的构建上

---

① 赵春晖,安应民.国外大学评价的现状分析与研究[J].科学学与科学技术管理,2004,(2):114.

得以反映之外，数据源的客观准确也是重要的保证。目前，数据源主要选自国内国外重要数据库、各高校官方网站、政府部门统计数据等。之后，需要对原始数据进行全面核查，处理异常数据。在此基础上，将原始数据导入到数据库中进行整理、统计、计算、排序等工作。最后，通过报纸、期刊和网站等方式对外公布大学评价的结果。

12.3.3 科学计量学在大学评价中的应用

科学计量学是用定量方法处理科学活动的投入（如科研人员、研究经费）、产出（如论文数量、被引数量）和过程（如信息传播、交流网络的形成）的研究领域。从大学评价的总体流程来看，无论是大学评价指标体系及其权重的确定、指标原始数据的获取和统计，还是院校得分的计算和排序，都涉及了科学计量学的理论和方法。以下将从以上三方面讨论科学计量学在大学评价中的应用。

1. 指标体系构建及权重的确定

科学计量学从定量角度研究科学活动的投入、产出和过程。所以，根据科学学原理、科学发展规律，以及科研工作的特点和过程的分析，国内外不少评价机构都认为科研的投入决定科研产出，而科研的投入与产出又必须讲求效益。因此，投入、产出、效益是影响科研竞争力的基本因素，所以，应按照投入、产出、效益的思路来构建评价指标体系。同时，根据相应的评价原则进一步明确指标和权重。目前，确定指标权重的方法大致可分为两类：主观赋权法和客观赋权法。主观赋权法的各指标权重主要由专家根据经验和主观判断得到，如德尔菲法、功效系数法等，其缺点是忽视了评价指标数字特征本身所蕴含的信息以及易受专家的知识、经验、偏好等主观因素的影响。客观赋权法的各指标权重是由各指标在被评价对象中的实际数据决定的，如变异系数法、熵值法、主成分分析法等，其缺点是仅仅以数据说话，忽视了专家的知识和经验，有时会出现权重系数不合理的现象[①]。因此，国内外大学评价机构采用主观和客观相结合的赋权方法。从上述论述中可知，指标体系的构建及权重的确定借鉴了科学计量学的基础理论和常用的分析方法。

---

① Ding J D, Qiu J P. An approach to improve the indicator weights of scientific and technological competitiveness evaluation of Chinese universities [J]. Scientometrics, 2011, 86 (2): 285-297.

2. 原始数据的获取与统计

通常来讲，大学评价的原始数据主要来自以下几个方面：①国家政府部门的统计数据资料（汇编、年鉴、报表等）；②国内外有关数据库；③国家政府部门、高校和科研院所的网站；④国家有关刊物、书籍、报纸、内部资料等；⑤信息质量高的第三方网站等。关于数据处理，要首先对原始数据进行全面核查，进行数据清洗，然后才能进入统计阶段。从上述论述中可知，"原始数据的获取与统计"借鉴科学计量学的数据获取、处理技术以及常用的统计方法。

3. 院校得分的计算和排序

在该阶段，各评价机构通常借助专业的评价系统进行计算得分和排序，以减少人工带来的误差并提高工作效率等。通常，各种专业的评级系统集成了多种数学函数、计算机算法以及可视化的功能，可以从多方位、多角度展示大学评价的结果。可以说，专业的信息系统是科学计量学应用于实践的强有力的工具。

12.3.4 RCCSE 大学评价体系

RCCSE 于 2004 年在《中国青年报》首次发布"中国高校科技创新竞争力评价"（619 所院校）和"中国高校人文社会科学研究竞争力评价"（570 所院校）两个报告，在社会上产生了积极的影响。到目前为止，该中心已连续九年发布了中国大学竞争力排行榜，在国内外形成了较大的影响。此外，RCCSE 还发布了"世界大学科研竞争力排行榜"和《中国研究生教育评价报告》。不过，这一系列报告的评价做法和流程具有较多的相似之处，故以下将详细介绍 RCCSE 的中国大学及学科竞争力的评价体系[①]。

1. 学校分类与名称

教育部下发了《普通高等学校基本办学条件指标（试行）》的文件，将高等学校划分为 6 种类型。RCCSE 以此为依据，并根据学校的性质、任务和数量，将高等院校分为 6 种类型：综合、民族院校；理工、农林院校；师范院校；医药院校；语文、财经、政法院校；体育、艺术院校。2004 年 6 月 28 日，教育部又公布了最新的"全国普通高校名单"（共 1683 所），其中，本科院校 679 所，

---

① 邱均平，文庭孝等．评价学：理论、方法、实践 [M]．北京：科学出版社，2010：280-283.

专科院校 1004 所。由于其中一些高校更改了名称，并且更名的情况十分复杂（有的改名、有的合并、有的先拆分再合并到不同的学校），经研究发现，在最终进行计量、运算时，已经获取的相应数据目前很难根据新的情况进行分解或合并。所以，在 RCCSE 现已发布的"中国大学竞争力评价报告"和"学科竞争力评价报告"中，各高校名称主要是以教育部 2002 年统计资料汇编中的名称为准，但对部分已经弄清了情况的学校则尽量采用了新的名称。以此为依据，RCCSE 根据学校的性质、任务和数量，在评价过程中将高等院校分为 8 种类型：综合院校；理工院校；师范院校；医药院校；语文、财经、政法院校；体育、艺术院校；民族院校；农林院校。2005 年 4 月 15 日，教育部公布了最新的"全国普通高校名单"，其中，本科院校 700 所，高职 1078 所（含民办），RCCSE 于 2009 年发布的大学评价报告中的各高校名称主要以该名单统计资料汇编中的名称为准，但对部分更名或合并的学校尽量采用了新名称，另外舍去了未开设本科专业招生和部分有一级指标得分为零的高校，最终进入此次评价的大学共有 887 所，其中重点大学 119 所、一般大学 548 所、民办院校 220 所。学科门类评价是按照教育部于 1998 年公布的本科专业目录中的 11 个学科门类（除军事学外）进行的，其中，原目录中的 351 个专业分类目录体系繁杂，区分度小，部分专业重复交叉，另外一些专业很难适应当前学科的发展和人才培养的需要，缺乏应有的指导性。因此，我们在原有专业目录的基础上，进行了适当的归并和调整，研发了新的本科评价专业目录体系，共分 192 个专业，它包含了教育部原本科专业目录中的所有专业，而且具有相应的对应关系。

2. 指标体系构建

根据科学学原理、科学发展规律，以及科研工作的特点和过程的分析，RCCSE 认为科研的投入决定科研产出，而科研的投入与产出又必须讲求效益。因此，投入、产出、效益是影响科研竞争力的基本因素，所以，RCCSE 按照投入、产出、效益的思路来构建评价指标体系。同时，根据相应的评价原则进一步明确指标和权重。在中国大学综合竞争力评价中，对重点大学的评价设立了 4 个一级指标、13 个二级指标、50 个三级指标；对一般大学的评价设立了 3 个一级指标、12 个二级指标、48 个三级指标。两者最大的区别是重点大学增加了"学术声誉"的一级指标；同时增加了一些反映质量、水平、特色的指标，如"特色专业数""标志性精品成果数""学生各类国际性、全国性获奖数"等。表 12-1 是 RCCSE"中国重点高校综合竞争力评价"的指标与权重。

表 12-1　RCCSE"中国重点高校综合竞争力评价"指标与权重

一级指标	权重	二级指标
办学资源	0.1671	基本条件
		教育经费
教学水平	0.2616	师资队伍
		优势学科
		生源与毕业生
		研究生与留学生
		教学质量
科学研究	0.4531	科研队伍与基地
		科研产出
		成果质量
		科研项目与经费
		效率与效益
学校声誉	0.1182	学校声誉

在二级指标中，基本条件包括校舍总面积、生均校舍面积、仪器设备总额、生均仪器设备额、图书总量、生均图书量 6 个三级指标；教育经费包括当年教育经费支出总额、当年生均教育经费支出额 2 个三级指标；师资队伍包括中国科学院院士与工程院院士数、杰出人才（长江学者、跨世纪人才、教学名师）、博士生导师数、高级职称教师占教师总数的比例、师生比 5 个三级指标；优势学科包括博士点数、硕士点数、国家级重点学科数、特色专业数 4 个指标；生源与毕业生包括新生入学评价分数、博士毕业生数、硕士毕业生数、本科毕业生数、毕业生一次就业率 5 个指标；研究生与留学生包括研究生与本科生比例、留学生与本科生比例 2 个三级指标；教学质量包括教育部优秀教学成果奖、教育部精品课程、教育部优秀教材、全国百篇优秀博士论文、各类国际性和全国性竞赛获奖数 5 个三级指标；科研队伍与基地包括国家科技创新团队、国家重点实验室、研究中心、科研基地、R&D 全时人员占教师的比重 5 个三级指标；科研产出包括专利申请与授权数，SCI、SSCI、A&HCI 收录论文数，EI、ISTP、ISSHP 收录论文数，CSTPC、CSSCI 收录论文数，社会科学专著（部）5 个三级指标；成果质量包括获国家最高科学奖，自然、发明、进步奖，教育部人文社科奖数，Science、Nature 论文，ESI 顶尖论文数，标志性精品成果数，SCI、SSCI、A&HCI 被引次数，CSTPC、CSSCI 被引次数 8 个三级指标；科研项目与经费包括国家自然科学基金项目数、国家社会科学基金项目数、科研项目总数、当年科研支出经费 4 个三级指标；效率与效益包括人均产出率、万元产出率 2 个三级指标；学校声誉包括学术声誉、社会声誉 2 个三级指标，共 55 个三级指标。

3. 数据来源与处理方法

在评价中，收集原始数据的工作量非常大，RCCSE 付出了大量人力和经费，逐步落实专人，建立了比较稳定、可靠的数据来源工具和渠道。在这项评价中，原始数据主要来自以下四个方面：①有关政府部门的统计数据资料（汇编、年鉴、报表等）；②国内外有关数据库；③有关政府部门、高校的网站；④国家有关刊物、书籍、报纸、内部资料等。关于数据处理，RCCSE 首先对原始数据进行了全面核查，处理了有些异常的数据，如科技方面的"著作数"，社科方面的"鉴定成果数""咨询报告数"等，有的取消指标，有的则压低了权重。之后，在征求各类专家意见和 RCCSE 长期研究的基础上，采用层析分析法确定和计算各指标的权重。基于此，RCCSE 又采用自编软件或应用软件，建立了相关数据库，进行大量数据的整理、统计、计算、排序等工作。

12.4 科学计量学与人才评价

科学技术人才是国家的宝贵财富。科技人才的数量和质量是科技能力的重要标志之一。如何识别和评价人才是一个值得研究的重要课题。由于人的德才总会通过各种方式表露出来，因而就为我们评价和发现人才提供了各种途径和方法。比如，通过科技成果的评议和鉴定、定期考核、实践检验以及各种竞赛等活动来评选和发现人才；通过各种学术会议和学术交流活动可以发现优秀论文；各种学术期刊编辑部门可以通过对来稿的审查，发现具有创造才能、提出新理论、新思想、新观点的人才等。上述方法有一个共同缺陷就是缺少定量分析。因此，从科学计量的角度定量地对人才进行评价是一种有益的补充，其结果往往比较客观、准确。

12.4.1 人才评价的基本原理

科学计量学是用定量方法处理科学活动的投入（如科研人员、研究经费）、产出（如论文数量、被引数量）和过程（如信息传播、交流网络的形成）的研究领域。因此，可以从以上三方面进行人才评价。

（1）在科学活动中，科研投入与科学人才具有一定联系，科研投入的多寡直接决定着科学人才的研究条件和物质基础。所以，科学人才的成就与造诣与承担或参与的项目数量、项目层次，拥有的项目经费、团队实力等科学活动投入息息相关。

（2）在科学活动中，科研产出是衡量科学人才所从事的科研活动的重要指标。可以说，科学人才的成就与发表的文献数量及发表文献的被引次数有关。

苏联著名情报学家米哈伊洛夫曾经指出："每个科学家发表的文章数目，可以作为他的科学劳动效率足够准确和客观的指标。"（自然，这里讲的仅仅是相对的衡量）这是因为科技人员的成就是以科技成果来体现的，而科技成果一定要用文献的形式表达出来才能推广应用，才能得到社会的承认。一般来说，科技人员的发明越多，成就越大，他的文献，特别是专利文献以及在重要刊物上发表的文献就越多。此外，文献的被引次数的多少，在一定程度上反映了文献的质量和价值，从总体上反映了该文作者在学术界的影响和地位以及对社会的贡献，从客观和使用的角度证明了发表论文的价值和作用。而且，对于某一著者来说，发表的文献越多，被引的次数也可能会越多。因此，著者的文献被引率既从质量上也从数量上反映了文献的价值，从而可以衡量著者的学术水平。

（3）在科学活动中，介于科研投入和科研产出之间的科研过程是科学活动最漫长的过程，渗透着科学人才的大量心血。在这一过程中，科学人才需要阅读大量文献、进行多次试验、参与多次学术交流合作等。研究科研过程中的信息传播或交流网络等也可以在一定程度上评价科学人才。

12.4.2 人才评价的基本方法

根据上述原理，利用科学计量学评价人才的方法主要有以下几种：简单统计分析法、引文分析法、h指数及社会网络分析法等。

1. 简单统计分析法

简单统计分析法是统计某一时期内各位科技人员承担的不同层次的项目数量、拥有的科研经费和科研团队、在公开出版物上发表的文章的篇数等。然后将各项统计数据进行比较，数量较多的一般被认为科研实力强或科研成果多。这种方法简单、直接，但不够充分，通常要和其他方法配合使用。

2. 引文分析法

应用引文分析法评价科研人员及其成果，现在一般采用4项指标，即论文总数、被引证总数、每篇论文的被引次数和高被引论文数。这是一种主要的常用方法，简单易行。其具体做法是：直接统计或者利用SCI、SSCI、EI、CSCD

和 CSSCI 等引文数据库，统计出在一定期间内科学家所写论文的总被引次数；谁的被引次数高，谁就中选，这种方法比较客观和可靠，因而在评选人才中得到了广泛应用。20 世纪 80 年代以来，在欧美发达国家里，引文分析法在评价科学家及其成就方面，已成为传统的同行评议的有效辅助手段，并大有取而代之的趋势。因为与同行评议比较，引文分析法更为定量、客观，较少人为因素的干扰，费用、时间也更为节省。值得提出的是，美国 ESI 是一个专业的衡量科学研究绩效、追踪科学发展趋势的基本分析评价工具，从引文分析的角度，针对 22 个专业领域，分别对国家、研究机构、期刊、论文以及科学家进行统计分析和排序，主要指标包括论文收录数、论文被引频次、论文篇均被引频次。用户可以从该数据库中了解在一定排名范围内的科学家、研究机构（大学）、国家（城市）和学术期刊在某一学科领域的发展和影响力，确定关键的科学发现，评估研究绩效，掌握科学发展的趋势和动向。

3. h 指数

h 指数是由美国加利福尼亚大学圣迭戈分校物理系赫希教授于 2005 年提出的。为了提高评价结果的客观公正性，他主张在评价科学家个人绩效时应对产出论文的质量和论文数量做综合考虑，评价指标既要体现质量，又要体现数量。传统的文献计量指标，如论文总数、被引证总数、每篇论文的被引次数和高被引论文数等均存在一定缺陷（论文总数无法测度论文的重要性和影响力；被引证总数受到各期刊质量和影响力差别较大的影响，使得论文引证数的分布很不对称；被引证总数不适于测度论文引证数分布极不均衡的情形，如果只有少数论文被大量引用，而其他多数论文的引证数很低，那么采用总引证数的评价结果就会被夸大；等等）。和传统的引文分析法相比，h 指数兼顾个人科研产出的质量和数量，得出的影响力评价更为合理。

h 指数的定义如下：一个科学家的分值为 h，当且仅当在他/她发表的 N_p 篇论文中有 h 篇论文每篇获得了不少于 h 次的引文数，剩下的 (N_p-1) 论文中每篇论文的引文数都小于 h 次。即引文数大于等于 h 的 h 篇论文数量。要确定一个人的 h 指数非常容易，用赫希的话说，只需要"花 30 秒钟"。到 SCI 网站，查出某个人发表的所有 SCI 论文，让其按被引次数从高到低排列，往下核对，直到某篇论文的序号大于该论文被引次数，将那个序号减去 1 就是 h 指数。

4. 社会网络分析法

社会网络分析法是以关系和结构为基本的分析单位，是对个体、群体或组织等不同社会单位所构成的关系和结构以及属性,进行分析的一套规范和方法。社会网络分析的精髓在于将复杂多样的关系表征为一定的网络结构模型,然后基于这些构型及其变动情况,阐述其对个体行为的影响。

根据着眼点的不同,社会网络分析可分为结构和关系两个基本视角。结构视角关注的是行动者的位置取向,将行动者之间的社会联系构成的结构看作是客观存在的社会结构,通过这种社会结构来理解行动者的行为。在社会网络相关理论与分析中,规模、密度、结构洞、中心性等构成了结构研究视角的核心概念。关系视角关注的是行动者之间的社会性关系,研究通过对社会关系强度等来说明特定的行为。当前学者的研究主要集中于结构视角,其在定量化、模型化等方面的研究都远超过关系视角的研究。但是,社会网络分析是以网络中的关系为研究对象,即使行动者的网络位置完全相同,但在关系维度方面有所差异,行动者的行为及其结果可能会完全不同,因此仅从结构视角进行分析并不能完全揭示网络的全部作用,关系视角是对结构视角研究的重要补充[1]。社会网络分析法可分为自我中心网络分析、整体网络分析两种。整体网络分析法关注网络整体的结构特征,探讨网络随时间变化,节点间的直接或间接的关联[2],分析的重点在于整个网络的结构,应首先确定网络的边界。整体网络分析涉及的主要概念有:侧重于衡量整体网络结构的簇、桥、密度、规模、整体中心性等;侧重于网络中不同角色地位的明星、联系人、孤立者等[3]。在数据收集方面,整体网络分析主要采用循环选择法、提名选择法、参数选择法等,在数据处理方面主要采用社会矩阵法和社群图法。自我中心网络分析是以研究个体为中心,关注的是个体的行为如何受到与外界联系所构成的社会网络结构的影响,涉及的主要概念有网络规模、网络范围、强弱关系、节点中心性和网络的多元性等。在数据收集和处理方面,自我中心网络分析主要采用角色关系、社会交换法和情感分析法等[4]。

应用社会网络分析法对特定领域高被引作者的共被引网络进行分析,借助网络规模、网络密度、中心性、K-core 和结构洞等社会网络指标可以对特定领域内作者的影响情况进行深入的探索,发现特定领域最具影响力的学者。这一过程主要通过 Ucinet 这一整体网络分析软件来实现,同时采用 Netdraw 软件来实现各种网络结构的可视化显示。

---

[1] 姚小涛,席酉民. 管理研究与社会网络分析[J]. 现代管理科学,2008,(6):19-21.
[2] 张浩. 基于社会网络分析的 Blog 社区发现[D]. 上海:上海交通大学硕士学位论文,2008.
[3] 刘雅洁. 中国科学技术管理论文合著现象研究[D]. 大连:大连理工大学硕士学位论文,2007.
[4] 张浩. 基于社会网络分析的 Blog 社区发现[D]. 上海:上海交通大学硕士学位论文,2008.

12.4.3 杰出科学人才的评价

利用 SCI 这样的大型数据库所提供的范围广泛、学科齐全的数据评选世界杰出科学家,是引文分析方法在评价科学家方面的重要应用和光辉典范。加菲尔德曾做过三次这样的大规模的引文统计,以评选世界范围的杰出科学家。其具体情况如下:

1. 引文统计概述

1977 年,加菲尔德第一次利用 SCI 中的引文索引,从 1961～1975 年的近 3000 多万条引文中选出了 250 名科学家。当选者论文需被引证 4000 次以上,而一般作者在 15 年内平均被引次数仅为 50 次。这次评选的特点是仅仅统计第一著者的论文统计,不涉及合著者。当选的 250 人平均年龄为 63 岁;其中获诺贝尔奖者 42 人,占总数的 17%;有 151 人至少属于一个科学院的院士,占总数的 60%;其中 1/4 的院士为诺贝尔奖获得者。这些数据足以说明引文分析法评选人才是有成效的。

1978 年,加菲尔德第二次利用 SCI 1961～1976 年期刊论文数据库,选出了 300 名科学家。为了弥补第一次的不足,这次统计的特点是将第一著者的"引文索引"与有合著者记录的"来源索引"合并统计。当选者论文被引次数为 5496 次,第一著者平均被引数为 1794 次,合著者平均被引次数为 3702 次,合著者被引远高于第一著者,说明将合著者计算在内比较合理。这 300 人平均年龄为 54 岁;有 160 人至少为一个科学院的院士,占总数的一半多;获诺贝尔奖的有 26 人,占总数的 8.66%;有 177 人得过各种奖励,占总数的 59%。因此,在这 300 人中既非科学院院士,又非得奖者为数甚少。可见,用引文分析法评价人才的结果是比较可靠和准确的,不失为一种客观可行的评价方法。

1981 年,加菲尔德进行了第三次引文统计。他根据 1965～1978 年 14 年的 SCI 数据库数据,选出在世科学家所撰论文(包括第一著者或合著者在内),计算其论文被引次数,按照被引次数的多少排序,再从中选出被引次数最多的千名科学家,占全世界百万科技研究人员的千分之一。在 14 年内,每个著者平均被引 3811 次,算是选中。然后查出每人的通信地址,通过信函调查其专业、出生年、现在服务单位、写过哪些著作、得过哪些奖、是哪些科学院的院士以及其正确的全名等。其结果是:

(1) 被引证次数。千名科学家在 14 年内每人平均发表论文 121 篇,有 32 篇用第一著者名义发表,89 篇用合著者名义发表。被引证次数平均为 3811 次,每年平均 272 次。

（2）性别与年龄。千人科学家中女性科学家约为 23 名；平均年龄为 53 岁，其中 42~61 岁的占 77%，最年轻的 33 岁。一般认为科学家发明最佳年龄为 37 岁左右，但随着科学水平和规模的提高和扩大，最佳年龄有向后推的趋势。

（3）诺贝尔奖获得者与科学院院士。千人科学家中获诺贝尔奖者共 44 人，超过了 1965~1977 年医学、化学、物理学获诺贝尔奖者总数的一半，可见获奖者都是撰写论文较多，被引次数也较多。其中，有 378 人获得院士称号，最多的是有机化学家 Woodward 获有 12 个院士称号。院士平均年龄是 58 岁，非院士平均年龄为 51 岁。

（4）各学科科学家的比较。将千人科学家按 38 个专业分类列出其论文被引次数、院士数、诺贝尔奖得奖数、出生年等情况，发现各学科之间差别较大，人数最多的为物理学家、生物化学家、免疫学家、内分泌学家等。

（5）国别和机构分析。统计调查表明，科学家人数与国家的综合国力有关，科学发达、国势强盛，科学家人数必然也多。例如，美国有 147 家单位，拥有 736 名科学家，现将国别机构数和科学家数列为表 12-2。应该指出的是，苏联只有 1 名科学家入选，这完全是 SCI 引文不全所致。SCI 对苏联和日本的引文统计是非常不够的。同样，在同一国家内部，人才大都集中在各国的著名单位中，越是有名的学府，拥有的科学家越多。

表 12-2　千名杰出科学家所属单位国别统计表

国别	机构数/家	科学家数/名
美国	147	736
英国	28	85
瑞典	6	42
法国	7	26
加拿大	9	23
西德	9	21
瑞士	10	13
澳大利亚	6	12
日本	8	11
以色列	4	10
丹麦	3	4
意大利	3	4
比利时	2	3
荷兰	3	3
阿根廷	1	1
捷克	1	1
芬兰	1	1
匈牙利	1	1
挪威	1	1
西班牙	1	1
苏联	1	1
共计	252	1000

2. 引文分析结论

通过上述引文统计分析,可以得到如下结论:

(1) 引文法评选人才是可行的。从三次引文统计的评选结果来看,在广泛调查的基础上以被引次数为依据来评选人才是恰当的,其结果比较符合实际,总的趋势是正确的。引文法还可用于选聘人才、解决学术上的纠纷,无论是对个人或单位的评价都有一定的成效。

(2) 引文法可用于预测未来获奖者。

(3) 引文法可用于评价团体的科研能力和绩效。一般来说,列有被引次数最高的文献篇数越多,该单位的声望越高。据 1973~1975 年的 SCI 数据,美国国家卫生院生物医学研究方面的文献占全美的 3.4%;在 SCI 所用 12 种生物医学评论期刊中有 7.5% 的著者是属于该院的科学家。这说明美国国家卫生院人才济济,研究很有成效。

(4) 确定引证经典作。从 250 人表中选出每个科学家其文献被引次数最多的篇名做分析,250 篇文献中有 13 篇被《现期期刊目次》(*Current Contents*,CC) 作为《被引文献经典作》(*Citation Classic*)。《被引文献经典作》是《现期刊目次》于 1977 年创办的,按《现期刊目次》分册六个类报道,每类每周报道被引次数最多的 1 篇,生命科学类报道 2 篇,到 1981 年 7 月已发表了 750 篇经典作。《被引文献经典作》是引文分析的重点之一,从中可以获得许多有益的结果,如可用于评定最佳期刊。

(5) 合著文献的被引率高。从 300 人表中选出每个科学家其文献被引次数最多的 300 篇文献,只有 35 篇是一个作者,每篇论文平均作者为 3 人,被繁引文献的作者大都是合著者,其中,2~4 个著者的文献占多数。因此,合著现象确实是值得重视的,也就是说 300 人表比 250 人表更能反映事物的客观性。

3. 引文法评价人才的局限

引文法虽是人才评价的一种有效方法,但也受到某些因素的限制。例如,使用原始资料和引文习惯问题;制表时发生的问题;合著者的计分问题等。今后的发展趋势将是增加引文统计对象,扩大专业范围,增加专利、专著、标准等统计品种,合理处理合著现象,使引文法更趋完善。

12.4.4 预测未来科技获奖者

1. 文献被引次数与著者的荣誉、职称有关

加菲尔德的三次引文分析都表明,被评选的杰出科学家中,诺贝尔奖获得者和科学院院士所占比例很大,而非得奖者为数甚少。据统计,1961~1971年诺贝尔奖获得者在前一年的平均被引数为222次;一位被选为美国国家科学院(NAS)的院士,被选前一年的平均被引数为99次;而一般作者仅6.1次。这个统计说明,荣誉越高,其文献被引次数越多。这一引证现象在一定程度上反映了文献被引次数与著者的荣誉职称的联系。

2. 预测诺贝尔奖获得者

从前面的讨论中可以看出,科学家发表的论文被引证的次数作为一种客观评价标准,既可测度科学进展的成就,也可预测科学发展的未来。加菲尔德曾利用SCI 1968年所提供的数据成功地预测了1969年诺贝尔奖获得者人选。表12-3是按1967年被引次数多少排序的前50名科学家名次表。在表中便有两名科学家〔Derk H. R Barton(41)和Murray Gell-Mann(6)〕获得了1969年的诺贝尔奖。同时,在1981~1982年度获诺贝尔奖的13人中,有6人早就出现在加菲尔德统计的千人表中。1982年,美国国家科学院提升的60名院士中,有17人出现在千人表中。这些数据足以证明引文分析方法的准确性,通过对这些科学家研究工作的分析,还可预测未来科研发展的趋势和动向。

加菲尔德最初研制SCI主要是为了提供一种新型的检索工具。但近来的发展越来越证明SCI更多的是在科技评价管理方面的应用,除了科技人才的评价,人们还开始运用引文分析这一有力武器,对科研机构、国家、地区的科研能力、学术活动进行评价,也取得了很好的效果[①]。

表12-3 按照被引次数排序的前50名科学家名次(1967年)

等级序号	姓名	被引次数	等级序号	姓名	被引次数
1	LOWRY OH	2921	6	GELL-MANN M	942
2	CHANCE B	1374	7	COTTON FA	940
3	LANDAU LD	1174	8	PEPLE JA	933
4	BROWN HC	1150	9	BELLAMY LJ	906
5	PAULIN GL	1063	10	SNEDECOR GW	904

---

① 邱均平. 信息计量学[M]. 武汉:武汉大学出版社,2007:515-520.

续表

等级序号	姓名	被引次数	等级序号	姓名	被引次数
11	BOYER PD	893	31	BRACHET J	706
12	BAKER BR	876	32	WINSTEIN S	702
13	KOLTHOFF	853	33	ALBERT A	687
14	HERZBERG G	842	34	LUFT JH	674
15	FISCHER F	826	35	DEDUVE C	673
16	SEITZ F	822	36	VONEULER US	668
17	DJERASSI C	801	37	FIESER LF	666
18	BERGMEYER HU	754	38	HUISGEN R	661
19	WEBER G	750	39	NOVIKOFF AB	655
20	REYNOLDS ES	748	40	GOODWIN TW	643
21	MOTT NF	741	41	BARTON DHR	632
22	ECCLES JC	737	42	FISHER RA	631
23	FEIGL F	729	43	BATES DR	627
24	FREUD S	727	44	FLORY PJ	626
25	PEARSE AGE	726	45	STAHL E	626
26	ELIELEL	721	46	DEWARM JS	619
27	STREITWIESER A	717	47	GILMAN H	618
28	MULLIKEN RS	712	48	FOLCH J	618
29	JACOB F	711	49	DISCHE Z	614
30	BORN M	710	50	GLICK D	609

第十三章

科学计量学在科技政策与科技管理中的应用

13.1 科学计量学与科技政策的制定

13.1.1 科技政策的概念与特点

政策是国家机关、政党及其他特定政治团体在特定时期为实现一定社会、政治、经济和文化目标所采取的政治行为或规定的行为准则，它是一系列谋略、法令、措施、办法、方法、条例等的总称[①]。而科技政策就可以定义为国家机关、政党及其他特定社会团体在特定时期为实现一定的科技、社会、经济目标所采取的有关促进科技发展的政治行为或规定的行为准则。它是一系列法律、法令、条例、规划和计划、措施、办法的总称[②]。

总的来说，科技政策就是国家对科技资源进行有效配置的重要手段。在改革开放以前，科技政策一般分为科学政策和技术政策，随着改革开放，科学与技术联系越来越紧密，二者也就统称为科技政策。而近年来，科学技术创新越来越受到重视，这使得科技政策的内容越来越丰富。根据科技政策的演变过程和应用，我们认为科技政策包括三部分内容，即科学政策、技术政策以及创新政策，其特点如下[③]：

（1）针对性：科技政策一般指向某一学术领域。由于各个学术领域有其不同的特点，在制定科技政策时需结合学术领域的特点及发展状况。

（2）适应性：这是指科技政策的制定需要适应当前科学技术发展的大背景。随着全球化的日益实现，科学技术作为全球化的基础和动力，推动着经济、社会和个人的全面进步和发展。

（3）系统性：科技政策是自成体系的。科技政策学科作为政策学科的一个分支，其理论基础是逻辑和系统的。科技政策从其制定开始，就遵循一定的程序和机制，不仅有输入机制，还有输出机制、反馈和评估机制。

（4）交互性：虽然科技政策可以自成体系，但是需要与其他政策相互配合。

（5）有效性：指一个好的科技政策能够促进科学技术快速健康的发展。

（6）影响面广：不仅影响物质文明，还影响精神文明；不仅影响经济方面，还影响社会文化方面；不仅有直接影响，还有间接影响；不仅有直接的长远的

---

① 陈振明. 政策科学：公共政策分析导论 [M]. 北京：中国人民大学出版社，2003：14.
② 罗伟. 科技政策研究初探 [M]. 北京：知识产权出版社，2007：1.
③ 杨健. 我国科技政策制定问题研究 [D]. 南京：东南大学硕士学位论文，2004.

效益，还有潜在的效益。

（7）负面影响的滞后性：科技政策通常带来积极正面的影响，这也是科技政策的主要功能和目的，但是由于受到各种因素的制约，科技政策也会有一些负面的影响，而且由于政策的发挥与效果的实现需要相当一段时间，所以人们对负面影响的认识是有一定过程的。这就需要政府的调控。

13.1.2 科技政策的制定过程

谈到科技政策的制定过程，有很多模式可供参考，但目前来说，还没有一个公认的、完善的模式来用于科技政策的制定。尽管如此，这些模式大同小异，都可以归纳为问题的输入、政策制定、政策输出、反馈这几个阶段。本书根据对这些模型的综合研究，将科技政策的制定过程归为以下五个阶段：问题的识别与议程组织、政策分析、采纳以及合法化、评估与反馈、终止。

1. 问题的识别与议程组织

问题的识别是科技政策制定的初始阶段。科技政策的制定与实施总是围绕着问题的解决，其最终目的则是促进科技创新的发展与进步。在实际的科技发展进程中，总是会出现各种各样的问题，当尚未被实现的科技价值和需求需要通过公共活动来实现时，这样的问题就形成了科技政策问题[①]。比如，有关研发和创新投资的措施、吸引国际人才等问题，都可以列为科技政策的问题。

科技政策问题的提出可以是政治动员，即领导人或者领导集体提出制定某方面政策的需求；也可以是某些群体或者个人在比较分散的情况下提出政策建议，引起了大众的广泛注意后，被列入公共议程；还可以是人民代表或者政府内部提出建议，并列入议程。这几种方式单独或者交叉都可以形成问题来源。

议程组织也称作建立科技政策议程，关于议程的建立，在公共政策研究领域中有很多专业的术语和说法。通俗地讲，科技政策议程实际上就是指将科技发展过程中遇到的问题列入政府的议事日程，并对其进行决策。首先，若某科技政策问题引发公众的广泛关注和议论，需要政府采取相应的行动，那么该问题即可划入公共议程。然后，根据公共议程中的相关问题，政府需要组织相应的正式议程对其进行研究和处理，这实际上指的是政府解决问题的行动。

---

① 王卉珏. 科技政策制定的理论与方法研究［D］. 武汉：武汉理工大学博士学位论文，2005.

2. 政策分析

政策分析是科技政策制定过程的核心环节，通过该环节对科技政策问题进行分析，从而形成可行的科技政策方案。该过程就是针对科技政策问题提出一系列可行的科技政策方案，并通过评估择优来确定最终的实施方案。制定科技政策是一项综合性的研究、设计、规划以及决策过程，须遵循一定的科学决策程序。一般来说，科技政策分析可以分为以下五个步骤。

1) 认定和细化问题

认定和细化问题所要解决问题是：界定科技政策问题，明确对象，提出应该考虑的因素和可能的解决方法的设想[①]。科技政策问题往往是含糊的，问题范围较大、不具体。所以，为了针对性地制定科技政策，往往首先需要界定具体的问题，并对问题进行细化以方便处理。

2) 建立评估标准

为了便于科技政策的制定及评估，在细化问题之后，制定者需要进一步确定具体目标，并建立评估标准用于评价目标的实施情况。评估标准往往涉及经济、技术和社会等多方面因素。为了便于评估，标准最好应是量化的。评估标准或者说指标体系的建立往往遵循一定的规则，如能否获得数据，可以反映怎样的成果或者是否具有操作性等。在具体的目标和标准确立之后，政策的制定就可以十分具体了。

3) 提出方案

在确立了相当具体的目标之后，就需要考虑通过何种方式来达到目标。针对这些具体的问题，科技政策的制定者们往往可以提出很多不同的解决方案，即备选政策。确立备选方案的方法有很多种，如头脑风暴法、文献评述法、对现有的解决方案修正或者快速调查法等。将所获得的方案中那些不恰当或者不可行的方案去除，或者将几种方案综合在一起，通过评估，往往可以得到相对最优的方案。

4) 评估择优

对于获得的各种备选方案，我们需要根据目标进行评价，选择并确定最优的科技政策方案。科技发展目标往往是评价各种方案的准绳，它是依据国家建设的总目标、总政策，以及国家需要和实际可能之间相对平衡等要素确定的，根据科技发展目标，对各种设计方案，要综合考虑科技、经济和社会三个方面，

[①] 罗伟. 科技政策研究初探 [M]. 北京：知识产权出版社，2007：1.

从先进性、合理性和可行性三个角度来进行综合评价。

一般来说，每一个科技政策方案都会存在某些优点和缺点，并不存在一个十全十美的方案，只有相对的"最佳"方案。这就需要决策者从全局和整体的角度，从实际和长远的角度进行全方位的考虑，在同样的约束条件下，选择能以较低的代价，较短的时间，较好的经济、社会效益来实现确定目标的最佳方案。

5）科技政策方案的可行性论证

确定科技政策方案后，还要对其进行可行性论证，即围绕科技政策目标，运用一定的方法，对科技政策方案在实际中是否可行的问题进行分析和研究。一般包括政治、经济、技术、行政和法律五个方面的可行性分析。

（1）政治上的可行性，指科技政策方案在政治上被决策机构或与决策相关的群体接受的可能性。

（2）经济上的可行性，指科技政策方案能否获得财经资源的充分支持，并能与国家发展经济的长远目标相配合。

（3）技术上的可行性，指实现科技政策目标在技术和管理手段上的可能性。

（4）行政上的可行性，指能否获得行政机关的充分配合，保证科技政策的有效贯彻实施。

（5）法律上的可行性，指是否符合宪法和法律的规定。

此外，其他各种社会因素的可行性也需要注意，包括人口、生态、伦理道德和文化传统等。

3. 采纳以及合法化

科技分析阶段完成以后，并不意味着科技政策的制定已经完成，还需要经过采纳和合法化阶段。科技政策合法化指通过一定的程序使科技政策获得合法地位的行为过程。科技政策合法化是为了使科技政策方案具有合法性、权威性和约束性，能够获得科技政策执行部门的配合，从而使科技政策有效地发挥作用。

4. 评估与反馈

经过合法化的科技政策即可实施，在实施过程中，需要政府部门对政策是实施过程进行监控，对其实施效果进行评估，并将实施效果反馈回来以便对科技政策进行调整。

5. 终止

任何政策的实施都是阶段性的,是有一定的生命周期的。当实际环境发生变化,政策已经不能发挥其效果或者在执行过程中发现其有不完善的地方时,就需要终止政策的实施。

13.1.3 科技政策的评估模型

瑞典学者 Vedung 在其专著 *Public Policy and Program Evaluation* 中针对政策评估标准问题,总结归纳了 10 种模型[1],如图 13-1 所示。

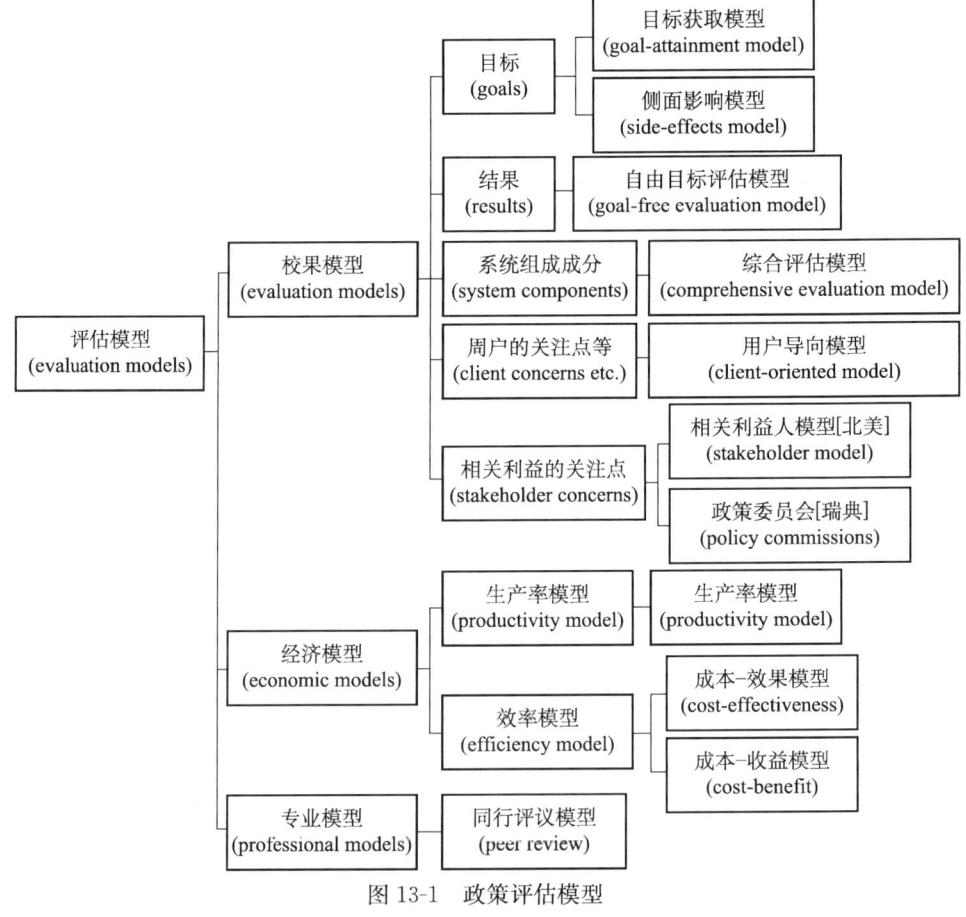

图 13-1 政策评估模型

---

[1] 王瑞祥. 政策评估的理论、模型与方法 [J]. 预测, 2003, 22 (3): 6-11.

目标获取模型将政策目标作为评估的唯一标准。这种评估方法需要判断政策或计划是否在目标领域内取得了预期的结果以及所观察到的结果是否是该政策作用的产物。目标获取模型可以说是一种最简单、最直观的政策评估模型。但是目标获取模型只将政策实施后在目标领域内取得的结果作为评估对象，不考虑它在整个社会范围内带来的其他影响。

侧面影响模型考虑了在预期目标范围内外的有益影响和有害影响，政策评估者如果要客观、全面地评估一项政策，就必须将这些结果都纳入考察范围。但用什么样的标准来评价这些影响却是一个难题。

自由目标评估模型让评估者在没有任何目标约束的条件下开展评估，全面考察政策实施带来预期或者非预期影响。

综合评估模型就是将与某项政策相关的前期准备，落实以及取得成果都纳入评估范围，分别描述该政策的目标和现实情况。该模型考虑了政策从指定到实施的全过程，但是由于考虑的范围太大而操作起来太难。

用户导向模型从政策的接受者角度出发，考虑他们的目标、需求以及关注点。只有按照用户的需求进行评估，才能将公众意见反映到评估结论中，进而有助于帮助下一步决策。但是，用户数量庞大，因此确定目标用户非常重要。

相关利益人模型与用户导向模型相似，不过，实际操作起来难度较大。因为这里所涉及的相关利益人包括公民、决策者、不同政见者、国家一级的主管官员、具体主管官员、地区主管官员以及独立的中介机构。

生产率模型和效率模型都是用以评估投入和产出的模型，可以直观地显示政策效果，但是过于简单，无法反映长期影响。

专业模型则是指针对特定的某领域政策所制定的模型，需要专家的特殊意见来进行评定。这样就不能简单地套用一般的评定准则。

13.1.4 科技政策的评估方法

1. 同行评议

该方法是由从事某领域或接近该领域的专家来评定某项科技政策工作的机制。同行评议是国内外学术界和行政管理部门最常用的评估方法。同行评议最大的优点是易于操作、成本低、评审周期短。但是专家意见仍带有主观成分，不能利用专家意见代替对客观资料的分析。

2. 自评法

自评法是政策执行人员对政策的效果和实现预期目标的进展情况进行评价。

由于执行人员亲自参与了政策的执行，对政策情况比较熟悉，容易得出真实的结论，评估的结果也容易接受。但是执行者的部门、个人利益影响评价的公正性。

3. 对比法

对比法就是将政策执行前后的状况进行对比分析，从而测度出政策的执行效果及价值，分为简单前-后对比分析、投射-实施后对比分析、有-无对比分析以及控制对象-试验对象对比分析。

（1）简单前-后对比分析法就是将政策对象接受政策作用后可以衡量出的变化值减去之前可以衡量出的值（图13-2），其优点是简单、方便、明了，但是不够精确，无法将政策执行所产生的效果和其他因素如政策对象自身因素、外在因素、偶发事件和社会变动所造成的效果加以明确区分。

（2）投射-实施后对比分析是将科技政策执行前的趋向线投射到科技政策执行后的某一个时点 A_1 上，并将 A_1 与科技政策执行后的实际情况 A_2 对比，以确定科技政策的效果（图13-3）。这种方式更加准确，比前一种方式更进一步。但是难以收集数据来精确绘制趋向线。

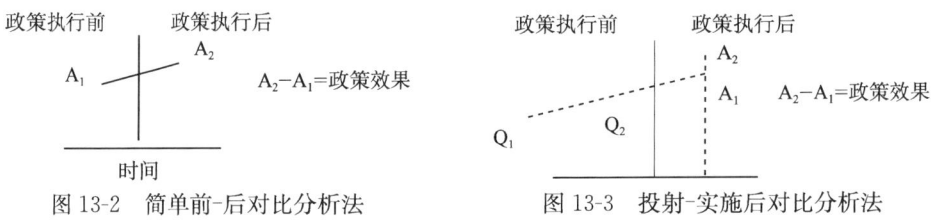

图13-2　简单前-后对比分析法　　　　图13-3　投射-实施后对比分析法

（3）有-无政策对比分析是在政策执行前和后这两个时间上，分别就政策的有无两种情况进行对比，然后再比较两次对比结果，以确定政策的效果（图13-4）。

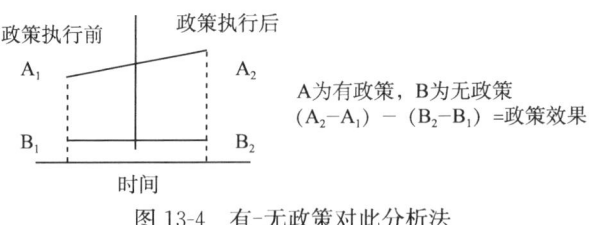

图13-4　有-无政策对此分析法

（4）控制对象-实验对象对比分析将同一评价对象分为两组，一组为实验组，即施加政策影响的组，一组为控制组，即不施加政策影响的组。然后比较这两组在政策执行后的情况以确定政策效果（图13-5）。

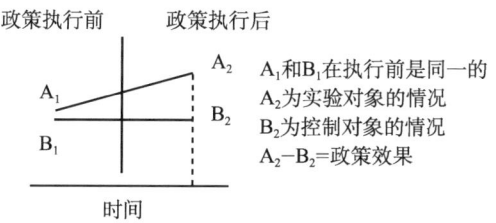

图 13-5　控制对象-实验对象对比分析法

除了以上介绍的几种方法，还有其他方法，如问卷调查、文献计量、当面访谈、电话采访及案例研究、专利数据统计分析、经济计量学方法、投入-产出分析、动力学模型分析等。其中，每一种方法都有各自的优点、缺点以及适用性。因此，使用单一方法来进行评估有可能会产生误导，同时过分倚重量化评估方法也是不可取的。不同的方法间存在互补性，在实践中需要根据实际情况选择一种主要的分析方法，然后结合其他方法来综合地做出评估结论。

13.2　科学计量学与地区、科研机构分析

13.2.1　布劳温的研究

科学计量的研究中，通常通过建立评价科学的指标体系来研究各种科学机构、团体的发展状况。科学计量学家布劳温通过对全世界 32 个国家自然科学文献与引文影响的比较分析，提出了一种科学计量评价的指标体系，用以评价和分析各国的科学现状与发展趋势。

布劳温收集了 SCI 在 1976～1980 年收录的期刊论文及相关出版物，包括论文、报告、专论、评论、通讯及技术说明等几类出版物，共计有 200 多万篇相关文献。为了便于计量，布劳温对这些数据进行了处理，统计出每篇论文的出版日期、出版物类型、著者国籍和学科领域。由于数据数量庞大，无法对每篇论文按照学科领域一一归类，所以按照平斯基法，布劳温首先把期刊按照学科归类，然后将论文按照期刊的所属类别进行归类。在进行期刊分类时，首先需要罗列出各学科的核心期刊列表，经过分析计算期刊之间的相互作用之后，对全部期刊进行学科分类，对于多学科的综合性期刊，按其百分比分属于各个学科。经过分类整理，布劳温将全部论文归为以下几个学科领域：临床医学、生物医学、生物学、化学、物理学、地理与空间科学、工程科学、心理学、数学和其他。

为了综合评价 32 个国家的科技现状，布劳温在其研究中定义了 12 项计量指标：

（1）第一著者人数：1978～1979年各个国家及各学科领域有关论文的第一著者人数。

（2）论文数量：每个国家及其在每个学科领域的有关论文数量。

（3）论文的学科分布：1976～1980年各个国家发表论文的学科分布及百分数。

（4）未被引证过的论文数量：根据SCI，该指标给出了1978～1979年每个国家及其在每个学科领域所发表的未被引证过的有关论文数量。

（5）未被引证过的论文所占的百分数：未被引证的论文占1978～1979年发表的全部相应论文总量的百分比。

（6）高被引论文的数量：按国家和学科分别统计，发表于1978～1979年的论文，被引证10次以上的有关论文数量。

（7）高被引论文所占的百分数：该指标表示高被引论文占1978～1979年发表论文总数的百分比。

（8）实际引文率：按国家和学科统计，发表于1978～1979年的论文在1980年被引证的次数。

（9）期望引文率：将某一国家或者某一学科在不同期刊发表的论文数分别乘以相应的期刊影响因子，所得乘积之和即为该国或者该学科的期望引文率。

（10）相对引文率：实际引文率与期望引文率之比即为相对引文率，其可以进行跨学科比较。

（11）平均引文率：也称作影响因子，是将1978～1979年发表的有关论文在1980年所得的被引数量除以1978～1979年发表论文总数所得的商。

（12）平均影响因子：按照国家和学科，把发表于1978～1979年的有关论文的期望引文率，除以所述有关论文数所得的商，就是平均影响因子。平均影响因子提供了有关论文的质量信息，即刊载相关论文的各种期刊的质量信息。平均引文率与平均引文影响因子之比就是相对引文率。

13.2.2 舒伯特等的研究

继布劳温之后，匈牙利科学院学者舒伯特等以SCI统计数据为数据来源，利用科学计量学指标体系，对全世界96个国家的114种主要学科专业的水平以及在世界上的相应地位进行了综合评价，反映了1981～1985年世界各个国家和地区科研活动的水平和文献交流的情况，其评价指标如下：

（1）文献出版量：主要指SCI收录的科研论文、综述、学术性短文及信函四类文献的数量。

（2）出版份额：出版份额指某国家或地区出版数量占全世界出版总量（根据SCI收录范围统计）的百分比。

(3) 引文数量：在 SCI 引文索引中，某国家或地区论文被引证的数量。
(4) 引文份额：某国家或地区论文被引数量占全世界引文总量的百分比。
(5) 期望引文率：通过影响因子计算的某国家或地区或者某期刊的平均引文率。
(6) 实际引文率：通过 SCI 数据库实际统计的被引文献的平均引文率。
(7) 相对引文率（RCR）：指实际引文率与期望引文率的比值。

$$RCR = \frac{实际引文率}{期望引文率}$$

(8) 发文指数（AI）：

$$AI = \frac{某国家或地区在给定领域发表的论文量占世界论文总量的百分比}{该国家或地区在全部科研领域发表的论文量占世界论文量的百分比}$$

(9) 引文指数（AII）：

$$AII = \frac{某国家或地区在给定领域发表的引文量占世界引文总量的百分比}{该国家或地区在全部领域内的引文量占世界引文总量的百分比}$$

13.2.3 科研机构评价

对世界一流大学和研究机构的学科竞争力进行评价和研究，对我国高等教育的健康、快速发展有重要的意义和现实作用。从 2006 年开始，RCCSE 开始进行世界大学科研竞争力评价，其研究目的是为了清楚认识我国大学目前在世界上所处的位置，促进我国教育和科研的国际化，用国际化的视角来观察我国高等教育发展状况、存在的不足，为逐步地、有重点地培养一批具有国际影响力的大学提供详细而准确的数据参考，从而为改革制度和措施的制定提供理论参考。

1. 对象与数据来源

2012 年度进入"世界大学科研竞争力排行榜"的大学为美国 ESI 数据库中近 11 年来论文总被引次数排列在前 1‰ 的 1562 所大学。另外，ESI 根据学科发展等因素设置了 22 个学科，将大学和科研机构按近 11 年来论文总被引次数分学科地进行排列，只有排在前 1‰ 的学科方能进入 ESI 学科排行，2012 年共有 2642 所大学和科研机构进入学科排行，其中大学 1562 所，科研机构 1080 所。评价所用数据来自美国 ESI 数据库 2001 年 1 月 1 日至 2011 年 11 月 30 日的数据，以及美国 DII 数据库 2006～2011 年 6 年的数据。

2. 指标体系

2012 年度，世界大学科研竞争力评价指标体系和世界科研机构分学科科研竞争力评价指标体系如表 13-1 和表 13-2 所示。

表 13-1　世界大学科研竞争力评价指标体系

一级指标	二级指标
科研生产力	收录论文数
科研影响力	论文被引次数
	高被引论文数
	进入排行学科数
科研创新力	发明专利数
	热门论文数
科研发展力	高被引论文占有率
网络影响力	网络排名

表 13-2　世界科研机构（含大学和科研院所）分 22 个学科科研竞争力评价指标体系

一级指标	二级指标
科研生产力	收录论文数
科研影响力	论文被引次数
	高被引论文数
科研创新力	发明专利数
	热门论文数
科研发展力	高被引论文占有率

科研生产力：该指标用近 11 年来发表的论文数来衡量，所统计的论文均来自 ESI 收录的论文，相对来说论文质量较高，可以反映该大学对世界学术交流做出的贡献。

科研影响力：该指标分别用近 11 年发表论文的总被引次数、高被引论文数和进入排行的学科数这三个指标来衡量。其中，高被引论文指 ESI 根据论文在相应学科领域和年代中的被引频次排在 1% 以内的论文。该指标从科研成果的质量和学术辐射范围出发来考虑其影响力。

科研创新力：该指标由热门论文和专利两个二级指标构成。热门论文指某学科领域发表在最近两年间的论文在最近两个月内被引次数排在 0.1% 以内的论文。热门论文一般是适应学科和社会发展要求的，具有很强的创新性。专利是科技进步的重要体现，世界上的技术发明有 90%~95% 的发表在专利文献上，因此发明性专利的数量也成为衡量物理学、化学和工程学三个学科创新力的指标之一。

科研发展力：该指标用高被引论文占有率来衡量，即高被引论文数与论文发表数的比值。这一比值越高，说明该单位在以后的发展中有可能生产出更多优秀的论文，有能力持久保持该学科的学术领先地位。

网络影响力：该指标用网络排名来衡量，网络排名的来源为西班牙国家研究理事会（Consejo Superior de Investigaciones Cientificas，CSIC）人文与社会科学研究中心（Centrode Ciencias Humanasy Sociales，CCHS）下属的网络计量实验室发布的"世界大学网络计量排名"和 RCCSE 发布的"中国重点大学网络影响力排名"，以网站规模、学术文件数、文档丰富度、被连接数和显示度五个指标来评价得出。从网络排名可以知道各大学学术知识与资料在网络上公开出版的程度。

3. 评价结果

2012年度世界一流大学与科研机构竞争力评价结果分为4个部分、32个排行榜，此处只列举2个，如表13-3、表13-4所示。

表13-3　2012年世界各国或地区科研竞争力排行榜

排名	国家/地区	发表论文得分	论文被引得分	专利得分	高被引论文得分	高被引占有率得分	热门论文得分	总分
1	美国	100.00	100.00	100.00	100.00	99.98	100.00	100.00
2	英国	95.59	95.11	93.24	94.83	99.19	95.41	95.55
3	日本	95.66	94.28	99.40	92.51	96.69	92.88	94.70
4	德国	95.01	94.25	92.93	93.29	98.17	94.36	94.63
5	加拿大	93.94	93.13	91.81	92.72	98.69	93.03	93.77
6	中国大陆	94.97	91.62	98.72	90.95	95.75	91.88	93.29
7	意大利	93.69	92.53	89.52	91.72	97.87	93.15	93.17
8	法国	92.94	91.82	91.83	90.24	97.08	92.04	92.39
9	澳大利亚	92.54	91.26	90.39	90.83	98.13	91.37	92.21
10	荷兰	91.96	91.48	87.48	90.61	98.52	92.09	92.02
11	西班牙	92.38	90.64	91.82	89.51	96.86	90.74	91.63
12	韩国	92.49	90.04	96.23	88.90	96.10	89.77	91.44
13	瑞典	91.73	91.23	82.73	89.90	97.98	91.05	91.35
14	瑞士	89.99	89.92	85.92	88.83	98.70	90.40	90.45
15	中国台湾	91.40	88.74	95.30	86.93	95.09	88.09	90.07
16	比利时	90.08	89.30	85.77	88.29	97.99	89.37	90.03
17	巴西	91.65	88.73	89.64	86.51	94.37	88.58	89.76
18	丹麦	89.25	88.71	86.40	87.34	97.84	89.57	89.49
19	芬兰	89.26	88.62	81.11	87.30	97.79	89.05	89.13
20	奥地利	88.97	88.05	86.32	87.12	97.90	87.58	88.99
21	中国香港	89.07	87.52	90.49	87.14	97.81	86.51	88.99
22	土耳其	90.87	87.51	79.75	85.95	94.57	89.00	88.67
23	印度	89.38	86.50	88.96	85.50	95.64	88.28	88.38
24	挪威	87.93	86.91	82.81	86.39	98.22	88.16	88.16
25	新加坡	87.88	86.12	87.83	86.26	98.13	86.74	88.03
26	波兰	89.32	86.70	79.37	85.38	95.57	87.14	87.79
27	希腊	88.53	86.53	78.57	85.28	96.31	87.14	87.52
28	新西兰	87.41	85.59	83.31	85.59	97.90	86.84	87.47
29	南非	87.25	85.25	85.66	85.00	97.40	86.63	87.18
30	葡萄牙	87.64	85.55	86.15	84.78	96.71	85.54	87.17

表 13-4 2012 年世界一流大学科研竞争力排行榜（前 50 强）

排名	机构名称	国家/地区	国家/地区排名	总得分
1	HARVARD UNIV	USA	1	100.00
2	STANFORD UNIV	USA	2	85.87
3	UNIV WASHINGTON	USA	3	85.57
4	JOHNS HOPKINS UNIV	USA	4	85.54
5	UNIV TOKYO	Japan	1	84.89
6	UNIV GALIF LOS ANGELES	USA	5	84.75
7	UNIV MICHIGAN	USA	6	84.74
8	UNIV TORONOT	Canada	1	84.73
9	UNIV GALIF BERKELEY	USA	7	84.48
10	MIT	USA	8	83.31
11	UNIV OXFORO	UK	1	82.67
12	UNIV PENN	USA	9	82.20
13	COLUMBIA UNIV	USA	10	82.04
14	UNIV CALIF SAN DIEGO	USA	11	81.04
15	UNIV CAMBRIDGE	UK	2	80.86
16	UCL	UK	3	80.79
17	DUKE UNIV	USA	12	80.77
18	UNIV WISCONSIN	USA	13	80.43
19	UNIV MINNESOTA	USA	14	79.67
20	UNIV CALIF SAN FRANSISCO	USA	15	79.58
21	YALE UNIV	USA	16	79.58
22	UNIV ILLINOIS	USA	17	79.52
23	CORNELL UNIV	USA	18	79.49
24	KYOTO UNIV	Japan	2	78.89
25	UNIV N CAROLINA	USA	19	78.60
26	UNIV MARYLAND	USA	20	78.36
27	UNIV LONDON IMPERIAL OLL SCI TECHNOL & MED	UK	4	78.12
28	UNIV COLORADO	USA	21	78.01
29	UNIV PITTSBURGH	USA	22	77.23
30	WASHIINGTON UNIV	USA	23	77.11
31	UNIV FLORIDA	USA	24	76.94
32	NORTHWESTERN UNIV	USA	25	76.77
33	UNIV CALIF DAVIS	USA	26	76.64
34	OHIO STATE UNIV	USA	27	76.60
35	PENN STATE UNIV	USA	28	76.29
36	UNIV BRITISH COLUMBIA	Canada	2	76.29
37	UNIV TEXAS AUSTIN	USA	29	76.29
38	OSAKA UNIV	Japan	3	76.04
39	TOHOKU UNIV	Japan	4	75.84
40	UNIV CHICAGO	USA	30	75.67
41	CALTECH	USA	31	75.06
42	MCGILL UNIV	Canada	3	75.00
43	UNIV ARIZONA	USA	32	73.78

续表

排名	机构名称	国家/地区	国家/地区排名	总得分
44	UNIV COPENHAGEN	Denmark	1	73.73
45	UNIV MELBOURNE	Australia	1	73.06
46	UNIV MASSACHUSETTS SYST	USA	33	73.02
47	UNIV HELSINKI	Finland	1	73.02
48	UNIV UTRECHT	Netherlands	1	72.95
49	TEXAS A & M UNIV	USA	34	72.94
50	BOSTON UNIV	USA	35	72.85

2013年世界一流大学与科研机构竞争力排行榜（分22个学科，此处只列举2个，如表13-5、表13-6所示）。

表13-5 农业科学竞争力排行榜前30强（共457家）

排名	机构名称	国家/地区	总得分
1	INRA	France	100.00
2	CSIC	Spain	95.47
3	CORNELL UNIV	USA	81.59
4	WAGENINGEN UNIV	Netherlands	72.74
5	UNIV CALIF DAVIS	USA	72.46
6	CHINESE ACAD SCI	China	60.35
7	UNIV MINNESOTA	USA	51.56
8	UNIV FLORIDA	USA	47.28
9	UNIV ILLINOIS	USA	46.87
10	UNIV WISCONSIN	USA	44.57
11	CSIRO	Australia	41.67
12	UNIV SAO PAULO	Brazil	39.45
13	UNIV COPENHAGEN	Denmark	37.95
14	IOWA STATE UNIV	USA	37.54
15	TEXAS A & M UNIV	USA	37.47
16	UNIV GEORGIA	USA	37.38
17	UNIV HELSINKI	Finland	37.01
18	UNIV GUELPH	Canada	36.65
19	PENN STATE UNIV	USA	34.15
20	OHIO STATE UNIV	USA	34.07
21	GHENT UNIV	Belgium	31.60
22	N CAROLINA STATE UNIV	USA	31.06
23	UNIV READING	UK	29.89
24	UNIV NEBRASKA	USA	29.30
25	OREGON STATE UNIV	USA	27.98
26	MICHIGAN STATE UNIV	USA	26.72
27	WASHINGTON STATE UNIV	USA	26.64
28	UNIV SOUTHAMPTON	UK	26.47
29	TUFTS UNIV	USA	26.44
30	HARVARD UNIV	USA	26.17

表 13-6 化学学科竞争力排行榜前 30 强（共 918 家）

排名	机构名称	国家/地区	总得分
1	CHINESE ACAD SCI	China	100.00
2	MAX PLANCK SOCISTY	Germany	93.32
3	RUSSIAN ACAD SCI	Russia	89.57
4	UNIV GALIF BERKELEY	USA	88.67
5	MIT	USA	87.91
6	NORTHWESTERN UNIV	USA	86.71
7	HARVARD UNIV	USA	86.46
8	UNIV TOKYO	Japan	85.86
9	CNRS	France	85.83
10	KYOTO UNIV	Japan	85.26
11	STANFORD UNIV	USA	85.11
12	SCRIPPS RES INST	USA	84.76
13	OSAKA UNIV	Japan	82.76
14	NATL UNIV SINGAPORE	Singapore	82.34
15	UNIV ILLINOIS	USA	81.82
16	GEORGIA INSI TECHNOL	USA	81.57
17	TOHOKU UNIV	Japan	81.54
18	CALTECH	USA	81.51
19	UNIV CAMBRIDGE	UK	81.45
20	UNIV MINNESOTA	USA	80.97
21	CSIC	Spain	80.94
22	UNIV MICHIGAN	USA	80.88
23	UNIV OXFORO	UK	80.78
24	JST	Japan	80.76
25	UNIV GALIF LOS ANGELES	USA	80.58
26	UNIV WASHINGTON	USA	80.41
27	KOREA ADV INST SCI & TECHNOL	South Korea	80.18
28	TSING HUA UNIV	China	80.16
29	PEKING UNIV	China	80.13
30	UNIV WASHINGTON	USA	80.08

2012 年世界一流大学科研竞争力基本指标排行榜（分八个指标，此处只列举科研生产力排行榜，如表 13-7 所示）。

表 13-7 科研生产力——收录论文数排行

排名	机构名称	国家/地区	总得分
1	HARVARD UNIV	USA	100.00
2	UNIV TOKYO	Japan	95.14
3	UNIV TORONOT	Canada	94.79
4	UNIV MICHIGAN	USA	93.36
5	UNIV GALIF LOS ANGELES	USA	93.16
6	JOHNS HOPKINS UNIV	USA	93.15
7	UNIV WASHINGTON	USA	92.77

续表

排名	机构名称	国家/地区	总得分
8	UNIV ILLINOIS	USA	92.29
9	STANFORD UNIV	USA	91.84
10	UNIV WISCONSIN	USA	91.82
11	UNIV OXFORO	UK	91.67
12	KYOTO UNIV	Japan	91.57
13	UNIV GALIF BERKELEY	USA	91.41
14	UCL	UK	91.35
15	UNIV PENN	USA	91.16
16	UNIV SAO PAULO	Brazil	90.98
17	UNIV MINNESOTA	USA	90.77
18	COLUMBIA UNIV	USA	90.66
19	UNIV CAMBRIDGE	UK	90.24
20	UNIV CALIF SAN DIEGO	USA	89.82
21	UNIV MARYLAND	USA	89.8
22	OSAKA UNIV	Japan	89.53
23	CORNELL UNIV	USA	89.52
24	UNIV N CAROLINA	USA	89.47
25	UNIV FLORIDA	USA	89.36
26	TOHOKU UNIV	Japan	89.07
27	UNIV LONDON IMPERIAL OLL SCI TECHNOL & MED	UK	89.02
28	UNIV PITTSBURGH	USA	88.98
29	UNIV CALIF DAVIS	USA	88.98
30	SEOUL NATL UNIV	South Korea	88.92
31	DUKE UNIV	USA	88.67
32	YALE UNIV	USA	88.6
33	PENN STATE UNIV	USA	88.59
34	UNIV CALIF SAN FRANSISCO	USA	88.56
35	UNIV BRITISH COLUMBIA	Canada	88.50
36	OHIO STATE UNIV	USA	88.43
37	UNIV COLORADO	USA	88.19
38	MIT	USA	87.95
39	MCGILL UNIV	Canada	87.34
40	TEXAS A & M UNIV	USA	86.90
41	NORTHWESTERN UNIV	USA	86.84
42	NATL UNIV SINGAPORE	Singapore	86.63
43	UNIV PIERRE & MARIE CURIE	France	86.58
44	TSING HUA UNIV	China	86.56
45	UNIV COPENHAGEN	Denmark	86.55
46	UNIV SYDNEY	Australia	86.50
47	ZHEJIANG UNIV	China	86.47
48	NATL TAIWAN UNIV	China-tw	86.43
49	UNIV UTRECHT	Netherlands	86.43
50	UNIV MELBOURNE	Australia	86.35

4. 数据分析与结论

经过对 32 个排行榜的分析和思考，世界一流大学与科研竞争力评价研究报告指出：

1) 中国整体科研实力有显著提升

与 2011 年相比，中国内地在世界各国或地区科研竞争力排行榜中居第六位，总体排名上升了一位，除了高被引占有率以外，几乎每项指标的得分都有所提高，不仅中国内地如此，中国台湾和中国香港也取得了不同程度的提高。

2) 中国大学和世界一流大学仍有较大差距

尽管 2012 年进入前 600 名的中国大学数量有所增加，但是相比于美、英、德、日、法这五个国家，还是有很大的差距，与同等档次的大学相比，中国的一流大学优势微弱，有待进一步提高。

3) 我国高质量论文数量与世界科研强国相比仍然差距较大

2012 年，中国高被引论文排名比 2011 年上升了一位，说明我国的科研影响力正在持续增大，但是与世界科研强国相比，仍然差距很大。

4) 我国创新型研究成果离世界科研强国还有很大距离

2012 年，我国在专利总量和热门论文的排名与 2011 年相同，但总量增加了很多，缩小了我们与科研强国之间的差距。但是从我们国家的热门论文在绝对数量上不到美国的 1/10 可以看出，我们与其差距还是很大。从我国的科研产出比例可以看出，创新型成果所占比较小，仍需要长期的努力。

5) 世界一流学科的建设仍需大力加强

2012 年，在所评价的 22 个学科中均有中国内地的大学或者研究机构进入，进入排名前十位的大学或科研机构也有很大的增加，这是十分可喜的进步。但是，就每所大学或者科研机构而言，进入 ESI 学科排名的学科数量很少，而排名前十的世界一流大学的学科都很齐全，基本每个学科的影响力都很大，这些都说明中国内地的高校在学科建设上仍然表现很弱。

6) 世界一流大学的特征和评价标准值的我们重视

从评价结果来看，排名前十的一流大学不仅学科建设齐全，而且各个学科的影响力都很大。这说明学科互补是很重要的，中国大学的合理合并也是有道理的，有利于创建世界一流大学。同时在当今繁荣的网络环境下，世界一流大学的网站建设也是十分重要的。中国内地在网络建设、成果公开、社会声誉方面还需要进一步加大力度。世界一流大学应具有明显的综合性、前沿性、创新性和开放性等特征，必须是高水平的、高影响力的研究型大学。

13.3 科学计量学与科技预测

13.3.1 科技预测概述

科技预测是根据预测学的基本原理以及科技发展的历史和现状，对科学技术的发展前景及其对社会进步的影响程度进行分析和预测，从而得出预见性的结论。对未来科技发展的正确分析和科学预测，是正确决策和科学管理的重要前提和保证之一，对于推进我国科技进步和创新能力，提高综合国力具有十分重要的意义。科学技术预测包括科学预测、技术预测、产品预测、科技事业预测和科技对经济、社会影响的预测。

1. 科学预测

科学预测是关于科学发展前景的预测。其主要是预测整个科学体系的发展趋势，分析各个学科的分化、交叉、渗透、综合和演变方向；预测现有学科的发展前景、可能出现的新学科特别是边远学科和综合学科；预测某些科学理论的实用价值、科学技术化的发展趋势和周期演变规律等。根据信息计量学应用与科技预测的基本原理，可以评价预测某一学科知识领域的发展动向及其前景。

2. 技术预测

技术预测是关于技术的发展前景的预测，主要预测某些重大技术领域的发展前景、可能出现的技术发明、新材料、新工艺、新设备和新方法，预测新技术的应用领域等。

3. 产品预测

利用科学计量方法可以预测产品开发和应用前景。日本情报学家小森隆曾对塑料、橡胶和纤维的关键词出现的次数进行了统计分析，对这三大高分子材料的产品结构及发展前景进行了预测，其预测结果与后来日本化学工业的生产产量的实际情况大体相符。

4. 科技事业预测

对科技事业预测主要是预测科研体制、科技队伍、科技图书、情报资料、科技交流、技术引进、技术转移等发展前景。

5. 科技对经济、社会影响的预测

这主要是指预测科技对社会、经济发展等各方面的影响。

13.3.2　科学计量学与科技预测的关系

科技预测从各种历史和现有的科学技术发展轨迹出发，通过探索和分析来实现预测。一般来说，科技发展轨迹大都以科技文献的形式存在。专利文献是科技文献中尤其重要的一种技术情报源，专利文献是各种具有应用价值的技术发明的实际记录，它包含了相当丰富、详尽的技术情报，因此可以说专利文献的数量代表着一个国家的创新能力。科技的发展必然带来科技文献数量的增加，科技文献数量和结构及其相互引证的规律可以反映相应科学技术领域的发展特征。科技论文数量和专利拥有量已经成了评价一个国家或地区科研和创新能力的主要依据，也是衡量一个国家综合国力的重要指标。从某一时期各个国家科技论文数量和专利拥有量，可以粗略了解世界科技发展趋势和走向。因此，通过科学计量来预测科学技术的发展前景和趋势，是科技预测的一个新的重要途径。

科学史表明，任何一门学科的成长与发展都要经历诞生、发展、成熟、分化的过程。伴随着学科处于不同的成长阶段，该学科的研究成果在其数量和内容构成上也会发生相应的变化。在学科的诞生阶段，往往只有少数的几篇文献，且基本是围绕一些实验事实和科学概念所做的讨论。随着学科进入发展阶段，关于该学科领域的文献数量急剧增加，也可以说关于该领域研究的日益深入和完整促进了该学科的发展，这一阶段理论性文献增加得最为显著。当学科发展到成熟阶段时，文献数量增长缓慢，这一阶段应用文献占据的比例增大，但文献数量逐渐达到饱和状态，很少有新的发展。但是，一旦分化出新的知识领域或者有新的发现和研究方向，该学科的文献数量又会激增，进入了继续发展的阶段。这表明学科发展与文献数量和内容构成上的密切联系。正是基于此，我们利用科学计量来预测预测学科发展动向及前景。

科学文献之间的引证与被引证现象反映了科学专业或学科之间的相互关系，也反映了科学技术的继承和发展关系。由引证关系形成的科学文献之间的引文链，具体而生动地体现了科学的结构。因此，我们利用学科成长与其文献在数量、内容构成和相互引证的变化之间的密切联系，就能追踪和预测某一学科的产生、发展、分化、相互渗透及其动向等。利用文献与技术之间、文献与科研课题之间的关系，同样可以进行相应的科学技术预测。

科技预测的方法基本可以分为三大类：定性方法、定量方法和综合方法。

例如，专家咨询法或者关键技术法、深入研究法、德尔菲法、情景分析法、类推法、趋势外推法、头脑风暴法、层次分析法、平滑法、回归分析法、相关矩阵法、决策书法等。

通过科学计量的方法来进行科技预测的基本步骤是：

（1）分析预测对象，确定预测目标。

（2）搜集有关资料，统计文献数据。

（3）在对有关资料和数据进行归纳和分析的基础上，建立预测模型，并通过分析研究得出结论。

（4）检验其结论的可靠性、准确性。

13.3.3 科学计量学与科学发展趋势预测

基因和纳米是 21 世纪两项热点研究领域，通过对各个国家和地区基因和纳米研究论文的发表数量及其变化趋势的统计分析，可以得出各个国家和地区科研能力和在国际上所处的地位，还可以看出该学科的发展走向。

1. 基因论文的数量统计与分析

对 1997~2001 年 5 年关于基因的论文进行逐年统计，得到表 13-8。可以看出这 5 年基因论文作为生命科学的研究热点，成果颇丰，而且每年论文数量都有所增加。但基因论文在 SCI 论文中所占比例基本保持不变。

表 13-8　基因领域论文数量统计

年份	论文数/篇	SCI 论文总数/篇	论文占 SCI 论文总数比例/%
1997	15 994	745 819	2.1
1998	16 557	770 591	2.1
1999	16 524	785 222	2.1
2000	16 371	778 453	2.1
2001	17 098	815 463	2.1

对这 5 年的基因论文分国家统计得到表 13-9，可以看出，每年的基因论文数都呈上升趋势。美国、日本、英国、德国和法国这 5 个国家的基因论文总数所占比例已经达到了 81.33%，而发展中国家的中国和韩国所占比例分别为 1.61% 和 1.68%。

从各年基因论文数占总论文数的比例看出，中国呈现快速增长趋势，1997~2001 年所占比例分别为 0.9%、1.2%、1.4%、2.0% 和 2.5%，而美国则呈现下降趋势，分别为 45.4%、42.8%、42.9%、41.7% 和 42.7%。1997~2001 年世界基因论文年增长率为 1.71%，日本、德国和法国都高于此值，美国和英国则低于此值。中国、印度、巴西、韩国和新加坡虽然论文比例比较低，但是论文数量增长的年增长率都超过了平均值。

表 13-9　1997~2001 年世界基因领域论文（篇）国家/地区统计表

国家/地区	1997	1998	1999	2000	2001	总计	份额/%	年增长率/%
世界	15 994	16 557	16 524	16 371	17 098	82 562	100	1.71
美国	7 254	7 080	7 096	6 833	7 295	35 558	43.07	0.22
英国	1 436	1 603	1 577	1 338	1 303	7 257	8.79	−1.94
德国	1 356	1 446	1 455	1 427	1 539	7 223	8.75	3.30
法国	1 055	1 192	1 156	1 098	1 156	5 657	6.85	2.56
日本	2 131	2 299	2 319	2 234	2 469	11 452	13.87	3.90
俄罗斯	161	180	146	204	225	916	1.11	10.73
中国大陆	145	196	239	330	422	1 332	1.61	30.77
印度	76	106	77	91	133	483	0.59	19.11
巴西	69	92	136	140	142	579	0.70	21.38
韩国	201	254	256	313	365	1 389	1.68	16.51
新加坡	27	30	39	42	47	185	0.22	15.18
中国台湾	135	134	123	191	210	793	0.96	14.07

2. 纳米论文的数量统计与分析

纳米作为世界研究的一大热点，其发展速度很快，如表 13-10 所示。从论文产出来看也呈现出逐年上升的趋势，纳米论文占 SCI 论文总量的比例也呈逐年上升趋势。这 5 年间，纳米论文总量增加了近 3 倍，所占 SCI 论文总数比例增加了 2.5 倍。

从表 13-11 可以看出，美国、日本、英国、德国和法国共产出论文 14 673 篇，占总数的 60.23%。中国共产出 2482 篇，占总数的 10.19%。在论文产出数量上，中国排名第三位，仅次于美国和日本。中国的纳米论文增长趋势也是很明显的，5 年间共增长了 3.70 个百分点，美国增加了 3.97 个百分点，日本增加了 0.59 个百分点。世界平率增长率为 29.09%，在科技发达的这 5 个国家中，除法国外，其余都高于世界平均值；并且包括中国在内的发展中国家，其增长率都大大高于平均值。

表 13-10　纳米领域论文数量统计

年份	论文数/篇	SCI 论文总数/篇	论文占 SCI 论文总数比例/%
1997	2 798	745 819	0.38
1998	3 599	770 591	0.47
1999	4 866	785 222	0.62
2000	5 439	778 453	0.70
2001	7 656	815 463	0.94

表 13-11　1997～2001 年世界纳米领域论文（篇）国家/地区统计表

国家/地区	1997	1998	1999	2000	2001	总计	份额/%	年增长率/%
世界	2 798	3 599	4 866	5 439	7 656	24 358	100	29.09
美国	795	1 041	1 269	1 333	2 479	6 917	28.40	35.97
英国	103	130	165	188	337	923	3.79	36.58
德国	258	332	412	475	733	2 210	9.07	30.60
法国	209	220	288	334	531	1 582	6.49	27.78
日本	357	450	564	648	1 022	3 041	12.48	31.00
俄罗斯	134	144	200	215	318	1 011	4.15	25.44
中国大陆	230	282	466	591	913	2 482	10.19	42.29
印度	42	62	95	109	224	532	2.18	55.27
巴西	8	10	28	36	85	167	0.69	92.42
韩国	27	48	116	151	329	671	2.75	91.87
新加坡	8	15	34	50	85	192	0.79	82.81
中国台湾	23	29	45	52	122	271	1.11	57.86

通过对以上两个研究热点产出论文的数据进行统计和分析，大致可以得出结论：

（1）1997～2001 年两大热点研究领域产出论文数呈上升趋势。

（2）两大热点研究领域中，5 年间累积基因论文 82 562 篇，纳米论文 24 358 篇，前者是后者的 3.4 倍，显示出生命科学时代已经到来。从年平均增长率来看，基因论文世界年均增长率为 1.71%，纳米论文为 29.09%，后者是前者的 17 倍，这说明纳米研究的发展速度要远高于基因研究。

（3）从世界各个国家或地区两大热点的研究可以看出，美国、日本、英国、德国和法国这五个科技强国的论文产出在基因领域所占比例约为 80%，在纳米领域中约为 60%。可以看出，大量的科研成果仍然被这些科技强国所掌握。中国也有所突破，不仅论文产出有所增加，所占世界论文比例也超过了 10%。

（4）就两大热点研究领域产出的论文的年均增长率来看，尽管发展中国家和地区产出论文的绝对数量所占比例较低，但是增长率却高于世界水平，显示出发展中国家的发展后劲。

13.3.4　科学计量学与技术评价及预测

专利文献具有新颖性、先进性和实用性。社会上的研究发展工作能够直接、全面并及时地反映在专利文献中。利用专利文献可以评价技术进展和动向，也可以用来确定活跃额技术领域。为了更好地利用专利文献，美国专利商标局于 1971 年开始设立"技术评价和预测办公室"（OTAF），出版有《技术评价与预测报告》《专利概述》和《工业专利活动》等出版物。表 13-12 为美国专利商标局于 2002 年 4 月在《技术评估与预测报告》中发布的美国和世界其他各国或地区在美国取得的专利数量。

表 13-12　世界各国或地区在美国取得专利数量（篇）统计表

国家/地区	1997年	1998年	1999年	2000年	2001年	5年累计	所占比例/%
世界	124 146	163 209	169 146	176 087	184 051	816 636	100.00
美国	69 922	90 701	94 090	97 014	98 663	450 390	55.15
日本	24 191	32 118	32 517	32 923	34 890	156 636	19.18
德国	7 292	9 582	9 895	10 822	11 894	49 485	6.06
法国	3 202	3 991	4 097	4 173	4 456	19 919	2.44
英国	2 904	3 726	3900	4 090	4 356	18 976	2.32
中国台湾	2 579	3 805	4 526	5 806	6 545	23 279	2.85
韩国	1 965	3 362	3 679	3 742	3 763	16 241	1.99
新加坡	100	136	152	242	304	934	0.11
巴西	67	88	98	113	125	491	0.06
中国大陆	66	88	99	163	266	628	0.08
印度	48	94	114	131	179	566	0.07

通过分析可知：

（1）5年来，各个国家或地区的专利数量都呈增长趋势，说明世界创新能力越发强劲。

（2）1997~2001年，世界专利总数为816 636件，其中美国专利数为450 390件，仅占总数的55.15%。由此可见，在美国出现的世界性技术竞争是很激烈的，美国的技术优势相当一部分也被其他国家所取得。

（3）科技发达的国家如美国在其统计的专利数量中占到一半左右的比例，日本也接近有20%的比例。与之相比，发展中国家就显得相对弱势，说明其科技创新能力还比较低，在世界科技竞争中还处于劣势。

13.3.5　科学计量学与产品开发和应用前景预测

1980年，日本科学技术情报中心的小森隆发表了《从70年代的情报来看80年代的高分子工业》分析报告。在该报告中，小森隆利用科学计量的方法，研究并展望了20世纪80年代三大高分子材料的发展前景。

小森隆利用JOIS-S联机检索系统，统计了1978年4月至1979年12月的全套《科学技术文献速报》所发表的有关高分子材料的文献数量，然后从JOIS-S理工学数据库中检索出了有关人造纤维、橡胶、塑胶（包括涂料、粘贴剂）、各种聚合体的文献32 000篇，并按照JICST叙词表选择关键词，统计塑料、橡胶、纤维等主要名词出现的次数如表13-13所示。

第十三章 科学计量学在科技政策与科技管理中的应用

表 13-13 词频统计表

塑料名词	次数/次	橡胶名词	次数/次	纤维名词	次数/次
热塑性塑料	10314	苯乙烯-丁二烯橡胶	268	丙烯纤维	315
丙烯树脂	1777	丙烯腈-丁二烯橡胶	177	聚酰胺纤维	705
缩醛树脂	206	异戊间二烯橡胶	130	聚酯纤维	184
氟树脂	658	氨基甲酸酯橡胶	134	聚烯烃纤维	189
聚酰胺	1129	乙烯-丙烯橡胶	173	人造丝	333
聚亚胺	305	氯丁橡胶	116	醋酸纤维	65
聚烯烃	2991	硅橡胶	173	三醋酸纤维	22
聚乙烯	2071	丁二烯橡胶	174		
聚丙烯	851	天然橡胶	286		
聚氯乙烯	1391				
聚碳酸酯	418				
聚苯乙烯	1539				
热固性塑料	2893				
酰胺树脂	216				
环氧树脂	1429				
不饱和聚酯	449				
增强塑料	1527				

根据对塑料、橡胶和纤维的关键词出现次数的统计，小森隆认为，20 世纪 80 年代塑料工业产品品种中，热塑性塑料仍占据主要地位，其中聚烯烃（包括聚乙烯在内）、丙烯树脂、聚苯乙烯仍是令人瞩目的产品；聚氯乙烯塑料仍不失为"热门"品种；80 年代橡胶品种趋势尚不明显，有待继续判断，表 13-13 表明，有关天然橡胶的改性，天然橡胶与合成橡胶混炼的研究正在积极进行中，可以断定 80 年代天然橡胶的技术将有更大的发展；80 年代的纤维品种中，聚酯纤维仍将占压倒性优势，聚酰胺纤维同样将引起人们的极大兴趣，醋酸纤维却愈来愈被冷落。

通过对有关橡胶、塑料主要用途的文献数量统计，可以预测它们的应用前景（表 13-14）。

表 13-14 分用途文献统计表

用途	文献数量/篇
包装材料	1098
其中：食品包装	337
建筑材料	820
其中：复合材料	127
汽车工业	584
航空、宇航工业	218

根据数据可以推断出：橡胶与塑料今后仍将作为包装材料而被大量使用，作为建筑材料的趋势已经明朗，主要是做外装材料、配管材料、隔音与绝热材

料；增强塑料和其他复合材料作为结构材料的应用，无疑将越来越多；由于橡胶与塑料大量作为包装材料，20世纪80年代，必须特别注意其回收和综合利用问题。

小森隆使用了科学计量的方法来进行研究，正确地预测了高分子材料总的发展趋势：与20世纪80年代初日本化学工业的生产实际大体相符。在利用信息计量学方法进行科技预测时，文献统计数据是制作预见性情报的基础，但有了数据还必须结合相关科技知识，灵活地运用，深入地加以分析，这样才能扩大预测结果。

13.4　科学计量学与国际合作分析

13.4.1　"大科学"趋势

"大科学"是国际科技界近年来提出的新概念，"大科学"的概念最早是在1961年由美国著名物理学家温伯格提出的。在他之后，美国科学学家普赖斯于1962年发表了著名的以"小科学，大科学"为题的演讲，进一步完善和发展了"大科学"的概念。

大科学是相对于小科学而言的。小科学一般指以增长人类知识为主要目的、以个人的自由研究为主要特征的科学。研究者们凭借自身的知识、技术、兴趣爱好，依靠自己或者别人给予的资金来进行研究活动，主要目的是探索和思考自然界的奥秘。在科学的体制化进程中，有相当长的一段时间（具体从16～18世纪），小科学居于主导地位。然而随着自然科学的正式产生和发展，一些私人实验室和研究院开始出现，从事科学研究的人员越来越多，甚至于19世纪还举行了第一次国际性学术会议。科学研究已经不再单是科学家个人的事情，也不仅仅是各国或地区的事情，科学技术逐渐确立为一种社会建制，大科学时代随之到来。

关于大科学的定义，目前还没有统一的定义，但是相对于小科学来讲，大科学可以是指规模巨大、拥有高级的技术和装备，并且对社会、经济、政治和文化产生重大影响作用的现代自然科学，或者是涉及学科多、参加人数多、耗用资金多，且需要长时间进行的大型科学项目。普赖斯认为，国家或地区对科学事业的投入规模巨大，科学已经成为国民经济的重要支柱和战略产业，我们把这种现象称为"大科学"。就大科学的特点来说，主要表现为投资强度大、多学科交叉、需要昂贵且复杂的实验设备、研究目标宏大等。这些特点决定了大科学研究必须开展国际合作。因此,世界上开展大科学研究的国家都鼓励国际合作,美国国会在其年度报告《国际科技合作与外交》中特别强调大科学的国际合作,要求"投入共担、知识共享"。我国政府和科学界也积极提倡并支持国际科技交流与合作。

13.4.2 国际合作概述

国际大科学工程历来是发达国家的"俱乐部"。近年来,通过参与国际热核聚变实验堆(ITER)计划、国际综合大洋钻探计划、全球对地观测系统等一系列大科学计划,中国与美、俄、日、欧等主要科技大国或地区开展平等合作,为参与制定国际标准、解决全球性重大问题作出了应有贡献。

2011年,第九届全国科技外事工作会议召开,科技部国际合作司司长靳晓明在接受专访时表示,中国已具备参与国际大科学合作的能力。近年来,中国国际科技合作机制与模式不断创新,投入显著增长,全方位、多层次、广领域、高水平的合作局面初步形成。

随着国际科技合作的进展,我国陆续建立起来的5个国家级国际创新园、33个国家级国际联合研究中心、222个国际科技合作基地成为中国开展国际科技合作的重要平台。随着综合国力和科技实力的增强,中国已具备参与国际大科学和大科学合作的能力。目前,中国已与152个国家和地区建立科技合作关系,在46个国家和地区的69个驻外机构派驻了141名科技外交官,加入了200多个政府间国际合作组织,初步形成了较为完整的以政府间科技合作框架为主体的多元化合作格局。通过开展国际科技合作,利用全球科技资源,中国一大批涉及民生、经济发展的重大项目也在近年来顺利实施。表13-15对"十一五"期间国际科技合作工作主要成果进行了总结。

表13-15 "十一五"期间国际科技合作工作主要成果

基础研究	上海光源工程项目
	原子核质量精确测量
	中国-澳大利亚功能分子材料联合研究中心
	中日、中意西藏羊八井宇宙线合作观测研究
	大型强子对撞机
高新技术	北京一号高性能小卫星天地一体化系统
	M26系列大功率节能环保型高速柴油机联合研究
	科技部-欧洲空间局遥感领域合作"龙计划"项目
	新型太阳能电池用透明导电玻璃材料及工艺的联合开发
	褐煤高效清洁利用关键基础理论与技术研究
	槽式太阳能热发电关键设备技术合作研究

续表

农业	宁夏出口鲜食葡萄优质丰产栽培及贮运保鲜关键技术
	中国畜间主要原生动物疾病诊断方法的建立
	干旱区棉花有害生物生态控制的关键技术
	中国-沙特椰枣基因组项目
	花生高产抗病育种和栽培技术研究
社发	中意清华环境节能楼
	集成式分质供排水及资源化技术应用
	寒区低温环境下沼气厌氧发酵技术与装备研究
	城市群环境复合污染与生态健康研究
	中欧 CDM 促进项目
平台	中国东盟科技论坛
	中美创新对话
	中非科技伙伴计划
	中美清洁能源联合研究中心
	中科院-马普学会计算生物学伙伴研究所
大科学大工程	千人基因组计划
	国际空间站-阿尔法磁谱仪
	国际核聚变实验堆（ITER）计划
	国际综合大洋钻探计划
援外	非洲水处理技术咨询、设计、教育与培训
	雨水综合集蓄利用技术
	坦噶尼喀湖水环境监测与资源生态保护
	非洲干旱预警机制及适应性技术示范
	中国-联合国合作非洲水行动-非洲典型国家和流域水资源生态保护与技术合作

虽然中国的国际科技合作取得了一些成果，但与中国经济社会建设和科技发展的迫切需求相比，还有待进一步创新和突破。面向"十三五"，中国经济社会和科技发展都对国际科技合作提出更高要求。国家科技发展需要制定更为明确和务实的国际化发展战略；现有国际科技合作的体制和机制仍需进一步完善，统筹协调能力有待加强；国际科技合作投入规模亟待进一步扩大。未来，中国将秉持"开放中创新，合作中共赢"的宗旨开展国际科技合作，明确发展目标和战略部署，确定重点任务，加强政策保障，以更有效地利用全球科技资源，为开创中国国际科技合作新局面和建设创新型国家作出应有贡献。

13.4.3 科学计量学在国际合作研究中的应用

科学合作可以分为三种：同一研究机构内不同研究者的合作；同一国家不同研究机构之间的合作；不同国家之间的合作。实践与研究表明，这三种合作中以不同国家之间的合作最能扩大科学影响力。由不同国家研究者共同研究所产出的论文，其影响力总是很大，显然，这是由于国家之间的合作使得科研成果被更多的人所知道。为了度量这种影响力，西班牙信息与交流部负责人、埃斯特雷马杜拉大学教授 Vicente P. Guerrero-Bote 等利用科学计量学的方法来度量在国际合作中合作国家的科学影响力。

1. 数据来源

该研究选取 Scopus 中 2003~2009 年的论文、综述和会议论文作为指标计算的数据源，Scopus 是一个新的导航工具，它涵盖了世界上最广泛的科技和医学文献的文摘、参考文献及索引。Scopus 数据库中，论文按照四个大目录来组织，分别为生命科学、物理科学、社会科学和健康科学，共包括 26 个主题领域和 1 个综合领域，在这 27 个领域下又细分出 295 个更加详细的主题领域。绝大部分数据都是从 SJR（The SCImago Journal & Country Rank）网站检索得到的，SJR 是一个门户网站，包含了 Scopus 数据库中科学期刊和国家的相关指标，这些指标可以用来评估和分析科学领域。

2. 数据统计与分析

经过收集与统计，Guerrero-Bote 得到表 13-16。除此之外，Guerrero-Bote 还分主题领域和国家对论文进行统计分析，并且绘制了合作网络图（图 13-6）。

表 13-16 分国家论文统计分析

国家序	可被引用文献数	标准化的引文平均水平	归一化的引文标准	平均百分值	百分值标准差
1	10 359 114	0.88	2.36	5 253	2 659
2	1 339 164	1.34	2.67	4 244	2 720
3	237 606	1.66	3.52	3 803	2 692
4	50 727	2.11	6.26	3 418	2 666
5	15 603	2.67	6.52	3 088	2 640
6	6 903	3.52	9.46	2 845	2 648
7	3 585	4.54	13.71	2 639	2 591
8	2 232	5.18	14.05	2 371	2 554
9	1 660	4.98	15.19	2 546	2 669
10	1 209	4.39	12.31	2 472	2 517
>10	3 424	4.07	11.34	2 985	2 843

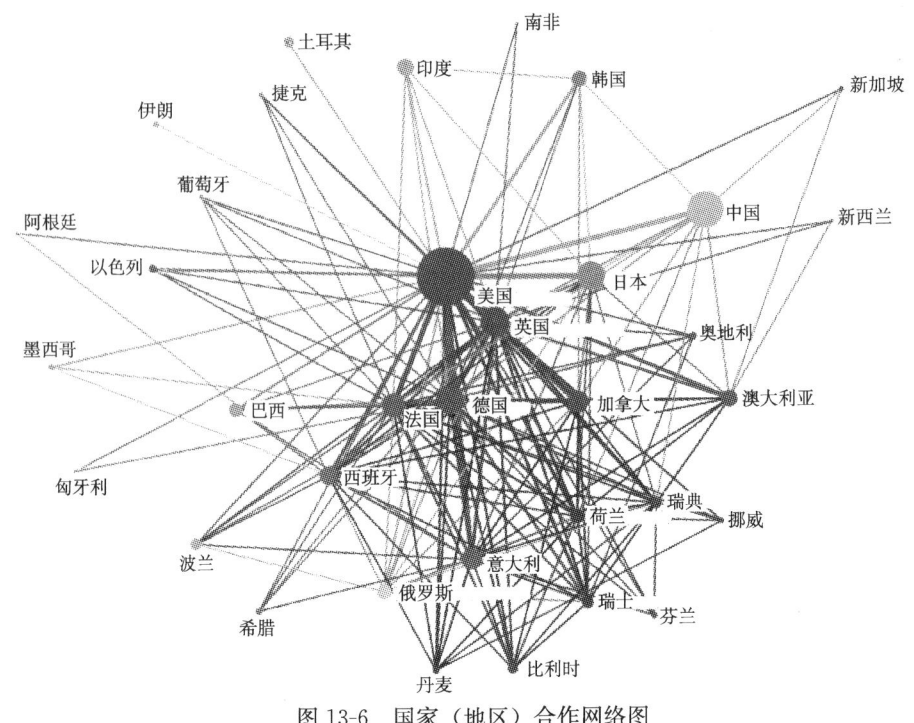

图 13-6 国家（地区）合作网络图

3. 分析与结论

国际合作确实增加了其研究成果的影响。

较之于整体的平均值，国际合作文章的影响力的增加有所减少。这是因为国际合作文章在全部文章中所占比例越来越大。

在所绘制的 37 个高产国家（地区）的科学合作网络图中可以很明显地看到一个中心和一个外围结构。核心主要包括美国和欧盟国家，还有亚洲最大的产品制造商中国和日本以及拉丁美洲的主要制造商巴西。

绝大多数合作对合作方都是有益的，尽管人们认为有着较大影响力的国家并不会从合作中得到影响力的显著增加，但是我们发现国家影响力的增加和其本身已具备的影响力之间存在一些轻微负面和无意义的关联；同时，在国家科学影响力和该国家为其他国家影响力增加所做的贡献之间存在明显的关联关系，也就是说，如果与科学影响力高的国家合作，那么其合作国的影响力将有较大的提高。

通过该研究，还有两个方面的发现：第一，在与伊朗的合作中，合作国家本身的科学影响力并未有什么提高；第二，尽管美国有很高的科学影响力，但是在与其合作的过程中所有国家都收益甚微。